U0234713

绿色二次电池先进技术丛书

丛书主编　吴　锋

国家出版基金项目
NATIONAL PUBLICATION FOUNDATION

电池资源再生

姚莹　吴锋　著

BATTERY RECYCLING
AND
REPURPOSING

北京理工大学出版社
BEIJING INSTITUTE OF TECHNOLOGY PRESS

图书在版编目（CIP）数据

电池资源再生／姚莹，吴锋著． -- 北京：北京理
工大学出版社，2022.6
　　ISBN 978 - 7 - 5763 - 1366 - 6

　　Ⅰ．①电… Ⅱ．①姚… ②吴… Ⅲ．①电池 - 废物综
合利用 Ⅳ．①X76

　　中国版本图书馆 CIP 数据核字（2022）第 095755 号

出版发行／北京理工大学出版社有限责任公司
社　　　址／北京市海淀区中关村南大街 5 号
邮　　　编／100081
电　　　话／（010）68914775（总编室）
　　　　　　（010）82562903（教材售后服务热线）
　　　　　　（010）68944723（其他图书服务热线）
网　　　址／http：//www.bitpress.com.cn
经　　　销／全国各地新华书店
印　　　刷／三河市华骏印务包装有限公司
开　　　本／710 毫米×1000 毫米　1/16
印　　　张／26.25
彩　　　插／12　　　　　　　　　　　　　责任编辑／徐　宁
字　　　数／455 千字　　　　　　　　　　文案编辑／李颖颖
版　　　次／2022 年 6 月第 1 版　2022 年 6 月第 1 次印刷　　责任校对／周瑞红
定　　　价／86.00 元　　　　　　　　　　责任印制／王美丽

前　言

2020 年 9 月 22 日，中国政府在第七十五届联合国大会上宣布：二氧化碳排放力争于 2030 年前达到峰值，努力争取 2060 年前实现碳中和。在碳达峰和碳中和的目标下，重新创造再生资源价值是实现碳中和的重要方向。在实现碳中和的进程中，电池资源回收再生作为能源的"记忆"，可以显著降低碳排放强度。通过梯次利用、回收再生与资源化等方式，构建电池产业发展新格局，推进电池产业转型和升级，走绿色、低碳、循环的发展路径，实现电池产业的高质量发展。

电池资源再生是绿色二次电池行业的关键环节之一。如何进一步实现电池的低成本化及资源再生问题是当前国际前沿领域的研究热点。传统废旧铅酸蓄电池和镍基电池含汞、镉、铅等毒害性较大的重金属元素，而废旧锂离子电池的正负极、电解液等多种材料中也含有钴、镍、铜、锰、有机碳酸酯等具有一定毒害性的化学物质。一方面，废旧电池中的重金属和难降解的有机物会对大气、水、土壤等造成严重污染并对生态系统产生破坏，在环境中的富集效应进一步会对人类健康带来损害。另一方面，废旧电池中含有大量可回收的高价值金属（如锂、钴、镍等）及其他可用资源，回收后能够产生较大的经济效益，促进节能减排，助力碳中和目标实现。

本书以吴锋院士科研团队多年的先进研究成果为基础，同时参考国内外电池资源再生领域相关技术。全书共 9 章，第 1 章从二次电池的发展历程及前景和废旧二次电池回收的必要性角度阐述了电池资源回收再生的紧迫性；第 2 章阐述了铅酸蓄电池、镍基电池、锂离子电池的主要组成与其关键材料的失效机制；第 3 章对退役动力电池的储能梯次利用进行了阐述及研究进展进行了分析；第 4 章主要介绍了废旧锂离子电池安全拆解、正负极及电解液的回收处理技术；第 5 章对回收后的废旧锂离子电池正负极资源化再生利用进行了全面的介绍和阐述；第 6 章对废旧铅酸蓄电池和镍基电池回收及资源化处理技术进行了阐述；第 7、8 章是动力电池全生命周期环境评价及动力电池回收效益成本与市场可行性分析；第 9 章是动力电池工业回收、管理政策及未来前景的总结展望。

参加本书编写的成员均是长期从事电池资源回收再生领域的专家和科研工作者。全书由姚莹副研究员、王美玲博士统稿，姚莹、王美玲、杨飞洋、赵托、耿鑫甲、陈子怡、任精杰、虎欣蓉、张冠中、杨磊、李素赫、姜亚楠执笔。

最后，对吴锋院士提供的科研平台及悉心指导表示感谢，对国家自然科学基金项目（22179005）和国家重点研发计划（2018YFC1900102）给予的共同资助表示感谢。

期望该书的出版能够推动我国电池资源再生领域的发展，助力我国实现碳达峰和碳中和战略蓝图。由于时间仓促，加之作者理论水平和经验有限，书中难免存在不足之处，恳请各位专家、读者批评指正。

作　者

2022 年 6 月

目　录

第 1 章

绪 论

目前世界能源发展正处于重要时代，一方面，化石能源带来的环境问题越来越严重；另一方面，化石能源耗竭的危险也日益临近。面对新形势，人们将目光转向了新能源。新能源是指传统能源之外的各种能源形式，如太阳能、地热能、风能、海洋能、生物质能和核聚变能等，新能源技术发展到今天已经为全球范围内的环境治理做出了巨大贡献。然而，新能源的产生对自然环境因素的依赖很高，如太阳能、风能的产能具有不连续性。为解决这一问题，人们发明了二次电池这一储能装置。

二次电池（Rechargeable battery）又称为可充电电池或蓄电池，是指在电池放电后可通过充电的方式使活性物质激活而继续使用的电池；其原理是利用化学反应的可逆性，当一个化学反应转化为电能之后，还可以用电能使化学体系修复，然后再利用化学反应转化为电能，所以叫二次电池[1]。与一次电池相比，二次电池已是世界上广泛使用的一种化学"电源"。目前市场上的二次电池主要有铅酸蓄电池、镍氢电池、镍镉电池、锂离子电池等。其中，锂离子电池具有电压平稳、安全可靠、价格低廉、适用范围广、原材料丰富和回收再生利用率高等优点，是当前国际上竞相研发的热点，也是新一代信息通信、电动汽车、储能电站与能源互联网等重大应用的关键环节。

|1.1　二次电池的发展历程及前景|

1.1.1　二次电池的发展历程

二次电池的最早发明可以追溯到 1860 年，普朗特发明了用铅做电极的蓄电池。为了增大电池的容量，普朗特采用多次充电和放电的过程来改变电极的极性，即当电池使用一段时间电压下降时，给它通以反向电流，使电池电压回升。普朗特称这一过程为化成，通常需要几个月甚至更长时间，这严重限制了实际应用。后来福尔把硫酸中制得的膏状氧化铅涂在极板上，制成了第一个涂膏式电池，一直沿用到今天。后来，栅状铅板、铅锑合金板栅被发明出来，增大了电极面积，改善了机械强度，代替铅板作为电池极板。20 世纪以来，科技的快速发展为铅酸蓄电池活性物质、添加剂、壳体等的生产提供了条件，铅酸蓄电池商业化后在世界范围内的产能和市场占有率一直处于所有电池之首。常见二次电池参数如表 1 - 1 所示。

表 1 - 1　常见二次电池参数

电池种类	理论电压/V	实际电压/V	理论比能量/$(W \cdot h \cdot kg^{-1})$	实际比能量/$(W \cdot h \cdot kg^{-1})$	能量效率/%
铅酸蓄电池	2.1	2.0	252	约 35	约 70
镍镉电池	1.35	1.2	244	约 35	60 ~ 70
镍氢电池	1.5	1.2	434	约 55	80 ~ 85
锂离子电池	4.1	4.1	410	约 150	90 ~ 95

1899 年，人们研制了一种采用镍金属片作为电极的开口式镍镉电池；1901 年，研制了一种新型的汽车用镍铁蓄电池；之后，开发了一种采用 $Ni(OH)_2$ 作为活性物质的封闭镍镉电池，该电池中气体可在内部重新化合，避免了气体排放，从而扩大了镍镉电池的应用。镍铁电池因为易腐蚀、自放电快、充放电效率较差等问题，且在充电过程中会释放大量的氢气，因而未能被商业化使用。但是，具有相对高效率、高循环寿命、高能量密度、体积小、质量轻、结构紧凑、无须维修等优点的密封镍镉电池，被广泛用于工业及消费类领域[2]。

镍氢电池也利用 Ni(OH)₂ 作为正极活性物质。在发展初期，由于负极材料储氢合金的限制，其应用范围有限。直到 1969 年，科学家们发现 LaNi₅ 合金在吸收和释放氢的电化学过程中存在可逆性，这为今后的研究提供了理论依据。美国在 20 世纪 70 年代中期开发出了高功率、低成本的镍氢电池，1978 年在导航卫星上取得了成功。镍氢电池与同体积镍镉电池相比，容量可提高一倍，而且没有重金属镉带来的污染问题[3]。日本在 20 世纪 80 年代末采用了混合稀土合金储氢的方法，使其循环寿命达到 500 多次，此后日本的一些大型电池企业也纷纷将其投入到生产中。

锂金属由于具有很高的能量密度，早在 1958 年就被引入了电池领域，锂二次电池的典型体系有锂金属二次电池和锂离子电池。锂金属二次电池是最早提出的锂二次电池，它直接用锂金属作为负极材料，有极高的理论比能量。Exxon 公司相继提出了以锂铝合金、二硫化钛为正极的锂金属二次电池，但由于安全问题未能实现大规模商品化。在"固态电解质界面膜"被提出后，寻找新电解液体系以改变电极与电解质界面特性成了研究重点，最终在 20 世纪 80 年代末期诞生了第一块商品化锂二次电池。然而，在 1989 年锂金属电池发生爆炸事故，锂二次电池的商品化就此停摆。今天仍有许多研究人员针对界面问题进行研究，以期得到安全稳定的锂金属二次电池。

在锂金属负极安全性能无法彻底解决的情况下，一种使用嵌入化合物代替锂金属的"摇椅式电池"诞生了，这就是我们今天熟知的锂离子电池。2019 年诺贝尔化学奖授予了 John Goodenough、Stanley Whittingham 和吉野彰，以表彰他们在二次锂离子电池开发方面的突出贡献。1980 年，Goodenough 提出了锂钴氧化物或锂镍氧化物作为正极材料的应用潜力。索尼公司在 1991 年使用锂钴氧化物正极、焦炭负极和碳酸酯类电解质，制作出了世界上第一款商用锂离子电池[4]。后来随着技术的发展，锂镍氧化物、锂锰氧化物正极相继应用，片层结构的石墨成了最典型的负极材料。得益于锂离子电池的高能量密度和安全稳定性，从此手机、照相机、手持摄像机乃至电动汽车等领域陆续步入便携式新能源的时代。

目前，商业化的锂离子电池均采用液态电解质或半固态电解质，当环境温度过低时，锂离子活性降低、电池容量衰退、输出功率下降；当环境温度过高时，电池内化学平衡将受到破坏，导致副反应发生。因此，该类电池受环境温度变化影响较大，已不能完全满足大规模商业应用所要求的性能、成本、安全性和其他扩展目标。因此，研究者们将目光聚集在了全固态锂电池技术上，将固态电解质取代传统液态或半固态电解质的全固态锂电池视为储能向中大型应用领域发展的机会[5]。除锂电池体系外，全钒液流电池、钠离子电池等二次电池体系也在不断研究中。未来，高能量密度、低成本、安全稳定的新型二次电池技术将对清洁能源转型发挥重要的支撑作用。

　　回顾我国的二次电池产业发展历程，也可以分为铅酸蓄电池、镍镉/氢电池、锂离子电池 3 个阶段。中国二次电池的研制始于 20 世纪 40 年代，标志性产品为传统的维护型铅酸蓄电池，20 世纪 60 年代初由苏联援助建设的传统方型极板盒式镍镉、镍铁二次电池开始规模化生产。此后的 20 多年时间，中国的二次电池产业化水平基本维持原状。20 世纪 80 年代中后期，泡沫镍材料作为正负极活性物质载体和集流体被应用于镍镉/氢电池。与此同时，国家科技部 863 计划将镍氢电池的产业化作为重中之重项目，从此开创了中国新型二次电池产业化的全新时期。进入新世纪后，锂离子电池市场份额迅速崛起。日本在世界范围内的市场占有率不断攀升，到了 2000 年，每年的总产能已经达到了 5 亿只，占据了世界总销量的 90%，而中国每年的产能却只有 0.35 亿只[6]。为了适应社会发展的需要，我国政府制定了《国家中长期科学和技术发展规划纲要（2006—2020）》，将动力锂离子电池列入了重点发展领域。近年来，中国锂电池技术快速提升，并带动锂电池市场规模持续扩大。目前，中国已成为世界最大的锂离子电池生产国，锂离子电池产能超 16 亿只，占全球产能的 70%，市场总值约为 50 亿美元，且其中 70% 的产品出口国外。目前，国内的锂电产业已由过去应用于小型电子产品，逐渐向应用于新能源动力汽车等方向发展。

1.1.2　产量和报废量的回顾及预测

　　全球二次电池生产持续稳步发展，经历了以铅酸蓄电池为主，过渡到镍镉、镍氢及锂离子电池多样化发展，再到目前以锂离子电池为主的发展过程。根据 Avicenne 公司的统计[8]，除了铅酸蓄电池以外，其他二次电池在 1990 ~ 2010 年的销售增长非常迅速，如镍镉电池、镍氢电池、锂离子电池和液流电池。1990 年全球二次电池总销量约 1.94 亿 kW·h，到 2012 年就迅速增长到了 3.66 亿 kW·h，其中铅酸蓄电池增长速度最慢，1991 年才实现商业化的锂离子电池产业发展速度最快。到了 2010 之后，锂离子电池逐渐和铅酸蓄电池分庭抗礼，镍镉电池基本退出主流电池行列，而其他的二次电池则在特定的用途上还有很大的发展余地。从市场规模来看，2012 年世界二次电池销量为 503亿美元，比 1990 年的 175 亿美元翻了将近 3 倍[9]。富士经济报告数据表明，2016 年全球二次电池的市场达到 1 619 亿元人民币，而未来随着新能源汽车保有量不断攀升，到 2025 年市场将扩大 3 倍以上。其中，动力电池作为二次电池市场的主导力量，增速处于领先地位，到 2025 年，电动汽车的份额将由

2016 年的 53.4% 上升到 73.3%，达到 4 011 亿元人民币[10]。

1. 铅酸蓄电池

在全球市场范围内，铅酸蓄电池由于其技术成熟、安全性高、循环再生利用率高、适用温带宽、电压稳定、组合一致性好及价格低廉等优势，在电池市场占据主导地位。2015 年，全球铅酸蓄电池市场规模占全球电池市场规模的54.67%，铅酸蓄电池出货量达到 468 GW·h，此后年出货量维持在 2%~3% 的微幅增长速度，在 2017 年为 511.7 GW·h，而 2020 年达到 565.5 GW·h[11]。2016 年之前，铅酸蓄电池下游市场应用最大比例是机动车起动蓄电池，其次是电动自行车电池；之后几年，随着锂离子电池逐渐进入动力电池市场，动力铅酸蓄电池占比呈现微幅下降趋势。但不间断电力系统与备缓电力等工业应用或定置型储能应用的出货数量仍保持微幅增长。

铅酸蓄电池在全球发展过程当中已趋稳定，价格波动主要源自铅金属价格的变化，铅金属终端应用市场超过 80% 为铅酸蓄电池。根据预测，全球铅酸蓄电池未来市场出货数量仍可保持微幅增长，市场规模成长性则取决于铅金属的价格。一般而言，12 V 铅酸蓄电池的设计浮充寿命是 5 年，庞大且稳定的铅酸蓄电池产量也带来了巨大的报废量。在铅矿资源紧张的局面下，从废旧铅酸蓄电池回收再生铅显得尤为重要。目前，再生铅技术已经相对成熟，许多发达国家废旧铅酸蓄电池能够实现 90% 以上的最终稳定铅回收率。

随着国内铅酸蓄电池产业的不断更新换代，我国已成为全球最大的铅酸蓄电池生产国、消费国和出口国，铅酸蓄电池的生产技术已达到世界领先水平。我国的铅酸蓄电池生产在 2005—2016 年呈现出波动性的增长趋势，年均复合增长率达 10.17%；2016—2018 年的生产出现了轻微下滑；2019 年后又保持稳定增长[12]。根据国家统计局数据，2005 年我国的铅酸蓄电池生产总量为66.45 GW·h，2016 年为 205.13 GW·h，2020 年为 227.36 GW·h，与当年锂离子电池产量持平。国内每年产生废旧铅酸蓄电池 260 多万 t[13]，但由于没有形成一个完整的循环利用体系，大部分的废旧铅酸蓄电池都是由个体商贩进入了非法处理中，这是造成铅污染的主要原因之一。近年来，随着相关法律的不断完善，有关的回收行业也出现了良好的发展。

2. 镍镉与镍氢电池

在锂离子电池进入市场前，镍镉电池在小型二次电池中占据主要市场，2000 年世界镍镉电池的销售量超过 14 亿只。2000—2008 年，镍镉电池产量一直保持增长态势，2000 年我国镍镉电池年产量为 3.5 亿~4 亿只，2008 年则达到了 14 亿只以上[14]。据估算，我国在 1999—2005 年，每年报废镍镉电池量在 4 亿只以上[15]。但是，由于镍镉电池的环境毒性，欧盟在 2008 年对其上市给予了限制，2016 年开始禁止无线电动工具使用镍镉电池。从 2008 年开始，镍镉电池市场规模一直在缩小。随着锂离子电池的推广，镍镉电池逐渐退出小型二次电池市场。目前，镍镉电池在特种电池领域仍发挥着重要作用。例如，2014 年松下推出可在 −40 ℃ 充放电的低温镍镉电池，将其用于使用太阳能电池的路灯、蓄电系统等独立电源系统，着重面向冬季难以稳定使用充电电池的高纬度寒冷地区。

镍氢电池商业化以后，替代了镍镉电池在小型电池及动力电池中的部分应用，初期发展迅速，但 2010 年前后受锂离子电池的影响产品规模逐渐缩小。全球小型电池的市场规模从 2011 年到 2018 年呈现逐年下降的趋势，降幅基本上保持在 5%~10%，表现为需求逐步平稳的状态，消耗量由 2011 年的 13.45 亿只下降到 2018 年的 10.3 亿只[16]。小型电池需求市场减少的主要原因是很多商品采用了内置式的锂离子电池，减少了镍氢电池的使用。同时，随着新能源汽车的需求量逐渐增大，动力镍氢电池的市场需求在 2012 年发生了快速增长。2011 年全球混合动力电动车总销售数量 90 万辆，其中镍氢混合动力电动车销售数量为 50.4 万辆，占总销售数量的 56%；2014 年全球混合动力电动车总销售数量 214.9 万辆，其中镍氢混合动力电动车销售数量为 135.387 万辆，占总销售数量的 63%[17]。近年来，我国镍氢电池增长乏力，产品规模的缩小使得镍氢电池更不具规模经济，未来发展空间在一定程度上取决于其在混合电动车中的应用情况。

镍镉与镍氢电池报废后，主要的处置方案有填埋、焚烧和回收资源化利用等。随着人们环保意识的增强和相关法律法规的完善，废旧镍镉电池与镍氢电池的资源化回收比例也日渐增高，但产业规模尚在发展中。

3. 锂离子电池

自从锂离子电池诞生后，它的发展速度已经远远超过了其他二次电池。智研咨询的资料显示，1990—2012 年，我国的锂离子电池产能由原来的 0.5 万 kW·h 快速发展到 3 233.47 万 kW·h，年均复合增长率高达 49%。在 2010~2015 年，由于移动电子设备、电动汽车等对电池性能的需求越来越高，使得锂离子电池的发展速度越来越快。到 2015 年，世界范围内的锂离子电池产量发展到 7 921.7 万 kW·h，比 2010 年增长了 3 倍以上[18]。据起点研究院统计和预测数据，2020 年全球锂电池出货量为 259.5 GW·h，到 2025 年有望达到 1 135.4 GW·h，2030 年达到 6 486.6 GW·h。值得注意的是，由于生产规模的扩大和制造效率的提升，使得锂离子电池及电池组的制造费用逐渐下降，而锂离子电池的价格持续下跌，使得其产能增长速度比产值增长稍快。

近几年，世界范围内的锂离子电池市场格局出现了明显的改变，其中电动汽车用动力锂离子电池出现了爆发式的发展，而电动自行车电池的份额稳定上升，但消费类电子产品的市场份额则下降了。从容量上看，2021年消费类锂离子电池份额为44.7%，第一次低于50%；动力锂离子电池的份额达到44.8%，首次超过消费类锂离子电池[19]。动力锂离子电池正是锂离子电池回收市场的主力军，一般动力电池会在5~6年后退役，有些商用车动力电池甚至2~3年就会退役。从动力锂离子电池的市场发展来看，2018年被认为是电池退役潮元年。根据Marketsand Markets的报道，2019年全球锂离子电池回收市场规模约为15亿美元，而到2025年这个数字有望达到1 220亿美元。

中国锂离子电池行业历经20多年发展，目前占世界范围内的市场份额已达52%，跻身于世界最大的生产和消费市场。根据国家能源局的统计数据，2015年中国的锂离子电池生产总量为47.13 GW·h；其中，消费类锂离子电池产量23.69 GW·h，占比50.26%；动力锂离子电池产量16.9 GW·h，占比36.07%；储能型锂离子电池产量1.73 GW·h，占比3.67%[20]。2021年全国锂离子电池产量324 GW·h，其中消费类、动力、储能型锂离子电池产量分别为72 GW·h、220 GW·h、32 GW·h，占比分别为22.2%、67.9%、9.9%。可以看出，中国的动力锂离子电池产量增速相当迅猛。按照3~5年的使用期限估算，锂离子电池的报废量也十分庞大。2018年，全国报废的动力电池（以磷酸铁锂和三元锂电池为主）合计报废7.4万t，以钴酸锂电池为主的消费型锂离子电池报废总量达16.7万t；但2018年我国动力电池回收量为5 472 t，仅占报废动力电池总量的7.4%[21]。到2025年，我国将会产生136万t废旧的动力电池，其中以磷酸铁锂和三元锂电池为代表[22]。

|1.2　废旧二次电池回收的必要性|

废旧二次电池如果不能正确处理或回收，会对公众的生命健康构成危害，对生态环境造成破坏，并造成有价金属资源的浪费。从安全性角度讲，废旧二次电池处置不当存在一定安全隐患：一方面，部分新能源汽车的动力电池额定电压较高，人员在缺乏防护措施情况下接触易造成触电事故；另一方面，电池由于本身的材料特性存在燃爆、腐蚀等隐患。电池在出现内部或外部短路情况下，正负极会产生大电流导致高热，引起正负极燃烧。同时，电解液多为有机易挥发性液体，一旦发生燃烧或与空气中水分反应，将产生有腐蚀性和刺激性的烟雾。在环境污染方面，废旧动力电池对生态环境和人身健康均有威胁：一是重金属污染。电池材料中含镍、钴、铅等重金属，不经专业回收处理就会造成重金属污染；二是电解液污染。无机酸溶液和有机电解溶液中含有大量的毒性，很可能会对水体产生影响。在资源浪费方面，镍氢、锂离子动力电池因正极材料不同，分别含有锂、镍、钴、锰及稀土等金属，二次电池产业对于锂、镍、钴等资源需求旺盛，而在这种情况下，如果不能对电池中这些资源有效回收利用，就会导致大量的资源浪费[23]。

目前，我国电池回收主要分为梯次利用和资源再生利用。梯次利用的重点是动力型二次电池，当蓄电池的容量下降到80%时，无法充分地满足车辆的动力要求，但是可以在其他方面进行梯次利用。目前，梯次利用产品已经在电网调峰调频、削峰填谷、风光储能、通信基站备电、低速车等领域得到广泛推广。资源再生利用是对已经报废的动力电池进行破碎、拆解和冶炼等，实现金属等资源的回收利用。近年来，以湿法冶金为代表的资源化技术逐渐成熟，修复工艺产业化步伐加速，使整个再生利用产业向规模化、集中化发展。

近几年，我国有关部门对废旧电池的再生利用给予了极大的关注，建立了电动汽车电池的全生命周期管理制度。2021年，"加快建设动力电池回收利用体系"首次纳入政府工作报告，工信部提出将从法规政策、技术、标准、产业等方面加快推动动力电池回收利用。通过各级政府部门和各有关单位的积极配合，整个产业链上下游的相关企业积极履责，推动电池全生命周期追溯管理，在全国范围内建设回收服务网络体系，公开技术指导信息。我国的电池回收利用管理已取得阶段性成效。

然而，二次电池再生技术还存在着许多问题与难点[24]。第一，回收利用体系尚未完全形成。我国汽车生产、电池生产、综合利用等行业还没有形成一套高效的协作体系，同时在落实生产者责任延伸制度方面，有关的立法支撑还有待进一步的细化和健全。第二，回收再生技术水平较低。我国现有的技术资源缺乏，在电池生态设计、梯次利用、有价金属高效提取等关键共性技术和装备等方面的问题尚需解决。第三，缺乏激励政策。由于技术和生产规模的限制，现有的有价金属在市场上的回收效益很低，相关财税激励政策不健全，我国现行的税收优惠制度还不完善，还没有形成以市场为导向的循环经济模式。

1.2.1 铅酸蓄电池回收的必要性

我国是世界上最大的铅酸蓄电池生产和出口国，每年报废大量的铅酸蓄电池中有很大一部分难以通过正规渠道回收。如果采用不合理的方法进行处理，势必会对生态造成极大的危害和经济损害。废旧铅酸蓄电池包含硫酸、铅、锑、砷、镍等，属于危险废物。废酸液如果不经过任何处理，将会对土壤产生酸性腐蚀，从而导致土壤的养分流失；在随雨水进入江河湖泊后，会对生态环境产生更大的损害。含铅颗粒物排放也是主要污染物，一旦积累在体内，会导致贫血、腹痛、脉搏微弱，严重者甚至会导致生命危险。根据联合国儿童基金会的资料，全球大约有8亿青年儿童血液内铅含量超过警戒线，其中中国儿童人数超300万。废旧铅酸蓄电池是我国铅污染的主要来源之一，应加大对铅的监测力度，进行产业结构和循环利用的优化。

同时，铅也是一种重要的有色金属资源。美国地质调查局2020年统计数据显示，世界铅资源总储量9 000万t；与之相比，铅的消耗量却十分巨大，2019年全球精铅产量为470.5万t，而其中一半以上被用于铅酸蓄电池的制造。如废旧铅不加以资源化回收利用，铅矿资源将面临告急局面。因此，铅酸蓄电池的回收及资源化对于资源的可持续利用有重要意义。值得注意的是，从废旧铅酸蓄电池回收制备得到再生铅，其成本和能耗比开采铅矿分别降低了38%和33%[25]，具有很高的经济效益。

美国铅酸蓄电池的用铅量约占全国用铅总量的95%以上，但因为有效的监管，铅的排放量只有1.5%。2008年，美国政府就已经把铅酸蓄电池的生产从主要铅污染源中排除[26]。目前，随着我国相关法律、产业政策、法规的出台，以及铅酸蓄电池企业对环境保护的认识和技术水平的提高，各大工业单位的铅污染都得到了较好的控制。2009年11月发布的《清洁生产标准——废铅酸蓄电池铅回收业》（HJ 510—2009），针对废旧铅酸蓄电池的收集、运输、再生产及综合利用等方面的规定，提出了相应的具体措施。同时，鼓励生产企业利用销售渠道建立废旧铅酸蓄电池回收机制，并与符合有关产业政策要求的再生铅企业共同建立废旧电池回收处理系统。相关政策措施的出台势必对废旧铅酸蓄电池行业的发展产生积极的影响和推动，从而指导行业的发展。

1.2.2　镍镉与镍氢电池回收的必要性

镍镉电池中的镉、镍、锌、铁、锡等多种金属和碱性电解液，对人类的身体和生态环境都会产生一定的影响。特别是镉对环境的危害性使得镍镉电池逐渐退出了主流市场，镍和钴的危害性仅次于镉。金属元素主要是通过与市政垃圾一起进行填埋或焚烧而进入环境的[27]。高浓度的镉不仅使植株生长缓慢，而且会使其在机体中积聚，最后经由食物链侵入人体。当镉从消化道、呼吸道、肌肤等途径进入体内时，会在体内形成镉硫蛋白，经由血液循环系统向身体各处扩散，并有选择性地在肾脏、肝脏中积累。过量的镍对皮肤具有致敏性，吸入大量的镍粉会引发肺癌或鼻窦癌，而摄入过量的镍会对胃部造成伤害，从而损害血液和肾。

值得注意的是，废旧镍镉电池、镍氢电池中除了含有大量重金属以外，还含有镍、钴、银等有色金属和稀有金属，如合理开发和利用，将发挥极大的资源化再利用优势。废旧镉镍电池中的镉和镍不仅是地球上含量不多的重金属，也是贵重的化工原料，而废旧镍镉电池重量的 80% ~ 90% 可作原料回收利用，而镍氢电池中稀土族元素具有更高的经济价值[28]。由此可见，废旧电池作为一种可以再生利用的二次资源，其中所含有的大部分金属和非金属都是有用的矿产资源。回收并再生利用废旧镍镉电池、镍氢电池，将为我国节省可观的矿产资源，不仅具有重要的环境保护意义，同时也具有极大的资源回收意义，在我国循环经济的背景下体现出循环经济和可持续发展的理念。

作为电池生产大国，我国的报废电池量越来越大，而且在面临国内电子废旧物大量产生压力的同时，发达国家还向包括中国在内的发展中国家输送电子废旧物。2011 年 3 月，国家环保部等 9 部委联合召开的全国环保转型行动电视电话会议指出，我国每年仅因重金属污染而减产粮食 1 000 多万 t，另外被重金属污染的粮食每年也多达 1 200 万 t，而电池污染成为重金属污染的祸首[29]。目前，我国正积极地通过政府立法和加强公众意识等手段拓宽废旧电池收集渠道，但我国相关管理和收集措施依然处于发展阶段。在加强废旧电池管理和收集的同时，无害化处理及资源化利用技术的创新研发也在不断推进中。

1.2.3　锂离子电池回收的必要性

虽然锂离子电池是一种环保的二次电池，但其所含有害成分进入环境后也会带来严重的污染，不科学的处理方式会加剧锂离子电池带来的环境威胁[30]。废旧锂离子电池经燃烧后，会排放出高浓度的重金属烟雾，且电解液和隔膜还会产生大量的有毒气体。如果将其掩埋，会导致有毒电解液泄露，六氟磷酸锂在水中会生成剧毒气体氟化氢，而电解液及重金属会成为污染土壤和地下水的永久隐患，对周围的环境和人体造成长期的危害。

动力锂离子电池由于其高能量密度特性，相比便携式锂离子电池具有更高的资源化再利用价值。一台新能源汽车所搭载的锂离子电池能量可达到一块手机用锂离子电池的 1 000 倍以上，而退役动力电池的电池容量仍有初始容量的 20% ~ 80%。从梯次利用角度看，锂离子电池作为储能媒介，具有容量大、能量密度高、效率高等特点，是目前最理想的能量储存方式。梯次利用动力电池进行储能，可以有效地减少电力供应的费用，促进再生能源的利用，改善电力网络的稳定，确保电力供应的可靠。有研究表明，动力电池容量大于60%时，其阶梯式储能比传统的储能系统在价格上更具竞争力[31]；梯次利用的成本随着使用年限的延长而提高，当电池循环次数大于400次时，将开始产生较大的经济效益[30]。废旧锂离子电池的梯次利用能够最大程度地发掘其使用价值，降低后续回收利用的处理量，同时也能提高整个废旧锂离子电池回收利用过程的经济效益。

对于剩余容量低于20%的动力锂离子电池和一般便携式锂离子电池，进行拆解回收获取金属资源也有一定的环保和经济价值。近年来，在碳中和及新能源的背景下，全球的锂资源需求量巨大。光大证券研报预计，2025年全球新能源车渗透率将达到20%，仅新能源汽车合计碳酸锂需求将达100.2万t，受供需关系影响，锂矿价格一日千里。从我国锂资源分布来看，我国约80%以上的锂资源储存于盐湖中，而锂矿石查明资源储量约362.2万t，但原矿开发利用的品位仅为0.4%~0.7%。以磷酸铁锂电池为例，其中1.1%的锂含量如能得到有效回收利用，锂离子电池回收行业将成为一个全新的"锂矿"。另外，三元锂电池的镍、钴、锰含量也相当高，如NCM111中镍、钴、锰含量分别占12%、3%和5%。随着贵金属的涨价和矿产资源的匮乏，原料的循环利用已经成为电池行业的一个重要环节。回收废旧电池材料能够有效降低电池生产成本，缓解当前矿产资源紧缺的问题，较直接开采矿石的生产方式更具低价优势，这对推动电动汽车产业的发展有着巨大的意义。

参 考 文 献

[1] 潘鸿章. 化学与能源 [M]. 北京：北京师范大学出版社，2012.

[2] 毛春波. 电信技术发展史 [M]. 北京：清华大学出版社，2016.

[3] 中国电源学会. 现代电源技术（1）[M]. 北京：科学出版社，1997.

[4] 黄彦瑜. 锂电池发展简史 [J]. 物理，2007，36（8）：643-651.

[5] 汤匀，岳芳，郭楷模，等. 全固态锂电池技术发展趋势与创新能力分析 [J]. 储能科学与技术，2022，11（1）：359-369.

[6] 闫金定. 锂离子电池发展现状及其前景分析 [J]. 航空学报，2014，35（10）：2767-2775.

[7] 魏宇锋，张继东，费旭东，等. 锂离子电池产业政策研究及检测标准分析 [J]. 电池工业，2011，16（3）：189-192.

[8] 墨柯，PILLOT C. 全球二次电池及锂离子电池市场研究分析 [J]. 新材

料产业，2014（2）：37 - 43.

［9］ 王金良. 二次电池工业现状与动力电池的发展 ［J］. 新材料产业，2007（2）：6.

［10］ 前瞻产业研究院. 2015—2020 年中国铅酸蓄电池行业市场前瞻与投资战略规划分析报告 ［R］. 深圳：前瞻产业研究院，2021.

［11］ 佚名. 集群式发展下的铅蓄电池行业问题 VS 解决问题 ［J］. 资源再生，2018（8）：3.

［12］ 刘继峰. 政策持续加力 助推铅酸蓄电池产业绿色发展 ［N］. 中国高新技术产业导报，2014 - 01 - 27.

［13］ 池能电子科技有限公司. 中国镍氢电池市场分析 ［EB/OL］.（2014 - 12 - 12）［2022 - 05 - 23］. http://www.18650.com.cn/news/15363361.html.

［14］ 罗文. 废旧镍镉电池可回收再利用 ［J］. 再生资源研究，2006（6）：42.

［15］ 付上金. 金属期货 ［M］. 北京：中国宇航出版社，2018.

［16］ 北京智研科信咨询有限公司. 2019—2025 年中国动力电池行业市场潜力分析及投资机会研究报告 ［R］. 北京：北京智研科信咨询有限公司，2019.

［17］ 宋爱利. 锂离子电池硅碳复合负极材料制备及性能研究 ［D］. 哈尔滨：哈尔滨工业大学，2018.

［18］ 何英. 2016 年中国锂电产业规模达 1280 亿元 ［N］. 中国能源报，2017 - 08 - 14.

［19］ 钟雪虎，陈玲玲，韩俊伟，等. 废旧锂离子电池资源现状及回收利用 ［J］. 工程科学学报，2021，43（2）：161 - 169.

［20］ 董鹏. 锂电池的应用现状及发展趋势 ［J］. 客车技术，2017，3：3 - 5.

［21］ 王天雅，宋端梅，贺文智，等. 废弃动力锂电池回收再利用技术及经济效益分析 ［J］. 上海节能，2019（10）：814 - 820.

［22］ 工信部. 新能源汽车动力蓄电池回收利用调研报告（简介）［J］. 资源再生，2019（2）：47 - 49.

［23］ 宋维东. 动力电池回收高峰期来临 ［N］. 中国证券报，2020 - 08 - 10.

［24］ GAO L X, LIU J W, ZHU X F, et al. A electrochemical performance of leady oxide nanostructure prepared by hydrometallurgical leaching and low - temperature calcination from simulated lead paste ［J］. Journal of the Electrochemical Society，2013，160（9）：A1559 - A1564.

［25］ 张保国. 如何看待铅污染和铅酸蓄电池产业的发展 ［J］. 电动自行车，

2011（10）：5-8.

[26] 史凤梅，马玉新，乌大年，等．废旧镍镉电池的处理技术［J］．青岛大学学报（工程技术版），2003，18（4）：76-79.

[27] 边炳鑫，张鸿波，赵由才．固体废物预处理与分选技术［M］．北京：化学工业出版社，2017.

[28] 谢庆裕．我国每年重金属年污染1200万吨粮食电池业成祸首［N］．南方日报，2011-04-01.

[29] 李建林，修晓青，刘道坦，等．计及政策激励的退役动力电池储能系统梯次应用研究［J］．高电压技术，2015，41（8）：2562-2568.

[30] 吴锺昊，姜刚，盖博铭，等．动力电池迎退役小高峰 二次利用百亿级市场待开发［J］．资源再生，2018（3）：25-27.

[31] 董庆银，谭全银，郝硕硕，等．北京市新能源汽车动力电池回收模式及经济性分析［J］．科技管理研究，2020，40（20）：219-225.

[32] 覃俊桦，鲍莹，戴永强，等．锂离子动力电池回收利用现状及发展趋势［J］．现代工业经济和信息化，2021，11（6）：99-100.

[33] 钟发平．中国新型二次电池发展的历史、现状及未来［C］．中国国际新材料产业发展研讨会暨中外新材料企业家峰会能源材料专业论坛，2004.

第 2 章

电池的分类与材料及其失效机制

| 引言 |

目前，大规模商业化的二次电池主要有铅酸蓄电池、镍镉和镍氢电池、锂离子电池，这也是本书重点探讨的几种电池体系。这些二次电池体系中活性材料的性质有很大的不同，导致其电化学参数不同。随着科技的发展，人们对二次电池能量密度的需求越来越高，绿色二次电池被视为解决能源和环境危机的有效途径。研究者们正在加紧研究各类先进的能量存储技术，开发各种高比能量、高比功率、长循环使用寿命、价格低廉的电池体系，同时兼具良好的工作环境温度、自放电性、使用安全性和无污染等。但是，目前的新能源汽车、大规模储能、消费数码产品等领域的电池技术仍存在相当大的进步空间，电池的成本高和寿命短是主要瓶颈之一。研究并理清二次电池的材料特性及其失效模式，对于提高电池寿命、降低电池生产与回收处理成本都具有重要意义。

|2.1 铅酸蓄电池|

随着世界工业的发展和市场需求的不断扩大，铅酸蓄电池由于其技术成熟、性能可靠、成本低廉在二次电池行业中占据极大的市场。铅酸蓄电池是制造成本最低的二次电池之一，其生产价格仅为同类型锂离子电池的四分之一。同时，由于其尺寸各异、种类丰富，在多个重要领域均有应用，尤其是用于摩托车、坦克等多种驱动式动力机车和电动车等动力电源，还用于大型通信设备的备用电源，以及新能源技术发电的储能电源等。

2.1.1 铅酸蓄电池的主要组成

铅酸蓄电池结构示意图如图 2-1 所示，主要部件有正负极板、电解液、隔板、外壳等，大多数电极板都由板栅和活性物质及添加剂组成。在铅酸蓄电池中，活性物质及添加剂仅占电池总质量的 50% 以下。

铅酸蓄电池在放电过程中正负极都生成 $PbSO_4$，其放电反应过程如下：

负极反应：$Pb + HSO_4^- = PbSO_4 + H^+ + 2e^-$ $\qquad\qquad$ (2-1)

正极反应：$PbO_2 + 3H^+ + HSO_4^- + 2e^- = PbSO_4 + 2H_2O$ $\qquad$ (2-2)

总反应：$Pb + PbO_2 + 2H_2SO_4 = 2PbSO_4 + 2H_2O$　　　　　　（2 – 3）

负极 Pb 在放电期间会发生氧化反应，与溶液的表面 HSO_4^- 形成 $PbSO_4$，并向外部电流供给电子；在正极处，PbO_2 获得外电路的电子，然后进行还原反应，再与溶液中的 H^+ 和电解液界面的 HSO_4^- 形成 $PbSO_4$ 和 H_2O，从而使蓄电池放电。在充电过程中，反应如式（2 – 1）与式（2 – 2）由右侧向左侧进行响应。当外部供电时，正极表面的 $PbSO_4$ 最大限度地释放电子并氧化为 PbO_2，负极表面的 $PbSO_4$ 最大限度地夺取电子并还原为 Pb[1]。

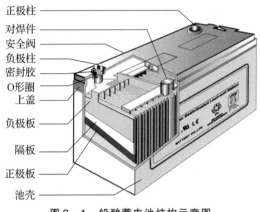

正极柱
对焊件
安全阀
负极柱
密封胶
O形圈
上盖
负极板
隔板
正极板
池壳

图 2 – 1　铅酸蓄电池结构示意图

1. 正极活性物质及添加剂

铅酸蓄电池的正极活性物质 PbO_2 为具有 4 种不同形式的多晶型复合物，分别为斜方晶系 $\alpha - PbO_2$（铌铁矿型）、正方晶系 $\beta - PbO_2$（金红石矿型）、无定型 PbO_2 和不稳定的假正方晶系。因其晶体结构存在差异，其物理化学性能也不尽一致，$\alpha - PbO_2$ 晶粒尺寸大，$\beta - PbO_2$ 结晶细小，真实表面积大。在正极活性物质化成的第一阶段，pH 值呈中性或碱性，主要生成 $\alpha - PbO_2$，而 $\alpha - PbO_2$ 在整个正极活性物质中传导电流，较少参与电荷放电过程，起到连接板栅与活性物质的机械骨架作用。在化成的第二阶段，pH 值呈酸性，主要生成 $\beta - PbO_2$，而 $\beta - PbO_2$ 具有电化学活性，参与电荷放电过程，因此 $\beta - PbO_2$ 决定了铅酸蓄电池正极的容量。实际上，铅酸蓄电池正极的活性物质利用率较低，极大限制了比能量和使用寿命。由于 PbO_2 的结构较为复杂，对其他物质十分敏感，少量加入添加剂也可能会被降解或被钝化，因此对正极活性物质添加剂的研究十分重要[3]。添加剂通常发挥机械增强作用或是导电改进作用。填充型添加剂，如中空玻璃微球，可以有效地改善正极活性物质的利用率，但填料的增加会使电池的能量密度下降。另外，通过添加各向异性石墨，可以形成石墨间层状的复合物,利用膨胀作用保持正极的孔隙率,提高活性物质利用率。硫酸盐和磷酸盐也被作为正极的添加剂使用。添加硫酸盐能有效降低 $PbSO_4$ 的溶解性,从而降低短路造成的风险。硫酸钠和硫酸镁能提高电池充电接受能力、电池容量恢复能力和循环寿命。磷酸盐类添加剂能够减小正极活性物质的脱落速度,从而提高循环寿命。

2. 负极活性物质及添加剂

铅酸蓄电池的负极活性物质是海绵状铅。在放电过程中,铅氧化生成的 $PbSO_4$ 会迅速覆盖负极表面,从而大幅降低负极容量。通常使用添加剂提高负极反应效率,从而增大负极容量,改善铅酸蓄电池的比功率和比能量。为了提高电极的导电性,碳材料是一种重要的负极添加剂。通常所用的添加剂是炭黑或乙炔黑,它们可以增加极板对电解液的浸润能力,确保放电反应原料的供给,从而增加电极的放电容量;同时可以有效吸附表面的活性成分,调整其在电极上的分布,从而提高电极的电荷接收性能。一些硫酸盐添加剂被用作膨胀剂,如 $BaSO_4$、Na_2SO_4 等。由于 $BaSO_4$ 的晶格参数和 $PbSO_4$ 近似,能作为 $PbSO_4$ 的成核剂,保证晶体的均匀生长与分布,保持电池负极的高比表面积。木质素及衍生物被用作分散剂,以减小活性物质的颗粒尺寸,增大比表面积。木质素是一种具有许多高反应活性官能团的天然高聚物,需经过预制保证其在电化学反应中的稳定性。预制木质素添加剂能够提高负极活性物质的循环稳定性,改善电池的循环性能,特别是在高速和低温下放电时,能够有效保持电池容量。

3. 板栅

板栅是构成电池极板的主要材料之一,起到支撑活性物质、传导和汇集电流的作用。板栅多由铅合金制成,具有良好的导电性、机械强度、耐腐蚀性、电化学稳定性、黏合性,理论上不参与电荷转移过程,但其发生的副反应可能会导致界面腐蚀、结构变形或容量衰减等现象。板栅根据其形态可划分为正交板栅、管板栅、扩展板栅等;按组成可划分为铅 – 锑(Pb – Sb)合金、铅 – 锑 – 镉(Pb – Sb – Cd)合金以及诸如 Pb – Ca 合金等非锑合金板栅[5]。铅基合金增强了铅的强度,并能改善其机械性质,而钙对提高板栅的强度和抑制自放电有一定的作用。

铅基合金板栅的最大缺陷在于其同体积质量较重,使电池具有较小的比能量。为此,人们对轻质板栅、泡沫板栅、复合板栅等进行了大量的探索。在正极中,采用新型轻质板栅如镀铅钛基、铝基板栅、碳基板栅以及亚氧化钛陶瓷板栅。负极轻板栅的种类有含铅铜基板栅、碳基板栅等。

4. 电解液

铅酸蓄电池的电解液由硫酸稀释、加入添加剂等过程制得。H_2SO_4 溶液不仅发挥电解液的离子导电作用，还作为活性物质参与化成及电极反应。铅酸蓄电池电解液中 H_2SO_4 的含量是决定蓄电池容量的因素之一，H_2SO_4 浓度直接影响电解液的电阻率、开路电压等参数，进而对电池性能产生影响。当 H_2SO_4 为主要容量限制因素，即作为电极反应的活性物质，当其利用率高于 Pb 和 PbO_2 时，电池初始容量较低，但循环过程中正负极反应的可逆性较高，因此电池的循环寿命较长[6]。当 Pb 和 PbO_2 为主要容量限制因素时，电池初始容量较高，但循环寿命较短。

电解液中通常针对不同的设计需求添加特定的添加剂，以改善高低温性能、循环性能等。无机添加剂主要有碱金属或碱土金属盐、磷酸、钴离子等。碱金属及碱土金属的硫酸盐能明显改善蓄电池的容量恢复，并对防止蓄电池的初期容量损耗起到一定的改善作用[7]，而在硅酸盐和磷酸盐的存在下，电极的自放电会受到抑制。另外，添加 $CoSO_4$ 可以使电极的活性材料与板栅的黏附力得到改善，从而显著地延长电池的循环寿命。

5. 隔板和电槽

隔板是在正负极板之间起到电子绝缘而离子导电的装置。铅酸蓄电池的隔板材料主要有 PVC、PP、PE 等高聚物。通常不采用单个的或叶片状的分片，而是采用可封闭的、有孔隙的隔板。有些专门针对特定情况而研制的铅酸蓄电池，采用一种由石英粒子和玻璃钢组成的叠层复合隔板，从而增强了它们的力学性能。

电槽是铅酸蓄电池的"容器"，主要包含电池外部的塑料外壳和槽盖等部件，多使用高聚物材料。理想的电槽应具备良好的耐压性、耐酸性、耐热性、耐冲击性。另外，壳盖的接合过程应注意密封性，以保证电池安全运行。

2.1.2　铅酸蓄电池失效机制

铅酸蓄电池的失效模式取决于应用类型和电池设计，常见的铅酸蓄电池的失效机制大致有以下几种。

1. 正极板栅腐蚀与活性物质脱落

正极板栅腐蚀主要是因为铅合金中的铅在充电过程中发生阳极反应，铅被氧化为 $PbSO_4$ 和 PbO_2。特别是在过充状态下，正极发生析氧反应消耗水，导致正极附近酸度增加，加速板栅腐蚀[8]。$PbSO_4$ 和 PbO_2 的体积比 Pb 大，因此导致体积膨胀，进而破坏板栅与活性物质间的良好接触，变形的板栅受到应力会加速腐蚀，发生应力腐蚀断裂，无法支持活性物质导致电池失效。不同的正极板栅材料对腐蚀失效的具体影响机理不同。通常情况下，板栅会与电解质、氧发生化学反应，从而影响电导性能，造成板栅的腐蚀与破坏。铅－钙合金板栅的失效主要是由于板栅的金相和钙质含量的不同而引起的。含锡合金板栅的破坏与板栅中的锡含量有关。影响泡沫铅失效的主要原因是气孔尺寸。碳素材料中的碳化物析氢，造成电池排气及失水，是造成含碳材料板栅失效的主要原因。

在充放电循环中，正极活性材料可能因极板表层铅膏泥化而脱落。一方面，正极板栅的体积变化使得活性物质接触不良而发生脱落；另一方面，正极充放电产物 $PbSO_4$ 和 PbO_2 在转变过程中，粒子之间的黏附发生松动，使其发生脱落[9]。PbO_2 经放电后被氧化为 $PbSO_4$，其形貌及结晶形态均与 PbO_2 截然不同；在充电过程中，PbO_2 又会沉积在具有不同形貌和结构的 $PbSO_4$ 上，如此反复循环，使正极活性物质形态发生剧烈变化。PbO_2 粒子之间的结合位置会随着微粒的流动而变得更细小，最后会失去粒子之间的粘附性，从而造成软化性的掉落。另外，循环充电结束后，电解质中会产生沉淀，从而降低电池的容量。正极活性材料的软化失效与板栅合金成分、正极活性材料的质量比、正极活性材料结构特征、蓄电池充放电模式、板栅组装压力等因素相关。如果电池反应材料的比例不合适、充电电流过大、深度放电以及电解液浓度不合适，都会造成电池的性能下降，寿命缩短。

2. 负极硫酸盐化与失水

在对铅酸蓄电池进行充电时，由于电解质的电化学反应放热，使板栅中的铅熔化，造成腐蚀和极板的硫酸盐化。负极硫酸盐化是指电池极板上形成了不可逆的硫酸铅晶体的现象，通常情况下是由于充电不足导致的。充电不足的电池在使用时析氢过电位下降，析氢和吸氧副反应容易发生，降低 $PbSO_4$ 的还原效率，造成负极 $PbSO_4$ 的积累，且当极板处于深度放电工作状态，很容易出现这种 $PbSO_4$ 的重结晶。不可逆硫酸盐化导致负极电化学活性物质减少，电池容量下降，循环寿命减少，使得电池失效。值得注意的是，$PbSO_4$ 在铅酸蓄电池中的作用会受到温度的影响，其溶解性会对非可逆性硫酸盐化反应产生影响。随着温度的降低，$PbSO_4$ 的溶解度逐渐降低，使得 $PbSO_4$ 晶体的结晶变得更强，促使其生成不可逆的硫酸盐，从而进一步降低铅酸蓄电池容量。

失水是电解液干涸导致的电池失效现象。失水不仅会造成电池容量损失，还会加快板栅腐蚀，甚至引发刺穿隔膜短路的问题。正极板栅腐蚀、充电方式不当、自放电等过程中都可能发生电解水的反应；电池内部水分蒸发、析氢反应、酸雾等都会进一步造成失水；水蒸气还可能通过电槽渗透流失。失水后的蓄电池相当于增加了硫酸的浓度，蓄电池中的硫酸含量升高，也就导致了硫酸盐的腐蚀，从而形成恶性循环。

失水多发生在阀控式密封铅酸蓄电池中，由于电池的贫液结构，导致了电池的脱水。在"贫液"条件下工作的电池，其电解质被充分地储存在多孔薄膜内。电池一旦失水，就会使电池的正极和负极与隔膜分离，或因供酸量过低而导致蓄电池无法放电。电池的结构设计，如蓄电池密封不良、安全阀开启压力设定太低、采用水氧保持能力差的材料、低锑合金板栅片等，均可能导致电池脱水。在电池材质方面，为了提高电池的容量，采用增大正极板活性物质的方法，可能使负极氧循环变差，正极板的氧来不及被负极板吸收，从而导致电池的脱水。

3. 短路

电池内部短路可能有"枝晶"和"苔藓"两种情况。"枝晶"短路主要是由于深度放电所致。在稀酸液中，$PbSO_4$ 易于在隔板的孔内生成更大的粒子，充电时，它们会转变为树枝形的铅质，从而造成"枝晶"短路。与小孔相比，孔道大的隔板更易于发生"枝晶"短路。"苔藓"短路是由于正极活性物质脱落产生的金属沉降物造成的。正极腐蚀、软化脱落产生的 PbO_2 颗粒悬浮在电解液中，随电解液运动沉积在负极表面或电池底部，可能直接导致正负极接触短路，也可能在充电时被还原成金属铅，导致"苔藓"短路。

短路或充电电压过高会引起电流过载，还可能造成热失控等安全问题。充电电压过高时，充电电流过大产生的热可能使电解液温度升高，同时副反应也可能引起热量聚集而加剧升温。电池内部温度的升高会导致内阻下降，进一步增大电流，电池升温和电流增大互相加强、恶性循环，最终电池热量失控，引发电槽变形甚至开裂、着火，导致电池失效。

|2.2　镍基电池（Ni–MH 和 Ni–Cd）|

常用的镍基电池是镍氢电池和镍镉电池。镍镉电池作为第一种应用于手机、笔记本电脑等电子产品的电池，具有优异的大电流放电、耐过充等特性。然而，由于镍镉电池的"记忆效应"较强，其使用寿命不是特别理想。另外，由于镍镉电池中的镉具有强毒性，如果废弃后不及时处置，将会对周围的生态产生严重的影响。

随着镍氢电池技术的进步，逐渐取代了传统的镍镉电池，目前镍镉电池已基本被淘汰出数码设备电池的应用范围。与镍镉电池相比，镍氢电池以储氢合金代替镉作为负极，消除了镉对环境带来的污染问题；同时具有更高的能量密度，且降低了镍镉"记忆效应"。随着国家863计划的实施，国内在储氢合金电极材料和镍氢电池的研制开发和产业化方面，已经有了长足的发展，其容量、自放电等各项指标均达到了世界先进水平。

2.2.1　镍镉电池的主要组成

镍镉电池品种规格繁多，可分为用作牵引、起动、照明及信号电源的袋式电池，用于大电流放电和各种引擎起动的开口烧结电池，用于轻型便携式设备、备用电源的密封电池。这些不同种类的镍镉电池体系的活性物质和电化学机理基本相同。放电反应如下[1]：

负极反应：$Cd + 2OH^- = Cd(OH)_2 + 2e^-$ (2-4)

正极反应：$2NiOOH + 2H_2O + 2e^- = 2Ni(OH)_2 + 2OH^-$ (2-5)

总反应：$2NiOOH + 2H_2O + Cd = 2Ni(OH)_2 + Cd(OH)_2$ (2-6)

在充电状态下，Cd为负极活性物质，$NiOOH$为正极活性物质；在放电状态下，正极活性物质是$Ni(OH)_2$，负极活性物质是$Cd(OH)_2$。在充放电期间，活性物质发生了氧化还原反应，而其物理形态基本不会改变，而且电解液的含量也不会有明显的变化。正负极活性材料在各种化学状态下都不易溶解，且总是处于固体状态，这一特点有助于提高蓄电池的循环和储存周期，且在放电电压较宽的范围比较稳定。

圆柱形密封镍镉电池使用最为广泛，其结构示意图如图2-2所示，主要部件包括镉负极片、氧化镍正极片、吸收了电解液的隔膜、镀镍不锈钢壳（负极极柱）、电池盖（正极极柱）、绝缘密封环等。盖板上装有安全阀，以防止过充电或放电率过高时造成压力过高而引起的壳体破裂。

正负极极片由基板、活性物质、导电剂、黏结剂、添加剂组成。常用的导电剂为石墨等碳材料或镍粉，黏结剂为甲基纤维素等聚合物，添加剂为各类金属氧化物。正极采用多孔烧结基板、泡沫镍基板或纤维镍基板。泡沫和纤维电极是较为先进的极板制造方式，将聚氨酯泡沫塑料或化学纤维毡作多孔体，制成高孔率的发泡或纤维镍基体，再将活性物质和各种添加剂混合填充其中制得。这种基板由于孔隙率高，单位体积可以填充更多活性物质，以提升电池容量。负极多采用与正极类似的烧结基板或泡沫基板。

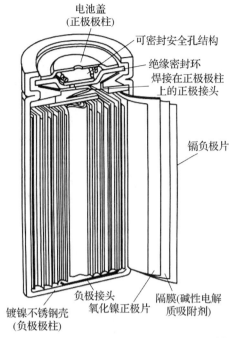

电池盖
(正极极柱)

可密封安全孔结构

绝缘密封环
焊接在正极极柱
上的正极接头

镉负极片

隔膜(碱性电解
质吸附剂)

负极接头
氧化镍正极片

镀镍不锈钢壳
(负极极柱)

图 2-2　圆柱形密封镍镉电池结构示意图[1]

电解液为 KOH 溶液，吸收在隔膜中，其含量很低，但足够维持正常工作。隔膜材质一般为尼龙或聚丙烯纤维织物，其吸碱性强，透水性好。隔膜的渗透率及低液相系统对氧的运载是有利的，充电过程析出的氧气会向负极转移，与镉发生化学反应，从而达到安全的密封效果。

2.2.2　镍镉电池的失效机制

这里仅讨论常用的便捷式密封镍镉电池，其失效机制有以下几种。

1. 记忆效应

"记忆效应"是指当电池未充分放电时，导致蓄电池容量下降的现象。如果蓄电池经过部分充放电循环，然后再进行完全放电，放电的容量在最初的放电结束时不会全部释放出来，电池似乎"记住"了在部分放电时容量较低，这就是所谓的"记忆效应"[13]。

出现"记忆效应"的根本原因是放电电压的下降。部分在放电时没有参与循环反应的活性物质，尤其是镉电极，其内阻、结构可能会发生改变，导致放电电压下降。实际上，通过一定条件的全充放电循环，电池的容量是可以恢复的，发生物理状态改变的活性物质可以通过循环恢复至原始状态。新型镍镉电池采用的电池结构和成形工艺在一定程度上可以避免电压下降现象。现在，"记忆效应"这个术语也用来解释其他问题导致的电池容量下降，如无效充电、电池老化等。

与"记忆效应"类似，长时间的过充电也会导致电池容量的下降，同样是由于放电电压下降引起的。工作温度升高会促进这类失效的加速，这种失效也是可以通过一定条件下的充放电循环恢复的。

2. 电解质损失

因为镍镉电池采用的是贫液式结构，所以很明显，当电解液含量下降时，电池的容量就会下降。高充电率充电、反极频繁、短路等都会导致蓄电池安全阀打开，并导致电解液流失。此外，在长时间的工作中，如密封帽等连接部位也是电解液流失的通道。

3. 短路

金属镉在碱性电解液中具有重结晶特性，在长时间低电流充电的条件下，镉可能在极板表面结晶，形成镉枝晶。当枝晶持续生长至穿过电池隔膜，并连接正负极片时，会引起电池内部短路，导致电池失效。在高温条件下，隔膜机械强度的降低会加剧内短路的风险。

2.2.3　镍氢电池的主要组成

镍氢电池由镍镉电池发展而来，除了将镉负极替换为储氢合金负极外，与密封式镍镉电池具有相似的结构和组成，其电化学原理的不同也体现在储氢合金上[11]。由 $Ni(OH)_2$ 正极、储氢合金 MH 负极、KOH 溶液电解质组成的镍氢电池放电反应如下[1]：

$$负极反应：MH + OH^- = M + H_2O + e^- \qquad (2-7)$$

$$正极反应：NiOOH + H_2O + e^- = Ni(OH)_2 + OH^- \qquad (2-8)$$

$$总反应：MH + NiOOH = M + Ni(OH)_2 \qquad (2-9)$$

从反应式可以看出，镍氢电池的反应与镍镉电池相似，只是负极充放电过程中的生成物不同。在常规充放电条件下，负极处的储氢合金材料会释放出氢原子，并向正极处转化为质子，与 NiOOH 反应生成 $Ni(OH)_2$；在充电时，$Ni(OH)_2$ 向 NiOOH 转化，生成的质子向负极处转化为氢原子，在整个循环过程中没有氢气的产生。在超负荷状态下，则会发生电解水的反应，但由于负电极的面积较大，而且氢气可以向负电极的方向扩散，所以氢和氧可以很轻易地在电池中再化合形成水，维持容器内的气压。

常用的镍氢电池有圆柱形、扣式、方形等。圆柱形和扣式镍氢电池与密封镍镉电池结构相似，密封扁方形镍氢电池结构示意图如图 2 – 3 所示。各种类型的镍氢电池基本都是由 $Ni(OH)_2$ 正极、储氢合金负极、电解液、隔膜、正负极极柱、安全阀、密封圈、壳盖等部件组成。

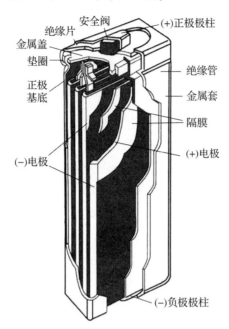

图 2 – 3　密封扁方形镍氢电池结构示意图[1]

1. $Ni(OH)_2$ 正极

镍氢电池所用的 $Ni(OH)_2$ 正极与镍镉电池基本相同，以高孔率的泡沫镍基板或纤维镍基板作导电基板，涂敷活性物质与导电剂、黏结剂、添加剂混合物制成。

活性物质 $Ni(OH)_2$ 有两种晶型：$\alpha – Ni(OH)_2$ 和 $\beta – Ni(OH)_2$[15]。由于 $\alpha – Ni(OH)_2$ 的电子转移数是 $\beta – Ni(OH)_2$ 的 1.66 倍，因此具有更高的比能量。但 $\alpha – Ni(OH)_2$ 由于其晶体结构不稳定，且用量不大，一般采用掺杂来改善其稳定性。在镍氢电池中广泛应用的是 $\beta – Ni(OH)_2$，它具有更稳定的晶体结构。由于 $\beta – Ni(OH)_2$ 颗粒形状不规则，振实密度小，在制造过程中常采用球状工艺，可有效增加振实密度，从而增加电极的体积比容量。球状 $Ni(OH)_2$ 是一种具有较差导电性能的 P 类半导体，在一定的放电深度下，由于 $Ni(OH)_2$ 的累积会导致其对电子的传输产生干扰，反应效率降低。通过加入含钴、锂、锌、镉、钙等的添加剂可以提高其使用效果。

Ni(OH)$_2$电极逐渐向纳米化发展。纳米 Ni(OH)$_2$的结构和晶型与球形一样，但是具有更大的振实密度和比表面积，更均匀的孔隙率和更强的热稳定性。作为纳米尺度的活性材料，不仅可以提高电池的填充密度，还能有效增加电极与电解液的接触，提高电化学粒子传质速度，降低电极在充放电反应中的浓差极化，改善电极的电化学性能，提高 Ni(OH)$_2$利用率。

2. 储氢合金负极

镍氢电池的负极是由导电骨架、活性物质储氢合金和黏结剂等各类添加剂组成。黏结剂通常采用聚四氟乙烯加少量羧甲基纤维素。

储氢合金是一种能在特定的温度、压强条件下进行可逆性吸放氢的金属间化合物。吸氢过程可分成以下几个步骤：氢气在金属的表层上被吸附；氢气被吸收后分解为氢原子，并在合金的晶格中生成含有氢的固溶体；固溶体和氢发生化学反应，形成了氢化物的相态；随着持续升高的氢压，含氢率有所上升。上述过程是一个可逆反应并伴随着热量的改变，吸氢时会放出热，而在氢气释放时会吸收热。

储氢材料按其对氢气的吸附效应分为 A 侧元素和 B 侧元素两类，一般采用通用公式 A$_m$B$_n$来表示[17]。A 侧的元素可以生成稳定的金属氢化物，其中包括 La、Ce、Ca、Mg、Ti、Zr 等；B 侧的元素则是以 Ni、Co、Mn、Al、Fe、Cu 等典型具有催化性能的元素为主。A、B 两侧的元素共同决定了储氢合金优良的吸放氢性能。目前研究较为成熟的储氢合金包括 AB$_5$型稀土基储氢合金、AB$_2$型 Laves 相储氢合金、A$_2$B 型镁基储氢合金、AB 型 Ti – Ni 和 Ti – Fe 系储氢合金等几种类型，这些合金在吸氢量、活化性能、放电容量、循环寿命等方面差距较大。在现有的商用镍氢电池中，主要采用 AB$_5$、AB$_2$两种储氢体。

3. 隔膜和电解液

镍氢电池和镍镉电池类似，隔膜吸附着一定量的电解液被置于正负极板之间，因此需要具有一定的耐碱性、导电性、热稳定性和机械强度。镍氢电池应用较多的隔膜材料是尼龙无纺布和聚烯烃无纺布等有机隔膜，也有一些涂覆功能化无机物的无机/有机复合膜。

常用的电解质是 KOH 水溶液，有些加入了 LiOH 和 NaOH，以提高其使用效果。将 LiOH 添加到电解质中，是由于 Li$^+$能抑制 Ni(OH)$_2$粒子的团聚，维持其分散。Na$^+$与 K$^+$具有同样的电荷量和相似的水化半径，在镍电极中形成类似的结构，从而增加了大电流下的材料使用效率。由于水系液态电解质的低温性能差，固态电解质也被用于镍氢电池，如有机胶体电解质等，但其导电率较低，制约了其广泛的使用。

4. 安全阀

安全阀位于蓄电池的顶端，以保证内部压力的安全。虽然蓄电池在过充电时会产生气体，但正极析出的氧气通常可以在负极表面重新化合，从而保证了蓄电池中的气压不变。如果运行不当，使产生氧或氢的速度比再化合速度快，则会导致电池内部压力上升，这时安全阀就会开启减压，避免出现爆炸的情况。安全阀在压力恢复时又回到原来的位置。

2.2.4　镍氢电池的失效机制

与镍镉电池类似，镍氢电池也存在"记忆效应"，但实际的电压下降导致的容量减少只占电池容量的一小部分，实际使用中几乎察觉不到。其他的一些原因，如不完全充电、过充电、高温环境使用等往往会给镍氢电池带来较大的性能下降，其主要失效机制有以下几种。

1. 正极体积变化与活性物质脱落

镍氢电池的正极材料是由高孔泡沫镍或纤维镍制成，表面覆有高密度 $Ni(OH)_2$。正极活性物质 $Ni(OH)_2$ 有 α、β 两种晶型，都属于六方晶系，其层状结构可以描述为六方密堆积的 OH^- 层，在 c 轴上堆积，在两个 OH^- 层之间形成八面体间隙。放电产物 $Ni(OH)_2$ 有 β、γ 两种晶型[16]。$\beta - Ni(OH)_2$ 在正常充放电过程中和 $\beta - NiOOH$ 相互转化，但过充电时 $\beta - NiOOH$ 会转化为 $\gamma - NiOOH$。$\gamma - NiOOH$ 的体积比 $\beta - NiOOH$ 的体积增加了 44%，其放电产物 $\alpha - Ni(OH)_2$ 的体积又增加 39%，严重的体积膨胀会给正极带来膨胀、变形和老化等一系列问题。由于各相间的密度差异很大，所以电极会发生膨胀、收缩等现象，长时间过充电循环时，反复的体积变化可导致电极变形甚至破裂，从而使镍电极发生故障，导致镍氢电池的寿命结束。

另外，泡沫镍电极表面的活性成分脱落是导致正极衰减的一个重要因素。泡沫镍电极是一种具有不同结构和成分的新型金属材料，最外层是活性材料、添加剂和聚四氟乙烯，内部的一层是泡沫镍。在充放电过程中，外层活性物质的形态发生了巨大的变化，使得内层和外层的拉伸和压缩产生压力差，导致层间的活性物质剥离，从而导致电池失效。

2. 负极粉化和氧化

负极衰减机制较为复杂，约 60% 的电池容量损耗是由电解溶液中的储氢合金腐蚀引起的，通常将其归结为负极活性材料的粉化与氧化[18]。以最常见的 AB_5 型储氢合金为例，主要有氧化–破裂机理和粉化–氧化机理两种失效机制。氧化–破裂机理是指负极表面氧化膜破裂导致的电极破坏。此种情况下，储氢合金与电解质接触时，表面的活泼元素被氧化形成氧化膜，不仅会降低放电容量，在吸氢后还会发生体积膨胀，导致氧化膜破裂。粉化–氧化机理是指由于晶格膨胀引起的合金粉化导致的电极失效。此种情况下，储氢合金吸氢后晶格发生膨胀，内应力增加引起晶粒破裂，随着循环次数的增加，晶粒内的微裂纹逐渐扩展，电极的不断粉化加剧了表面的氧化反应，使得储氢能力大大降低。

3. 电解液干涸

电解液体积对电池的性能也有较大的影响：太多会造成内部压力的升高；太少会影响到电极的导电性能，从而降低放电容量和电压。在充放电过程中，电极粉化膨胀、电解液泄漏、副反应都会导致电解液的减少和重新分布。电极材料的腐蚀和变形是导致电解液干涸的主要原因。一方面，电极膨胀导致的体积变化改变了电极间隙，电极吸收从隔膜中挤出的电解液，使得电解液重新分配。另一方面，电极的氧化腐蚀，尤其是负极中活泼元素在碱性电解液中的反应，会消耗一部分电解液。此外，安全阀泄压打开时，也有可能造成电解液泄漏。

当电极和隔膜不能完全浸润电解液时，电化学反应效率会降低，从而影响电池的容量、内阻、电压等一系列电化学性能。电解液干涸引起的电池失效通常伴随着其他组件的问题。镍氢电池电解液干涸和电极活性降低会导致阻抗的升高。电解液干涸后的隔膜电阻大大增加，在充放电循环中更容易发生氧化和分解，从而使电池的含液量下降。电极活性降低的影响更大，体现在接触电阻和电化学反应阻抗增加两方面，由此引起的容量下降和寿命衰减是不可逆的。

4. 内压升高

镍氢电池内压高是指电池在充电过程中电池内部产生很多气体，尤其是大电流快充电时明显，造成电池内部压力升高的现象。内压高会引起漏液、爬碱、隔膜干枯、电池寿命缩短等恶劣后果。内压升高的根本原因在于正极的析氧反应和负极的析氢反应生成的气体未能及时重新化合。充电初期，正极会析出部分氧气，负极形成氢原子并复合成金属氢化物；到充电后期，尤其是过充电的情况下，正极析出的氧气出现积累，而负极也会发生氢原子复合成氢气析出的现象。

镍氢电池的安全阀是维持内压稳定的重要部件。当电池内压过高时，安全阀的打开容易加速电解液干涸，导致电池寿命衰减；若安全阀未能正常打开，气体无法及时排除，则将带来更为严重的安全问题。

|2.3　锂离子电池|

锂是自然界密度最小的金属，它的电位低，能量密度高，是一种非常适合电池负极的材料。阿曼在 1980 年发明了"摇椅电池"，用可嵌入式负极取代了金属锂，体系中锂离子可往返嵌入脱出，可以有效地避免锂枝晶所引发的安全问题。此后，古迪纳夫又发现了一种稳定的层状过渡金属氧化物，它可以确保锂的嵌入/脱嵌稳定性。索尼公司率先将 $LiCoO_2$ 用作正极，以碳做负极，最早开发了商业化的锂离子电池，从而促进了锂电的商品化。至今，石墨仍然是最成熟、最廉价的负电极材料。

当前主流的商业用锂离子电池可以达到 3.6 V 的工作电压，其能量密度是普通镍镉电池的 2 ~ 3 倍。在智能手机、平板电脑等便携设备中，锂离子电池得到了越来越多的使用，同时在航天、电子、通信、新能源等方面也有着重要的应用价值。随着能源和环保问题日益突出，作为汽车的主要动力源之一，高能量锂电池正逐渐发展起来。其优点大致可以概括为：工作电压高（3 倍于镍氢电池）、比能量高（3 倍于镍氢电池）、体积小、质量轻、循环寿命长、低自放电率、无记忆效应、无污染，等等。

2.3.1　锂离子电池的主要组成

锂离子电池的充放电过程就是锂离子在正负极间嵌入/脱嵌的过程。在对电池进行充电时，正极的金属阳离子失去电子发生氧化，Li^+ 则会脱离正极，通过隔膜嵌入到负极材料层间，电子通过外部的电路移动至负极。在这种情况下，正极是"贫锂"，而负极则是"富锂"。在电池的放电过程中，负极的金属阳离子因失去了电子而发生氧化，而 Li^+ 则从负极处回到"贫锂"状态的正电极上，外电路中的电子则由负极转移到正极，把化学能量转换成电能。以典型的层状金属氧化物锂离子电池为例，其充电反应方程式如下[1]：

正极反应：$LiM_xO_y = Li_{1-n}M_xO_y + n\,Li^+ + n\,e^-$ $\qquad\qquad$ (2 – 10)

负极反应：$6C + nLi^+ + ne^- = Li_nC_6$ $\qquad\qquad\qquad$ (2 – 11)

电池总反应：$LiM_xO_y + 6C = Li_{1-n}M_xO_y + Li_nC_6$ $\qquad\quad$ (2 – 12)

在常规充放电条件下，在层状结构中，锂离子的嵌入和脱出通常仅造成层间间隙的改变，而对晶体结构没有影响。由此可见，在充电和放电过程中，锂离子电池的反应是一个非常好的可逆过程。图 2 – 4 为锂离子电池原理示意图。

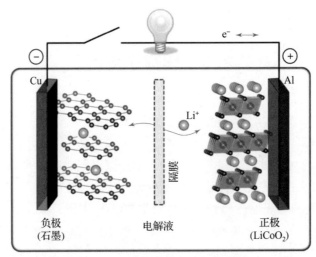

图 2-4　锂离子电池原理示意图[21]

1. 正极活性材料

含锂金属氧化物是典型的嵌入型锂离子正极材料，按照结构可分为层状结构正极材料、尖晶石结构正极材料和橄榄石型正极材料三大类。

层状结构正极材料主要包括钴酸锂（$LiCoO_2$）、镍酸锂（$LiNiO_2$）和锰酸锂（$LiMn_2O_4$）。$LiCoO_2$ 的理论质量比容量是 274 mA·h/g，但在实际充电过程中，随着脱锂反应的进行其结构稳定性会变差，导致电池容量衰减，实际可逆质量比容量仅 140 mA·h/g。$LiNiO_2$ 和 $LiMn_2O_4$ 同样存在实际可逆质量比容量低的问题，限制了其在动力电池领域的应用。但 Li-Ni-Co-Mn-O 三元材料综合了 3 种材料的优势，$LiCoO_2$ 的高电子、离子传输速率能够保证倍率性能，$LiNiO_2$ 保证了材料的高容量，$LiMn_2O_4$ 可以起到稳定结构的作用。富镍三元正极材料具有高容量的优势，是目前广为应用的高容量密度二次电池的正极材料。

尖晶石结构的锰酸锂（$LiMn_2O_4$）具有三维的锂离子扩散通道，倍率性能和工作电压都符合高功率型锂离子电池的要求。但是，在实际充放电过程中，由于易发生结构畸变和自放电现象，会造成可逆容量衰减，降低循环稳定性。

橄榄石型正极材料的磷酸铁锂（$LiFePO_4$）理论质量比容量能达到 170 mA·h/g，最早由 Goodenough 等人在 1997 年提出。在实际的充放电过程中，伴随着 $LiFePO_4$ 和 $FePO_4$ 的相变，占据八面体间隙的 Li^+ 可以在一维通道内进行传输。但是由于其电荷和电导率低，因此必须对其进行结构优化。该技术具有成本低、合成工艺成熟、较高的可再生性、较高的安全特性，在低能耗的动力电池中得到广泛的使用。

2. 负极活性材料

嵌入型负极材料是目前锂离子电池中最常见的负极材料，主要包括碳基材料和钛酸锂。锂离子在充放电循环中在负极材料的层状结构间进行嵌入和脱出，嵌入型负极材料的理论质量比容量较低，很难达到高功率二次电池的性能指标。

按石墨化度的不同，碳基材料可以分为石墨、软碳和硬碳三大类。碳基材料价格低廉、结构稳定、性能优良，但由于其氧化还原电位接近锂析出电位，因此在高倍率条件下存在着锂枝晶问题。石墨是最广泛应用和商品化的负极活性材料，其晶体中的 sp^2 杂化和分层结构很好地用作锂的载体，然而它的理论质量比容量仅 372 mA·h/g。为适应更大范围的商品化，研究者们也发展出其他材料，如中间相碳微球（MCMB）、有机物热解碳、石油焦炭等。碳纳米管、碳纤维和石墨烯等纳米级碳材料也被用于锂离子，它们都具有较大的比表面积和较高的电子导电率，可提供更多锂离子可嵌入的活性电位。

钛酸锂被视为"零应变"负极材料，在充放电过程中体积几乎没有变化。其具有相对稳定的尖晶石结构，且脱/嵌锂平台电位较高，能够保证电池的安全性能，但是电子和离子扩散效率低，倍率性能差。

除嵌入型负极材料外，一些金属及其氧化物也被用作合金型负极材料。金属合金类材料主要集中在锡基合金、硅基合金和铝基合金等体系。以锡基合金为例，主要有 Sn-Cu、Sn-Ni、Sn-Sb 等合金，这类材料的特点是比容量高，充放电速度较快，但在充放电过程中材料晶体结构的膨胀系数较大，从而导致实际比容量下降很快，循环寿命低。金属氧化物类材料比如 FeO、Co_3O_4、MoO、Cu_2O、TiO_2 也作为锂离子电池的负极材料被研究。

3. 电解液材料

电解液是组成锂离子电池的重要部分，在正负极中担当着传导电荷的功能，对锂离子电池的充放电比容量、工作温度范围、充放电循环效率及安全稳定性能等有着重要影响[23]。其中，电解质可分为有机和无机两类，其中以有机电解质为主。锂离子电池的有机电解质由溶剂、锂盐和添加剂构成，要求其化学稳定性好，离子导电率高，电化学稳定窗口宽，液相温度范围宽，安全性好，毒性低。

在锂离子电池中，有机溶剂作为一种必不可少的化学成分，在电解液中扮演着非常关键的角色。酯类溶剂由于其电化学稳定性好、介电常数高、熔点低、闪点高、安全性高，因此被应用于锂离子电池。碳酸酯（EC）和碳酸丙烯酯（PC）等环状碳酸酯的介电常数高，但其黏性较高；碳酸二甲酯（DMC）、碳酸二乙酯（DEC）和碳酸甲乙酯（EMC）等链状碳酸酯的黏性都比较小。由于电解质的介电常数过小或黏稠度过高都对电解质的导电不利，因此通常采用高介电常数的环状碳酸酯和低黏性的链状碳酸酯以特定的比率进行混合使用。

锂盐在有机溶剂中发生溶剂化，解离形成 Li^+ 和阴离子，从而提供足够多的用于在正负极之间传导的 Li^+。锂离子电池电解液常用锂盐可分为无机锂盐和有机锂盐两大类：无机锂盐主要有 $LiPF_6$、$LiClO_4$、$LiBF_4$、$LiAsF_6$；有机锂盐主要有 $LiN(SO_2CF_3)_2$、$LiCF_3SO_3$、LiBOB、LiDFOB。由于 $LiPF_6$ 在碳酸酯类溶剂中溶解度大，由其配制的电解液电导率较高，电池内阻小，倍率充放电性能优良，并且其对负极稳定性有利，所以目前商用电解液大都以 $LiPF_6$ 为锂盐使用，但其热稳定性较差，且对水分很敏感。

在电解液中添加适量的添加剂，可以大幅提高其各项特性，从而达到规模化生产的目的。添加剂根据使用情况分为膜添加剂、阻燃添加剂、过充电添加剂、控制电解液中水分及氢氟酸的添加剂。

4. 隔膜材料

锂离子电池隔膜材料需要具有优良的电子绝缘性、足够的化学稳定性以及耐潮湿、耐腐蚀性、电化学稳定性、润湿性、机械强度等特性。目前的锂离子电池隔膜主要有 3 种类型：微孔聚烯烃薄膜、无纺布薄膜和有机复合材料薄膜。微孔聚烯烃薄膜由于具有机械强度高、化学稳定性好、价格低等优点，在液体电解质中得到了广泛的使用。当前，用于锂离子电池的微孔聚合物膜以半晶态聚烯烃材料为基础，由聚乙烯（PE）、聚丙烯（PP）以及它们的复合物构成。无纺布隔膜是一种纤维薄膜，它通过化学、物理和机械的方式将许多纤维结合起来。

2.3.2 锂离子电池的失效机制

按照锂离子电池失效特征，可将其归结为安全性失效和使用性能失效两种类型。安全性失效是由于锂离子电池本身的构造或性能等方面的问题，或者在不当的操作中产生的不合理的电能或化学能释放。这是一种高危险性的失效类型，如热失控、短路、气体泄漏、爆炸等。使用性能失效是指锂离子电池因设计不当或使用不当，造成其性能无法正常发挥，如容量衰减、循环寿命衰减、电压衰减、自放电、短路等[27]。锂离子电池的失效机理十分复杂，失效现象与失效原因之间往往形成复杂的关系网络。

从电池组成材料来看，电池组件和反应物质的稳定性是决定其能否顺利运转的关键因素。正负极材料发生了结构改变或损坏，会导致容量衰减，倍率性能下降，内阻增大。电解液的损耗与反应产物的迁移特性降低密切相关，而电解液的劣化是导致电池产生气体的主要因素。隔膜老化、刺穿是造成电池内部短路的主要原因。从设计与生产来看，合理的电池结构设计是确保电池正常工作和安全性的关键。例如，电池板的涂布、滚压、烘烤等工艺以及电芯的缠绕、注液、封装、化成等工艺，都与蓄电池的性能和安全有着直接的关系。从使用的环境来看，过充、过放等非常规充放电都会对电池产生损伤，并导致电解液的分解而产生气体。在工作温度较高的情况下，也会引起电解液的降解。另外，剧烈的撞击、挤压、刺穿等会使电池的工作特性发生变化，从而造成电池的热失控、着火、爆炸等严重危害。

常见的锂离子电池失效表现及其机理如下。

1. 安全性失效

1）热失控

当电池的产热速率大于其散热速率时，热量不能及时散去，使得锂离子电池内部温度急速上升，并诱发进一步的剧烈副反应，导致热失控。短时间释放出大量的热会对电池产生破坏。高温使电极和电解液材料发生分解或其他复杂的化学反应，导致大量的有毒有害气体产生[26]。热传导还可能诱发模组内其他相邻电池的热失控。热失控往往伴有电池"胀气"，反应剧烈、危害性高，甚至会出现起火爆炸。

异常的工作环境和运行条件是导致锂离子电池热失控的主要原因，如滥用、短路、倍率过高、高温、挤压以及针刺等。工作温度过高时，电池中的隔膜、电解液等有机物都处于不稳定的状态，一旦电池内产生氧气，极易发生燃烧。另外，漏液漏气也会导致热失控，电池内部活性物质具有较高化学活性，接触空气可能发生剧烈的化学反应，产生大量的热及气体。

2）短路

电池短路的形式有外短路和内短路。外短路通常由错误的使用方式造成。内短路的成因更为复杂，通常与电池内部组分的结构、成分变化有关。短路发生后，短时间产生大量的热可能诱发热失控。内短路还可能引起锂离子电池的自放电、容量衰减等问题。

在装配时，由于结构不够科学，以及局部的高压都会造成内部短路。在正极浆料中，由于过渡金属的不完全清除，会造成隔膜的损伤，或引起负极的锂枝晶形成，从而造成内部短路。集流体中未经修剪的杂质会穿透薄膜和电极，以及在封装时极块和极耳产生偏置，都会导致正、负集流体的接触短路。在电池运行期间，电池内部各种组分的变化都可能引起锂离子电池内短路。在长循环过程中，由于局部带电不均匀，会产生大量的锂沉淀形成枝晶，刺穿隔膜造成内部短路。由于隔膜老化、塌缩、腐蚀等原因，会使其电子绝缘性下降，甚至使孔隙增大，从而使正负极发生微小的接触产生短路。另外，在过充电、过放电等因素的作用下，内部短路也会发生，这是因为集流体腐蚀导致电极表面出现沉积现象，严重时通过隔膜连通正负极。

3）产气

电池内的物理和化学作用会导致电池外壳变形、膨胀，从而导致电池内短路、泄漏、爆炸等问题。需要指出的是，并非所有的气体都是有害的，在电池化成时，通过消耗电解液来生成稳态 SEI 薄膜也会生成气体。异常产气是由于蓄电池的运行周期内，因过量的电解液消耗而产生的气体。电池的含水量、活性物质杂质、电池充放电程序和环境温度都对锂电池的产气有很大的影响。由于电解液中的痕量水分或电极活性材料没有被充分干燥，会使电解液中锂盐分解产生 HF，从而造成集流体和黏合剂的损坏。在非常规的电压下，可能会使溶液中的链型环状酯基或醚基团产生电化学分解，从而产生乙烯、乙烷、二氧化碳等气体。

2. 使用性能失效

电池的循环寿命衰减定义包括两方面：一方面，指 1 C 充放电，当容量保持率不足90%时，其循环周次小于 500 次，或容量的保持率低于80%时，其循环周次小于 1 000 次；另一方面，当电池出现了容量的非线性下降，也就是在极短的一段时期内，电池的体积急剧下降，从而出现了"断崖式"的下降，通常会出现体积变形、电解质干涸、锂枝晶过量等问题。

1）容量衰减

电池的容量衰减是在常温下当满电电池以 1 C 放电到指定终压时，电池的放电容量不能达到设计容量。在研究中，锂离子电池的性能损耗主要有可逆性和非可逆性两种。可逆容量衰减可以从调节充放电程序、改进电池工作条件等方面得到修复；非可逆容量衰减则是由于在电池中的不可逆变化所造成的无法弥补的容量损耗。

容量衰减是由电池本身的缺陷引起的，并且与电池生产工艺和使用环境密切相关。失效的原因包括正极结构失效、负极表面 SEI 过度生长、电解液分解变质、集流体腐蚀、体系中微量杂质等。正极材料的结构破坏主要有材料颗粒破碎、不可逆相转变、材料无序化等。石墨负极的失效是由石墨的表层引起的，暴露于电解液中的石墨发生电化学反应，形成固态电解质界面相（SEI）。若 SEI 过量增长，则会使电池体系中的有效离子浓度下降，从而造成容量下降。

2）析锂

析锂是一种比较常见的锂离子电池老化失效现象。锂离子电池在充电时，锂离子从正极脱嵌并嵌入负极，但是当一些异常情况发生时，如负极嵌锂空间不足、嵌锂阻力太大、正极锂离子脱出过快、极化现象严重等，无法嵌入负极的锂离子只能在负极表面还原成金属锂单质。

析锂的主要表现形式是负极极片表面出现一层灰色或灰白色物质，这些物质就是在负极表面析出的金属锂。析锂会使有效锂离子的含量降低，导致容量和使用寿命降低，同时也会导致电池的快速充电能力受到影响。随着析锂量的增加，其危险性也随之增大。轻微的析锂现象在优化充放电流程后得以缓解或者是消失；严重的局部析锂会使电池容量急剧衰减，甚至存在安全性问题。

锂离子还原时形成的树枝状金属锂称为锂枝晶，是一种危害较大的析锂形态。锂枝晶的成长是制约其安全与稳定性的一个重要因素，它会使锂离子电池的电极和电解液界面在循环过程中不稳定，使所产生的 SEI 薄膜发生破坏。一方面，其生长过程中会不断消耗电解液并导致金属锂的不可逆沉积，形成死锂，造成库伦效率低；另一方面，还可能会穿透薄膜，引起锂离子电池的短路，从而引起电池的自燃和爆裂。电流密度和温度对锂晶粒的生长有较大的影响，可采用电解液添加剂、高盐浓度电解液、结构化负极等方法对其进行控制。

3）内阻增大

在不同的充放电状态、工作环境和循环次数下，锂离子电池的内阻会发生不同程度的改变。锂离子电池的内阻与电池体系内部电子传输和离子传输过程有关，主要分为欧姆电阻和极化内阻，其中极化内阻主要由电化学极化导致，存在电化学极化和浓差极化两种。影响该过程的动力学参数则包括电荷传递电阻、活性材料的电子电阻、扩散以及锂离子扩散迁移通过 SEI 膜的电阻等。在电池内部电阻增大时，伴随着能量密度降低，电压、功率下降以及电池发热等故障。电极材料的微观裂纹和断裂、负极材料的失效与 SEI 过厚、电解液老化、活性物质与集流体分离、活性物质与导电助剂接触变差、隔膜缩孔堵塞以及电池极耳的焊接异常等，都可能增大电池的欧姆内阻。另外，异常的电池运行环境，如环境温度异常、过充、过放、高倍率充放电等也会对电池的内阻产生影响。

参 考 文 献

[1] 托马斯 B. 雷迪. 电池手册：第 4 版 [M]. 汪继强，刘兴江，译. 北京：化学工业出版社，2013.

[2] 吕鸣祥. 化学电源 [M]. 天津：天津大学出版社，1992.

[3] 朱松然. 铅蓄电池技术 [M]. 2 版. 北京：机械工业出版社，2002.

[4] 方瑜，舒月红，陈红雨. 铅酸电池行业的低碳材料与技术研究 [J]. 材料研究与应用，2010，4（4）：235 – 240.

[5] 杨贵恒，杨玉祥，王秋虹，等. 化学电源技术及其应用 [M]. 北京：化学工业出版社，2017.

[6] 德切柯·巴普洛夫. 铅酸蓄电池科学与技术 [M]. 段喜春，苑松，译. 北京：机械工业出版社，2015.

[7] 关锋，张燕，刘洪燕，等. 铅蓄电池电解液添加剂的研究进展 [J]. 当代化工，2010，39（1）：81 – 82，105.

[8] 王浩，刘峥，李海莹. 铅碳电池研究进展 [J]. 电源技术，2018，42（12）：1936 – 1939.

[9] 郑舒，贾丰春. 铅酸蓄电池存在的问题及其解决办法 [J]. 电源技术，2013，37（7）：1271 – 1274.

[10] 桂长清，郭丽，贺必新. 实用蓄电池手册 [M]. 北京：机械工业出版社，2011.

[11] 张鹏，孟进，许英. 镍氢电池的原理及与镍镉电池的比较 [J]. 国外电子元器件，1997（5）：16 – 18.

[12] 连芳. 电化学储能器件及关键材料 [M]. 北京：冶金工业出版社，2019.

[13] 陈军，陶占良. 镍氢二次电池 [M]. 北京：化学工业出版社，2006.

[14] 邹政耀，王若平，赵伟军，等. 新能源汽车技术基础 [M]. 北京：清华大学出版社，2020.

[15] 齐宝森. 新型材料及其应用 [M]. 哈尔滨：哈尔滨工业大学出版社，2007.

[16] 王殿龙，刘颖，戴长松，等. 影响 MH/Ni 电池正极放电容量的因素 [J]. 电池，2004，34（1）：64 – 66.

[17] 周鹏，刘启斌，隋军，等. 化学储氢研究进展 [J]. 化工进展，2014，33（8）：2004 – 2011.

[18] 袁俊，祁建琴，涂江平，等. MH – Ni 电池失效的电化学分析 [J]. 电源技术，2001，25（4）：279 – 282.

[19] 吴其胜，戴振华，张霞. 新能源材料 [M]. 上海：华东理工大学出版社，2012.

[20] 史鹏飞. 化学电源工艺学 [M]. 哈尔滨：哈尔滨工业大学出版社，2006.

[21] GOODENOUGH J B，PARK K – S. The Li – ion rechargeable battery：A perspective [J]. Journal of the American Chemical Society，2013，135（4）：1167 – 1176.

[22] 张世超. 锂离子电池产业现状与研究开发热点 [J]. 新材料产业，2004（1）：46 – 52.

[23] 何争珍，杨明明. 锂离子电池电解液及功能添加剂的研究进展 [J]. 当代化工，2011，40（9）：928 – 930.

[24] 赵卫娟，徐卫国，齐海，等. 锂离子二次电池电解质研究进展 [J]. 有机氟工业，2013（1）：16 – 20.

[25] 张明宇，矫利伟. 动力锂离子电池技术应用及展望 ——评《动力及储能锂离子电池关键技术基础理论及产业化应用》 [J]. 电池，2020，50（5）：510 – 511.

[26] 王青松，平平，孙金华. 锂离子电池热危险性及安全对策 [M]. 北京：科学出版社，2017.

[27] 王其钰，王朔，张杰男，等. 锂离子电池失效分析概述 [J]. 储能科学与技术，2017，6（5）：1008 – 1025.

[28] 殷志刚，王静，曹敏花. 锂离子电池石墨负极材料衰减机理研究 [J]. 新能源进展，2021，9（2）：158 – 168.

[29] 刘俊华，刘翠翠，李程，等. 电动汽车退役锂电池一致性快速分选方法研究 [J]. 上海节能，2020（7）：753 – 758.

[30] 戴文旭，施轶. 新能源汽车动力电池锂沉积现象研究 [J]. 上海汽车，2020（1）：2 – 9.

第 3 章

退役动力电池的储能梯次利用

| 引言 |

近年来新能源汽车及动力电池产业得到了迅猛发展，然而用于汽车的动力电池 5 年左右容量就会衰减到初始容量的 80% 以下，需要进行更换[1]。未来几年，锂离子动力电池即将迎来"退役潮"，进入大规模报废阶段。如果动力电池直接进行拆解，回收资源，剩余的容量将被浪费，也将给电池回收企业造成巨大的压力。

为提高退役电池的容量利用率和经济价值，梯次利用的概念被提出。目前从事梯次利用的企业越来越多，更有相关示范工程，积累了不少宝贵经验，在通信基站备电、电网储能和低速电动车领域都进行了一定的尝试，我国有产能的梯次利用企业已超过 40 家，每年产能超过 27 GW·h[48]，且正在不断扩大规模。本章将介绍梯次利用的定义和意义，着重叙述退役动力电池梯次利用与储能的研究现状和示范工程，并从经济、技术这两个方面评估其在储能领域的应用可行性。

|3.1　梯次利用的定义及意义 |

根据目前国内外的研究，动力电池的实际容量衰减至标称容量的 70% ~ 80% 后就应停止在电动汽车上使用，但这些电池仍可继续利用[2,3]。梯次利用，是对废旧新能源电池按照实际容量的不同，进行必要的拆分、检测、分类、修复和重组过程后得到梯次产品，使其可用于其他领域如储能或供电基站，以及路灯、低速电动车上的过程。

若动力电池容量发生一定衰减后就直接报废，从电池容量利用程度上看，哪怕之后进行了电池材料的资源化，电池的剩余容量也会被浪费。从市场需求上看，全球动力电池供需缺口持续扩大，电池直接报废将降低其性价比，进而加重动力电池供需不平衡的问题。从电池退役产业链发展上看，大量动力电池在同一时间段报废，将急剧增加电池回收利用的压力，可能会对产业链发展起到反作用[4]。

将具有较高剩余容量的动力电池用于对性能要求较低的领域，能够最大化利用动力电池的剩余容量，提高了动力电池全生命周期的价值，从而降低了电池的使用成本，同时能延长动力电池的使用寿命，将处置时间推后，有利于缓解大量电池进入回收阶段给回收产业带来的压力。研究动力电池的梯次利用技术，对于推动电力行业的健康绿色发展、储能系统的推广应用以及节能环保具有重要的社会意义和可观的经济效益[5]。

|3.2　梯次利用的研究进展及实际案例|

3.2.1　研究进展

梯次利用主要涉及 3 个环节：退役电池的状态评估、性能相近电池的分选与重组、在储能系统中的均衡配置。本节将从这 3 个方面叙述目前的研究进展。

1. 退役电池状态评估

实施梯次利用时，首先要对废旧电池进行评估，剩余容量较高，性能较好的电池具有梯次利用价值，进入梯次利用环节，而不能再使用的电池就直接进行拆解再生。与之相关的我国已经实施的行业标准是 GB/T 34015—2017《车用动力电池回收利用余能检测》，标准设定了废旧动力电池余能检测的测试标准，规定了车用废旧动力电池余能检测的术语与定义、符号、检测要求、检测流程及方法[6]。

科学研究领域，电池的状态评估依赖的参数包括电荷健康度（State of Health，SOH）、电池荷电状态（State of Charge，SOC）和剩余寿命。

电荷健康度反映了电池的老化程度，主要由电池容量和内阻决定。内阻的估测一般出现在有功率需求的场景里，直流电阻通过施加突变电流后计算电压与电流变化量的比值得到，交流电阻通过高频的正弦激励下进行测量来得到。根据直流内阻特性实验及温度实验，严媛[7]等人研究了退役电池直流内阻与荷电状态、倍率性能、温度的关系，而 Mathew，Bao 和 Lievre[8] 则根据电池的等效电路模型在线辨识了电池内阻。在注重能量需求的储能场景下，电池的评估更侧重于容量的估测，常用的电池容量估测手段包括利用电池模型估测和利用电池外特性数据估测。电池模型估测的一般流程是通过观测电池的具体性能确定模型的一些参数，从而确定电池的容量。电池模型分为电化学模型和等效电路模型。常用的电化学模型是锂离子单粒子模型，该模型用两个球体分别表示电池正负极，假设锂离子的嵌入脱出过程发生在球型颗粒上，具有结构简单，计算量小，容易实现在线应用的优点。Zhou 等人起初提出了简化的锂离子单粒子模型，电池的容量通过锂离子的数量来体现，而 Li 等人对单粒子模型进行了发展，考虑了 SEI 膜增厚对锂离子的消耗，以及压力导致的活性

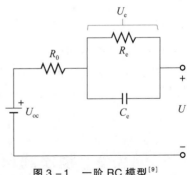

图 3 - 1 　一阶 RC 模型[9]

材料断裂。等效电路模型则主要使用一阶 RC 模型，如图 3 - 1 所示。其中，锂离子电池被看作一个并联网络，其中理想电压源、欧姆内阻与由传荷阻抗和电容并联而成的结构串联，这个模型同时考虑了电池的欧姆极化和电化学极化，具有较高的实用价值[9]。电池外特性是指电压、电流和温度等数据，对这些数据进行处理能得到与电池容量相关性较强的特征参数，进而实现容量估测。常用的特征参数是 IC/DV 曲线，曲线的峰高度、位置、面积、宽度和曲线斜率都与电池容量估测紧密相关。目前常用于梯次利用的磷酸铁锂电池和三元锂电池都有根据外特性进行容量估测的研究，Weng 等人分析了磷酸铁锂电池的老化，发现充电时的 IC 曲线峰高与电池容量有关，而 Li 等人和 Goh 等人分别对比了三元锂电池的 IC 和 DV 曲线，发现峰的位置和补偿充电时间与容量高度相关[8]。

　　电池的荷电状态反映电池的使用情况，是电池实施适当能量管理策略的理论依据。若 SOC 计算不准确，可能造成电池过充或过放等安全问题[10]。SOC 的估算目前主要有以下方法：安时积分法、开路电压法、数据驱动法和观测器法。安时积分法通过计算电流对时间的积分，获得实时的 SOC 值；开路电压法则是通过对电池进行充放电试验，测量不同 SOC 下的开路电压，画出 SOC 随开路电压的曲线[11]。续远[12]结合这两种方法，解决了安时积分法不能确定电池 SOC 初始值和开路电压法需要电池长时间静置的问题，精确评估了电池的荷电状态。数据驱动法和观测器法都是依赖模型的，数据驱动法包括模糊逻辑、人工神经网络、模糊神经网络、支持向量机等算法[11]。例如，陈严君[13]利用神经网络算法，测定了电池的电化学阻抗谱，从而通过分析不同频率下的电池阻抗、模量和相位角，得到电池阻抗和电池性能老化之间的关系。

　　剩余寿命的估测会影响后续电池组组装时的分类。因为重组时不仅会考虑容量，还会考虑不同单体电池的剩余寿命是否一致。寿命估测是通过对当前状态电池的运行参数进行测定和估计，并比对寿命终止时的参数，估测出电池剩

余的寿命。退役电池寿命的估测方法分为基于模型和基于数据两种。基于模型的寿命估测方法考虑电池老化过程中可能发生的物理和化学变化，建立模型并模拟出电池的工作状态和老化过程。常用的模型包括电化学模型和等效电路模型。电化学模型根据电池内部结构和材料的老化，以及外界使用条件的影响来建立电池性能退化模型；等效电路模型则是将电池等效成多个电子元件，再利用电路分析模拟出电池运行过程中的内部状况[14]。通常模型估测的结果较为简单，多需要用粒子滤波算法进行辅助。例如，Guha[50]分析了电化学阻抗谱与电池老化的关系，拟合出与电池循环相关的数学关系，使用粒子滤波算法估计了模型相关参数。Hu 等人[51]利用模型描述电池老化时容量衰退的规律，也是利用了粒子滤波算法估测了寿命。基于数据估测则一般不考虑电池内部发生的变化，而是直接收集电池的历史运行数据，寻找这些数据中与电池寿命有关的数据并进行建模。这样的建模可以是基于统计学的，也可以与人工智能结合进行计算[8]。

2. 性能相近电池的分选与重组

收集完电池的性能评估数据后，就要对电池进行分选重组。本身由于技术的限制，电池组内各单体的工况就不容易完全保持一致，对于退役电池重组的电池组而言，这些问题就更为明显，分选出性能参数相近的电池并进行合理的重组，才能尽可能延长电池组的寿命，提高使用性能[7]。

目前对于性能相近电池的分选，按照参数的数量可以分为单一参数分选和多参数分选，而按照参数的类型可以分为动态分选和静态分选。单一参数分选就是选择电池的某一种性能，以这种性能作为单一指标进行分选。这种方法简单快速，但准确性低，且不能保证实际成组后锂离子电池的动态性能一致[15]。郑志坤等人[16]基于库伦效率提出了库伦非效率的概念，并将其作为单一指标，提出了退役锂离子电池筛选的方法。多参数分选则是综合考虑多个因素，并将这些因素分别赋予不同权重，计算出一个特征值，以这个值作为标准将电池分选成组。申健斌等人基于电池的 6 个指标，分别运用不同分析方法进行分选，发现电池的不同指标之间存在非常复杂的非线性关系。这两种分选法都是考虑电池的外特性，即保证了电池分选时的一致性，而为保证使用时的一致性，则必须考虑电池的内特性。基于对内特性的考虑，常常会进行动态分选。动态分选是对电池单体进行充放电测试，记录电池的充放电特性曲线，测试其电化学阻抗谱，并分析不同温度下曲线的变化趋势[14]。例如，Wang 等人[15]将各电池的充放电曲线上的点对齐，再对电压曲线进行降噪处理，辅助以 k-means 算法进行筛选，结果证明用动态曲线分析不仅解决了由于仪器误差带来的测量准确问题，还能考虑到电池工况无法完全一致而造成的问题，达到更高的准确性。

退役动力电池的形式可以分为电池包、电池模组和电池单体 3 种。在重组成电池包时，首先就要确定以什么形式进行重组。使用电池单体进行重组，理论上能达到最好的效果，安全性和可靠性都较高，然而单体之前通常焊接在一起，拆解过程非常困难，很难保证电池的完整性，且测试时间长，成本高。因此，通常选择电池模组或电池包整体进行梯次利用。电池模组进行梯次利用时，将模组看成单体，然后进行串并联来满足不同场景下电压和容量的需求。将电池模组看成单体需要合适的等效模型，如 RC 模型和 Rint 模型，之后再分析串并联方式对电池包容量的影响。一致性较好的模组之间可以同时使用串联和并联来最大化容量，而一致性较差的模组则只进行串联，防止并联结构对效率产生较大的影响。实际应用上，如黄祖朋等人[17]利用一致性较好的 7 个模组串联重组为运输车的电源，验证了其梯次利用的可行性。整个电池包进行梯次利用时，对电池包性能的要求就较高，用在储能系统中时，需要有严密的热控制系统，并对电池包的状态进行全方位的监控。徐余丰等人[18]对电池包进行分选、重组、测试，结果表明这些电池包在光储微电网系统中有很好的梯次利用潜力。

3. 储能系统中均衡配置

动力电池在储能系统中应用时，相关的理论研究内容包括容量配置技术、电池组均衡技术以及储能装置的控制策略等。

退役动力电池用于的储能系统主要与新能源发电电网和配电网结合，解决的实际问题包括在新能源电网中提高电网接纳能力、平抑功率波动、降低发电功率预测误差带来的经济损失以及在配电网或微电网中削峰填谷等。为这样的储能系统配置一定的储能容量，能够维持电网的稳定性，减少经济损失。刘念等人[19]基于动力电池梯次利用容量计算模型，建立了一种光伏换电站容量优化配置方法。这种方法能获得光伏发电系统容量、动力电池总容量和储能电池总容量的优化配置结果。孙威等人[20]将退役动力电池应用于微电网，建立起基于微电网经济效益、企业环保指数、能源损失指标的多目标储能容量优化配置模型。

用于储能的退役电池在实际使用中，重组电池包会由于温度与环境等因素的影响而不再具有好的一致性，而电池均衡技术就是有效的解决手段，通过调控使用过程中的充放电条件和能量转移，来拉近不同电池的荷电状态。电池均衡技术主要可以分为能量耗散式均衡（即被动均衡）和能量转移式均衡（即主动均衡）[7]。能量耗散式均衡是通过在电池模组或电池单体上并联电阻，电阻发热消耗掉多余的能量，直至电池的电荷量基本均衡。能量转移式均衡利用储能元件作为电能载体，电荷在电池间相互转移达到均衡的目标，而使用的储能元件有电容、电感和变压器等。电容是通过不均衡电池电压差可能不同而产生电荷流动，当不一致的情况较小时，电荷流动不甚明显，均衡速度较慢。电感是通过电量存在区别，自身需要保持电流一定而产生电荷流动，是从能量少的电池向能量多的电池进行传递，可能出现过均衡现象[21]。

　　实际应用场景上，由于梯次电池储能系统具有快速响应和双向调节的技术特点，以及适应环境能力强、能够分散配置且建设周期短的技术优势，因此能够用于多种场景。按照应用需求的不同，储能系统可分为电网侧、电源侧、用户侧。梯次利用电池在储能系统中的应用场景如图 3－2 所示。理论上梯次利用电池在储能系统的各侧均可应用，但考虑到这些电池存在荷电容量衰减、大功率放电稳定性变差、一致性较差、剩余寿命较短等缺点，并不建议作为常规调频电源。铅酸蓄电池进行梯次利用时，多应用于用户侧，通过低谷蓄电、高峰放电策略，获取差价收益，削减储能成本。这是因为，为保证系统安全可靠性，铅酸蓄电池的充放电倍率低，且其服役年限较短，不适用于电源侧联合调频和电网侧储能电站等要求充放电倍率较高、放电深度较大、循环寿命长的应用场景。磷酸铁锂电池是稳定的橄榄石结构，具有极好的热稳定性，安全性能较高，且能量密度比铅酸蓄电池高，能达到较大的充放电倍率，且循环寿命长，适用于多种铅酸蓄电池难以利用的场景[21]。

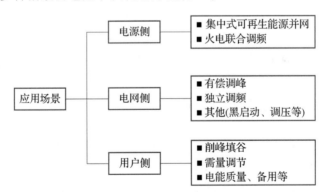

图 3－2　梯次利用电池在储能系统中的应用场景

3.2.2　实际案例

　　针对动力电池的梯次利用问题，国内外已经进行了一些初步探索，多年来已经积累了不少宝贵经验，其中不乏示范工程。这些示范工程的成功和规模的继续扩大，验证了废旧动力电池用于储能系统的可行性。

1. 国外应用实例

在国外市场，动力电池梯次利用主要集中在家庭储能、商业储能、移动电源等小型灵活的设备，一般是由车企牵头，进行多个试点后与政府的部分电网达成合作[22]。国外动力电池梯次利用典型案例如表 3 – 1 所示。

表 3 – 1　国外动力电池梯次利用典型案例[24]

国家	应用领域	案例概述	参与主体	完成时间
美国/瑞典	电源侧储能	通用公司与 ABB 集团将退役车载动力电池用于平抑风、光等新能源波动，开展了梯次利用研究	通用公司、ABB 集团	2011 年
美国	家庭、用户侧储能	美国 Tesla Energy 开发了家用储能设备 Powerwall，推广面向家用储能系统	Tesla Energy	2015 年
美国/日本	家庭储能	EnerDel 公司和伊藤忠商事将梯次利用电池用于部分新建公寓	美国 EnerDel 公司、日本伊藤忠商事	2010 年
德国	电源侧储能	BOSCH 集团建设 2MW/2MWh 光伏电站储能系统，全部采用宝马 ActiveE 和 i3 电动汽车退役动力电池	BOSCH、BMW、瓦腾福公司	2015 年
日本	家庭、用户侧储能	4R Energy 销售/租赁日产 Leaf 汽车动力电池，用于家庭储能	4R Energy 公司	2010 年
日本	家庭储能	自主研发智能功率控制器，将汽车动力电池用于家庭储能	Sharp 公司	2015 年

1）日产公司

日产是日本著名的汽车制造商，经营范围覆盖全球。早在 20 世纪 40 年代，日产公司就收购了东京电力汽车有限公司生产的电动车 Tama EV，并将目光投向电动汽车的研究。2010 年，日产推出了全球首款量产纯电动汽车"日产聆风"。在"日产聆风"的研究过程中，日产公司发现电动汽车充放电一定次数后，退役的动力电池还存在一定的容量。因此，在推出"日产聆风"的同时，日产公司也与住友集团合资成立了 4R Energy 公司，该公司将旧电池分为 A、B、C 3 个等级。A 级旧电池性能相对优异，可以重复利用在电动汽车上；B 级可以用于家庭或者商业设施的储能；C 级可以作为备用电池，保障断电时冰箱这类设备的应急供电，做到了不同电池梯次利用于家庭和商业场景[25]。

2011 年，日产公司开始尝试废弃汽车动力电池储备用于家庭供电，容量达到了 24 kW·h。进行该项目的尝试后，2012 年日产公司计划扩大电池储备容量至50 kW·h，并提出了基于 V2X（Vehicle – to – Everything）技术的能源利用解决方案 "Nissan Energy Share"。2013 年，越来越多的汽车企业开始关注动力电池的回收，因此日产公司与其他车企共同参与了 "Green data net" 项目，该项目通过优化储能系统，改善可再生能源波动对电网发电稳定性的影响，而退役动力电池的梯次利用是其中很重要的一个解决手段。在用于家庭供电多年探索经验的基础上，公司推出了 "LEAF to Home" 供电系统的概念，家庭的太阳能电池板为家庭供电，并为电动汽车充电，而在供电不足时，电动汽车的动力电池能为家庭供电，或在突然停电时保证家庭用电，甚至可以在没有电源的地方为休闲娱乐或大型活动提供清洁电能。

2014 年起，日产公司开始探索退役电池的更多应用场景，不仅将梯次利用储能系统拓展到大型建筑，更是在电网供能方面进行了尝试，验证了用于电网的经济效益。详细来说，日产公司建立了大型动力电池梯次利用储能系统，该系统由 24 块 "日产聆风" 的动力电池组成，于 2015 年 7 月正式启用。为进一步推广动力电池梯次利用储能系统在家庭场景的应用，将市场拓展到世界范围势在必行，2015～2018 年 4R Energy 公司与伊顿公司联合启动了家庭住宅能源系统的销售，而日产公司也为荷兰阿姆斯特丹球场提供由 148 块退役电池组成的容量为 4 MW 的备用电源，参与美国国防部的 V2G（从车辆到电网）示范项目，验证大规模用于电网的经济可行性[26]。图 3 – 3 为 4R 概念图。

对电池模块结构进行重新设计，以制造能够满足客户的不同电压或电量要求的新电池组

再加工

再次使用　　　再次销售

在完成基本用途（车用）之后，锂离子电池还可以保持足够的电量，以供二次使用

ZERO Emission

回收利用

经过再加工的电池可以用于多个用途，如储存清洁能源或作为备份电池在紧急情况下使用

回收用过的电池，将其恢复为有用的资源

图 3 – 3　4R 概念图

2018 年，日产公司将目光投向可再生能源电网稳定供能的实践应用。首先是在日本浪江町安装了利用废旧电池与太阳能结合供能的新款立式街灯。该街灯实现了可再生能源的利用，不需要依赖当地的电网。之后，在洛杉矶车展前夕，日产公司宣布了一项名为日产能源的计划。该计划是利用安装在日产电动车上的电池，进行电量的储存、释放，并进一步提高其应用范畴的解决方案的总称，旨在帮助个人和社区向电动汽车和智能电网过渡，并进行梯次利用动力电池。从 2018 年开始，日产能源计划把电动车储备的电能用于赈灾、减少建筑物的峰值用电、和"虚拟电厂"探索智能充电、和电厂合作平衡电力供需等。目前，已经与多个国家建立与可再生能源发电电厂结合的示范项目。图3 – 4 为日产能源计划部分示范案例。

总而言之，日产公司作为电动汽车研发的先驱企业，很早就开始寻求动力电池容量最大化利用的方式。在探索梯次利用的过程中，其首先以家庭供能场景为切入点，进行规模较小的尝试，之后不断扩大规模，将应用扩展到大型建筑。之后，日产公司注意到梯次利用的广阔市场，因此将车用动力电池的应用拓展到电网上，首先在日本全国范围内和电站建立合作，继而拓宽到全世界，与多个国家建立合作。随着新能源发电的兴起，又及时将退役动力电池用于新能源发电电网，不仅弥补了新能源发电不稳定的缺点，还进一步提升了动力电池梯次利用的经济效益。

2）FreeWire 公司

FreeWire Technologies 是一家提供电动汽车充电设备和移动分布式电源的公司，通过超快的充电技术和完备的充电方案，达到随时随地提供能源的目的，满足电网覆盖不到地区用户的充电需求。该公司使用的能源是清洁能源，且安装该公司的设备无须对传统能源基础设施进行升级，有利于之前依赖于化石燃料的行业逐步电气化。

FreeWire 公司使用退役动力电池作为移动电源，设计了 Mobi 充电装置（图 3 – 5）。起初，Mobi 针对的是作为移动电源给电动汽车充电，当电动汽车电量过剩时，多余的电量稳定缓慢地充进二次电池组成的储能系统，而当系统给车充电时，能达到 50 kW 的充电功率，充电 1 h 就能支持电动汽车行驶200 mile（1 mile = 1.61 km）。Mobi 使得电动汽车充电时不再需要移动到固定的充电点，能为离网用户充电供能，也不用为此新增挖沟布线，建造新的基础设施，同时它可以在夜间充电，避开电价高峰时段，再在电价高峰时段使用这些电能，起到节省充电费用的作用。

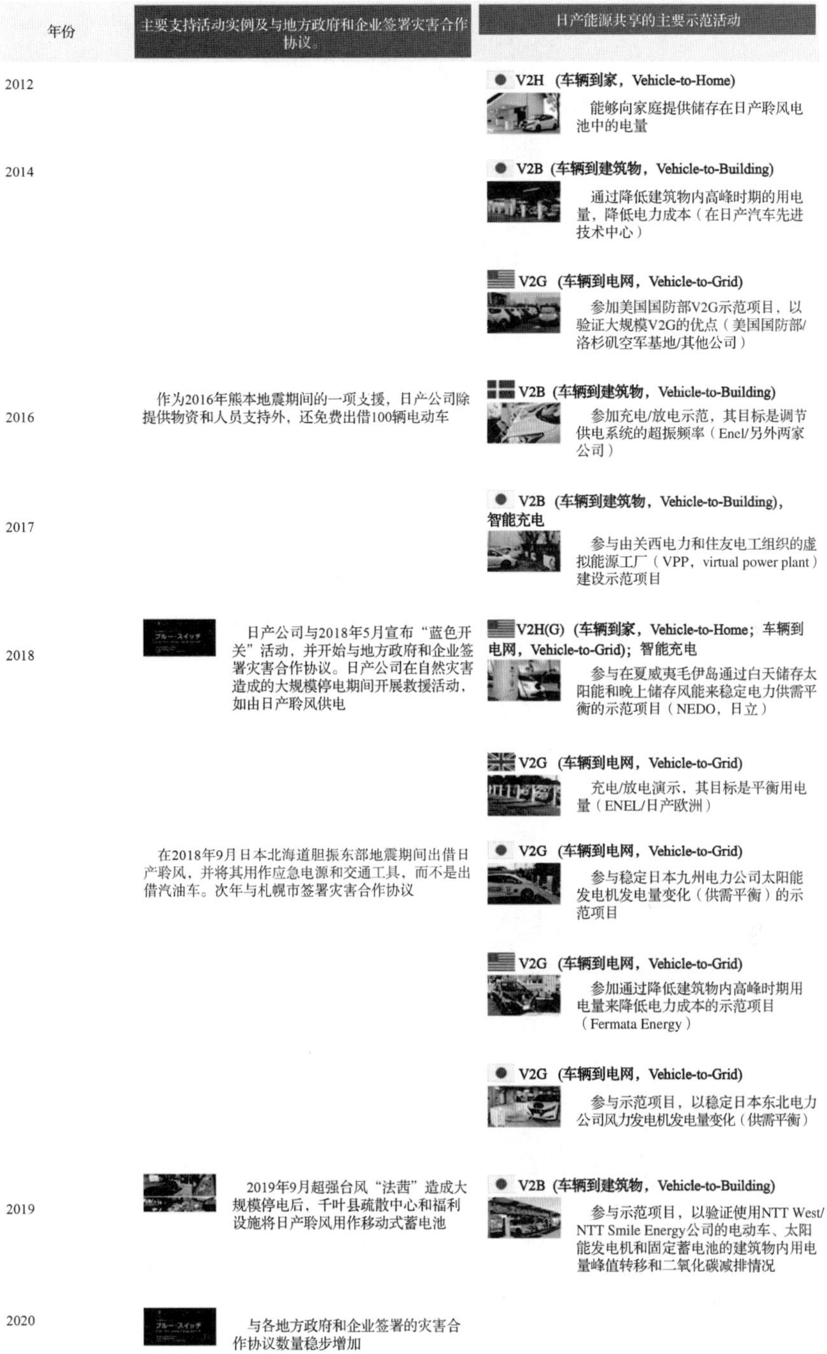

年份	主要支持活动实例及与地方政府和企业签署灾害合作协议。	日产能源共享的主要示范活动
2012		● **V2H** (车辆到家，Vehicle-to-Home) 能够向家庭提供储存在日产聆风电池中的电量
2014		● **V2B** (车辆到建筑物，Vehicle-to-Building) 通过降低建筑物内高峰时期的用电量，降低电力成本（在日产汽车先进技术中心）
		● **V2G** (车辆到电网，Vehicle-to-Grid) 参加美国国防部V2G示范项目，以验证大规模V2G的优点（美国国防部/洛杉矶空军基地/其他公司）
2016	作为2016年熊本地震期间的一项支援，日产公司除提供物资和人员支持外，还免费出借100辆电动车	● **V2B** (车辆到建筑物，Vehicle-to-Building) 参加充电/放电示范，其目标是调节供电系统的超振频率（Enel/另外两家公司）
2017		● **V2B** (车辆到建筑物，Vehicle-to-Building)，智能充电 参与由关西电力和住友电工组织的虚拟能源工厂（VPP，virtual power plant）建设示范项目
2018	日产公司与2018年5月宣布"蓝色开关"活动，并开始与地方政府和企业签署灾害合作协议。日产公司在自然灾害造成的大规模停电期间开展教援活动，如由日产聆风供电	● **V2H(G)** (车辆到家，Vehicle-to-Home；车辆到电网，Vehicle-to-Grid)；智能充电 参与在夏威夷毛伊岛通过白天储存太阳能和晚上储存风能来稳定电力供需平衡的示范项目（NEDO，日立）
		● **V2G** (车辆到电网，Vehicle-to-Grid) 充电/放电演示，其目标是平衡用电量（ENEL/日产欧洲）
	在2018年9月日本北海道胆振东部地震期间出借日产聆风，并将其用作应急电源和交通工具，而不是出借汽油车。次年与札幌市签署灾害合作协议	● **V2G** (车辆到电网，Vehicle-to-Grid) 参与稳定日本九州电力公司太阳能发电机发电量变化（供需平衡）的示范项目
		● **V2G** (车辆到电网，Vehicle-to-Grid) 参加通过降低建筑物内高峰时期用电量来降低电力成本的示范项目（Fermata Energy）
		● **V2G** (车辆到电网，Vehicle-to-Grid) 参与示范项目，以稳定日本东北电力公司风力发电机发电量变化（供需平衡）
2019	2019年9月超强台风"法茜"造成大规模停电后，千叶县疏散中心和福利设施将日产聆风用作移动式蓄电池	● **V2B** (车辆到建筑物，Vehicle-to-Building) 参与示范项目，以验证使用NTT West/NTT Smile Energy公司的电动车、太阳能发电机和固定蓄电池的建筑物内用电量峰值转移和二氧化碳减排情况
2020	与各地方政府和企业签署的灾害合作协议数量稳步增加	

图 3 - 4 日产能源计划部分示范案例

图 3 - 5　Mobi 充电装置

Mobi 用梯次电池作为电动汽车的移动电源，这吸引了不少汽车相关企业的投资。沃尔沃汽车对 FreeWire 公司进行了投资，并从 2018 年开始大幅增加可充电汽车的生产量，FreeWire 公司的快速充电设备能够方便电动汽车的使用，使得电动汽车充电和燃油车加油一样轻而易举。汽车租赁平台 Zipcar 也开始与 FreeWire 公司寻求合作，并在伦敦进行试点。

除了用于电动汽车充电，FreeWire 公司也开始探索更多梯次利用的情境。2017 年，FreeWire 公司开始与意大利的跨国能源公司 Enel 合作，在 Enel 公司的电子移动研究中心里使用 Mobi，试图将产品推广至整个欧洲，并对 Mobi 进行优化改进，希望其能达到 350 kW 的充电功率[29]。在 FreeWire 公司着手提升充电功率的同时，Mobi 也拓展了其使用场景。Mobi 的升级版本 L2F Mobi 在同年 2 月开始在夏威夷火奴鲁鲁机场使用，用于机载电子设备充电，一些公司也将其作为分布式能源，部分城市将其作为备用电源[28]。2018 年，英国石油公司对 Mobi 进行投资，试图用退役电池供能系统和燃料发电结合，这种可移动的充电系统能够快速对需求做出响应。

Mobi 之所以能有这样广阔的应用前景，是因为使用的是退役的动力电池。电池供电相比于柴油发电机，少了很多噪声和污染，而退役电池大大降低了成本，是普通电池的六分之一，这提高了充电装置的经济可行性。FreeWire 公司的合作对象并不只是汽车企业和政府机构，还包括一些化石燃料公司，这说明退役电池梯次利用于移动电源时，不仅加快了可再生能源的发展，也助力了化石能源相关行业的电气化，符合能源结构转型的时代趋势。

2. 国内应用实例

我国的动力电池梯次利用示范工程的应用领域主要是由高校和国家企业带头，集中在新能源发电、电动汽车充换电站和电力变电站直流系统[23]等方面，主要作用为调节变压器的输出功率、稳定节点电压水平、避免高峰负荷时段的变压器过载，并且在电网失电情况下，由移动式储能电站带动用户负荷离网运行[24]。表3-2为国内动力电池梯次利用典型案例。

表3-2 国内动力电池梯次利用典型案例[24]

应用领域	案例概述	参与主体	完成时间
用户侧	深圳龙岗比亚迪工业园 10 MW/20 MW·h 梯次利用磷酸铁锂电池储能项目	比亚迪、普兰德	2016 年
电网侧	河北张北风光储输基地 9 MW·h 梯次利用磷酸铁锂电池储能项目	国网冀北公司、许继集团	2016 年
用户侧	浙江长兴 250 kW/2.5 MW·h 梯次利用铅酸蓄电池储能项目	太湖能谷	2017 年
微电网	青海西宁风光水储微电网基地 250 kW/500 kW·h 梯次磷酸铁锂电池储能项目	国网青海公司、中国电科院	2017 年
用户侧	江西宜春 16 MW·h 梯次利用磷酸铁锂电池储能项目	远东福斯特	2017 年
用户侧	江苏溧阳 180 kW/1.1 MW·h 梯次利用磷酸铁锂电池储能项目	煦达新能源、比亚迪	2017 年
用户侧	上海电巴新能源公司 2 MW·h 梯次利用磷酸铁锂电池储能项目	杭州协能、上海电巴	2017 年

我国的梯次利用示范工程实例数量近几年迅速增加，这是基于对理论的深入研究和前期的探索经验。国家电网、南方电网、中国铁塔公司、比亚迪等机构相继规划、建设了梯次电池示范工程，对这一技术进行了积极部署和有益尝试[29]。这些示范工程使得行业内达成了以下共识：①2014 年以前的退役动力电池，由于质量、寿命等问题，已不适合用于储能，应直接转入再生环节；②考虑成本与一致性因素，退役电池包不应拆解而要整体利用，在同一个项目中，最好使用整包甚至是整车的退役电池；③必须严格区分对待小型场景（家庭、备用电源）和中大型场景（微电网、电网侧、辅助服务、可再生并网），功率型和能量型场景，以物尽其用；④以租代售是目前最为可行的商业模式之一，既可以尽量利用电池寿命，也能平衡租户成本支出，还可以保障回收体系的权责主体，以便最终再生利用。从国家政策加持，地方政府与大企业积极试点、布局的角度来看，梯次利用的储能应用，将是必然的产业潮流。但

在储能本身依然面临重重迷雾之际，梯次利用需要更多的创新经营模式[30]。

1）中国铁塔公司

中国铁塔公司是全球规模最大的移动通信基础设施服务商，拥有基站站址规模超过 200 万个，每个基站都要 24 h 不间断供电，因此需要大量的储能电池。作为第三方企业，其主业并非电池以及电池回收业务，但是其主营业务类型与动力电池回收的梯次利用有比较好的契合点，且能与车企和动力电池企业深度合作，其商业模式的成功值得借鉴。

目前该公司主要将动力电池梯次利用于通信基站备电，经过多年的试验，已经初具规模。动力电池还未进入退役潮时，国内大规模储能多使用铅酸蓄电池，中国铁塔公司最初于 2015 年在黑龙江、天津等 9 个省市内 57 个铅酸蓄电池梯次利用站点进行试验，在获取一定的探索经验后，逐渐扩大规模，经过长达 3 年的试验，这些站点的电池梯次利用取得了成功。从 2018 年开始，随着电动汽车的兴起，公司停止采购铅酸蓄电池，开始从比亚迪等汽车企业采购磷酸铁锂动力电池，将其梯次利用推广至全国范围。2019 年，中国铁塔公司已在全国约 30 万个基站使用梯次电池 4 GW·h，相当于 10 万辆电动乘用车退役，并紧跟当下的锂电"退役潮"，开始从汽车企业大规模采购废旧锂离子动力电池，寻求与汽车企业达成深度合作。中国铁塔公司目前有 200 万个以上的基站，按单站电池容量需求约 30 kW·h 测算（1 辆新能源汽车退役电池约具备 62 kW·h 可梯次利用容量），该公司实际上可以消纳 200 万辆以上新能源汽车的退役电池，已经与一汽、东风、江淮、比亚迪、蔚来等众多新能源车企签署了相关战略合作协议。2019 年 6 月，中国铁塔公司成立了全资子公司——铁塔能源有限公司，围绕能源经营和动力电池回收两条线展开运营[31]，以动力电池为载体，为社会提供电力储备、发电、换电、售电、租赁、回收等能源服务，专注于能源领域，致力于成为世界级分布式能源运营商。同年 9 月，中国铁塔公司在全国成立了 4 个电池回收利用及创新中心，这些创新中心主要是试制梯次电池，并将其投放到这些地区周边的 5G 基站上，满足了这些基站的电力保障需求。

与中国铁塔公司进行合作的电池企业较多，中国铁塔公司会根据企业的不同，灵活调整重组电池包的形式。公开资料显示，中国铁塔公司采购梯次利用锂电池时有 3 种模式：一是重新组装。将回收的退役动力电池包拆散，对单体电池进行剩余容量等性能评估，根据测试结果将容量相当的电池重组，制作成标准的 48 V 通信基站电池包。目前，这项工作主要由电池供应商和电池包厂家两类企业承担，初步统计，与中国铁塔公司开展合作的企业约 20 家。二是直接组合电池模组。由于各整车企业细分市场、车型的不同，动力电池及电池包企业对电池包的容量、大小等均有订制化的设计。在锂电池一致性较高的前提下，使用时可以直接根据电池模组类型进行组合，这种模式主要出现在与比亚迪的合作中。三是整包使用，即在采购退役动力锂电池包后直接使用，这种模式目前还停留在试点摸索阶段。

中国铁塔公司的通信基站项目是国内知名的梯次利用示范项目，动力电池目前具有广阔的市场，而梯次利用经过几年的试验，也被证明有商业前景。随着 5G 时代来临，中国铁塔公司的 5G 基站建设将在未来几年内迎来快速增长，若梯次利用电池应用于 5G 基站，假设每个基站使用 12.5 kW·h 梯次利用电池，预计未来 10 年国内 5G 基站约为现有 4G 基站数量的 1~1.2 倍，对应梯次利用电池的总需求将达到 62.5~75 GW·h，基本可以将未来的退役动力电池有效消化。

2）国家电网

早在 10 多年前，国家电网就对动力电池梯次利用做出了尝试。国家电网在尝试梯次利用时，首先确定了利用电池的种类，之后在全国范围内积极推进动力电池梯次利用示范工程建设，如杭州、南京、宁波、四川等地，都有成功的示范项目，国家电网在多个示范工程中逐渐总结经验，运行效果较好。除此之外，国家电网还利用示范工程的宝贵经验，建立了退役动力电池分选评估技术平台，参与制订了相关分选重组规范[48]。

国家电网上海设计研究院在 2011 年前，就参照实际工程应用背景，考虑因素包括技术风险控制、装置多样性和工程的示范意义，认为磷酸铁锂储能系统未来具有较好的应用潜力。而之后的实际应用中，主要针对于风光储能和用户侧离网储能，磷酸铁锂动力电池的应用相当成功，这也证明了之前的预测。

2012—2014 年，国家电网北京市电力公司、中国电科院、北京交通大学协作完成了位于北京大兴的 100 kW·h 梯次利用锰酸锂电池储能系统示范工程。该工程是在大兴电动出租车充电站使用从 2008 年北京奥运会电动车上退役的锰酸锂电池，经过性能状态测试，这些电池的主体容量约为 55 A·h，用于项目的电池剩余容量约为主体容量的 50%~60%。电池内阻分布范围较大，最大的可以达到 1.5 mΩ，因此在重组使用时，将这些电池分成了 6 个档位。之后测试了电池的倍率和温升特性，在 50 A 电流下，温度大约会升高 5 ℃。根据这个数据测算了它的实际使用寿命，得出在 UPS 工况下，预期使用寿命为 3 年，而若是用在移峰填谷上，寿命大约是 1 500 次。安全性上，电池能够通过 7 项安全性测试，能做到不起火、不爆炸。但是在这个项目里，由于电池是在 2012 年前生产的，因此一致性较差，循环性能差，也是经过这个项目，国家电网公司意识到，较早年份生产的电池基本上都不能用于梯次利用。

2016 年，国家电网在张北建设了 250 kW/1 MW·h 梯次利用磷酸铁锂电池储能系统示范工程。该储能系统安装在国家电网张北储能实验基地的储能实验室中，用于平滑风力发电输出功率。该示范工程使用的是 2015 年退役的深圳 K9 公交车的动力电池，初始容量相比于之前的锰酸锂电池更大，为 200 A·h，剩余容量为 150～160 A·h，电池一致性相比之前的项目也较好。由于使用了一致性好、倍率性能较好的磷酸铁锂动力电池，这个项目的运行也较为稳定。

随后，国家电网开始将重点转移到储能体系中，梯次利用系统不再是孤立的储能装置，而是与其他能源装置如新能源发电装置结合。2019 年，国家电网在杭州投资建设了"光储充"一体化大功率智能充电站，充电站集成了多项先进技术，如光伏发电、大容量储能电池、智能充电桩充电等，白天进行光伏发电，发电的电能进行储存，而在特殊天气或夜间时对电动汽车充电。在充电站的车棚顶部装有 90 块太阳能光伏发电板，光伏装机容量为 26 kW·h，而该站的储能系统由退役电池组加控制设备组成，设计日存储电量达到 300 kW·h。这个储能系统不仅能起到储存光伏发电的多余电量的作用，还能满足电动汽车的充电需求。"光储充"充电站设置了直流快速充电桩，半小时就能够对电动汽车充电 80%[49]。

2020 年，国家电网上海电力与上海电气集团合作，针对以往工业园区"用电量波动大、冲击性负荷较多"的特点，制定了一套与闵行工业园区高度融合的"能源魔盒"综合解决方案。该方案提出，工业园区的供电需求由风力发电和光伏发电来满足，"梯次利用储能电池系统"则将电动汽车淘汰的电池组变成园区的储能系统，将用电低谷、平谷时的电能储存至用电高峰时使用。每一个储能系统一次储存的电能达 2 000～3 000 kW·h，在用电高峰时放电使用后，相当于节省两三千元。

2020 年，国家电网河南公司联合南瑞集团、电池生产企业等单位，建成梯次利用储能示范工程，组建了退役电池分选评估技术平台，制订电池配组技术规范，研制了高效可靠的电池管理系统。在全国率先打造了一套退役动力锂电池从分选、重组到储能利用的规范化流程。

|3.3 经济评估|

3.3.1 市场分析

动力电池的市场近年来飞速增长是因为新能源汽车的快速发展。我国新能源汽车自 2014 年开始进入爆发式增长阶段，而动力电池的退役年限一般是 5 年，因此从 2019 年开始，车用动力电池开始大量进入报废阶段。

根据招商证券的统计数据，2020 年中国退役动力电池市场价值达 131 亿元，预计 2025 年其市场价值可达 354 亿元。2019 年锂动力电池回收及梯次利用研究报告预测了 2020—2025 年退役动力电池规模（图 3 – 6）、各类动力电池逐年退役情况（图 3 – 7）以及退役动力电池可梯次利用规模（图 3 – 8）。

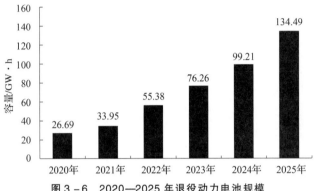

图 3 – 6　2020—2025 年退役动力电池规模

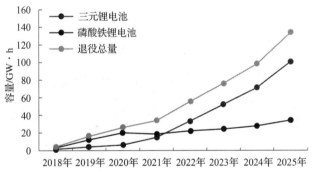

图 3 – 7　各类动力电池逐年退役情况（书后附彩插）

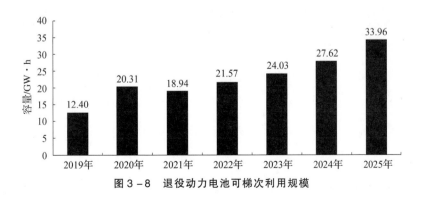

图 3 – 8　退役动力电池可梯次利用规模

2025 年我国将产生 80 万 t 的退役锂离子电池，由于先前动力电池使用时以磷酸铁锂电池为主，但三元锂电池随后慢慢发展并越来越多用于电动汽车动力电池，因此由图 3-7 可见，2018—2021 年磷酸铁锂电池退役量较多，但之后三元锂电池将会以更大的规模退役。由图 3-8 可见，退役动力电池可梯次利用规模也会逐年增长，2025 年的需求量相比于 2021 年就增长了将近一倍。国内梯次利用的示范工程最近都取得了成功，相比于目前国内示范工程大部分都是用于电网和充电站，未来退役动力电池梯次利用的使用场景会进一步拓展。

未来退役动力电池梯次利用的场景将分为 3 类：电力系统储能、通信基站备用电源和低速电动车。其中，值得注意的是低速电动车的应用，电动汽车动力电池退役后，还可继续用于要求较低的车辆，这些车辆如四轮低速电动车、电动摩托车、电动自行车等。这些车的保有量远远高于电动汽车保有量，而电动自行车更是超过 2.5 亿辆。实际上，目前已经有少量项目尝试将其用于低速电动车，如国家电网浙江公司对新能源汽车退役电池进行重组，用于 48 V 电动自行车的动力电源，还有星恒电源也在进行相关的试验。

综上，未来退役动力电池的数量将会大规模增加，其中三元锂电池的数量会出现明显增长，而磷酸铁锂电池的数量会保持稳定，且经过多个示范工程的探索，未来退役动力电池的梯次利用规模会进一步增加，应用场景不仅是现在较常见的电网和通信基站供能，还会在低速电动车领域进一步扩展，这也得益于先进的电池生产技术和分选重组技术，使得能够梯次利用的电池性能更佳，一致性更好。

3.3.2 成本分析

根据图 3-7，未来退役动力电池中三元锂电池的占比会越来越高，目前示范项目中使用的主要是磷酸铁锂电池，那么未来梯次利用电池的主体是否可能变为三元锂电池？另外，梯次利用电池需要进行测试、分选、重组等过程，还需要建立专门的生产设施，动力电池梯次利用的经济效益究竟能达到何种程度？

本节将首先分析磷酸铁锂电池和三元锂电池分别适合何种回收利用方式，再从理论上分析动力电池梯次利用的经济可行性。

1. 磷酸铁锂电池与三元锂电池回收利用方式的选择

从经济效益的角度来看，磷酸铁锂电池更适合进行梯次利用 5 年左右后再拆解回收，而三元锂电池更适合直接拆解回收。这是因为，磷酸铁锂电池循环寿命较长，同时容量随循环次数增加衰减趋势较为缓慢，然而它不含钴、锂、镍等金属，因此资源化价值较低，为得到较高的收益，一般继续作为储能电池继续利用。三元锂电池由于可以提炼出镍、钴、锂等金属，且容量随循环次数增加衰减趋势较快，相对而言寿命更短，因此更适合进行资源回收。

对国内磷酸铁锂动力电池和三元锂动力电池回收时直接拆解和梯次利用的潜在规模以及经济效益进行分析，如图3-9、图3-10所示。

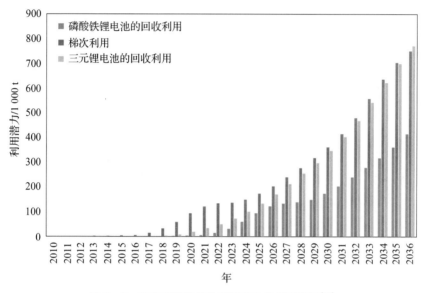

图 3-9 直接拆解和梯次利用潜在规模示意图[32]

由图 3-9 可以看出，随着年份的增长，无论是磷酸铁锂电池和三元锂电池的拆解市场，还是梯次利用市场，其趋势都是不断扩大的，这得益于动力电池市场的扩大和电池回收产业链的完善。从图中还可以看出，磷酸铁锂电池的拆解市场潜力远低于梯次利用和三元锂电池拆解，而三元锂电池的拆解市场潜力很大，甚至在 2036 年预计超过梯次利用的潜力。对照图 3-10，磷酸铁锂拆解的经济价值远远低于其他两种利用方式，而三元锂电池的拆解价值较高，梯次利用的经济价值最高。这说明，未来动力电池里三元锂电池的规模将非常巨大，回收利用方式上，磷酸铁锂电池倾向于梯次利用，而三元锂电池倾向于拆解。

通过对国内某动力电池物理回收企业调研[33]，表 3-3、表 3-4 表示每吨废旧三元锂电池和磷酸铁锂电池处理过程中的主要成本和收益情况。其中，废旧三元锂电池平均回收费用为 8 900 元/t，质量较差的磷酸铁锂电池平均回收费用为 4 000 元/t。由表也可看出，动力电池所含大量有价金属是电池回收的

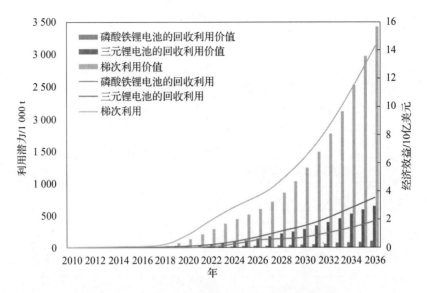

图 3 - 10 直接利用和梯次利用经济效益示意图[3]

主要收益来源，特别是近年来镍、钴、锰、锂等金属材料价格的上涨对动力电池拆解回收领域的发展起到了巨大的促进作用。无论是采用湿法还是火法拆解回收，原材料回收、废水废弃物处理都需要付出一定的成本，而表 3 - 5、表 3 - 6 中的成本估算也表明了磷酸铁锂电池直接进行回收非但没有经济收益，反而可能出现亏损。

表 3 - 3 三元锂电池拆解效益

材料名称	回收效率/%	每吨废旧电池 可回收质量/kg	收益价值/元
正极材料（镍、钴、锰、锂等）	90	333.9	13 189
负极材料	90	188.7	151
正极铝箔	90	45.8	321
负极铜箔	90	83.3	2 083
正极导电柱	95	28.0	280
负极导电柱	95	12.4	372
隔膜	95	40.6	81
铝合金外壳	98	36.0	252

表 3－4　磷酸铁锂电池拆解效益

材料名称	回收效率/%	每吨废旧电池可回收质量/kg	收益价值/元
正极材料	90	212.0	5 000
负极材料	90	160.0	120
正极铝箔	90	45.8	300
负极铜箔	90	83.3	1 450
正负极导电柱	95	51.0	500
隔膜	95	40.6	81
铝合金外壳	98	36.0	252

表 3－5　废旧电池湿法工艺回收收益

物料名称		成本/元
原材料回收价格	废旧磷酸铁锂电池	4 000
	废旧三元锂电池	8 900
辅助材料成本	酸碱溶液、萃取剂等	1 060
单体电池拆解费用	拆解分选	850
电解液回收费用	废弃物、电解液、废水处理等	990
设备费用	设备维护及折旧费用	365
运输费用	平均运输费用	500
平均人工费用		2 150

表 3－6　废旧电池火法工艺回收收益

物料名称		成本/元
原材料回收价格	废旧磷酸铁锂电池	4 000
	废旧三元锂电池	8 900
辅助材料成本	燃料动力源等	900
单体电池拆解费用	拆解分选	900

物料名称		成本/元
环境处理费用	电解液、废气、废渣处理等	800
设备费用	设备维护及折旧费用	390
运输费用	平均运输费用	500
平均人工费用		2 000

磷酸铁锂电池之所以能代替之前梯次利用示范工程里的铅酸蓄电池,不仅是因为动力电池越来越多使用磷酸铁锂电池,也是因为磷酸铁锂电池本身的特性确实具有梯次利用的潜力。梯次利用电池的价值随着使用寿命延长将会迅速增长,一般需要达到400次以上才能具有经济效益,磷酸铁锂电池的寿命普遍较长,能够达到400~2 000次的寿命,能量密度一般是60~90 W·h/kg,工作温度范围是-20~55 ℃,且相比于先前的铅酸蓄电池,电池的安装配置费用并未有明显增长,用于梯次利用具有极高的性价比[33]。

2. 运行成本分析

经济效益取决于总成本和预期收益,即总成本越小,能获得的效益就越大,因此需要分析梯次利用电池的运行成本和常规储能系统相比是否有减少。

常规储能电站目前使用的一般是铅酸蓄电池。因为铅酸蓄电池容量较大,虽然体积占地较大,但作为储能电站的电池并不需要很好的可移动性,因此在进行成本分析时,也通常是对比退役锂动力电池和铅酸蓄电池的配置成本高低。

国内外对于储能发电系统的经济性评估,常用的方法是计算单位发电量的成本,称为平准化成本(Levelized Cost of Energy, LCOE)。梯次储能系统平准化成本是指梯次储能系统在全寿命周期内的总投资成本净现值与全寿命周期内的总发电量净现值之比。所谓净现值(Net Present Value, NPV),就是项目使用期间根据标准折现率计算得到的产生净现金流的现值之和。

$$\text{LCOE} = \frac{\text{NPV}(C_T)}{\text{NPV}(G_T)} \qquad (3-1)$$

其中,C_T 是总成本,G_T 是总发电量,而现值的计算可以依照以下公式:

$$P = F(1+r)^{-n} \qquad (3-2)$$

式中,P 表示现值;r 是折现率;F 是最终价值;n 是寿命[37]。

总投资成本上,储能系统主要由锂电池储能单元、能量转换模块、智能管理系统和辅助设备组成[36]。依照这些部分，梯次储能系统的成本通常包含电池成本、功率变换器成本（Power Conversion System，PCS）、电池管理系统成本（Battery Management System，BMS）、集成成本、置换成本、运行维护成本、冷却系统成本以及电热安全成本、残值[34]，也可将其分为投资成本、运作成本和风险成本[39]。常规铅酸蓄电池储能的电池成本只包括电池单价，而梯次储能系统的电池成本包括电池单价、分选与检测费用，且铅酸蓄电池系统不需要重组集成，置换也不需要像退役电池一样频繁。总发电量的现值则主要与电池的额定容量、放电深度、充放电效率、衰减率和使用年份有关，而能带来的收入包括直接收入和间接收入。其中，直接收入包括政府补贴收入、峰谷电价差收入和残值收入；间接收入包括减少电网网损收入、延缓电网升级收入、提高电网可靠性收入和环境收入[38]。

如表 3 - 7 所示，对不同规模铅酸蓄电池常规储能电站成本估测，得出每千瓦时的花费是 1.75 ~ 1.80 元。

表 3 - 7　不同规模铅酸蓄电池常规储能电站成本估测

安装成本/千元		
项目名称	0.5 MW/4 MW·h 铅酸蓄电池电站	20 MW/160 MW·h 铅酸蓄电池电站
电站建设	450	50 500
设施安装	300	11 860
设施购买	3 900	126 650
电池成本	2 200	88 000
其他	150	12 000
静态投资	4 800	201 010
运行成本		
运行参数	0.5 MW/4 MW·h 铅酸蓄电池电站	20 MW/160 MW·h 铅酸蓄电池电站
电池循环寿命/次	600	600
充放电次数/（次·年$^{-1}$）	300	300
充放电效率/%	90	90
电池衰减率/%	2	2
放电深度/%	50	50

续表

运行成本		
运行参数	0.5 MW/4 MW·h 铅酸蓄电池电站	20 MW/160 MW·h 铅酸蓄电池电站
电站使用年限/年	10	10
电池更换成本/千元	880	35 200
运行维护成本/千元	77	3 226
每千瓦时成本/ （元·（kW·h）$^{-1}$）	1.75	1.80

由表 3 – 8 可知，使用磷酸铁锂电池进行梯次利用的成本是 0.6 元/（kW·h），远远低于铅酸蓄电池的成本。且相比于铅酸蓄电池而言，磷酸铁锂电池的循环寿命高得多，放电深度更大，充放电效率更高，而即使如此，电池的衰减速度也更慢[37]。虽然也有铅酸蓄电池梯次利用的相关数据，成本相比于磷酸铁锂电池更低，但其循环寿命短，且已经不是动力电池的主要组成部分，因此磷酸铁锂电池梯次利用具有相当可观的经济可行性。

表 3 – 8　不同规模磷酸铁锂电池梯次利用储能电站成本估测

安装成本/千元		
项目名称	0.5 MW/1.5 MW·h 梯次电池电站	20 MW/60 MW·h 梯次电池电站
电站建设	170	12 500
设施安装	150	12 000
设施购买	2 100	74 000
电池成本	1 050	42 000
其他	150	6 000
静态投资	2 570	104 500
运行成本		
运行参数	0.5 MW/1.5 MW·h 梯次电池电站	20 MW/60 MW·h 梯次电池电站
电池循环寿命/次	2 000	2 000
充放电次数/ （次·年$^{-1}$）	600	600

运行成本		
运行参数	0.5 MW/1.5 MW·h 梯次电池电站	20 MW/60 MW·h 梯次电池电站
充放电效率/%	97	97
电池衰减率/%	1.6	1.6
放电深度/%	80	80
电站使用年限/年	10	10
电池更换成本/千元	210	8 400
运行维护成本/千元	41	1 677
每千瓦时成本/（元·（kW·h）$^{-1}$）	0.59	0.6

3.3.3　商业价值分析

储能电站收益主要受电池购置成本、政府补贴额度、峰时电价差和使用寿命等影响。在这个环节，政府的政策影响较大，提高动力电池储能环节的商业价值，离不开政府的大力扶持。接下来，通过构建 SD 模型分析这些因素对商业价值的影响程度大小。

梯次利用动力电池储能基本流程如图 3 – 11 所示。它涉及新电池提供单位、新能源发电厂、建设储能电站以及通过电网向电力用户输送用电等过程。对建设梯次利用动力电池储能电站进行商业价值分析，要从整体性出发，根据动力电池性能特性和储能电站建设的经济特性，以储能电站经济效益最大化为目标，构建成本收益模型。

SD 模型具体的设计思路如下：①根据梯次利用动力电池储能的成本和收入构成，发掘影响经济效益这一目标的技术性指标和成本性指标。②根据梯次利用动力电池储能在建造、运行及维护、电力存储及传导过程中的具体特性，总结各技术指标及效益指标间的因果关系。③通过因果关系的分析，利用 VENSIM 软件，绘制梯次利用动力电池储能过程的存量流量图，并构建经济性和动态评价的 SD 模型。④通过对模型的仿真，得到各主要经济效益随时间变化的趋势行为，并从单因素和多因素等进行模型的动态评价，为梯次利用动力电池储能电站的未来发展提供建议[42]。

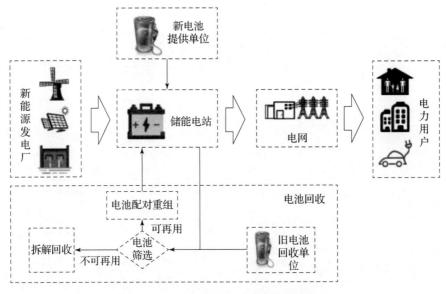

图 3 – 11　梯次利用动力电池储能基本流程

选取电池采购成本、政府补贴、峰时电价三因素作为主要分析因素，每个影响因素作为一种情境对其进行动态评价研究：①单位容量采购成本；②单位容量政府补贴；③峰时段电价。与此同时采用等差数列的方式，将每种情境划分为 Current1，Current2，…，Current6 共 6 个等级，如表 3 – 9 所示。每种情境共分为 6 个等级，Current1 为 SD 模型初始数值状态。情境①为单位容量电池采购成本以 50 元/（kW · h）等差依次递减；情境②为单位容量政府补贴以 50 元/（kW · h）等差依次递增；情境③为峰时段电价以 0.05 元/（kW · h）等差依次递增。除此之外，将 3 种情境进行复合，作为情境④。基于此，对梯次利用动力电池储能的商业价值进行单维度和多维度的敏感性分析。

将表 3 – 9 中情境①数据分别代入 SD 模型，得出在单位容量采购成本变动情况下的累计收益曲线。结果表明，单位容量电池采购成本每降低 50 元/（kW · h），项目投资回收期平均缩短 1 年；随着单位容量电池采购成本的下降，梯次利用动力电池储能的商业价值逐渐增加。将表 3 – 9 中情境②数据分别代入 SD 模型，得单位容量政府补贴变动时的累计收益曲线，与电池采购成本的影响类似，单位容量政府补贴每增加 50 元/（kW · h），项目投资回收期平均缩短 1 年；当政府补贴增长至 750 元/（kW · h）时，投资回收期缩短为 11 年。将表 3 – 9 中情境③数据分别代入 SD 模型，得峰时电价变动时的累计收益曲线图，当峰谷电价差每增加 0.05 元/（kW · h），投资回收期平均缩短 1 年。可见峰谷电价差微小增大，便导致梯次利用动力电池储能的峰谷电价差收入有较大幅度提高，说明该模型中，峰谷电价差的变动，与梯次利用动力电池储能商业价值的提高存在强相关作用。未来，随着电力市场定价机制的进一步开放和完善，储能产业中梯次利用动力电池的市场化前景会进一步提高。

表 3 - 9   动态评价不同情境的具体数据

情境	①单位容量采购成本（电池）/(元·(kW·h)$^{-1}$)	②单位容量政府补贴/(元·(kW·h)$^{-1}$)	③峰时段电价/(元·(kW·h)$^{-1}$)
Current1	500	500	0.854 6
Current2	450	550	0.904 6
Current3	400	600	0.954 6
Current4	350	650	1.004 6
Current5	300	700	1.054 6
Current6	250	750	1.104 6

通过分析可知，电池购置成本、政府补贴额度、峰时电价差和使用寿命等单因素变动情况时，梯次利用动力电池储能的商业价值变化较为明显，且有多个因素利于梯次利用动力电池储能时，其商业价值提升效果更为明显[38]。

|3.4 技术评估|

3.4.1 安全问题

储能系统安全问题的风险来源于电池自身、系统内其他部件、环境因素等。梯次利用电池本体由于寿命衰减快、不一致性等问题，更易存在易燃、热失控的风险，而且与电芯配套的电池管理系统、储能变流器等外围系统也易成为事故的引发点。

梯次利用储能是由多个单体电池串并联组成，单体电池一致性不高，再经历过充过放等不良工况，就会存在变形、排气、火花、爆炸等安全隐患。从电池本体出现安全性的内在原理进行解释，最早回收利用的是铅酸蓄电池，其充电电压过高或充电时间过长，会产生大量气泡，同时电解液温度升高，充满电后电解液会产生氢气和氧气，遇到过充、升温或电极接触不良产生火花的情况时，容易发生爆炸。目前进行梯次利用的主要是磷酸铁锂电池，这种电池过充过放都会造成析锂现象，形成锂金属枝晶晶核，随后生长出锂枝晶。同时，随温度上升，枝晶生长程度逐渐严重，高温下容易造成隔膜受损，甚至可能刺穿隔膜造成微短路。微短路与短路现象会加热电池并逐渐加速温升，当隔膜熔化后电池安全性将无法保障[24]。

梯次利用电池虽然经过重新匹配重组，并配备温度预警系统，可以在一定程度上降低电池热失控的概率，但根据动力电池生产到退役再到梯次利用的全过程进行分析，各环节如果出现操作或监控的疏漏，就容易引发上文提到的电池热失效过程。

最初生产时，由于生产工艺误差，质量参差不齐，各单体间存在一定的差异，同一型号电池间也会存在容量、内阻等参数的不一致。这些电池长期使用的过程中，各单体连接结构、环境温度等的不同也会导致各单体间的差异加倍放大[39]。在动力电池刚开始用于电动汽车的几年中，这种情况尤为突出，目前随着动力电池生产技术的不断提高，以及对工况的更深刻理解，同一批电池退役时一致性稍有提高。

退役后，大部分梯次利用电池是以模组或单体的形式进行利用。首先要从电池包中拆解出来，然而拆解技术有限，不仅可能破坏电池，使得电解液泄漏，存在环境毒性，还存在短路、触电的风险。针对这个问题，国家标准GB/T 33598—2017《车用动力电池回收利用拆解规范》在 2017 年 12 月 1 日正式施行，这是国际上首部关于电池回收利用的国家标准，从安全、环保的角度，对整车、电池生产、回收拆解企业承担的责任、具备的条件提出了要求，为环境治理和安全生产提供了准则和依据。该拆解技术标准从实践上确保了动力电池的安全、环保、高效，同时也对我国的动力电池回收利用市场进行了规范和净化，提升了行业的整体水平，推动了整个行业的健康发展[41]。

实际梯次利用时，一致性较差的电池的不均衡现象更为明显，而这些安全隐患与电池内部的结构变化息息相关，在评估、分选时很难通过目前的性能参数如 SOH、剩余容量等表现出来。因此，无法避免梯次利用过程中不同电池性能衰退情况不同，导致一致性再次变差的情况。与梯次电池电芯配套的 BMS能起到一定的管理作用，但也可能无法报警，引发事故。当前 BMS 主要用于电动汽车和储能项目中的电池模组，其故障时，可能出现模拟量测量、保护、报警等功能失效，故障无法被及时发现，可能导致设备损坏，引发安全事故。梯次利用电池利用电站配备 BMS，其产生故障时可能导致历史数据缺失，再加上梯次电池容量衰减到一定程度后，内阻增大，储能状态不一致性突出等因素，梯次利用电池储能状态（SOC/SOH）精确估计存在较大难度[24]。在外力干扰、电池内短路等发生时，电池会瞬间大量放热，使预警系统失效，引起着火、爆炸等。现在还有研究表明，退役电池使用时还会出现容量突减的情况，如果某个单体电池的容量突减为零，整个电池包的充放电性能都会出现巨大的衰减，容易引发安全事故[40]。相关研究结果指出，采用均衡电路拓扑结构及主动均衡技术可在一定程度上缓解储能系统支路电池一致性差的问题，提高电池组整体寿命和系统能源利用率，降低系统的安全隐患[42]。

梯次利用过程中产生安全隐患时，常会出现一些导致事故发生的非正常条件、事件等，这一系列事件被称为前兆信息。评估储能系统使用过程的安全性可以通过利用前兆信息建模，首先识别出系统中可能造成安全事故的前兆信息，将其量化为数据模型，再通过组合赋权法进行评价指标的权重分配，对各前兆信息排序并做出决策。动力电池梯次利用储能系统中的前兆信息包括单体级、模组级和储能系统级。单体级的前兆信息有 SOH 过低、SOC 异常、剩余使用寿命过低、内阻过大、电压异常、温度过高等；模组级的前兆信息有充放电电压异常、无法充电等；储能系统的前兆信息有动态重构系统失效、能量交换系统失效、连接开关失效、控制器域网通信失效、冷却系统失效、传感器失效等。在评估运行过程安全性时，可以着重关注这些部分是否正常运行[50]。

总之，目前动力电池梯次利用面临的较大难题就是安全控制问题。如何合理配置具有差异的废旧电池单体，如何保证运行过程中电池的一致性，以及如何精确地估计电池储能状态并防止过充、热失控等情况，将成为动力电池梯次利用未来发展的重点方向。目前，对于退役动力电池的分选和重组技术已经有一定的理论基础和实践经验，对于电池管理系统和热失控管理的研究也较多。未来，退役动力电池梯次利用的安全性会逐步提升。

3.4.2　技术问题

在退役动力电池的梯次利用过程中，关键的技术问题集中在安全性检测、容量和寿命评估技术上。

安全性检测方面，首先要对电池进行初检，然后进行多项安全性测试。电池初检就是对于从车辆上拆解下来的动力电池，进行电池外观的目测，检测电池的基本参数，如用电压表对电池电压进行检测、用内阻测试仪对电池内阻进行检测。这一步需要淘汰外观上就存在严重问题的电池，如部件不完整、外壳严重变形、漏液、外观不良、内部气体膨胀等，还需要淘汰基本参数很差的电池，如内阻过高、低（零）电压等情况[43]。之后对电池进行的安全性测试类别要根据国家的具体标准而确定，目前采用的电池安全性测试标准是 GB 38031—2020《电动汽车用动力蓄电池安全要求》。根据这个标准，动力电池的安全性测试可分为 3 类：机械安全测试类（振动、冲击、挤压等）、环境安全测试类（热冲击、温湿循环、高温等）、电气安全测试类（短路、过充、过放等）。目前动力电池安全性测试还存在一些不足，比如涉及电流过大、过充等测试时的检测环境一般是室温或高温，未进行低温环境的检测，而低温条件实际上可能促进锂在电极表面沉积，可能会生成枝晶引起短路。这些测试项目中也缺少对电池包和系统气密性的要求，难以做到有效防止粉尘进入，粉尘若进入动力电池内部积聚，电池发热，考虑到电池是个相对封闭的体系，在运行过程中可能会发生爆炸。针对动力电池管理系统（BMS）在安全性测试项目中的评价存在不足，而 BMS 是可能出现历史数据丢失、报警功能失效的，因此对 BMS 的规范要求应当也加入安全性检测中[44]。表 3 - 10 为安全性检测具体条件。

表 3 - 10　安全性检测具体条件

序号	检测项目	主要检测条件
1	过放	单体：充电后，1 C 放电 90 min。电池包和系统：（20 ± 10）℃ 或更高环境下；SOC 调整到较低水平；按规定稳定放电至触发保护功能
2	过充	单体：充电后，以 1/3 C 充电至 1.1 倍上限电压或 115% SOC。电池包和系统：（20 ± 10）℃ 或更高环境下；SOC 调整到中间水平；以最短充电策略充电至触发保护功能
3	外部短路	正负极连接 5 mΩ 的电阻（单体、电池包和系统），至启动保护功能（电池包和系统）
4	加热	单体：充电后，（130 ± 2）℃，30 min，速率：5 ℃/min
5	温湿循环	单体：25 ℃ → - 40 ℃ → 25 ℃ → 85 ℃ → 25 ℃，5 循环。电池包和系统：GB 2423.4，试验 Db；25 ~ 60 ℃；50% ~ 95% RH；5 个循环
6	挤压	单体：半径 75 mm 半圆柱体板，< 2 mm/s；电压到 0 V 或变形到 15% 或挤压力到 100 kN 或 1 000 倍样品重量。电池包和系统：半径 75 mm 半圆柱体板，< 2 mm/s；挤压力达到 100 kN 或变形到挤压方向的整体尺寸的 30%
7	振动	3 轴向；5 ~ 200 Hz，最大 1.5 g，13 h（随机 12 h + 定频 1 h）
8	机械冲击	半正弦波，7 g，6 ms，± Z 各 6 次，共计 12 次
9	模拟碰撞	0 ~ 28 g；20 ~ 120 ms；1 个方向

序号	检测项目	主要检测条件
10	热稳定性	火烧：汽油，样品距液面 50 cm，70 s；热扩散：ø（3～8）mm 圆锥形钢针，0.1～10 mm/s 刺入；或使用 30～2 000 kW 棒状或平面状加热装置对电芯加热
11	温度冲击	−40～60 ℃（30 min 内完成转换）；每个温度点保 8 h；5 个循环
12	高海拔	室温；61.2 kPa；5 h
13	过温	室温或（20±10）℃或更高环境下；连续充电和放电升高电池温度进而触发电池过温保护
14	过流	（20±10）℃环境下；SOC 调整到中间水平；5 s 内将充电电流增加至规定最高电流至启动保护功能

　　退役电池的容量评估一般是直接测试或通过计算 SOC 和 SOH 估计，存在的问题是若对每个单体电池逐一测试容量和充放电循环曲线，一个储能电站需要的电池数量较多，全部测试耗时很久，影响经济效益。再者，动力电池的电化学性能由电池内部结构状态和工况共同决定，且在使用过程中各组分发生复杂的物理和化学变化，目前用于评估的电化学状态尚不能全面准确地表征出退役电池的状态，这会影响到退役电池的容量评估和分选结果[45]。同时，在运行过程中，个别电池模块性能存在衰减加速、突变的现象，但是并未开展相关运行数据及典型故障分析研究。目前，国内已经有车用动力电池余能检测的相关标准，也有一些较为复杂的方法能进行较为准确的估测，这些方法耗时长且成本高，因此急需快速精准，且成本较低的余能检测评价方法[48]。

　　锂离子电池的剩余寿命预测可以分为预测循环寿命、预测日历寿命和预测储存寿命 3 种。循环寿命就是电池达到寿命终止条件前能够执行的循环数量；日历寿命就是电池达到寿命终止条件前能持续执行某一操作的工作总时间；储存寿命是在一定储存温度等条件下可储存的时间。通常情况下，如果能够获取动力电池在使用期间的完整数据，就能很好地建立模型，估测剩余寿命，然而电池运行数据是否公开取决于车企。如果只有出厂的原始数据如标称容量、电压等，那么估算时就还要对每个模组进行测试，再根据测试数据估计寿命，这样就会使得寿命估计耗时更长、成本更高[48]。即使获得了测试数据，寿命的退化机理模型和经验退化模型都需要大量的实际数据来优化参数，而数据驱动的估测方法虽然在一定程度上克服了物理模型动态性能差的问题，但模型训练时间长、所需参数多，容易受不确定性的影响[47]。选定模型后，这些模型大部分是基于未使用过的电池的条件设置参数的，退役动力电池的情况和未使用电池存在一定的区别，因此根据大量的数据和测试模型计算出的剩余寿命可能并不准确。在寿命评估问题上，最重要的是建立基于退役动力电池特殊应用场景的评估模型。

参 考 文 献

[1] 许飞. 新能源汽车废旧动力蓄电池回收利用综述 [J]. 河南化工, 2017, 34 (7): 12 – 5.

[2] 郑旭, 林知微, 郭汾, 等. 动力电池梯次利用研究 [J]. 电源技术, 2019, 43 (4): 168 – 171.

[3] 陈秀娟. 动力电池梯次利用势在必行 [J]. 汽车观察, 2019, 168 (3): 102 – 103.

[4] 褚兵, 杨厚东. 浅谈退役动力电池综合利用方法和发展路径 [J]. 电子元器件与信息技术, 2022, 6 (1): 110 – 111.

[5] 江寒秋. 动力电池退役潮 [J]. 齐鲁周刊, 2018 (13): 40 – 42.

[6] 谢英豪, 余海军, 张铜柱, 等. GB/T 34015—2017 《车用动力电池回收利用余能检测》标准解读 [J]. 汽车科技, 2018, 3: 73 – 77.

[7] 王苏杭, 李建林. 退役动力电池梯次利用研究进展 [J]. 分布式能源, 2021, 6 (2): 1 – 7.

[8] 姜研. 梯次利用锂离子电池组全生命周期状态评估技术研究 [D]. 北京: 北京交通大学, 2019.

[9] 杨杰, 王婷, 杜春雨, 等. 锂离子电池模型研究综述 [J]. 储能科学与技术, 2019, 8 (1): 58 – 64.

[10] 王兴华, 兰欣, 李祥瑞, 等. 动力电池二次利用关键参数识别研究综述 [J]. 内燃机与动力装置, 2021, 38 (2): 14 – 18.

[11] 杜帮华. 梯次利用锂离子电池组荷电状态估算研究 [D]. 武汉: 湖北工业大学, 2021.

[12] 续远. 基于安时积分法与开路电压法估测电池 SOC [J]. 新型工业化, 2022, 12 (1): 123 – 124.

[13] 陈严君. 锂电池阻抗模型参数的 BP 神经网络预测研究 [D]. 哈尔滨: 哈尔滨理工大学, 2010.

[14] 谌虹静. 锂离子动力电池剩余寿命预测与退役电池分选方法研究 [D].

南京：东南大学，2019.

[15] 姜舟. 梯次利用电池筛选及综合性能评估方法研究［D］. 北京：北京交通大学，2021.

[16] 郑志坤，赵光金，金阳，等. 基于库伦效率的退役锂离子动力电池储能梯次利用及筛选［J］. 电工技术学报，2019，34（Z1）：388−395.

[17] 王存，袁智勇，王亦伟，等. 退役动力电池梯次利用关键技术概述［J］. 新能源进展，2021，9（4）：327−341.

[18] 王帅. 退役动力电池模组一致性分选与重组研究［D］. 保定：华北电力大学，2021.

[19] 刘念，唐霄，段帅，等. 考虑动力电池梯次利用的光伏换电站容量优化配置方法［J］. 中国电机工程学报，2013，33（3）：34−44.

[20] 孙威，修晓青，肖海伟，等. 退役动力电池梯次利用的容量优化配置［J］. 电器与能效管理技术，2017（19）：77−81.

[21] 韩世龙. 梯次利用电池储能系统均衡电路研究［D］. 北京：北京交通大学，2019.

[22] HESSAMI M A，BOWLY D R. Economic feasibility and optimisation of an energy storage system for Portland Wind Farm（Victoria，Australia）［J］. Applied Energy，2011，88（8）：2755−2763.

[23] 王泽众，李家辉. 电池梯次利用储能装置在电动汽车充换电站中的应用［J］. 电气自动化，2012（6）：49−50.

[24] 韩华春，史明明，袁晓冬. 动力电池梯次利用研究概况［J］. 电源技术，2019，43（12）：2070−2073.

[25] 原创力文档. 日产汽车及优美科动力电池回收之路［EB/OL］.（2020−03−30）［2022−05−23］. https：//max.book118.com/html/2020/0329/5122332203002233.shtm.

[26] ZHU J，MATHEWS I，RENET D，et al. End−of−life or second−life options for retired electric vehicle batteries［J］. Cell Reports Physical Science 2，2021（8）：100537.

[27] PYPER J. How FreeWire's second−life battery packs could help EVs go mainstream［EB/OL］.（2017−08−31）［2022−05−23］. https：//www.greentechmedia.com/articles/read/freewire−second−life−battery−packs−ev−mass−market−fast−charging#gs.4DxfIhpf.

[28] ETHAN ELKIND. Repurposing used EV batteries：My visit to freewire technologies［EB/OL］.（2017−02−02）［2022−05−23］. https//

www. ethanelkind. com/repurposing – used – ev – batteries – my – visit – to – freewire – technologies/.

［29］李建林，王哲，许德智，等. 退役动力电池梯次利用相关政策对比分析［J］. 现代电力，2021，38（3）：316 – 324.

［30］曹涛，朱清峰，陈燕昌. 动力锂离子电池在通信行业的梯次应用［J］. 邮电设计技术，2018，10：83 – 7.

［31］孟月. 中国铁塔能源领域创新再落地 助力5G网络电力保障［J］. 通信世界，2019（25）：17.

［32］WU Y F，YANG L Y，TIAN X，et al. Temporal and spatial analysis for end – of – life power batteries from electric vehicles in China［J］. Resources，Conservation & Recycling，2020，155：104651.

［33］贾晓峰，冯乾隆，陶志军，等. 动力电池梯次利用场景与回收技术经济性研究［J］. 汽车工程师，2018，6：16 – 21.

［34］李雄，李培强. 梯次利用动力电池规模化应用经济性及经济边界分析［J］. 储能科学与技术，2022，11（2）：717 – 725.

［35］CHEN X L，TANG J J，LI W Y，et al. Operational reliability and economy evaluation of reusing retired batteries in composite power systems［J］. Int J Energy Res，2020，44：3657 – 3673.

［36］黄培庭，赵维裕，黄鹏程. 高速公路隧道储能电站的优化控制与经济性分析［J］. 福建交通科技，2021（6）：117 – 121.

［37］LI B，SHI J，LI H，et al. Comparative analysis of technology and economy on echelon battery energy storage［C］// 2019 IEEE Innovative Smart Grid Technologies – Asia（ISGT Asia），May 21 – 24，2019.

［38］张雷，刘颖琦，张力，等. 中国储能产业中动力电池梯次利用的商业价值［J］. 北京：北京理工大学学报（社会科学版），2018，20（6）：34 – 44.

［39］朱运征，李志强，王浩，等. 集装箱式储能系统用梯次利用锂电池组的一致性管理研究［J］. 电源学报，2018，16（4）：80 – 86.

［40］赵光金，邱武斌. 退役磷酸铁锂电池容量一致性及衰减特征研究［J］. 全球能源互联网，2018，1（3）：383 – 388.

［41］谢英豪，余海军，张铜柱，等. GB/T 33598—2017《车用动力电池回收利用拆解规范》解读［J］. 电池，2018，48（1）：53 – 55.

［42］刘雨晴，李建林，张剑辉，等. 退役电池梯次利用安全性分析［J］. 分布式能源，2021，6（1）：7 – 13.

［43］李建林，李雅欣，吕超，等. 退役动力电池梯次利用关键技术及现状分析 ［J］. 电力系统自动化，2020，44（13）：172 – 183.

［44］郑昆，丁胜，林文表，等. 动力电池安全性分析及检测技术概述 ［J］. 环境技术，2021，39（6）：229 – 234.

［45］李济飞. 电动汽车退役电池剩余容量估计与分选方法研究 ［D］. 广州：华南理工大学，2020.

［46］吴岩，田培根，肖曦，等. 基于前兆信息的可重构梯次电池储能系统安全风险评估 ［J］. 太阳能学报，2022，43（4）：36 – 45.

［47］张宗光. 锂电池剩余寿命智能预测及其在楼宇微网的梯次利用研究 ［D］. 湘潭：湘潭大学，2020.

［48］中国工业节能与清洁生产协会，新能源电池回收利用专业委员会. 中国新能源电池回收利用产业发展报告（2021）［M］. 北京：机械工业出版社，2022.

［49］杭州首座！这个黑科技满满的汽车充电站在余杭正式投入使用！［N］. 余杭晨报，2019 – 10 – 31.

［50］GUHA A. Online estimation of the electrochemical impedance spectrum and remaining useful life of lithium – ion batteries ［J］. IEEE Transactions on Instrumentation and Measurement，2018，67（8）：1836 – 1849.

［51］HU C, YE H, JAIN G, et al. Remaining useful life assessment of lithium – ion batteries in implantable medical devices ［J］. Journal of Power Sources，2018，375：118 – 130.

第 4 章

废旧锂离子电池回收处理技术

| 引言 |

中国政府近几年出台了一系列扶持锂离子电池产业发展的政策,视其为"十二五""十三五"时期国家重点发展的产业,习近平总书记在 2020 年 9 月提出了"力争 2030 年 CO_2 排放峰值,力争 2060 年前实现碳中和"的方针。一系列政策的出台,让中国锂离子电池产业快速发展[1,2]。资料表明,中国的锂离子电池产量在 2018 年增加 26.7%,达到 102 GW·h,占全世界的54.03%。根据国家工信部的数据,2019 年上半年,国内锂离子电池的产销量已达 27.7 亿只,比上年同期增长 8.2%;预计 2019—2023 年,国内锂离子电池的产量平均增长率将会达到 16.43%[3]。2020 年全球废旧锂离子电池的数量已经超过 250 亿只;在 2017~2030 年期间,全球范围内预计将产生超过1 100万 t 退役锂离子电池[4]。到 2020 年,全世界废弃的锂电池总数约为250 亿只,中国是世界上最大的锂离子电池生产国和消费国,在为人们的日常生活提供方便的同时,也必然要对其进行循环利用。目前仍有很多废旧的锂离子电池有待进一步循环利用[5]。由于锂离子电池中材料结构复杂、数量繁多,它们在再利用/回收之前必须经过各种处理。锂离子电池必须首先进行分类,并且通过失活、拆卸和分离进行预处理,然后才可以对其进行直接回收、火法冶金、湿法冶金或多种方法的组合进行回收。在众多的回收方案中,目前主要使用湿法冶金和火法冶金方法的组合来回收锂离子电池正极材料[6]。因此,锂离子电池回收技术的发展对废旧锂离子电池的资源化利用起到至关重要的一步。本章从锂离子电池结构出发,对各种预处理方法的优势与不足进行了详细归纳;扼要介绍了火法、湿法工艺处理正极材料的特点;同时,对研究相对较少的负极和电解质的回收进行了细致分析,并提出了一些思考,以期为废锂离子电池的高效、绿色、全面回收提供一定参考。

| 4.1　正极回收预处理技术 |

锂离子电池的外形根据不同行业的要求,可分为圆柱形、纽扣形、方形、软包形 4 种,见图 4－1[7]。锂离子电池由正极、负极、隔膜、电解质四大类构成，其他部件包括极耳、外壳、引线等[8]。电池的预处理是指对电极材料回收处理之前进行的活化、释放、拆卸、破碎等一系列操作。锂离子电池是能量储存装置，报废之后仍会残存一定的电量，如果拆解不当引起正负极短路便可能发生爆炸、火灾等事故，因此电池的失活是安全有效地拆解废旧锂离子电池的前提[9]。为了安全起见，在拆卸废旧锂离子电池时，通常都会进行放电预处理，常用的方法即将废旧锂离子电池置于盐溶液中，如 NaCl 或 Na_2SO_4 溶液中，通过电解将电池的残余电量放完，一般以电压放至 2 ~ 2.5 V 以下为止。表 4 – 1 为物理和化学放电方法的优缺点[10-13]。

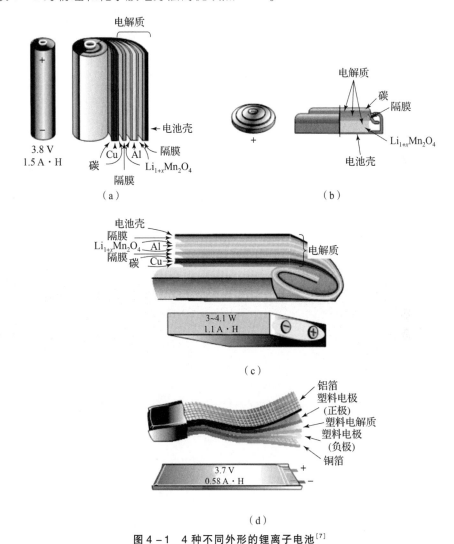

图 4 – 1　4 种不同外形的锂离子电池[7]

（a）圆柱形；（b）纽扣形；（c）方形；（d）软包形

表4-1　物理和化学放电方法的优缺点

放电分类	放电方法	优缺点
物理放电	短路放电，通常利用液氮等冷冻液进行低温冷冻，穿孔放电	速度快，但对设备要求较高，不适合大规模工业应用
化学放电	在导电溶液（多为 NaCl 溶液）中，通过电解的方式释放残余能量	成本更低，操作简单，但放电效率低

为了提高回收效率，在机械拆解过程中需要进行粉碎和筛选两个步骤。一般采用整体破碎、内芯破碎、极片破碎 3 种粉碎方法，其优缺点见表4-2。例如，在处理手提电脑的电池时，通常采用 12 mm 孔径的滤网，以保证尽可能多的 $LiCoO_2$ 保持在电池中，从而回收 28% 的 Co 和 2% 的杂质[14]。Aral 等人[15]将机械破碎过程分成两个阶段：第一阶段采用 20 mm 孔径的筛网进行破碎，第二阶段采用 10 mm 孔径的滤网。随后采用湿法工艺进行再生。将该电极于 80 ℃ 干燥 24 h，随后将其置于 40 ℃ 的去离子水中，搅拌清洗 1 h，以移除有机溶剂（PC）和碳酸亚乙酯（EC），便于将活性材料与集流体分离。首先将分离出的活性材料进行过滤，然后用 40 ℃ 的去离子水清洗，以去除表面的锂盐（$LiPF_6$），然后干燥 24 h[16]。

表4-2　整体破碎、内芯破碎和极片破碎的优缺点

破碎方式	破碎流程	破碎产物	优缺点
整体破碎	破碎机整体破碎、分离	金属外壳、铜箔、铝箔、隔膜、正负极材料粉末	破碎产物颗粒较大，不利于后续的分离处理
内芯破碎	拆解去芯，将外壳与内芯分离，再将内芯进行破碎	铜箔、铝箔、隔膜、正负极材料粉末	内芯操作危险性较高，难度较大
极片破碎	先拆解去芯，将正负极片分别破碎，最后对破碎产物分别处理	外壳、铝箔、正极材料粉末、铜箔、负极材料粉末	能得到较高纯度的回收材料，操作较简单，但难以实现工业化

在预处理工艺中进行热处理，如焚烧、热解等，可以将多余的成分去除。将正极分离后，将其切成块状，在 150~500 ℃ 下燃烧 1 h，以除去黏合剂和其余有机物质；剩余的负极物质在 700~900 ℃ 的高温下燃烧 1 h，去除其中的碳和残留的有机物质。在此工艺期间，同时可以分离和回收 $LiCoO_2$[17]。Sun 和 Qiu[18]开发了一种新的循环工艺，它将真空热分解与湿分离技术相结合，从废

旧的锂离子电池中回收锂和钴。实验表明，在 600 ℃条件下进行 30 min 的蒸馏，在空气压力为 1.0 kPa 的情况下，从铝箔中可以分离出以 $LiCoO_2$、CoO 为主的活性材料。

大中型的废旧锂离子电池，通常都会有很大的容量，可以通过充放电装置来释放，抽取出来的能量可以用来充能，等电量下降到一定程度，就可以拆卸。在工业生产中，一般采用的预处理工艺有低温分解、惰性气体分解等。例如，Retriev 处理厂，将废旧的锂离子电池放入 –200 ℃的液氮环境中进行分解，而 Batrec 处理厂在 CO_2 惰性气体中分解废旧电池[19]。

4.1.1　人工预处理

在实验室规模的研究中，因为回收的重点在于后续火法冶金和湿法冶金的回收与再生，所以一般采用简单的传统工艺。因此预处理在处理安全问题时，采用了一些比较简单的安全措施，如佩戴防护眼镜、面罩和手套，用小刀和锯子手工拆解废旧电池[20]。集流体和活性材料是使用黏结剂进行制作的，按黏结剂和集流体的不同，一般采用 3 种不同的分离方法。

第一种工艺是机械方法，它能粗略地将集流体与反应物质分开，这是工业上常用的一种工艺[21-23]。第二种方法是用溶剂或煅烧方法去除黏结剂。基于相似 – 互溶原理，聚偏二氟乙烯（PVDF）可以很容易地溶解在特定的有机溶剂中，如 N – 甲基 – 2 – 吡咯烷酮（NMP）[24,25]。然而，NMP 由于其毒性和昂贵的价格，限制了大量应用。为了解决这个问题，研究者们已经研制出了新型的绿色溶剂来代替 NMP。其中，离子液体（ILs）因其蒸汽压力小、热稳定性高、溶解性能好而被视为有希望的替代品，ILs 一般分为有机和无机两种[26-28]。在先前的研究基础上，Zeng 和 Li[29] 等人开发了一种使用加热的 ILs 分离正极和铝（Al）集流体的新方法。因为 1 – 丁基 – 3 – 甲基咪唑四氟硼酸酯（[BMIM][BF_4]）具有合适的黏度和出色的亲水性，研究选择其来验证方法具有可行性。结果表明，在 180 ℃、300 r/min 条件下，25 min 的分离效果可达 99%。PVDF 在 350 ℃时分解，600 ℃时则完全分解。因此，为了烧掉 PVDF 黏合剂，最好在 400 ~ 600 ℃的较低温度范围内煅烧。研究表明，通过溶剂溶解除去 PVDF 黏合剂后，在废旧电池的活性物质中几乎没有发现杂质。另外，PVDF 煅烧之后，由于活性材料和氢氟酸的反应，在活性材料中存在一定量的 F(LiF)。第三种反应物质的分离方法是将集流体溶解。例如，铝箔在碱性溶液中溶解，而正极活性物质和 PVDF 黏结剂不能溶解于碱溶液中[30]。需要注意的是，使用这种方法不能将铝箔直接以金属形式回收[12]。上述用人工预处理的实验室工艺由于可以将其他成分全部去除，因此得到了高纯度的活性物质。预处理技术能够将其他诸如杂质等因素的影响降到最低。然而，人工预处理工艺的生产效率较低，在工业上并不适合。

4.1.2 机械预处理

1. 拆卸和分类

在处理数量巨大且涉及大量电池组的工业应用中，通常采用机械加工方法。特别是在使用大容量的锂离子电池电池组时，为了避免潜在的风险，必须先把它拆成更小的组件或者电池。目前，大部分电池组都是由专业人员拆解，因为不同厂家生产的电池组的结构有很大差别，而且电池组内的电压仍然很高。但是，这还不足以应付今后数年中的大量废旧电池组[31,32]。因为回收公司往往会接收到含有各种化学成分的废旧电池。由于回收工艺对不同成分的影响，所以在回收之前，应先进行初步的分类。例如，Wang 等人[33]将锂离子电池中的高价值金属按大小进行破碎和分离，并加以回收。实验结果显示，废弃电池中含有的金属物质可以按一定程度上的粒径大小进行分离。举例来说，对锂钴氧化物电池而言，钴的含量已经从预先回收工艺前的 35% 增加到了超微细（<0.5 mm）的 82%，而细粉增加到 68%（0.5~1 mm），并且被排除在更大的碎块（>6 mm）中。图 4-2 显示了锂离子电池预回收过程的工艺流程图。首先，将废旧的锂离子电池放入液氮中，以减少起火风险，然后用商用制粒机在通风橱中（EconoGrind 180/1802）将锂离子电池机械粉碎成碎屑（<7.5 mm）。锂离子电池的碎屑用铝箔包起来，放到通风柜里（在室温下 90 mL/min 的空气流速中）一个星期，彻底汽化掉电池里的挥发性化学物（如电解质）。使用振动动力试验系统（Lansmont，USA）对其进行大小划分，并将其分成 5 种大小：<0.5 mm、0.5~1 mm、1~2.5 mm、2.5~6 mm、>6 mm。振动处理采用随机振动方式（ASTM D4169 Truck profile），连续振动 20 min。

2. 破碎

为了减小电池的体积，对有价值的部件进行集中，通常会对大量的小电池或模块进行粉碎，但是在粉碎过程中也会产生潜在的风险。这是由于在粉碎时，所有的部件都裸露在外面，而正电极与负电极的碎片间的接触会导致微小的短路[34]。同时，由于强烈的摩擦和破碎的高速撞击，会使温度上升到 300 ℃[35]，在较高的温度下，电解液会迅速分解，从而释放出有毒的气体，甚至在湿度较大的情况下也会产生 HF。Diekmann 等人[34]对粉碎工艺中所释放

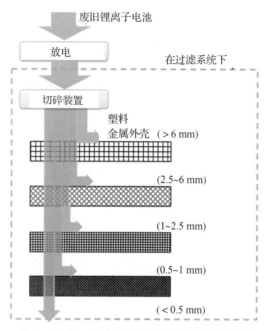

图 4-2　锂离子电池预回收过程的工艺流程图

的气体组分进行了研究。结果表明，电解质组分（包含溶剂和盐）和废旧锂离子电池的健康状况（SOH）对最终排放的气体产生很大的影响。碳酸二甲酯（DMC）、碳酸乙基甲酯（EMC）和 CO_2 是电池压碎过程中释放的主要气体组分。在 SOH 为 80% 时释放的这些成分的总量低于未循环电池的气体释放总量。这是由于 DMC 和 EMC 在此期间被还原而形成固态电解质界面（SEI），同时通过微量的水和 CO_2 将烷基锂碳酸盐（$ROCO_2Li$，其中 R 为活性基团）进行还原，从而生成 Li_2CO_3。Li 等人使用一种气体释放和吸收系统，检测了在拆解锂离子电池过程中的 VOC 含量（图 4-3）[36]。结果表明，在拆解时，DMC 和叔戊基苯是两种主要的有机气体化合物。例如，从 18650 锂离子电池拆下的蓄电池中，这两种气体释放量分别为 4.298 mg/h 和 0.749 mg/h。一般情况下，废气是由诸如碱性溶液或活性炭之类的空气滤清器来收集和净化的，以防止二次污染。

　　为了降低这些有机溶剂的危害，在进行破碎之前或者破碎中间要采取预防措施。压碎前在盐溶液中放电可除去残留的能量，从而减少电气危险[37]。Li 等人[36]研究了氯化钠（NaCl）的浓度和放电时间对锂离子电池放电效率的影响。结果表明，浓度为 10% 的 NaCl 溶液能提高放电效率；在 358 min 内可以达到 72% 放电效率。此外，在高浓度的钠盐溶液中，放电后的钠、铝、铁的

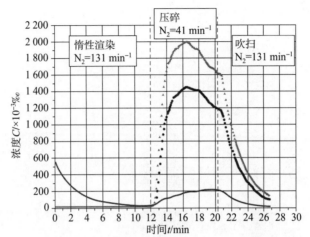

• —二氧化碳（CO_2） • —碳酸乙基甲酯（EMC） ▲ —碳酸二甲酯（DMC）

（a）

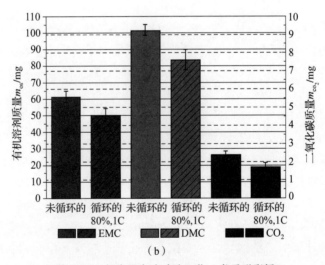

（b）

图 4 - 3　锂离子电池破碎工艺（书后附彩插）

（a）不连续破碎过程的不同阶段；（b）破碎过程中释放的碳酸乙酯（EMC）、
碳酸二甲酯（DMC）和二氧化碳（CO_2）气体的质量；

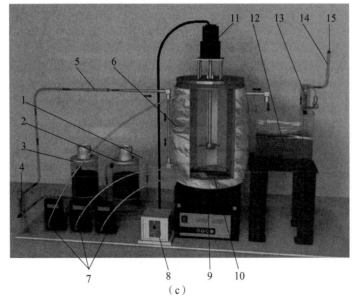

图 4 - 3 锂离子电池破碎工艺（书后附彩插）（续）

（c）用于检测锂离子电池拆卸过程中挥发性有机化合物的气体释放吸收系统

1—气体输入口；2—变色硅胶；3—活性炭；4—流量计 - 1；5—样品吸附管 - 1；

6—VOC 排放容器；7—热电偶；8—自动加速控制电动机；9—平板加热器；

10—拆解后的废旧锂离子电池；11—平面加热器；12—恒温水槽；13—流量计 - 2；

14—样品吸附管 - 2；15—气体出口

含量也比较高。除了预先放电之外，还可以在盐溶液中进行粉碎，即通过湿法粉碎，降低废旧电池的活性和有毒物质的排放[38]。湿法破碎比干法破碎安全，但因水流的冲刷，细馏分中的杂质较多。另外两种用于使废旧电池失去活性的方法是在惰性环境［氮（N_2）或 CO_2］或低温（N_2）中粉碎，以防止当电池核心或组件被粉碎时，易燃气体被释放并引爆[33,34]。

压碎不但会影响电极活性物质的颗粒大小和分布，也会影响其性能[39]。Li 等人[53]利用 XPS 对富集 Co 的废旧锂离子电池粉碎产品进行了表面分析。结果表明，钴酸锂和石墨细馏分被一种由破碎时电解质分解而形成的有机化合物的外层所包裹。另外，在钴酸锂和石墨表面形成的有机膜也会对后续的分离产生一定的影响。

3. 筛分

筛分或过滤是对废旧电池中的金属成分进行分离和浓缩的一个初步工艺。筛分工艺可采用各种分选筛板，其特定大小可根据单元组合的特性而定，通常包含细颗粒（<1 mm）和粗颗粒（>1 mm）[23,39,40]。筛分可以为破碎后的不同粒度的试样提供有用的金属分布信息。一般而言，粗细的微粒主要由塑料、膜片、铝箔、铜箔组成，而正极和负极的活性材料是主要成分。Wang 等人[33]利用更精细的筛选系统（图 4-4）将 4 种正极粉碎成 5 个大小区间：超细尺寸（<0.5 mm）、细尺寸（0.5~1 mm）、中尺寸（1~2.5 mm）、粗尺寸（2.5~6 mm）和最大尺寸（>6 mm）。对于钴酸锂正极电池，超细组分的 Co 含量为 82%，细组分的 Co 含量为 68%，最大组分的 Co 含量几乎为零（图 4-4（a））。虽然钴的价格在所有金属中是最有价值的，但锂离子电池中镍的含量很高，所以它在混合电极中的潜力比钴要高。铜是磷酸铁锂和锰酸锂正极中最重要的组分。同时研究者还发现，不同种类的电池在物质浓度方面的大小差别很大。因此，为了减少原料的不确定性和改善产品的纯度，提出了在预处理前对正极材料进行分级的建议。

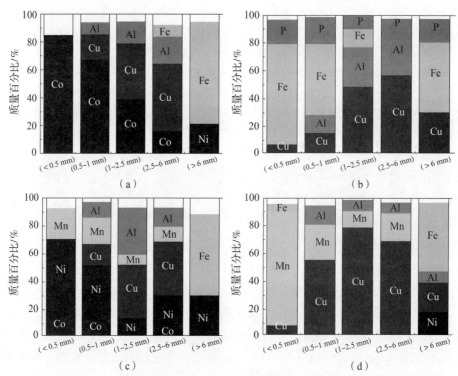

图 4-4　锂离子电池每个尺寸部分中的金属成分的质量百分比分布
（a）钴酸锂正极电池；（b）磷酸铁锂正极电池；（c）混合金属正极电池；（d）锰酸锂正极电池

4. 分离

在对废旧锂离子电池进行了破碎、筛分后，可根据其不同的物理性质（包括热、密度、磁性、湿润和电磁性能），通过分离过程来进一步去除杂质[41]。热处理的功能主要是除去包含黏结剂、导电性碳和电解质在内的部分有机杂质，正如上面关于人工预处理（4.1.1 节）所描述的。焙烧温度、气氛等因素对预处理效果有较大影响，因此必须对其进行严格的控制。如果煅烧温度过低（< 600 ℃），则无法使有机杂质发生分解，而过高的温度则会使 Al 集液氧化，由此在反应物质的表面上生成氧化铝（Al_2O_3）[5,42,43]。在空气中的煅烧对锂过渡金属氧化物的结构影响很小，在废旧磷酸铁锂材料中会发生 Fe^{2+} 氧化成 Fe^{3+} 的现象[44]。相反，在真空或还原性热处理气氛下可以降低正极材料中的过渡金属离子的价态，这有利于后续的浸出过程[42]。Sun 等人[43]对预处理废旧锂离子电池的真空热解技术进行了详细的研究。结果表明，在温度为 600 ℃、30 min 的真空蒸发时间和 1.0 kPa 的残余气压下，正极粉末可以从铝箔上完全剥离。分离出的正极粉末的主要成分是钴酸锂和氧化钴（CoO）。CoO 是由真空热解反应引起的，它与 Co_3O_4 不同，在酸性条件下 CoO 更容易溶解，而在氮气环境下进行热处理，能使金属的价态下降，从而减少后续浸出工艺所需的还原剂数[42]。

热处理具有操作简便、使用方便等特点，但在使用过程中要注意降低大气污染和能源消耗。为此，提出了一种新的分离技术——重力分离法。重力分离法的基本原理为将不同尺寸和密度的混合物在某些分离介质中形成不同的运动状态[9,22,45,46]。对于经过筛分的相同粒度的不同组分，足够的密度差是实现有效重选的关键。在废旧锂离子电池的成分中，低密度成分主要由隔膜、塑料和铝箔组成。空气速度是影响分离效率的另一个主要因素。例如，Bertuol 等人[46]在 3 种不同的风速下使用喷射床淘析分离破碎馏分，其中第一个轻质馏分聚合物、小尺寸的铜和铝在空气速度为 10.2 ~ 10.5 m/s 时分离，直径颗粒较大的第二馏分铜和铝在空气速度为 10.6 ~ 13.0 m/s 时分离，第三部分铝外套管在空气速度为 13.0 ~ 20.7 m/s 时分离。此种分离技术相对于初始分离前电池中破碎的活性质量的总损失仅为 3.3%，具有很好的分离效果。

此外，还可以根据锂离子电池中正极和负极之间的润湿性差异（钴酸锂是亲水的，石墨是疏水的）进行筛分，根据不同材料表面的性质差异，通过浮选工艺将正极与负极分离[47-49]。如上文所述，破碎和筛分后的钴酸锂和石墨颗粒均覆盖有一层有机化合物（图 4-5（a））。该有机化合物是由于破碎过程中电解质的分解而产生的[48]。通过 XPS 谱分析，表面层主要由 75% 有机化合物、6% 的金属氟化物、5% 的金属氧化物和 2% 的磷酸盐（图 4-5（b）和（c））组成[48]。为了确保浮选分离工艺作用，需要提前去除有机层。

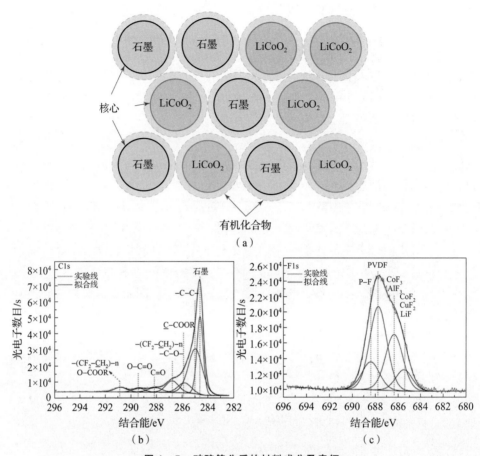

图 4-5 破碎筛分后的材料成分及表征

（a）废矿泥粉碎产物中细小颗粒的结构示意图；

（b）细粉碎产品的 C 1s XPS 谱；（c）细粉碎产品的 F 1s XPS 谱

在浮选法分离钴酸锂和石墨过程中，Fenton 试剂可以恢复钴酸锂和石墨的原始润湿性（图 4-6（a））[50]。如图 4-6（b）所示，使用 Fenton 试剂后样品的 C 1s 光谱在 284.3 eV 处没有碳峰，碳的高氧化态引起的峰强度增加，表明外部有机层通过与 Fenton 试剂反应而被氧化分解。改性前后颗粒的透射电子显微图像（图 4-6（c）和（d））也证实了 Fenton 试剂的积极作用。然而，浮选分离方法中 Fenton 试剂改性样品的分离效率不高。

Yu 等人[51]利用 Fenton 改性的浮选方法将 LiCoO$_2$ 和石墨从 LiCoO$_2$ 中分离并回收。结果显示，经 Fenton 改性后，LiCoO$_2$ 级浮选精矿并不理想，Fenton 处理后 LiCoO$_2$ 精矿的品位只由 5% 增加至 60%，这是由于 Fenton 改性后形成了一种新的含铁无机层（图 4-7（a）和（b））。由于半固相副产品，使全部粒子

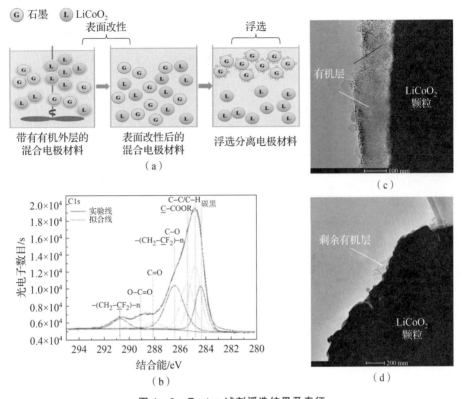

图 4 - 6　Fenton 试剂浮选结果及表征

（a）Fenton 试剂辅助浮选分离石墨和钴酸锂原理图；

（b）Fenton 反应中钴酸锂粒子的 C 1s XPS 谱；

（c）浮选前钴酸锂颗粒的 TEM 图像；（d）浮选后钴酸锂颗粒的 TEM 图像

具有类似的疏水性，从而使浮选分离效果较差，而 Fenton - 焙烧浮选得到的矿石品位可达 90%。从 Fenton 的反应机理推论，碱性环境的增强是 Fe^{3+} 在颗粒表面沉积的主要原因。因此，加入适量的盐酸（HCl）来与沉淀反应，这种经过改进的 Fenton 改性浮选方法得到的浓度分数为 75%（图 4 - 7（c）和（d））。

　　此外，还有其他分离方法，如使用磁性或静电分离[52,53]。在磁性分离中，易受磁性影响的材料（如 Fe 和 Co）可以通过磁力分离。此方法通常用于去除非磁性杂质，如塑料和隔膜。

5. 机械化学处理

　　根据定义，机械化学（MC）反应是由机械能诱导的化学反应。这种耦合反应包括机械断裂和机械化地给固体施加压力的化学行为[54,55]。无论在干燥

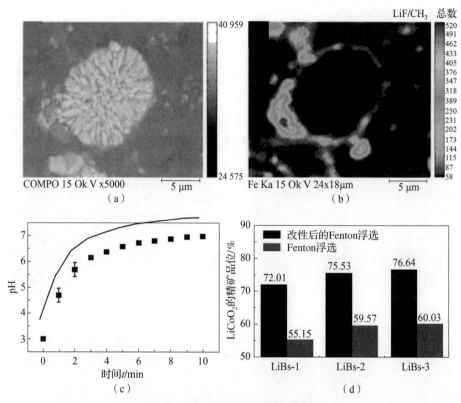

图 4 - 7　Fenton 试剂处理后样品表征

（a）Fenton 处理后的颗粒的 SEM 图像；（b）Fe 在颗粒（a）上的元素分布；

（c）在 Fenton 处理期间溶液 pH 值随时间变化的规律；

（d）Fenton 浮选与改性后的 Fenton 浮选之间的比较直方图

或者潮湿的环境中，高能量研磨是最普遍的一种方式，它可以通过机械的力量来引发化学反应。可用于不同种类的磨机，如球磨机、行星磨机、振动磨机、销磨机和轧机。在这些方面，行星式球磨机的能源密度高，安装和加工简单，并且易于清洁，因而尤其适用于 MC 反应[54]。

　　MC 反应在矿物工程学、萃取冶金、化工、材料工程学、废料处理等领域得到了广泛的应用[56-58]。MC 反应的主要机理是粒径减小，比表面积增加和结构破坏[54,55]。具体来说，在废旧电池的回收中，一般采用 MC 法进行预处理，主要有两个方面：一是破坏正极材料的结晶结构，这有助于进一步的萃取，因此可以在室温下进行再生；第二种方法是与其他物质发生反应，生成可溶性物质，Zhang 等人[59]证实了在两种情况下 MC 反应的作用。首先，他们研究了 MC 处理工艺对废 $LiCo_{0.2}Ni_{0.8}O_2$ 中有价金属室温酸浸的影响。在带有 Al_2O_3 粉末的行星式球磨机中进行 MC 处理。结果表明，$LiCo_{0.2}Ni_{0.8}O_2$ 在 60 min 被粉碎，在 240 min 后变为非晶态。在随后的硝酸（HNO_3）浸出过程中，RT 萃取了超过 90% 的 Li、Ni 和 Co。在随后的实验中，他们利用钴酸锂和 PVC 进行了 30 min 的研磨，获得了 LiCl 和 $CoCl_2$ 晶体，并在室温下将 LiCl 和 $CoCl_2$ 提取至水中。在此研究中心，Co 的提取率超过 90%，Li 的提取率接近 100%。PVC 是一种优良的氯供体，具有高的氯含量。在 MC 反应中，发现聚氯乙烯中的碳可以使 Co^{3+} 从 $CoCl_2$ 中还原成可溶性 Co^{2+}。

　　结果显示，在 MC 工艺中，助磨剂起到关键的作用。锂离子电池电极材料中的多元元素为助磨剂的研究提供了更多的可能性。Guan 等人探讨了使用金属材料铁粉作为助磨剂促进 MC 反应后金属离子的酸浸的可行性。详细研究了铁与钴酸锂的质量比、转速和 MC 反应时间等参数对 HNO_3 浸出 Li 和 Co 的影响，并基于 X 射线衍射（XRD）、SEM 和 XPS 分析的结果提出了 MC 机理。研究发现，MC 可对钴酸锂进行改性，使钴酸锂晶体向无定形过渡，从而促进了后续的析出。铜的浸出得到了显著的提高，Co 浸出的大大改善主要归因于 MC 反应，诱导 Fe 将其从氧化态中的 3 + 还原为 2 +。此外，具有螯合能力的助磨剂，可将氧化锂转化为更易溶的化合物。

　　但在大部分情况下，MC 反应只用于浸出之前的预处理和废氧化锂阳极的处理。事实上，MC 法在处理废旧磷酸铁锂电池（磷酸铁锂）时能起到更大的作用。Yang 等人[60]最近发展出一种能有选择地对废旧磷酸铁锂电池中铁、锂进行预处理的 MC 工艺（图 4 - 8）。采用 EDTA - 2Na 作为螯合剂，系统地考察了活化时间、正极粉与添加剂质量比、酸浓度、固液比、浸出时间等因素对 MC 和酸浸工艺的影响。使用 XRD 和傅立叶变换红外（FTIR）分析 MC 反应机理表明，MC 活化过程中磷酸铁锂阴极的 P—O/PO_4 键/四面体结构和（311）平面可能被破坏，如图 4 - 8（a）和图 4 - 8（b）所示，降解的结构促进了随后的酸浸过程。经过 MC 反应预处理后，Fe 和 Li 的浸出效率分别显著提高至 97.67% 和 94.29%。相比之下，没有 MC 反应的 Fe 和 Li 的浸出效率分别为 40% 和 60%（图 4 - 8（c））。最后，通过选择性沉淀分别将浸出后的 Fe 和 Li 回收为 $FePO_4 \cdot 2H_2O$ 和 Li_3PO_4（图 4 - 8（d））。整个处理过程后，废旧磷酸铁锂电池中 Fe 和 Li 回收率分别为 93.05% 和 82.55%。综上所述，MC 反应可以降低浸出过程的酸消耗和能量消耗，提高锂在磷酸铁锂电池回收中的选择性。此研究为废旧磷酸铁锂电池的闭环回收提供了一种极具工业应用潜力的方法。

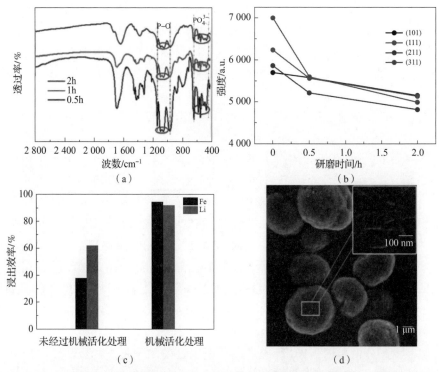

图 4-8　有选择地对废旧磷酸铁锂电池中铁、锂进行预处理的 MC 工艺（书后附彩插）

（a）在不同研磨时间下用于 MC 反应的磷酸铁锂的 FTIR 图；（b）在不同
研磨时间下晶格面的 XRD 强度；（c）不同样品（MC 研磨样品，研磨时间 =5 h，
磷酸铁锂与 EDTA-2Na 的质量比 =3:1；Fe^{3+} 的浸出效率：$H_3PO_4 = 0.5$ M，
S/L=40）中 Fe 和 Li 的浸出效率，浸出时间 =1 h）；（d）回收的
$FePO_4 \cdot 2H_2O$ 的 SEM 图像（插图：$FePO_4 \cdot 2H_2O$ 的微观结构）

|4.2　正极回收技术|

4.2.1　火法冶金回收处理

　　火法冶金是指对废旧电池部件进行一次热解处理。热解后的产物主要为两
大类：电极材料和合金。火法冶炼有价金属的最大优势在于它具有流程简便、
操作方便、不需要烦琐的工序。但它主要是针对 Ni、Co 的回收，而 Li、Cu、
Fe、Al 和 Mn 等金属会以炉渣的形式存在，难以继续进行回收处理，进而造成

部分有价金属的浪费，同时在高温处理之下（ > 1 000 ℃）会产生大量的废气，会对空气造成污染[61]。欧美地区的火法冶炼技术较为成熟，最典型的是美国 Umicore 公司 PM，利用特殊的 UHT 技术对电池进行火法处理，在该加热炉内存在 3 个温度区，即预热区、塑料热解区、熔炼区。不同的温度区处理的物料也各不相同，最后能在熔炼区获得镍、钴，但并未注意回收废旧锂离子电池的金属锂[62]。

原位还原热解目前是火法冶金循环利用的研究热点[63]。例如，Xu 等人[53]开发了一种新颖的、环境友好的焙烧工艺来就地回收 Co 和 Li_2CO_3。通过将钴酸锂和石墨粉在 1 000 ℃、N_2 气氛下直接煅烧 30 min，可以得到 Co、Li_2CO_3 和石墨等产物。图 4 - 9 中的热力学分析证实了得到钴酸锂与石墨的可行性，随后采用湿式磁选工艺对产物进行分离。

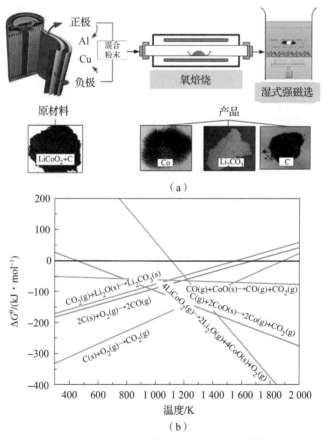

图 4 - 9　电池回收不同的反应路线（书后附彩插）

（a）电池回收路线图；（b）$LiCoO_2$、C、CoO、O_2 可能发生不同反应时 DG 与温度的热力学关系随后其他研究也证实了用锰酸锂正极直接回收废旧锂离子电池的可行性[64]。研究认为，机械分离后的锰酸锂和石墨混合电极材料可以在 800 ℃ 无氧条件下原位转化为 MnO 和 Li_2CO_3。随后的水浸将电池中 91.3% 的锂以 Li_2CO_3 的形式回收。最后，利用空气中的火焰将过滤渣中的石墨烧掉，得到了 95.11% 的 Mn_3O_4。在回收过程中发生的转化机制为：在封闭真空条件下混合锰酸锂和石墨粉，使立方尖晶石锰酸锂发生三步塌陷过程，释放出 Li 和 O，然后形成 Li_2CO_3 和 MnO，图 4-10 是封闭真空条件下废旧锰酸锂电池混合粉末转化的可能途径。研究还对这一过程的经济效益进行了评估，包括设备折旧成本、电力消耗、设备维修成本、水消耗和人工成本的分析。采用适当的假设和有效的相关数据信息。假设用了 10 t 18650 锰酸锂电池，每天的回收成本，不包括工厂建设成本以及回收的 Al、Cu 和 Fe 的收入，计算收集和运输成本以及回收成本分别为 4 110 美元和 2 368.65 美元。加上 8 587 美元的收入，计算得出的利润为 2 108.35 美元。事实证明，以上示例中开发的原位回收概念对于钴酸锂和镍钴锰三元材料的其他混合正极具有普遍性。图 4-11 为不同类型的废锂中回收 Li_2CO_3 的综合过程。对电极材料结构的深刻理解是这种新颖回收过程的基础。结合煅烧的简单性，该方法显示在工业规模应用中的巨大潜力。

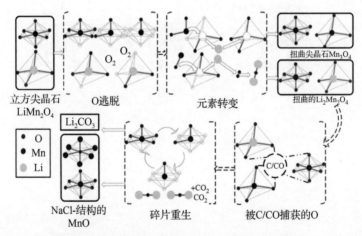

图 4-10　封闭真空条件下废旧锰酸锂电池混合粉末转化的可能途径（书后附彩插）

4.2.2　湿法冶金回收处理

湿法冶金工艺相对于火法冶金工艺，其废弃物排放少，金属选择性高，回收效率高，产品附加值高，可持续发展。尽管仍然存在复杂的操作步骤和废水排放等问题需要解决，但人们一致认为，湿法冶金技术比火法冶金技术具有更大的实现可持续性的潜力，并将最终在废旧电池的回收中占主导地位。废旧锂

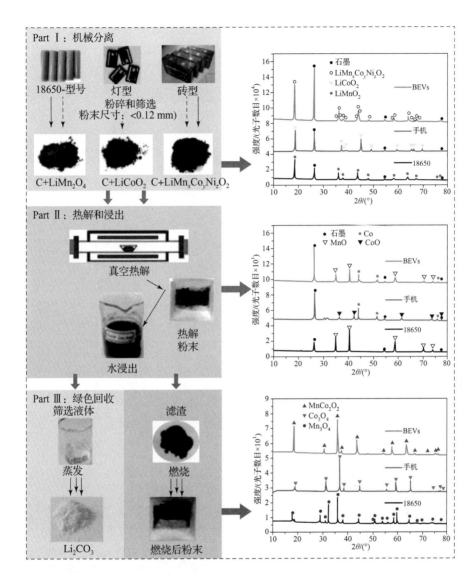

图 4-11　从不同类型的废锂中回收 Li₂CO₃ 的综合过程

离子电池的湿法冶金工艺一般包含浸提、溶液提取、化学沉淀，以获得更高纯度的金属单质或化合物，或再称为电极材料。

1. 传统无机酸和碱的浸沥

对于废旧锂离子电池的回收，正极材料通常溶解在浸出剂中，然后以分离和萃取为主要步骤，这与其他冶金过程类似。浸出工艺是湿法冶金工艺中的一个重要环节，它是将废品中的金属从固体中溶出，然后再进行处理。在下一步的纯化和分离工艺中，可以采用浸出法进行预处理。因此，浸出效率直接关系到整个金属的回收率。浸出法分为碱浸和酸浸两种，后者由于其高效性，因而得到了更多的重视。

碱浸法主要是以氨（NH_3）、碳酸铵（$(NH_4)_2CO_3$）、硫酸铵（$(NH_4)_2SO_4$）、氯化铵（NH_4Cl）或其他碱性试剂为基础，在浸出过程中可形成稳定的金属（如镍、钴和锂）的氨络合物，因此对特定元素具有相对选择性。Ku 等人[65]使用碱浸体系以 NH_3 和 $(NH_4)_2CO_3$ 作为浸出剂，亚硫酸铵 $[(NH_4)_2SO_3]$ 作为还原剂来研究 Ni、Co、Mn、Al 和 Cu 的浸出行为。他们发现 Co 和 Cu 被完全浸出，因为它们可以形成稳定的 $Co(NH_3)_6^{2+}$ 和 $Cu(NH_3)_4^{2+}$ 复合离子。一定量的 Ni 被浸出，而 Mn 和 Al 几乎不浸出。Mn 和 Al 在氨基溶液中的不稳定性质导致相应的 Al_2O_3、$MnCO_3$ 和 Mn 氧化物的形成。Zheng 等人[66]开发了一种不同的氨基浸出体系，以 NH_3 和 $(NH_4)_2SO_4$ 为浸出溶液，以亚硫酸钠（Na_2SO_3）为还原剂。Co、Ni 和 Li 的浸出效率可以达到 98.6% 以上，而 Mn 仅为 1.36%。Mn^{4+} 被还原为 Mn^{2+} 并随后进行沉淀，在残留物中发现了 $(NH_4)_2Mn(SO_3)_2H_2O$。浸出动力学研究表明，浸出过程受化学反应控制。

酸浸可以将几乎所有过渡金属氧化物溶解到溶液中，最早期的酸浸法主要采用具有很强的酸性和还原性的盐酸。在早期的研究中，HCl、HNO_3、H_2SO_4 等无机酸性试剂作为浸出剂被广泛使用，并被证明是可行和有效的[67]。用 HCl 浸出的化学反应为：

$$8HCl + 2LiCoO_2 = 2CoCl_2 + Cl_2\uparrow + 2LiCl + 4H_2O \qquad (4-1)$$

用其他单原子酸或多原子酸进行浸出的反应是类似的。无还原剂时 Co 的浸出效率为 HCl > HNO_3 ≈ H_2SO_4。盐酸的较高还原性是其浸出效率较高的主要原因。因此，为了提高大多数试剂的浸出效率，需要加入 H_2O_2 或其他还原剂。还原反应的机理可以描述为（以 $LiCoO_2$ 为例）：

$$3H_2SO_4 + 2LiCoO_2 + H_2O_2 = Li_2SO_4 + 4H_2O + O_2\uparrow + 2CoSO_4 \qquad (4-2)$$

图 4-12 显示水溶液（25 ℃）中 pH 值与金属离子平衡浓度的关系，解释了 H_2O_2 或抗坏血酸之类的还原剂可以促进浸出的原因。尽管在室温下，Co^{2+} 的溶解度比 Co^{3+} 大，但废旧电池中主要含有 Co^{3+}。因此，当 Co^{3+} 转化为 Co^{2+} 时，浸出效率和反应动力学将得到明显改善。此外，图 4-12 中的阴影是将 Co^{3+} 与 Cu^{2+}、Mn^{2+} 和其他金属离子分离的有利区域，因为它们在这些金属离子中的溶解常数明显不同。随着还原剂浓度的增加，浸出效率和反应速率将首先相应地增加，然后达到一个平台，在该平台处，浸出效率和反应速率将不会明显变化。

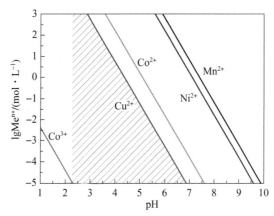

图 4 – 12　水溶液 (25 ℃) 中 pH 值与金属离子平衡浓度的关系 (书后附彩插)

Yang 等人[68]用无机酸 H_2SO_4 和还原剂 H_2O_2 来浸出 $LiNi_{0.33}CoO_{0.33}Mn_{0.33}O_2$ 正极材料，并再生出了高性能的正极材料，且测试回收后的正极材料电化学性能优异。在一定条件下，镍钴锰三元材料在浸出剂中，Ni、Co 和 Mn 的浸出率可以分别达到 99%、99% 和 97%。除杂之后，通过加入相应的离子使溶液中 Co^{2+} : Mn^{2+} : Ni^{2+} 的摩尔比达到 1 : 1 : 1，在 N_2 氛围中通过调节溶液的 pH 实现共沉淀，得到前驱体 $LiNi_{0.33}CoO_{0.33}Mn_{0.33}(OH)_2$。洗涤之后，在真空干箱中干燥，按照 Li^+ : Co^{2+} : Mn^{2+} : Ni^{2+} = 1.05 : 1 : 1 : 1 的摩尔比加入相应的 Li_2Co_3，在空气环境中高温煅烧 20 h，从而得到再生的阴极材料 $LiNi_{0.33}CoO_{0.33}Mn_{0.33}O_2$。将回收后的正极材料重新组装成纽扣电池后进行循环放电电容量测试，在 100 次充放电之后，其容量还保持在较高的水平，基本实现了废旧锂离子电池的循环再生。

Zhang 等人[69]研究了不同浸取剂浸取 $LiCoO_2$ 的效果，包括 H_2SO_3、$NH_4OH \cdot HCl$ 和 HCl。结果表明，HCl 的浸取效果最好，即 4 mol/L 的 HCl 在 80 ℃下反应 1 h 后 Co 的浸取率可高达 99%。但因盐酸反应会产生 Cl_2 污染大气，后续又有学者研究用 H_2SO_4 和 HNO_3 等无机强酸处理废旧锂离子电池[70,71]，配合使用 H_2O_2、葡萄糖和硫代硫酸钠等作为还原剂，促进 Co^{3+} 转化为易溶的 Co^{2+}。在酸浸过程中，对金属离子浸取率的影响因素主要有反应温度、时间、酸的浓度、固液比和还原剂含量等。通过对最佳条件的探索，Li 和 Co 的浸取率都能保持在 90% 以上。后续通过对酸浸过程的动力学分析，可以得到不同金属离子浸出的反应活化能[72,73]。

2. 新型绿色有机酸浸沥

无机酸在反应过程中会释放出大量的有害气体，并会产生大量的废酸，对

人体的健康和生态环境造成极大的危害[21,22]。有机酸具有较低的酸度和较低
的腐蚀性[23,24]，在操作中不会产生有害的气体，并能对有价值的金属进行选
择性的提取；在浸出后，有机酸可以被生物降解，也可以被回收[25]。因此，
在废旧电池正极材料的回收再利用过程中，采用有机酸浸取金属可以降低对环
境的潜在危险。图 4 - 13 为不同功能的有机酸在不同作用下的浸出机理。同
时，利用定量计算与模型，对其浸出机理进行了定量计算，并对其机理进行了
详细的研究。表 4 - 3 显示了不同有机酸浸出体系的具体浸出条件和效率。由
于其独特的螯合配位特性，Li 等人[74-78]提出了一种利用有机酸，包含柠檬酸、
苹果酸和丁二酸等环境友好的循环处理工艺，以取代常用的酸。采用自然有机
酸对钴酸锂进行浸提，废水经生物降解后不会产生有毒、有害的气体，整个过
程具有良好的环境友好性。

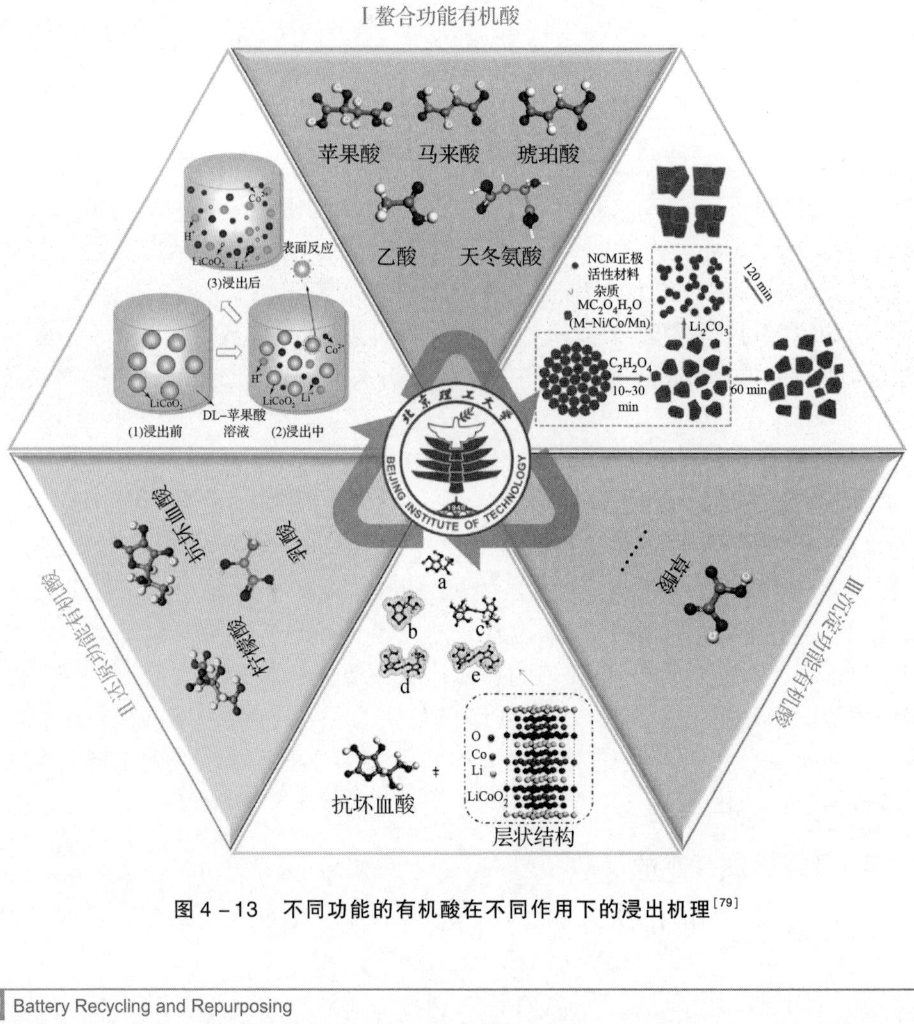

图 4 - 13 不同功能的有机酸在不同作用下的浸出机理[79]

表 4 - 3　不同有机酸浸出体系的具体浸出条件和效率

电极材料	浸滤试剂	温度/K	固液比/(g·L⁻¹)	时间/min	还原剂(体积分数)	浸出效率	参考文献
L 镍钴锰三元材料	0.5 mol/L 柠檬酸	363	20	60	1.5% H_2O_2	99.8% Co；99.1% Li；98.7% Ni；95.2% Mn	[33]
L 镍钴锰三元材料	1 mol/L 柠檬酸	333	80	40	12% H_2O_2	99.8% Co；99.1% Li	[34]
钴酸锂	1.25 mol/L 柠檬酸	363	20	30	1% H_2O_2	91% Co；99% Li	[35]
钴酸锂	1.25 mol/L 柠檬酸	363	20	30	1% H_2O_2	>90% Co；100% Li	[29]
钴酸锂	n(柠檬酸)/n(钴酸锂) = 4∶1	363	15	300		99.07% Co	[36]
Mixture	1.5 mol/L 柠檬酸 +0.5g/L 葡萄糖	353	20	120	2% H_2O_2	92% Co；99% Li；91% Ni；94% Mn	[37]
Mixture	2.0 mol/L 柠檬酸	353	33	90		95% Co；99% Li；97% Ni；94% Mn	[38]
钴酸锂	0.1 mol/L 柠檬酸 +0.02 mol/L 抗坏血酸	353	10	600		80% Co；100% Li	[39]
钴酸锂	1 mol/L 草酸	363	50	120		98% Li	[40]
钴酸锂	1 mol/L 草酸	368	15	150	1.5% H_2O_2	97% Co；98% Li	[41]
L 镍钴锰三元材料	1.2 mol/L 苹果酸	363	40	30	2% H_2O_2	98% Co；94.3% Li；95.1% Ni；96.4% Mn	[30]
钴酸锂	1.25 mol/L 苹果酸	363	10	40	2% H_2O_2	>90% Co；100% Li	[29]
钴酸锂	1.5 mol/L 苹果酸	363	40	40		93% Co；94% Li	[28]
钴酸锂	1.5 mol/L 苹果酸 +0.6g/L 葡萄籽	353	20	180	2% H_2O_2	92% Co；99% Li	[31]

电极材料	浸滤试剂	温度 /K	固液比 /(g·L⁻¹)	时间 /min	还原剂（体积分数）	浸出效率	参考文献
钴酸锂	1.5 mol/L 苹果酸	363	20	40	4% H_2O_2	>90% Co；约100% Li	[28]
钴酸锂	1.25 mol/L 天冬氨酸	363	20	120	6% H_2O_2	约60% Co；约60% Li	[29]
L 镍钴锰三元材料	1 mol/L 乙酸	343	20	60	4% H_2O_2	97.7% Co；98.4% Li；97.3% Ni；97.1% Mn	[24]
L 镍钴锰三元材料	3.5 mol/L 乙酸	333	40	60	4% H_2O_2	93.6% Co；99.97% Li；92.7% Ni；96.3% Mn	[42]
钴酸锂	1.5 mol/L 琥珀酸	343	15	40		100% Co；96% Li	[43]
钴酸锂	1.25 mol/L 抗坏血酸	343	25	20		94.8% Co；98.5% Li	[1]
L 镍钴锰三元材料	2 mol/L 马来酸	343	20	60	4% H_2O_2	98.4% Co；98.2% Li；98.1% Ni；98.1% Mn	[24]
钴酸锂	0.1 mol/L 马来酸 + 0.02 mol/L 抗坏血酸	353	2	360		97% Co；100% Li	[44]
混合废料	2 mol/L 酒石酸	343	17	30	4% H_2O_2	99% Co；99% Li；99% Ni；99% Mn	[23]

1）苹果酸

苹果酸是一种主要存在于水果、动物和蔬菜中的有机化合物，其组分为 D – 苹果酸和 L – 苹果酸。这两种羧酸基在水中的溶解性很好，可以溶解废旧锂离子电池的金属。在使用苹果酸的过程中，利用 H_2O_2 的还原性，可以将 Co^{3+} 还原成可溶性 Co^{2+}，有利于铜的浸出，使铜的浸出得到更好的效果。实验结果显示，Li 和 Co 的回收率均在 90% 以上。Li、Co 的浸出效果随着反应时间、温度的升高而增大，但在 90 ℃以上，则因锂络合物在高温下的分解作用而降低。Zhang 等人[80]研究了 1.5%（体积分数）的 H_2O_2、S/L 为 40 g/L、浸出时间 30 min 和反应温度 80 ℃条件下 DL – 苹果酸浓度的影响对浸出效率的影响。结果显示，不同金属的浸出效率都随苹果酸浓度的增加而提高，而当浓度达到一定值之后，溶液中的金属离子已基本完全浸出，浸出效率接近 100%。Zhang 等人[80]使用苹果酸和葡萄籽（GS）为浸出剂和还原剂浸出废旧 $LiCoO_2$ 电池材料。结果显示，在不加入葡萄籽的情况下，Co 和 Li 的浸出效率仅为 43.56%，而当葡萄籽加入量为 0.6 g/L 时，Co、Li 的浸出率分别为 92% 和 99%。这可归因于葡萄籽中的主要物质如儿茶酸、表儿茶酸（EC）、表没食子儿茶素没食子酸酯（EGCG）具有很强的抗氧化能力，在较低的电势下极易被氧化成醛基或羧基[82]，从而和金属离子结合，因此与金属离子相结合，加速 Co 和 Li 的溶解。图 4 - 14 显示了钴酸锂物质在葡萄籽和苹果酸中的反应。

（a）

（b）

（c）

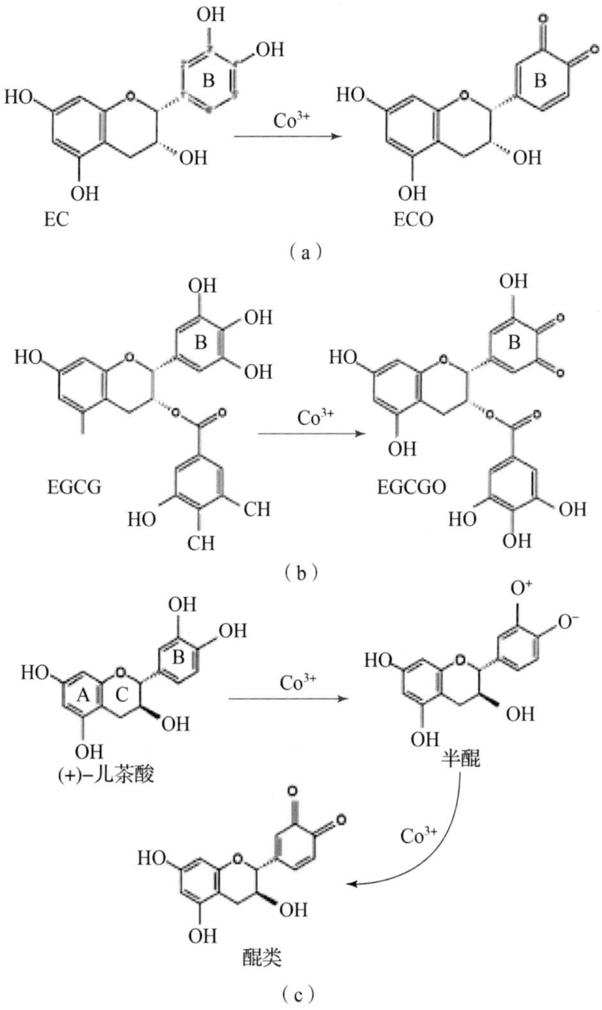

图 4 - 14　钴酸锂物质在葡萄籽和苹果酸中的反应[79]

（a）EC；（b）EGCG；（c）儿茶酸

2）柠檬酸

柠檬酸是一种有效的浸出剂，它包含 3 个羧酸基（$pK_{a_1} = 2.79$，$pK_{a_2} = 4.30$，$pK_{a_3} = 5.65$），有利于增强酸性并形成稳定的螯合性，而乙酸（$pK_{a_1} = 4.76$）仅含一羧酸，与金属离子形成较少的螯合物，马来酸（$pK_{a_1} = 1.94$，$pK_{a_2} = 6.22$）的螯合性低于柠檬酸[78]，这解释了柠檬酸与马来酸和乙酸相比，具有更高的浸出效率的原因[83]。Musariri 等人[83]研究了使用柠檬酸对金属浸出率的影响。发现在 95 ℃时随着柠檬酸浓度从 1 mol/L 增加到 1.5 mol/L，金属的浸出率增加，在 1.5 mol/L 时最大回收率为 95% Co、97% Li、99% Ni。Shih 等人[84]研究了使用 2 mol/L 硫酸和 1.25 mol/L 柠檬酸对 Co 的浸出效率。当其他参数保持相同时，浸出效率分别达到 29% 和 75%，加入适量的 H_2O_2 能够起到协同作用，使柠檬酸的浸出效率达到 99%。柠檬酸浸出金属离子的收缩核模型如图 4-15 所示。金属浸出的收缩核模型（SCM）主要分为 5 个步骤[85]：①浸出液经主体溶液向液 – 液界面扩散；②通过扩散层向非反应核的表面扩散；③在固 – 液界面上，浸出物与固体核心发生化学反应，使金属离子进入溶液；④在液 – 液界面上扩散的金属离子产品；⑤产品向主体溶液中分散。其中涉及 3 个反应方程：①液膜传质（式（4-3））；②表面化学反应（式（4-4））；③界面扩散反应（式（4-5））：

$$X = k_1 \cdot t \tag{4-3}$$

$$1 - (1 - X)^{1/3} = k_2 \cdot t \tag{4-4}$$

$$1 - 3(1 - X)^{2/3} + 2(1 - X) = k_3 \cdot t \tag{4-5}$$

式中，k_1、k_2、k_3 分别表示 3 个羧酸基；t 为时间；X 表示传质参数。

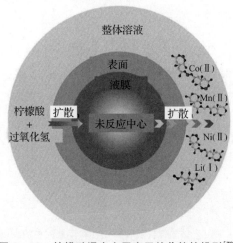

图 4-15　柠檬酸浸出金属离子的收缩核模型[79]

3）草酸

由于草酸的酸度很高，它的双质子 $pK_{a_1} = 1.23$，$pK_{a_2} = 4.19$，能轻松地将 Li 提取出来，但是对 Ni、Mn、Co 的浸出效果不佳，且所得到的草酸沉淀溶解度低，不利于金属的分离和纯化。因此，草酸常被用作选择性的浸出剂，用于钴酸锂、镍钴锰三元材料、磷酸铁锂等金属的回收，从而提高回收效率降低环境污染[87,88]。Li 等人[87]的研究结果显示，废旧镍钴锰三元材料物料与草酸发生反应：①Li$^+$溶于草酸中，使过渡金属 Co^{3+}、Mn^{4+}被还原成 +2 价；②Ni^{2+}、Co^{2+}、Mn^{2+}与草酸配合，生成草酸盐络合物，最终 LiCO$_3$ 的回收率达 81%，纯度达 97%，提取出的 Ni、Mn、Co 可用于镍钴锰三元材料正极材料的再合成。由此得出，草酸可以用于废旧镍钴锰三元材料及其他相似的电极材料的再生，从而大大缩短了回收周期。

Zeng 等人[72]用草酸作浸取剂从废锂电池中提取钴、锂进行了研究。结果发现，在 80 ℃和 50 g/L 的固液比下用 1.0 mol/L 草酸溶液反应 120 min，将 Co 从 LiCoO$_2$ 中直接浸出并沉淀为 CoC$_2$O$_4$，而 Li 则由 Na$_2$CO$_3$ 沉淀为 LiCO$_3$，浸出效率达到 98% 以上。该过程有效地分离了钴和锂，操作简单、回收效率高。Gao 等人[89]研究发现，在草酸过量的情况下，LiCoO$_2$ 和草酸完全反应，当浸出过程的最佳参数控制在 150 min 的反应时间、95 ℃加热温度、15 g/L 固液比和 400 r/min 的搅拌速率时，Li 和 Co 的回收率分别可达 98% 和 97% 左右。通过将草酸浸出与过滤相结合实现了钴和锂的完全分离，与其他常规强酸相比，草酸能有效地提高钴、锂的提取效率，提高产品的纯度。Golmo hammadzadeh 等人[90]比较了 4 种有机酸：柠檬酸、DL - 苹果酸、乙酸和草酸从正极材料中浸出锂和钴的能力。结果表明，这 4 种酸的最佳序列是柠檬酸 > DL - 苹果酸 > 乙酸 > 草酸。柠檬酸和 DL - 苹果酸比乙酸提供更多的 H$^+$，尽管草酸在溶液中提供了足够的 H$^+$，但它极容易与金属形成草酸盐沉淀，所以只能用于高纯度的正极活性物质中钴的回收，否则混合废料中的 Ni、Mn、Cu 等杂质产生的草酸盐沉淀混合在一起，使得分离过程更加烦琐复杂，增加了回收时间和成本。

4）其他有机酸

当前的研究也对琥珀酸、抗坏血酸、酒石酸、乳酸、天冬氨酸等有机酸进行了探索。其中，抗坏血酸作为还原剂，能在不增加还原试剂的情况下，减少对环境的污染，降低生产成本。Nayaka 等人[91]采用抗坏血酸作还原剂，以酒石酸为螯合剂，以络合作用将金属浸入溶液，然后用抗坏血酸的还原性将 Co^{+3}转化成可溶性 Co^{+2}，促进了 Co 的提取，但该过程金属完全溶解需要 3 ~ 4 h，反应时间过长。Li 等人[94]利用抗坏血酸将 Li、Co 从废旧锂离子电池中萃取，实验得出了最佳浸出条件为：抗坏血酸浓度为 1.25 mol/L、浸出温度为

70 ℃、浸出时间为 20 min、固液比为 25 g/L。在最佳条件下，94.8% 的 Co 和 98.5% 的 Li 在短时间内被浸出回收。琥珀酸（1，4 - 丁二酸）在动植物自然代谢以及生物降解聚合物中都起着显著作用[77]。Li 等人[92]发现在 70 ℃、使用 1.5 mol/L 琥珀酸、4%（体积分数）H_2O_2、反应 40 min，浸出了接近 100% 的 Li 和 96% 的 Co，同时在其他条件相同而没有还原剂的情况下，仅回收了 41.98% 的 Li 和 19.72% 的 Co，说明在没有还原剂存在下，琥珀酸的浸出效果不理想。He 等人[94]研究了酒石酸对 Li、Co、Ni、Mn 等金属浸出的影响，在优化条件为 2 mol/L 酒石酸、4%（体积分数）H_2O_2、S/L 为 17g/L、70 ℃ 和 30 min 条件下，Mn、Li、Co 和 Ni 的浸出效率分别为 99.31%、99.07%、98.64% 和 99.31%。Li 等人[77]研究表明，在 1.5 mol/L 乳酸、S/L 为 20 g/L、温度为 70 ℃、H_2O_2 体积浓度为 0.5%，反应时间为 20 min 的最佳条件下，Li 的回收率为 97.7%、Co 为 98.9%、Ni 为 98.2% 和 Mn 为 98.4%。Li 等人[77]研究发现，天冬氨酸酸度较弱，对 Li 和 Co 的金属浸出效率很低，因此不适用于从废旧锂离子电池中回收金属。

5）微生物浸沥

与物理化学方法相比，生物技术的发展相对较晚，至今还处在初级研究阶段，其基本原理是通过微生物分解产生的酸，将系统分解后的组分有选择地溶解，从而获得含有金属的溶液，也就是通过生物代谢作用，将目标成分和杂质成分分离，最后回收有用的金属[95]。目前，该技术已广泛用于废水中重金属的脱除，重金属的生物修复等方面的研究。生物淋滤法具有耗酸量少、处理成本低、重金属溶出高、常温常压下操作简单、使用简便、酸价低的优点，但其存在时间长、细菌培养容易受到污染、并且难以分离的不足。

根据生物浸出的运行基础和调控机制，可以将其分为 3 种类型：氧化还原法、酸解法和络合法。Co 和 Li 的非接触生物浸出示意图在图 4 - 16 中作了图解说明，下面进一步讨论它们的细节。

（1）酸解法

酸解是在质子或酸的帮助下把不溶的金属物质转化为可溶的形式。在生物浸出的情况下，这些酸是由微生物产生的。例如，嗜酸硫氧化硫杆菌可以利用单质硫产生生物源硫酸，而生物源硫酸用于溶解目标废料中的金属（图 4 - 17）。生物酸解离形成质子，攻击金属表面的氧。H^+ 离子与氧和水一起导致金属从宿主材料中浸出。这种生物酸解机制的运作方式与化学酸浸相同[96]。在一些资源（如粉煤灰、赤泥）以及在高矿浆密度下的一步法生物浸出过程中，由于材料的缓冲能力，pH 值增加，从而降低了微生物活性和生物浸出效率[97]。在这种情况下，推荐两步生物浸出。来自锂离子电池中的锂的生物浸出主要是

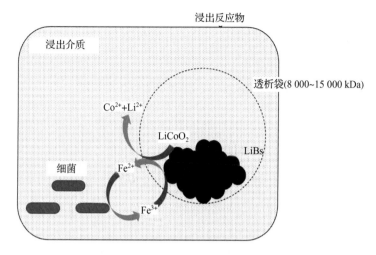

图 4-16　Co 和 Li 的非接触生物浸出示意图

通过酸解介导的生物浸出[98]。酸解介导的生物浸出可以用下面的式（4-6）和式（4-7）来说明：

$$2S^0 + 3O_2 + 2H_2O \xrightarrow{\text{嗜酸硫氧化硫杆菌}} 2H_2SO_4 \qquad (4-6)$$

$$2M^0_{(s)} + 2H_2SO_4 + O_2 \rightarrow 2M^{2+}_{(aq)} + 2SO_4^{2-} + 2H_2O \qquad (4-7)$$

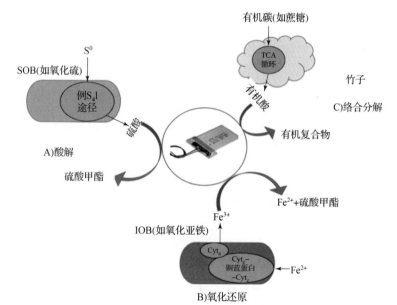

图 4-17　微生物活性介导金属溶解的不同途径（图例，TCA 循环-三羧酸循环，
细胞色素，S$_4$I 途径-四硫酸盐中间硫代硫酸盐氧化途径）

（2）氧化还原法

在氧化还原过程中，细菌会借助细胞外聚合物（EPS）和生物膜形成而附着在矿物表面，然后通过电子从固体原料向微生物的转移将金属引入溶液中。氧化还原也可以通过将亚铁氧化为三价铁离子（式（4−8））来实现，后者反过来侵蚀矿物并引起金属溶解。不需要细菌与矿石或次生资源接触，也会发生这种浸出。

$$2Fe^{2+} + 0.5O_2 + 2H^+ \xrightarrow{\text{嗜酸氧化亚铁硫杆菌}} 2Fe^{3+} + H_2O \qquad (4-8)$$

微生物（如嗜酸氧化亚铁硫杆菌）促进氧化 Fe^{2+} 变成 Fe^{3+}，铁离子被还原矿物（如黄铜矿，$CuFeS_2$）还原为亚铁离子。在某些情况下，不同机制的结合（如生物酸的酸解和 Fe^{3+} 介导的氧化还原）被认为是金属浸出的原因。Wu 等人[98]指出氧化还原的生物浸出作用可以增强锂离子电池对 Co 的增溶。研究还表明，生物源硫酸和铁离子协同促进了从废旧锂离子电池中提取 Co 的过程[99]。

（3）络合法

当微生物产生的次级代谢物与金属离子发生螯合反应，形成可溶的金属有机络合物时，可以观察到络合分解。例如，紫色杆菌、铜绿假单胞菌和荧光假单胞菌产生的生物氰化物被用于生物处理多氯联苯，并将金溶解为氰化金的可溶性络合物[100]。不仅金，铂族金属（如铂、钯、铑）也可以用荧光假单胞菌和巨型芽孢杆菌产生的生物氰化物进行生物浸出[101]。微生物（如铜绿假单胞菌），在缺铁条件下产生铁载体，倾向于与不同的金属（如铀、钍和稀土元素）复合[102]。真菌（如黑曲霉）和一些异养细菌也可以利用有机碳源（如葡萄糖），并产生各种有机酸（如柠檬酸、草酸和苹果酸）。这些生物有机配位体还具有与金属离子螯合形成可溶性金属有机络合物的能力。这种类型的生物浸出可以通过两步来溶解金属：①质子攻击矿石，取代金属离子，引发金属移动；②有机配位体与金属阳离子形成可溶性金属络合物[103]。络合分解途径受体系 pH、各种络合物的稳定常数、溶液中存在的各种离子（阳离子和阴离子）浓度的影响[104]。Nazanin Bahaloo−Horeh 等人[105]利用黑曲霉对废旧锂离子手机电池中的 Li、Mn、Cu、Al、Co 和 Ni 进行了绿色、高效、简单的回收（图 4−18）。与未适应的真菌相比，黑曲霉对重金属的适应提高了有机酸的产量和金属的浸出效率。此外，它减少了进入对数阶段所需的时间，提高了产酸速度。在有废旧锂离子电池粉存在的情况下，葡萄糖酸菌产生的主要溶出剂为葡萄糖酸。在浆料密度为 1%（w/v）时，黑曲霉的浸出率为 100%。利用 SEM、FTIR、XRD、EDX 等对废旧电池粉和生物浸出渣进行了扫描电镜、红外光谱、XRD、EDX 等分析，并进行了映射分析，证实了真菌代谢物对废旧锂离子手机电池金属的浸出效果，提高了锂离子手机废电池中有价金属的生物浸出效率。图 4－18 为利用黑曲霉回收废旧锂离子手机电池中的 Li、Mn、Cu、Al、Co 和 Ni 的示意图。

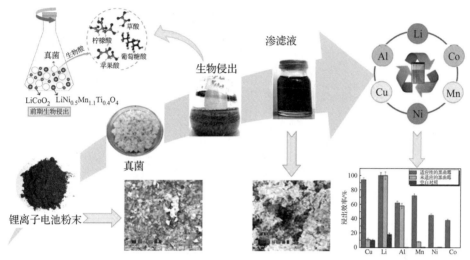

图 4－18　利用黑曲霉回收废旧锂离子手机电池中的
Li、Mn、Cu、Al、Co 和 Ni 的示意图（书后附彩插）

3. 溶剂萃取

溶剂萃取是利用两相体系，通常是有机相和水相，通过它们在两相中的不均匀分布来分离不同的金属离子的过程。溶剂萃取的效果可由萃取率和相分离性能来决定。图 4－19 阐述了溶剂萃取的工艺流程、机理分析以及萃取的相关因素。首先是分配比（D），它为平衡时有机相中某些金属离子浓度与水相中某些金属离子浓度的比值。D 值越大，金属离子的萃取率越高[106]。采用 $pH_{1/2}$ 值和分离因子（SF）测定不同金属离子的分离性能。$pH_{1/2}$ 值为萃取 50% 金属离子时的平衡 pH 值，而 A 与 B 金属离子之间的 SF 值根据公式 $SF = D_A/D_B$ 计算。通常，$\Delta pH_{1/2}$（$pH_{1/2(A)} - pH_{1/2(B)}$）值越大时，A 和 B 金属离子的分离性能越好。SF > 10 表示可能的分离，SF > 100 表示良好的分离，SF > 1 000 表示优秀的分离[107]。

在回收废旧电池时，一般采用浸提后的溶剂提取法，将部分金属离子或杂质从浸出液中除去，再通过特殊的有机溶剂与钴形成络合物，从而实现对钴、锂的分离和回收。目前，常用的萃取剂主要有二（二乙基己基）磷酸（D_2EHPA）、2，4，4－三甲基膦酸（Cyanex272）、三辛胺（TOA）、二乙基己基酸（DEHPA）和二乙基膦酸单－2－乙基酯（PC－88A）等[14,106,108,109]。浸

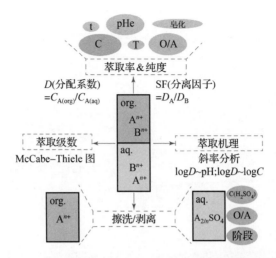

图 4－19　溶剂萃取的工艺流程、机理分析以及萃取的相关因素

出液的主要成分为 Li^+、Ni^{2+}、Co^{2+}、Mn^{2+}[110]，而盐湖卤水的主要成分为 Li^+、Mg^{2+}、K^+、Na^+[111]。两者本质上都是锂盐，区别在于盐湖的卤水中除了氯化锂之外，还存在着氯化钠、氯化镁等元素。鉴于其化学特性，使其在盐湖卤水中锂的利用变得十分困难。为此人们进行了大量的研究工作，开发了多种选择性提锂的方法[112,113]，其中以 $FeCl_3$ 为 TBP 的萃取剂，磺化煤油为稀释剂。在提取时，大量 Cl^- 与 Fe^{3+} 络合反应生成（$FeCl_4$）$^-$，再与 Li 结合，生成 $LiFeCl_4$，同时 TBP 上 $P = O$ 与 $LiFeCl_4$ 配合物的配位水分子进行氢键反应，使其与镁高效分离[114]。

在 $FeCl_3$ 溶液中，TBP 共萃取下列阳离子的顺序是：$H^+ > Li^+ \gg Mg^{2+} > Na^+$。$Li^+$ 被共萃的能力远强于 Na^+。为了防止在电池浸出液中引入 Fe^{3+} 杂质，避免对后续 Ni^{2+}、Co^{2+}、Mn^{2+} 的提取增加难度，实验分为 2 个步骤进行：有机相负载 Fe^{3+} 和萃取 Li^+，提取机理可采用以下方程式来表示[19,20]。

有机相负载 Fe^{3+}：

$$Fe^{3+} + Cl^- \longrightarrow FeCl^{2+} \tag{4-9}$$

$$Fe^{3+} + 2Cl^- \longrightarrow FeCl_2^+ \tag{4-10}$$

$$Fe^{3+} + 3Cl^- \longrightarrow FeCl_3 \tag{4-11}$$

$$Fe^{3+} + 4Cl^- \longrightarrow FeCl_4^- \tag{4-12}$$

$$Na^+(aq) + FeCl_4^-(aq) + 2TBP(org) \longrightarrow NaFeCl_4 \cdot 2TBP(org) \tag{4-13}$$

Jingu Kang 等人[115]介绍了一种采用溶剂提取法对废弃锂离子进行回收的新技术。首先，经过预处理，在 2 mol/L H_2SO_4、体积分数为 6% H_2O_2、反应温度为 60 ℃、搅拌速率为 300 r/min、固液比例为 100 g/L、反应 2 h 的工艺下，铜、锂的浸出率分别可达 98%、97%。然后将 4 mol/L NaOH 溶液添加到酸浸液中，将 pH 值调节到 6.5，加入 50% 质量百分比的 $CaCO_3$ 溶液，将 Fe、Cu、Al 等杂质沉淀并过滤去除，然后将皂化率为 50% 的 Cyanex272 添加到滤液中，在 30 min 内可将 Co 提取出来。最后，将 2 mol/L H_2SO_4 反萃至有机相 Co 溶液中，将 Co 作为 $CoSO_4$ 溶液回收，回收率大于 92%。

南俊民等人[116]对废旧锂离子电池的湿法冶金技术进行了研究。利用浸碱脱铝、硫酸和过氧化氢的预处理条件，利用图 4-20 中的锂离子电池回收流程对废旧锂离子电极材料进行预处理，再采用 AcorgaM564 和 Cyanex272 两种萃取剂，并确定了最佳提取工艺。经该技术处理后，铜的回收率达到 8%，钴的回收率达到 97%。以回收的硫酸钴、碳酸锂为先驱物，研制出一种具有良好放电特性的钴酸锂电极。由于本方法无须将正负极分开，萃取液的分离效果好，且能在洗脱后再利用；同时，可再生的物料可用作电极材料的生产，大大提高了再生利用的经济效益。总体上，这种方法的优点是可以降低再生费用，便于工业化生产，是一种很好的方法。

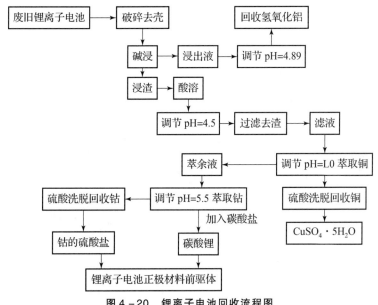

图 4-20　锂离子电池回收流程图

赵天瑜等人[117]将废旧的锂离子电池提取物视为一种特殊的"盐湖卤水"，通过调节氯化物的浓度，成功地应用到了盐湖提取中。采用三氯化铁（$FeCl_3$）作为萃取剂，采用磺化煤油作为溶剂，进行了对锂的选择性萃取。TBB 与 $FeCl_3$ 和 NaCl 的酸溶液相接触，生成一种专用的锂萃取试剂；另外，在 VO/VA

为 3、室温条件、反应 5 min 后，该提取物的单级提取率可达 75%，而 Ni^{2+}、Co^{2+}、Mn^{2+} 的提取率较低。从平衡等温线出发，采用 4 段逆流萃取，可以得到 99% 以上的锂。

利用萃取技术回收废旧锂离子电池，具有能耗低、条件温和、分离效果好等优点，因此该方法具有优良的性能，回收的金属的纯度也更高。但是，由于过量使用化学物质和萃取剂，对环境造成影响。另外，由于溶剂萃取液的成本较高，且工艺较为复杂，导致产品质量不稳定，在回收废旧电池上存在着一些限制。

4. 化学沉淀

化学沉淀法是一种对酸浸液进行处理的方法。通过选择适当的沉淀剂和工艺条件，使金属离子以沉淀的方式进行分离，一般与溶剂提取方法相结合，首先提取杂质，然后进行沉淀，以降低沉淀中的杂质含量[118-120]。碳酸钠、氢氧化钠、草酸铵等是目前应用最广泛的一种沉淀剂。通常采用氢氧化钴、草酸钴沉淀法，而 Li 沉淀为碳酸锂。沉淀法具有操作简便、分离效果好、设备要求少、回收率高等特点[121]。

像溶剂萃取一样，化学沉淀法用于分离金属离子或除去杂质。化学沉淀的分离机理取决于金属化合物在一定 pH 值下的不同溶解度。一般来说，过渡金属氢氧化物和草酸盐的溶解度比相应的锂化合物要低得多。同时，杂质金属离子，如 Fe^{3+}、Al^{3+} 和 Cu^{2+} 通常在较低的 pH 值下析出（图 4-21（a））[122,123]。因此，在后续的分离过程中，为了避免共沉淀污染，需要先除去杂质。然后，过渡金属离子沉淀，使溶液中的 Li^+ 被循环利用。根据化合物的溶解度不同，常用的沉淀剂有氢氧化钠（NaOH）、草酸（$H_2C_2O_4$）、草酸铵 [$(NH_4)_2C_2O_4$]、碳酸钠（Na_2CO_3）、磷酸钠（Na_3PO_4），它可以与过渡金属离子和 Li^+ 反应形成过渡金属氢氧化物、碳酸盐或草酸盐以及碳酸锂、磷酸盐或氟化物的不溶性沉淀（图 4-21（b）~（d））[124-126]。除了以上讨论的 pH 相关参数外，金属离子浓度、温度等参数也会影响化学沉淀过程。例如，为了最大限度地提高锂的回收率和纯度，需要对萃取液进行浓缩，使其 Li^+ 浓度提高到 20 g/L 以上[127]。同时，Li^+ 在饱和 Na_2CO_3 溶液的沉积在 90 ℃ 下进行，这是因为 Li_2CO_3 在水溶液中的溶解度与温度成反比[69,125]。一些金属离子可以选择性地形成特定的沉淀物。例如，Ni^{2+} 可以与二甲基乙二肟（DMG，$C_4H_8N_2O_2$）发生选择性反应，沉淀成红色固态 Ni-DMG 络合物，然后溶解在 HCl 溶液中得到 DMG 试剂以白色粉末固体形式和 Ni^{2+} 溶液（图 4-21（e））[70]。浸出溶液中的 Mn^{2+} 可以在 pH=2 下与高锰酸钾（$KMnO_4$）发生氧化还原反应（式（4-14）），从而沉淀为氧化锰（MnO_2）。Co^{2+}可以通过与次氯酸钠的氧化沉淀反应（式（4−15）和式（4−16））在 pH = 3 时，以 $Co_2O_3 \cdot H_2O$ 的形式沉淀 NaClO。

$$3Mn^{2+} + 2MnO_4 + 2H_2O = 5MnO_2 + 4H^+ \qquad (4-14)$$

$$2Co^{2+} + ClO^- + 2H_3O^+ = 2Co^{3+} + Cl^- + 3H_2O \qquad (4-15)$$

$$2Co^{3+} + 6OH^- = Co_2O_3 \cdot 3H_2O \qquad (4-16)$$

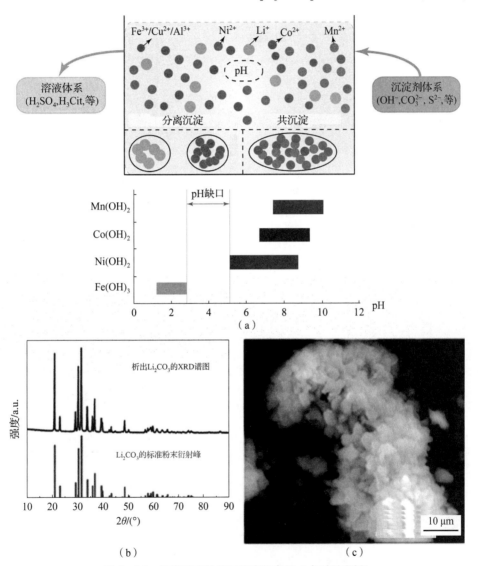

图 4−21　化学沉淀法及回收产物表征（书后附彩插）

（a）不同金属离子沉淀起始和结束的 pH 值；（b）析出 Li_2CO_3 的 XRD 谱图和 Li_2CO_3 的标准粉末衍射峰；（c）析出 Li_2CO_3 的 SEM 图像；

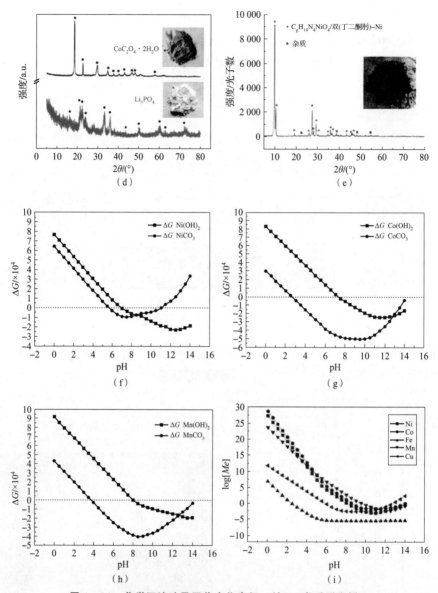

图 4-21 化学沉淀法及回收产物表征（续）（书后附彩插）

（d）回收 $CoC_2O_4 \cdot 2H_2O$ 和 Li_3PO_4 的 XRD 图谱和数字图像；（e）DMG-Ni 沉淀的 X 射线衍射图谱和数字图像；（f）溶液中 Ni 碳酸盐和氢氧化物的 ΔG-pH 曲线：总金属离子浓度为 0.19 mol/L，初始碳酸盐浓度为 0.19 mol/L，初始氨水浓度为 1.25 mol/L；（g）溶液中 Co 碳酸盐和氢氧化物的 ΔG-pH 曲线：总金属离子浓度为 0.19 mol/L，初始碳酸盐浓度为 0.19 mol/L，初始氨水浓度为 1.25 mol/L；（h）溶液中 Mn 碳酸盐和氢氧化物的 ΔG-pH 曲线：总金属离子浓度为 0.19 mol/L，初始碳酸盐浓度为 0.19 mol/L，初始氨水浓度为 1.25 mol/L；（i）不同 pH 下 H_2SO_4 浸出液的 $\log[Me]$-pH 理论曲线；

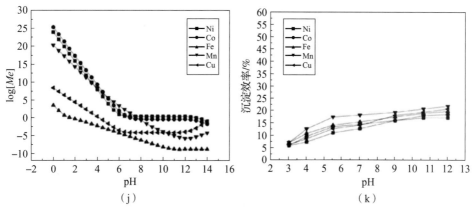

图 4 - 21　化学沉淀法及回收产物表征（续）（书后附彩插）

（j）不同 pH 下柠檬酸浸出液的 log［Me］- pH 曲线；（k）金属沉淀效率

　　用于化学沉淀的操作条件一般是通过实验来确定的，但通过理论模拟可以得到各金属离子的析出趋势。Ma 等人[122]通过计算体系中所有沉淀反应的 ΔG，模拟了 Ni、Co 和 Mn 在 $OH^- - NH_3 - CO_3^{2-}$ 中的沉淀特性，考察了 pH、初始金属浓度、碳酸盐浓度和 NH_3 浓度对沉淀过程的影响。例如，当初始金属浓度为 0.19 mol/L、碳酸盐浓度为 0.19 mol/L、NH_3 浓度为 1.25 mol/L 时，金属离子析出顺序为 Mn > Co > Ni，碳酸盐的析出强于氢氧化物的析出（图 4 - 21（f）~（h））。同时，他们还研究了浸出溶液体系对化学沉淀的影响。当浸出体系中含有如柠檬酸这样的螯合剂时，柠檬酸的络合作用改变了金属离子的沉淀特性，使得它们在柠檬酸体系中比在 H_2SO_4 体系中更难沉淀分离（图 4 - 21（i）~（k））[128]。研究用化学沉淀法回收锂和钴，在用硫酸酸浸和除杂后，使用草酸铵和饱和碳酸钠溶液，依次将钴和锂分别以草酸钴沉淀和碳酸锂沉淀的形式分离出来，钴的回收率高达 98.2%，碳酸锂的沉淀则是在 95 ℃ 的高温下进行。因为碳酸锂的溶解度与温度成反向变化，结果表明 81% 的锂可以沉淀为碳酸锂，其纯度高达 99%。

　　代梦雅等人[130]采用溶剂萃取 - 化学沉淀法从废旧锂离子电池正极材料中回收钴、镍和锂（图 4 - 22），比较了萃取剂 P507 和 Cyanex272 对钴、镍的萃取分离性能。实验结果表明：1 - 1 - 1 型废旧锂离子电池正极材料浸出液经 P204 除锰后，用 0.5 mol/L P507 或 0.6 mol/L Cyanex272 经两级错流萃取钴，钴萃取率分别为 98.21% 和 99.44%，镍萃取率分别为 24.42% 和 4.26%，锂萃取率分别为 15.84% 和 5.111%，Cyanex272 对钴镍的萃取分离性能明显优于 P507；P507 和 Cyanex272 负载有机相分别用 $CoSO_4$ 溶液和 Hac - NaAc 溶液洗脱共萃取的镍和锂，然后用硫酸反萃取钴，反萃取液中 Co/Ni 质量比分别为 3 217

（P507）和 12 643（Cyanex272），蒸发结晶可得高纯硫酸钴；萃余液中的镍、锂分别用 NaOH 和 HF 沉淀，可得氢氧化镍和氟化锂固体。采用此方法，废旧锂离子电池正极材料中的钴、镍、锂都得到有效回收。

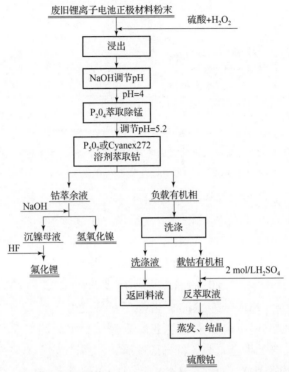

图 4 - 22　从废旧锂离子电池正极材料浸出液中回收钴、镍、锂的工艺流程

刘帆等人[131]以江西赣州市赣县某工厂为例，将废旧锂电池的废液提取出来，通过特殊的、廉价的方法，将其浓缩成一定的锂液，制得碳酸锂产品。具体的实验方法是：在烧杯中加入适量的提取钴后液，通过特殊的、廉价的方式将其浓缩到一定的浓度。然后将其放入水浴盆中加热，在一定的温度下搅拌，再加入适量的草酸和碱液进行深度去除，同时调节 pH≈10。30 min 后，过滤，称取一定数量的碳粉和乙二胺四乙酸（EDTA）加入滤液中，搅拌 20 min，再进行过滤。然后用蠕动泵将滤液加入 300 g/L 的碳酸钠溶液中，化学计量比为 1：1，于 95 ℃下进行 40 min 的反应，滤出滤饼，用 95 ℃的去离子水进行搅拌，过滤和干燥，得到 Li_2CO_3 产物。图 4 - 23 中给出了锂液回收实验工艺流程。实验结果表明，得到的产品纯度达到了一级品标准，锂的一次回收率超过 80%，综合回收率超过 99.5%。通过实验，得到最佳的沉淀条件：24 g/L 的锂离子、85 ℃的水浴温度、4.0 g/L 的吸附剂和 20 g/L 的络合物固液比为

1 : 4.5。该法操作简便，成本低，适合工业化生产，具有较好的经济效益和市场价值。

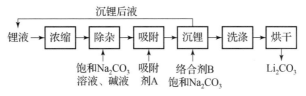

图 4 - 23　锂液回收实验工艺流程图

5. 其他提纯技术（如电沉积、吸附、结晶等）

除上述主要的化学工艺外，其他诸如电沉积、吸附、结晶等工艺也用于电池再生的研究[132]。电沉积是利用两个电极将电能供给到浸渍溶液中，从而使溶液中的离子发生氧化和还原。通过调节 pH、电流密度和电压，可以制备出不同的金属薄膜、合金和多层薄膜。电沉积法因不会加入其他杂质而使产物纯度高，但因使用电力而导致能量消耗大[133]。陈梦君等人[134]采用电沉积法对废旧锂离子电池的正负极混合溶液进行了处理，研究了电流对金属钴、锂、镍、铜的回收率，金属分布率，物相和形态的影响。实验结果显示，电流越大，钴、镍、铜的回收率越高，锂的回收率就越低。在 1.0 A 时，钴、镍、铜和锂的回收率分别为 98.15%、99.11%、99.91% 和 15.36%。电流对阴极材料的 XRD 物相没有明显的影响。通过分析正极粉末的显微形态，发现增加电流对降低正极粉体颗粒尺寸是有利的。

选择性吸附也可以实现金属离子的分离和回收。目前的研究主要集中在对 Li^+ 的吸附上，因为许多金属氧化物对 Li^+ 有较高的选择性和吸附能力，被称为锂离子筛。最有前途的锂离子筛是由尖晶石锂锰氧化物衍生的锰氧化物，其选择性吸附特性源于萃取锂后形成的位点记忆效应。改性，包括酸处理和表面涂覆，可以提高筛网的吸附能力。Lemaire 等人[135]使用吸附/解吸技术实现锂溶液中锂的分离。主要目标是从水溶液中回收锂，以便合成一种高纯度的产品，能够在新电池的材料制造过程中重新引入（闭环回收）。以这种方法为目标，从电极活性物质渗滤液中选择性回收锂。实验采用 4 种市售材料作为吸附剂：琥珀石 IR 120 树脂、13X 分子筛、铝硅酸盐 MCM 41 和活性炭。通过实验研究发现，琥珀石 IR 120 树脂和 13X 分子筛的最大锂吸收量在 20 ~ 25 mg/g。所有的平衡和动力学数据均用单位点离子交换模型。此研究侧重于将锂从其水溶液中分离出来。该方法可作为电池渗滤液的模型，而锂的回收则采用经典传质法。此研究对锂吸附和解吸的平衡和动力学进行了详细的研究。此外还研究了吸收机理，并建立了基于吸收机理的模型。

硫酸浸出或汽提后的溶液可以结晶得到硫酸盐结晶。研究发现结晶法制得的 $CoSO_4 \cdot H_2O$ 晶体的纯度取决于水分蒸发率。因此，更高的水分蒸发率导致最终的固体被铝和锂污染。在测定结晶率和产品纯度后，确定了最佳的水分蒸发率为 85% [136]。

|4.3 负极材料净化回收技术|

由于锂离子电池组的组装复杂、电极材料多样，一个完整的废旧锂离子电池负极材料的回收过程通常也需要两个典型的步骤：物理过程和化学过程[137]。同样，需要对废旧锂离子电池在回收前进行放电处理。首先使用物理过程包括前处理，如拆卸、破碎、筛分、磁选、洗涤、热预处理等将锂离子电池进行拆解[138]。然后进一步对分离下来的负极石墨进行下一步的回收处理。大多数商业锂离子电池的负极由涂有活性材料的铜板组成，活性材料主要含 90% 石墨、4%~5% 的乙炔黑和 6%~7% 的有机物，正极的厚度为 0.18~0.20 mm。根据锂离子电池的结构和组成，分离后剩余大量的负极石墨碳粉末长期未得到人们的重视[139]。

夏静等人[140]采用 XRD、SEM、GC-MS、ICP-AES 等检测手段对废旧锂离子电池负极活性材料中石墨的结构、有机物的种类以及锂、钴等金属的含量进行测试分析。如图 4-24 所示，对废旧锂离子电池负极材料进行 XRD、SEM 测试，结果表明经历完整的电化学过程后，废锂离子电池负极活性材料仍为典型的六方的石墨结构，呈现出了石墨结构的典型 XRD 衍射峰。通过对废旧负极活性石墨材料的表面形貌进行 SEM 表征可以发现，石墨材料仍然是层状结构，充放电过程并没有破坏石墨的结构特性。但是石墨颗粒表面并不光滑，可以看到被粘稠的物质包覆。结合负极物质的组成和特点，分析可知该黏稠物质为有机胶黏剂聚偏氟乙烯、PVDF、有机电解质及增塑剂等。

此外，通过对负极活性材料中的金属元素进行 ICP-AES 分析，表 4-4 列出了废旧锂离子电池负极活性材料中主要金属元素的含量。发现废旧锂电池负极粉末中锂的含量高达 31.03 mg/g。废旧锂离子电池负极的石墨粉末所含组分不仅可以进行石墨的回收再利用，而且其中的锂含量相当于 12.8% 的 LiO_2。现如今，为了生态和环境保护，锂的长期回收是非常重要的，其可作为重要的二次锂矿石资源。因此，对锂离子电池负极全组分进行回收和再利用具有非常重要的意义。

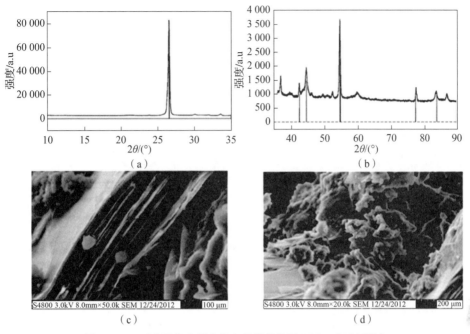

图 4 - 24　对废旧锂离子电池负极材料进行 XRD、SEM 测试

（a），（b）负极活性材料的 XRD 图；（c），（d）负极活性材料的 SEM 图

表 4 - 4　废旧锂离子电池负极活性材料中主要金属元素的含量

金属名称	含量/（mg·g⁻¹）
锂	31.03
铜	0.091
钴	0.42
铁	0.02

锂离子电池负极材料中还含有大量铜。基于铜和碳粉各自的不同特性，周旭等人[141]采用如图 4 - 25 所示气流分选装置，通过锤振破碎、振动筛分与气流分选组合工艺对废旧锂离子电池负极组成材料进行分离与回收。首先，将负极样品放入破碎机中粉碎，取一定的待筛选分离的废旧锂离子电池负极加入图 4 - 25 所示的实验装置进行气流分选，将废旧锂离子电池负极放置在流化床中；调节气体流速，依次使颗粒床层经固定床、床层松动、初始流态化直至充分流化而使金属与非金属颗粒相互分离，其中轻组分被气流带出流化床，经旋

风分离器进行收集，重组分则停留在流化床底部。通过此装置可有效实现碳粉与铜箔间的相互剥离，基于颗粒间尺寸差和形状差的振动过筛，可使铜箔与碳粉得以初步分离。锤振剥离与筛分分离结果显示，铜与碳粉分别富集于粒径大于 0.250 mm 和粒径小于 0.125 mm 的粒级范围内，品位分别高达 92.4% 和 96.6%，回收后的铜和碳粉可直接送下游企业回收利用。

卢毅屏等人[142]针对废旧锂离子电池中的集流体、活性物质、黏结剂的物理化学性质差异，分别使用高温焙烧法、物理擦洗法和稀酸浸出 – 搅拌擦洗法对分离集流体与活性物质进行了研究。发现纯铜箔不溶于稀硫酸，将废旧锂离子电池负极放入稀硫酸溶液中并和物理擦洗一同作用可以

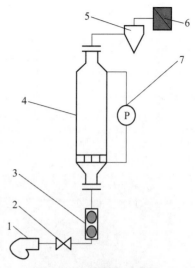

图 4 – 25　气流分选装置
1—风机；2—阀门；3—流量计；
4—流化床；5—旋风分离器；
6—袋式过滤器；7—压降压力计

直接回收铜箔和石墨，此操作过程较其他工艺成本低，操作流程较短，操作简单。

4.3.1　负极材料选择性提锂技术

根据锂离子电池负极电极中锂含量高的分析结果，Guo 等人[143]以盐酸为浸出剂，过氧化氢为还原剂，采用酸浸工艺从废旧锂离子电池电极中回收锂。主要的工作流程如图 4 – 26（a）和（b）所示。首先，使用放电后的废旧锂离子电池，防止短路，规避自燃的危险。将它们手动拆解成不同的部分：正极、负极、隔膜和电池塑料外壳。借助刮刀和镊子，将负极和活性材料分离。将这些剥离下来的黑色活性材料置于炉中并在 500 ℃下煅烧 1 h 以除去有机组分。接下来，以盐酸为浸出剂，回收煅烧粉末材料中的锂。为提高浸出效率，以 H_2O_2 为还原剂进行还原浸出。浸出过程在恒温水浴中进行。将粉末样品放入烧杯中，然后依次加入盐酸和过氧化氢。反应结束后，通过真空过滤分离出液体和粉末残渣，进行进一步分析。重点研究了盐酸浓度、HCl – H_2O_2 体积比、固液比、时间和温度等因素对反应的影响。

锂在负极活性物质中的主要形式是 Li_2O、LiF、Li_2CO_3、$ROCO_2Li$ 和 CH_3OLi 等。由于其中一些是水溶性的，如 CH_3OLi、Li_2O 等，在实验中，仅在去离子水中，就可以得到高达 84% 的锂浸出率，而另一些几乎不溶于水和嵌

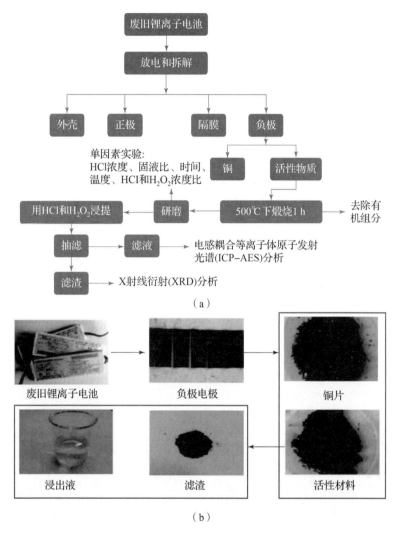

图 4-26　废旧锂离子电池负极材料拆卸和回收过程

（a）流程图；（b）实验过程图

入在负极活性物质中的物质，如 $ROCO_2Li$、LiF，它们会在 HCl 溶液中发生分解反应。因此，负极材料与 HCl 溶液的浸出反应是一个多重过程：①锂盐的水解；②锂盐与 HCl 溶液的双分解反应。理论上，这两个步骤的浸出反应可以表示如下：

锂盐的水解：

$$Li_2O + H_2O \rightarrow 2LiOH \tag{4-17}$$

$$ROCO_2Li + H_2O \rightarrow LiOH + ROCOOH \tag{4-18}$$

$$CH_3OLi + H_2O \longrightarrow LiOH + CH_3OH \qquad (4-19)$$

锂盐与 HCl 溶液的双分解：

$$Li_2CO_3 + 2H^+ \longrightarrow 2Li + + H_2O + CO_2 \uparrow \qquad (4-20)$$

$$Li_2O + 2H^+ \longrightarrow 2Li^+ + H_2O \qquad (4-21)$$

$$ROCO_2Li + H^+ \longrightarrow Li^+ + ROCOOH \qquad (4-22)$$

$$CH_3OLi + 2H^+ \longrightarrow 2Li^+ + CH_3OH \qquad (4-23)$$

$$LiF + H^+ \longrightarrow Li^+ + HF \qquad (4-24)$$

实验结果表明，过氧化氢对锂的浸出过程影响不大。当浸出温度为 80 ℃、浓度为 3 mol/L 的盐酸、S/L 比为 1 : 50（g/mL）、浸出 90 min 时，金属锂的浸出率可达 99.4%。浸出后得到的石墨，也具有较好结晶结构，后续可回收利用。

虽然使用盐酸对锂的浸出率可达到很高的水平，但是无机酸可能会有腐蚀设备产生二次污染的缺点。刘展鹏等人[144]使用了可生物降解的柠檬酸为浸出剂对废旧锂离子电池负极石墨碳粉末中富含的金属锂进行了浸出研究。如图 4 - 27 所示，研究了不同柠檬酸浓度、固液比（S/L）、浸出时间、浸出温度对锂浸出效果的影响。最终得出结论，在此体系下，废旧锂离子电池负极粉末中锂的浸出最佳条件为：柠檬酸浓度为 0.15 mol/L、S/L 为 1 : 50（g/mL）、浸出温度为 90 ℃、浸出时间为 40 min 时，金属锂有最佳的浸出效果。

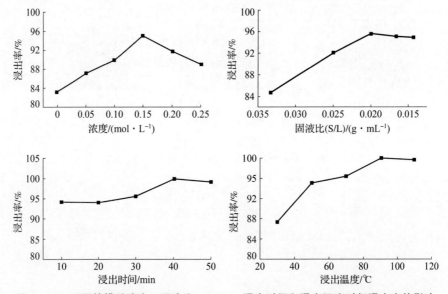

图 4 - 27　不同柠檬酸浓度、固液比（S/L）、浸出时间和浸出温度对锂浸出率的影响

以上研究对锂离子电池负极活性材料中的铜箔、锂金属等分别进行了回收，但是目前对废旧锂离子电池负极材料全组分回收的资料还较少。程前等

人[145]对废旧锂离子电池负极片中的铜箔、石墨和浸出锂进行了综合回收试验。他们将强酸性的有机三氟乙酸作为溶剂，具有极性强、易回收的特点，可同时浸出石墨和金属锂。此工作系统研究了此种有机酸对负极材料和铜箔的分离效果和对负极中锂的浸出效果。负极的分离和再生的流程如图 4 - 28 所示。首先将放电后的废旧锂离子电池拆分，将负极置于三氟乙烯溶液中，控制不同的酸溶液浓度、固液比（S/L）、浸出时间和浸出温度等实验参数，使石墨和铜箔完全分离，分离后的铜箔表面干净光亮，其回收率可达 100%。筛选后将铜箔和剩余溶液分离，通过真空过滤分离浸出液和石墨粉。将浸出液蒸发浓缩后，调节溶液的 pH 为中性，向溶液中添加饱和氢氧化钠溶液，生成了蓝色絮状沉淀，此沉淀物为氢氧化铜。继续向去除了 Cu^{2+} 离子的溶液中添加饱和碳酸钠溶液，可以观察到生成了白色沉淀。图 4 - 29 为酸浸后白色沉淀的 XRD 和 SEM 图。将此种白色沉淀的 XRD 图进行分析，发现此粉末为碳酸锂。SEM 形貌为典型的球形碳酸锂粉末。此外，经过三氟乙酸酸浸的石墨的回收率和纯度也得到了很大的提升。如图 4 - 30 所示，和直接从负极上刮除活性材料相比，刮下来的石墨表面不光滑，仍存在着一部分有机黏结剂等物质。酸浸的石墨呈现了层状石墨的典型结构，而且表面光滑无杂质。酸浸石墨的回收率可达 96.3%。

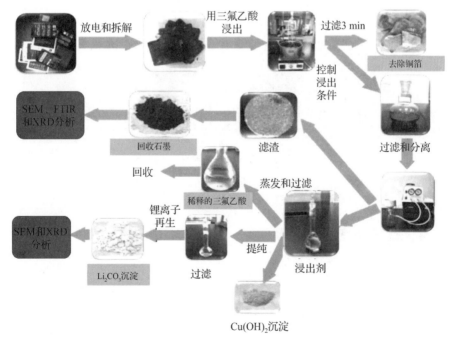

图 4 - 28　负极的分离和再生的流程图（书后附彩插）

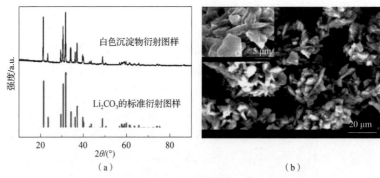

图 4 - 29　酸浸后白色沉淀的 XRD 和 SEM 图

（a）XRD 图；（b）SEM 图

图 4 - 30　刮除石墨与酸浸石墨的对比

（a）直接刮除负极活性材料后的铜箔实物图；（b）经酸浸后铜箔实物图；

（c）刮层石墨的 SEM 图；（d）酸浸石墨的 SEM 图

4.3.2　负极深度提纯石墨技术

　　Yang 等人[146]先经两段煅烧得到废石墨，经酸浸得到石墨浸出残渣和浸出剂，回收流程图如图 4 - 31 所示。锂、铜、铝在 1.5 mol/L HCl、60 min、S/L = 100 g/L 酸浸条件下浸入浸出剂中，得到纯度较高的再生石墨。再采用碳酸盐沉淀法回收浸出剂中的锂，回收的碳酸锂纯度在 99% 以上。首先对废石墨的 TG - DSC 图谱进行了分析。结果表明，当温度达到 400 ℃ 左右时，电解质挥发,黏结剂羧基化分解。因此,在 400 ℃氩气氛保护下处理 1 h,石墨与铜箔分离,铜箔直接回收。分离石墨在 500 ℃的马弗炉中进一步处理 1 h,在空气气氛中使石墨中金属铜变成氧化铜。5 g 石墨在 1 mL 盐酸和 4% 过氧化氢溶液中在 80 ℃条件下静置 2 h,干燥,过滤,得到再生石墨。采用电感耦合等离子体发射光谱仪(ICP – OES)对浸出剂进行了测定。废石墨中锂、铝、铜的含量分别为 0.47%、0.33%、0.59%。在回收锂之前,通过调节 pH 值,净化去除铜和铝。浸出剂 100 mL 放入 250 mL 的圆底烧瓶中,将浓度为 2 mol/L 的氢氧化钠溶液滴入溶液中,室温磁搅拌(100 r/min),在一定的 pH 值下将反应得到固体液体混合物过滤分离。在滤液中加入碳酸钠溶液,磁性搅拌(300 r/min),反应温度保持在 80 ℃。沉淀物先进行过滤用蒸馏水洗净氯离子和钠离子,然后在 80 ℃真空中干燥,得到纯度较高的碳酸锂。

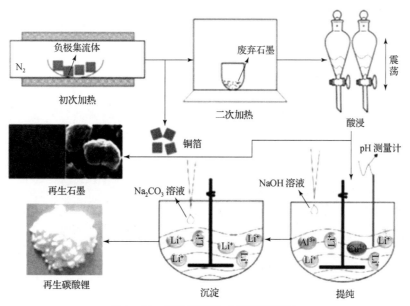

图 4 – 31　回收流程图(书后附彩插)

|4.4　电解液回收技术|

4.4.1　电解液的组成

目前在各种商用锂离子电池系统中,有机液态电解液仍为主要的电解液材

料。锂离子电池电解液一般由 3 部分组成：①电解质锂盐，如六氟砷酸锂
（LiAsF$_6$）、高氯酸锂（LiClO$_4$）、四氟硼酸锂（锂离子电池 F$_4$）和六氟磷酸锂
（LiPF$_6$）；②有机溶剂，广泛使用的有醚类、酯类和碳酸酯类等，如二甲氧基
乙烷（DME）、碳酸丙烯酯（PC）、碳酸乙烯酯（EC）和碳酸二乙酯（DEC）；
③添加剂，主要可改善固体电解质相界面（SEI）膜性能和改善电解液低温性
能、热稳定性、安全性、循环稳定性以及提高电导率等，如碳酸亚乙烯酯
（VC）、氟代碳酸乙烯酯（FEC）等。

4.4.2　电解液的危害

电解质锂盐进入环境中，可发生水解、分解和燃烧等化学反应，产生含
氟、含砷和含磷化合物，造成氟、砷和磷污染。有机溶剂经过水解、燃烧和分
解等化学反应，生成甲醛、甲醇、乙醛、乙醇和甲酸等小分子有机物。这些物
质易溶于水，可造成水源污染，导致人体伤害。电解液各组分及其危害列于表
4 – 5[147]。

表 4 – 5　电解液各组分及其危害

类型	物质	物理和化学性质	危害
锂盐	LiAsF$_6$	易潮解，易溶于水，与酸反应可产生有毒气体 HF、砷化物等	对眼睛、皮肤，特别是对肺部有侵蚀作用；对水生生物毒性极大，可对水体造成长期污染
	LiClO$_4$	易潮解，易溶于水、乙醇、丙酮、乙醚等；在 450 ℃时迅速分解为氯化锂和氧气	高度易燃，与易燃物接触容易引发火灾；对眼睛、皮肤，特别是对呼吸系统有刺激性；吸入或吞食有害
	锂离子电池 F$_4$	易潮解，易与玻璃、酸和强碱反应，与酸反应释放 HF 有毒气体	高度易燃，与酸接触释放有毒气体；对眼睛、皮肤，特别是对呼吸系统有刺激性；吸入、吞食和皮肤接触有毒
	LiPF$_6$	潮解性强，易溶于水，还溶于低浓度甲醇、乙醇、丙醇、碳酸酯等有机溶剂；暴露空气中或加热时分解	在空气中由于水蒸气的作用而迅速分解，放出 PF$_5$ 而产生白色烟雾；对眼睛、皮肤，特别是对肺部有侵蚀作用
溶剂	DME	能与水、醇混溶，溶于烃类溶剂；有强烈醚样气味；遇明火、高温、氧化剂易燃；燃烧产生刺激性烟雾	可损害生育能力，影响胎儿健康；高度易燃；可能生成爆炸性的过氧化物；吸入有害
	PC	与乙醚、丙酮、苯、氯仿、醋酸乙酯等混溶，溶于水和四氯化碳；遇明火、高温、强氧化剂可燃	低毒，可灼伤眼睛

类型	物质	物理和化学性质	危害
溶剂	EC	易溶于水及有机溶剂；与酸、碱、强氧化剂、还原剂发生反应	对呼吸系统和皮肤有刺激作用；存在严重损害眼睛的风险
	DEC	微有刺激性气味；不溶于水，溶于醇、醚等有机溶剂；与酸、碱、强氧化剂、还原剂发生反应	吸入、皮肤接触及吞食有毒；对眼睛、呼吸系统和皮肤有刺激性；易燃

4.4.3　电解液回收与无害化技术

前面详细介绍了锂离子电池的回收技术，可以分为火法、湿法和生物法等。但是在火法和湿法的处理过程中，若不考虑电解液的回收处理问题，会给生产带来极大的安全隐患，还会产生严重的环境污染。火法处理时将废旧锂离子电池于高温中焙烧，电解液中的有机溶剂挥发或燃烧分解为水汽和二氧化碳排放，但是 $LiPF_6$ 在空气中加热，会迅速分解出 PF_5 气体，最终形成含氟烟气和烟尘向外排放。因此回收体系必须同时具有粉尘和气体过滤系统以减少污染，但成本会增加[148]。湿法是利用碱性溶液溶解集流体铝箔或酸性溶液溶解正极活性物质，在这个过程中电解液中的锂盐会在酸性或碱性溶剂中分解，从而达到了消除的目的。但是在湿法处理时，$LiPF_6$ 分解后的产物 HF 和 PF_5 极易在碱性溶液中生成可溶性氟化物，造成水体的氟污染，最后直接或者间接进入人体[149]。同时，排放的含氟气体（HF）与水分（包括皮肤组织）接触时，HF 气体会立即转化为氢氟酸，不仅对电池回收设施具有很强的腐蚀性，而且对人体也有严重危害[150]。

现阶段，针对废旧锂离子电池电解液的回收方法主要有真空蒸馏法、碱液吸收法、物理法和萃取法。

1. 真空蒸馏法

真空蒸馏法利用电解液中的有机溶剂在真空条件下易蒸发的特点，使电解液中的锂盐与有机溶剂有效分离，最后再回收利用。

周立山等人[151]通过减压真空蒸馏分离得到电解液中的有机溶剂，经过精馏纯化后回收再利用，同时得到六氟磷酸锂，流程示意图如图 4-32 所示。具体步骤如下：

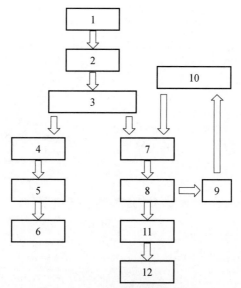

图 4－32　真空蒸馏流程示意图

1—锂离子电池清洗放电；2—打开电池，取出电解液；3—减压精馏；4—有机溶剂；

5—精馏；6—纯化利用回收；7—溶解六氟磷酸锂；8—结晶、过滤；9—母液回收；

10—结晶母液；11—粉碎、筛分、干燥；12—成品

①将收集的各种锂离子电池，包括钴酸锂电池、磷酸亚铁锂电池、锰酸锂电池、三元材料电池以及在锂离子电池生产制造过程中产生的不符合使用标准的残次品锂离子电池都清洁干净，使用前将锂离子电池充分放电。

②把电池和准备好的料罐一起放入干燥间或惰性气体保护的手套箱中；将电池打开，将其中的电解液小心取出放入料罐中；干燥间水分在 1% ~ 2%；手套箱中所使用的惰性气体包括高纯氮气、高纯氦气、高纯氖气、高纯氩气，其水分含量在 0.001‰ ~ 0.1‰，用于保护电解液，防止其发生水解反应和氧化反应。

③高真空减压精馏分离得到电解液所含有机溶剂；使用有机溶剂洗涤电池，采用高真空精馏技术处理回收的六氟磷酸锂溶液，有效防止六氟磷酸锂的分解副反应；精馏操作的条件：真空度为 0 ~ 20 kPa，温度为 20 ~ 120 ℃，采用连续精馏或者间歇精馏方法操作；回收的有机溶剂碳酸乙烯酯、碳酸丙烯酯、碳酸二甲酯、碳酸二乙酯、碳酸甲乙酯、四氢呋喃中的一种或几种混合物。

④将得到固体六氟磷酸锂物料加入六氟磷酸锂溶解釜中，加入氟化氢溶液溶解回收六氟磷酸锂。在氟化氢溶液中溶解六氟磷酸锂粗品时的温度为 20 ~ 30 ℃。

⑤将该溶液过滤后放入结晶釜进行结晶提纯，温度为 - 80 ~ 10 ℃，结晶时间为 4 ~ 48 h。

⑥筛分、干燥，干燥操作过程的温度为 40 ~ 140 ℃，干燥时间为 4 ~ 48 h，最后得到六氟磷酸锂产品。

赵煜娟等人[152]设计了一种进行废旧硬壳动力锂离子电池电解液回收装置，如图 4 - 33 所示。首先利用真空泵系统将电池内部流动的电解液从防爆阀口抽取出来，再利用进液系统将难挥发性的清洗液注入电池内，静置一段时间后，重复进行以上步骤几次，可回收大部分电解液。具体步骤如下：

①关闭第二电磁阀 12，打开真空泵 1 和第一电磁阀 2，对真空罐抽真空到一定压力，然后依次打开减压阀 5、阀门 8、第三电磁阀 9，真空系统开始工作，抽取电池内部液体，液体回流到密封储液罐 6，真空保持一定时间后，关闭第三电磁阀 9、阀门 8、减压阀 5。

②打开离心泵 13，然后依次打开第二电磁阀 12、第三电磁阀 9，进液系统开始工作，通过离心泵将置换液打入电池内部，通过流量计控制加入流量，加入一定量的置换液后，关闭第三电磁阀 9 和第二电磁阀 12，静置一定时间。

③重复步骤①的真空系统工作、进液系统工作，即可置换出电池内部电解液。如此重复 2 ~ 3 次，可以带出大部分的挥发性电解质和溶剂。经过此种处理过程，在拆解电池时对人体和环境有危害的气体就会减少很多。抽取的电解液可以经过蒸馏等方法加以循环利用，加入清洗液的量可以通过流量计和电磁阀控制。

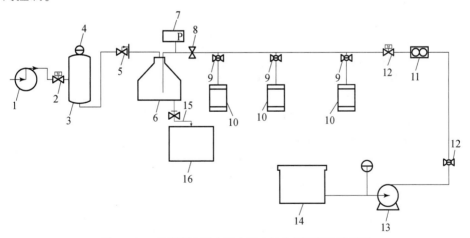

图 4 - 33　废旧硬壳动力锂电子电池电解液回收装置图

1—真空泵；2—第一电磁阀；3—真空罐；4—压力表；5—减压阀；6—密封储液罐；7—压力表；
8—阀门；9—第三电磁阀；10—电池（动力硬壳）；11—流量计；12—第二电磁阀；
13—离心泵；14—置换液罐；15—阀门；16—密封转移容器

真空蒸馏法的优点是工艺过程简单、实用，易于控制且清洁环保，实现了经济效益与环境社会效益的紧密结合，但是该工艺过程需要较高的精密度，过程较烦琐，能耗大。

2. 碱液吸收法

碱液吸收法通常是将预处理后的电解液与碱液混合，利用他们之间产生的化学反应，生成稳定的氟盐与锂盐，通过一系列后续方法将电解液进行无害化处理，最后再回收利用。

崔宏祥等人[153]提出一种废旧锂离子电池电解液无害化处理工艺，其装置流程示意图如图4-34所示。该装置由分拣机，料斗，低温处理器，密闭剪切式破碎机，一级、二级和三级反应罐，无机盐凝固池和喷淋塔组成，并通过管道串联连接；分拣后的废旧锂离子电池经液氮低温预处理后通过料斗进入密闭剪切式破碎机，然后依次通过一级、二级、三级反应罐，无机盐凝固池和喷淋塔选择氢氧化钙溶液作为吸收液对电解液进行三级碱化处理，再经过水喷淋无害化处理后排放。

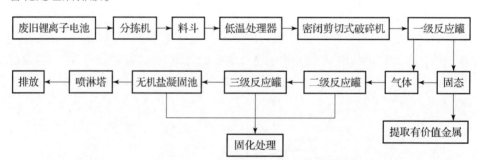

图4-34　废旧锂离子电池电解液无害化处理装置流程示意图

按如下步骤实施：

①将废旧锂离子电池在常温下进行分拣、经液氮低温冷却后，在密闭环境中破碎成$1 \sim 2 \ cm^2$的块状物。

②将块状物放入重量比为水：$Ca(OH)_2 = 20 : 1$的$Ca(OH)_2$溶液中进行一级碱化处理，搅拌$30 \sim 60 \ min$，静置后进行固液分离，分离后的固体进行进一步处理回收，液体进入二级碱化反应罐，气体则通入二级碱化反应罐液体内进行二级碱化处理，气体碱化处理共重复进行3次。在这一过程中发生的化学反应：

$$LiPF_6 \rightarrow LiF \downarrow + PF_5 \qquad (4-25)$$

$$PF_5 + H_2O \rightarrow 2HF + POF_3 \qquad (4-26)$$

$$2HF + Ca(OH)_2 \rightarrow CaF_2 \downarrow + 2H_2O \qquad (4-27)$$

③三级碱化处理后的液体排入凝固池，通过加入无机盐凝固剂明矾进一步沉淀。

④经三级碱化处理后的尾气，通过水喷淋进行无害化处理后排放。

该装置设计简单，操作简便易行，无害化处理效果好，且碱性溶剂可经过调配重复使用，既环保又经济，容易实施且有良好的经济效益。

Yu 等人[44]采用氢氧化钠和氢氧化钙水溶液对废旧锂离子电池电解液进行碱液吸收，最终形成氟化钙沉淀和氢氧化锂溶液。利用电解液中两个主要成分碳酸二甲酯（DMC）和碳酸乙烯酯（EC）的低熔点特性（熔点分别为：4 ℃、35~38 ℃），在低温下二者变为固体；同时电芯在低温时会收缩，电芯极片之间的空间变大，冷冻后电解液会掉出。避开了六氟磷酸锂在空气中或遇到水和水蒸汽会分解产生有毒气体。因为低温下湿度会很小，同时六氟磷酸锂也会变为固体颗粒。这样就达到了对拆开后电池电解液的收集并减少其危害的目的。在电解液蒸馏过程中向蒸馏液体中加入水，可以加速六氟磷酸锂的分解，产生 HF 和 PF_5 气体并在尾气吸收装置中被碱液吸收，避免了对人和环境造成危害。具体步骤如下：

①将电池放电至 0 V。

②用机械方法打开电池外壳。

③在手套箱中迅速将电芯取出，将电芯放入液氮中冷冻，在液氮中冷冻 10~20 min。

④用夹具将电芯从液氮中取出，略作抖动；然后将电芯密封放置在密封箱体内或回暖后进行材料分离和回收处理。

⑤将步骤③液氮中得到的电解液冰块状颗粒收集，放入蒸馏烧瓶中；通过加热蒸馏装置将变为液体的电解液在 95~120 ℃进行蒸馏，蒸馏装置加尾气吸收装置。

⑥在步骤⑤中不再有馏分流出后，向蒸馏装置中加入水作催化剂，继续加热至烧瓶内不再有白色雾状产生。

⑦待体系降温后将剩余馏分加入含有 $Ca(OH)_2$ 的水溶液中，进行沉淀处理，得到的沉淀为 CaF_2 和少量 LiF。

由于产生的有毒气体 HF 和 PF_5 等被尾气吸收液吸收，电解液中的锂留在剩余馏分中以 LiF 形式存在，又因为 CaF_2 的溶度积要远大于 LiF，所以在这个体系中最终会形成 CaF_2 沉淀和 LiOH 溶液，最终达到无害化的目的。反应方程式如下：

$$LiPF_6 \rightarrow LiF \downarrow + PF_5 \qquad (4-28)$$

$$PF_5 + H_2O \rightarrow HF + PF_3O \qquad (4-29)$$

$$3NaOH + PF_3O \rightarrow Na_3PO_4 + 3HF \qquad (4-30)$$

$$NaOH + HF \rightarrow NaF + H_2O \qquad (4-31)$$

$$2HF + Ca(OH)_2 \rightarrow CaF_2 \downarrow + 2H_2O \qquad (4-32)$$

$$2LiF + Ca(OH)_2 \rightarrow CaF_2 \downarrow + 2LiOH \qquad (4-33)$$

百田邦堯等人[154]提出了一种处理含有六氟磷酸锂或四氟硼酸锂电解液的方法。他们用一种基本组成为含氟碱金属或氟化铵的试剂，将 MF（M 是 Na、K、Rb、Cs 或者 NH_4）加入含有六氟磷酸锂或者四氟硼酸锂的有机溶剂中。然后将得到的混合溶液进行蒸馏或蒸发除去有机溶剂。这样使热和化学性质不稳定的六氟磷酸锂或者四氟硼酸锂转化为热和化学性质稳定的六氟磷酸盐或四氟硼酸盐和氟化锂。William 等人[155]用液氮冷冻对废旧锂离子电池预处理，再用碱液吸收的方法回收电解液。具体过程是用液氮在 $-195.6\ ^\circ\mathrm{C}$ 下冷却电池，目的是使电池中活性物质的反应活性降低并且使电解液凝固，然后在该温度下将电池粉碎，再向粉末材料中加入氢氧化锂溶液，使之与电解液反应，最后生成稳定的锂盐溶液，经过对锂盐溶液进一步的浓缩提纯，可获得较高纯度的氢氧化锂或碳酸锂。

碱液吸收法的过程可控，高效安全，但是由于锂盐在溶液中分解后产生的氟化氢、五氟化磷等易在碱液中生成可溶性氟化物，造成水体氟污染。

3. 物理法

物理法是通过简单的物理方法将废旧锂离子电池中的电解液提取出来，再进行后期的回收利用。

严红[156]提出了一种利用超高速离心法对锂离子电池电解液进行固液分离并回收电解液的方法。具体操作步骤为：

①将收集到的废旧锂离子电池进行分类筛选，舍弃破损的不符合要求的残次品。

②将筛选后的电池清理并清洗干净，并在 80 ℃ 低温烘干，使其含水量小于 0.5%。

③烘干后的电池在惰性气体保护下将外壳打开，打开的部位为电池的两端端盖，使电池内的电解液流出，并进行收集。

④将残留有电解液的电池装入密封的容器内，在惰性气体保护下，采用高速离心法将残留电解液进行分离并回收，离心机的机转速为 21 000 r/min。

⑤采用有机溶剂对步骤④得到的电池进行清洗，然后再次在惰性气体保护下采用高速离心法分离，并回收液体。

⑥将步骤③、④、⑤收集到的液体混合，得到废旧锂离子电池回收电

解液。

⑦将步骤①的残次品集中在一起，在氮气保护下采用机械方式将电池沿中部切割成两部分，收集电解液，然后将电池用溶剂进行清洗，将清洗液和收集到的电解液混合并过滤，去除杂质，采用萃取、精馏进行分离。

该方法不仅工艺简单、投入资金少，并且清理比较干净，高效环保。同时，回收后的产品可以进行二次利用，节省了能源。

另外，李荐等人[152]的研究中也采用了类似的方法。他们采用电芯先粉碎再离心的方式获取电解液，通过进行成分分析，补加锂盐和有机溶剂，制成锂离子电池常用的电解液返回到锂电池行业。具体方法如下：

①收集废旧锂离子电池，将废旧锂离子电池的残余电量释放完全，清洗除去电池表面杂质，在湿度＜30%条件下烘干后进行解剖，将电池电芯打碎，离心分离得到废电解液，再加入碳酸乙烯酯（EC）、碳酸二甲酯（DMC）、碳酸二乙酯（DEC）和碳酸甲乙酯（EMC）各 10 g，采用逆流洗涤方式重复 3 次，收集洗涤液。

②将收集的洗涤液浓缩，把蒸馏得到的溶剂继续作为洗涤剂使用，浓缩后的洗涤液与废电解液混合回收，得到混合废电解液。

③将步骤②得到的混合废电解液进行过滤，加入 1∶10 重量比的活性炭吸附 5 h 进行脱色。

④将步骤③脱色后得到的混合废电解液加入 1∶10 重量比的分子筛，在常温下脱水 24 h。

⑤将步骤④脱水后得到的废电解液进行成分分析，补充锂盐和有机溶剂，制成锂离子电池电解液。该电解液组成为 EC∶DMC∶DEC∶EMC = 1∶1∶1∶1（重量比），$LiPF_6$ 浓度为 1 mol/L。

日本三菱[158]公布的专利提到将电池冷却至电解液凝固点以下，然后拆解粉碎电池，最后分离获得粉碎体中的电解液。该工艺通过冷冻降低了电池活性，从而降低了电池在拆解过程中易发生分解和燃烧的风险，但是该工艺对设备要求高，而且能耗大。

赖延青等人[159]提出在负压下利用高温气体将电解液从电池中吹出，然后将气体冷凝后收集，电解液绿色回收流程示意图如图 4 – 35 所示。主要步骤包括：

①将废旧锂离子电池进行短路放电，在 40～100 kPa 负压条件下拆解破碎，得到破碎物。

②破碎物经 90～280 ℃的热气流吹扫，热气流的吹扫速率为 0.3～10 m/s；吹扫后的气流再经冷凝处理，得到固液混合物和冷凝尾气，其中热气流的气体组分为空气、氮气、氩气、二氧化碳、水蒸气中的至少一种。固体与冷凝尾气经

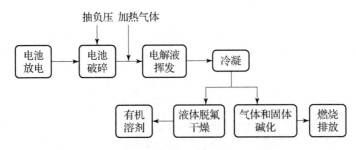

图 4 − 35　电解液绿色回收流程示意图

Ca(OH)₂ 溶液处理，回收氟化物，处理后的气流进行燃烧排放。

③固液混合物分离得到的液体经脱氟干燥剂处理，得到有机溶剂，其中脱氟干燥剂为氧化铝、五氧化二磷、硅胶、氧化钙中的至少一种。

该方法在负压环境下拆解后再协同配合上文所述的热气流的吹扫，实现了废旧锂离子电池的安全拆解和电解液的高效、绿色回收；兼顾了拆解和加热电解液两个过程，具体为：一方面，避免拆解过程中含氟物质挥发至外界以及电池粉碎粉末散落至外部空间，对人体和环境安全具有保障；另一方面，有利于在加热电解液时加快负压空间内气流流通速度，使电解液快速挥发。另外，稳定的热气流吹扫可使挥发的气体有具体的流通方向，方便后续的气体收集冷凝，进而有利于电解液的绿色回收。

Zhong 等人[160]利用热解法回收废旧磷酸铁锂电池，利用电解液易挥发的特点来回收电解液，热解和物理分离过程示意图如图 4 − 36 所示。

为了保证回收过程的安全，回收过程前必须进行放电过程。考虑到稳定性、经济性以及可操作性，实验步骤如下：

①将电池放置在 5% 氯化钠溶液中使电池完全放电，然后将电池破碎，在这个过程中通过对破碎机的一系列改造，收集破碎过程中漏出的电解液。

②然后将破碎后的电池放置在管式炉中加热到 120 ℃ ，以 0.5 L/min 的速度向管中加入高纯氮气以提供气氛保护。挥发出的有机电解液用冷凝管冷凝，最后用氢氧化钠溶液洗涤尾气。有机电解液低温挥发结果如图 4 − 37 所示。结果表明，100 min 后电解液的回收率可达到 99.91%。溶解在有机溶剂中的锂电电解质盐（LiPF₆）在挥发过程后通过热解进行处理。

③用一种新的电解液检测有机溶剂和 LiPF₆ 的含量，通过选择电极法检测 F 的含量，用 F 的含量计算 LiPF₆ 的含量。结果表明，电解质中有机溶剂的含量约为 43%，LiPF₆ 的含量约为 57%。

④在氮气气氛下于 550 ℃ 热解。众所周知，有机溶剂易于挥发，而 LiPF₆

可以分解成 LiF 和 PF_5，它们可以在 180 ℃ 以上的氮气气氛下通过热解与水反应生成 HF 和 H_3PO_4。因此，120 ℃ 的低温挥发可以用于回收有机电解质，550 ℃ 的热解用于 $LiPF_6$ 的无害处理。热解后，最终残留物中含有少量有害元素氟化物（0.067%），实现了 $LiPF_6$ 的无害化处理。

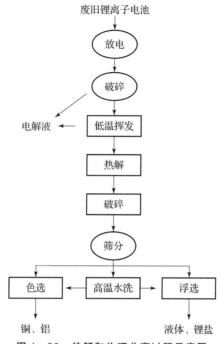

图 4-36　热解和物理分离过程示意图

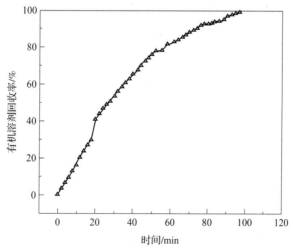

图 4-37　有机电解液低温挥发结果

物理法收集的电解液可经过蒸馏等手段加以循环利用，处理方式简单，易于操作，但电池中电解液量少，且大部分吸附在电池的正负极片和隔膜上，收集较为困难，回收成本高，难于商业化。同时，电解液易挥发，遇水会发生反应，易燃烧，容易对环境造成污染。

4. 萃取法

萃取法是通过加入合适的萃取剂，将电池中的电解液转移到萃取剂中，根据萃取后的产物溶液中不同的组分有不同的沸点，进一步蒸馏或分馏，分别收集萃取剂和电解液的过程。根据萃取剂的不同，可将萃取法进一步分为传统的有机溶剂萃取法和超临界流体萃取法。

吕小三等人[161]以废旧 LG ICR18650S2 锂离子电池为研究对象，使用合适的溶剂，如乙醇、氯仿、丙酮和二氯甲烷等传统有机溶剂作为萃取剂，萃取电芯碎片中的电解液并实现分离。废旧锂离子电池回收实验流程示意图如图 4 – 38 所示。

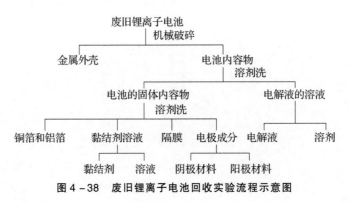

图 4 – 38　废旧锂离子电池回收实验流程示意图

具体做法是将废旧锂离子电池彻底放电后在惰性干燥的气氛中拆解电池壳，取出电芯，切成 $1 \sim 2 \ cm^2$ 的方形碎片。将电芯碎片投入到极性有机溶剂中漂洗。他们设计的反应器内部是一个布满小孔的夹套，这样在漂洗的过程中剥离下的粉末可通过小孔落到夹套下方，不再返回。漂洗结束，得到含有电解液的溶液，经过减压抽滤、常压蒸馏后得到的有机溶剂可循环使用，而残留在蒸馏瓶中的液体就是电解液。电解液经过进一步提纯，如通过填充满碱性阴离子树脂的固定床吸附柱，除去微量水解形成的酸性杂质后，调节浓度，使产物具有一定的电导率，可以满足工业上锂离子电池生产的要求。回收得到的电解液经过适当的处理可用于锂离子电池再生产。

童东革等人[162]采用了不同的溶剂来回收废旧锂离子电池中的电解液。其主要研究了碳酸丙烯酯（PC）、碳酸二乙酯（DEC）和二甲醚（DME）3 种溶剂对废旧锂离子电池电解液的脱出效率（即一定时间内电解质脱出进入一定体积溶剂中的质量，通过一定时间内一定体积溶剂质量增加来测定）。图 4-39 是不同溶剂对电解质的脱出效率。

具体做法如下：为了避免发生火灾和爆炸，在液氮保护下，将电池切开，取出活性物质。将活性物质分别置于PC、DEC、DME 溶剂中浸泡一段时间，浸出电解液，在惰性气氛中过滤分离。从图 4-39 可知 PC 的脱出速率最大，2 h 后可将电解液完全脱出，可能是因为相对介电常数较大的 PC 更有利于锂盐的溶解。因此他们将 PC 作为锂离子

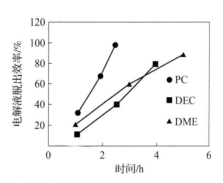

图 4-39　不同溶剂对电解质的脱出效率

电池回收过程中的溶剂来回收电解质，PC 可回收并重复利用。对回收后的六氟磷酸锂提纯可重新用于电池中。

日本三菱在 2014 年也报道过类似的方法。他们直接采用碳酸酯类清洗溶剂注入电池中来提取电解液。在收集的电解液与清洗溶剂中加入水或无机酸分解六氟磷酸锂产生氟化氢，加热减压使氟化氢蒸发，通过碱液后被吸收反应转化为氟化钙沉淀，溶液可以通过蒸馏提纯回收溶剂。溶剂清洗后的废旧锂离子电池内部残余电解液更少，使后续的正负极回收处理更安全，而且产生的氟化钙还可回收再利用。

Bankole 等人[163]提出了一种制备六氟硅酸锂的替代方法。他们以锂离子电池为原料，在手工或机械拆解锂离子电池后将电解质溶液萃取到有机溶剂如乙醇或异丁醇中，最后在玻璃器皿反应器中蒸馏得到该化合物。具体实验过程：将锂离子电池拆解，切成片，用乙醇浸泡 3 h 后萃取得到含有六氟磷酸锂、碳酸二甲酯和碳酸乙烯酯电解液的混合物。电解液提取与六氟磷酸锂的合成实验流程示意图如图 4-40 所示。除去电极材料和隔膜，然后用真空泵过滤，得到溶剂和锂盐的混合溶液。使用乙醇作为萃取剂在玻璃器皿中以 79 ℃ 左右的温度蒸馏，留下油状液体和白色晶体的混合物。为了便于操作和比较溶剂对化合物的影响，用二氯甲烷、丙酮亚硝酸盐处理得到的晶体，然后加热除去使用的溶剂。在乙醇萃取剂中，玻璃器皿中的硅与六氟磷酸锂中的磷发生了交换反应。六氟硅酸锂的形成是由于乙醇、六氟磷酸锂、电解质溶剂和玻璃硅酸盐的混合物按照所提出的化学方程式反应时，同时发生分解和置换反应。六氟磷酸锂首先分解，因为它具有水解不稳定性，而且容易自发分解为 LiF 和 PF_5。在非质子溶剂中，PF_6 阴离子处于平衡状态。

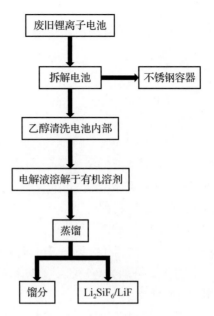

图 4 – 40　电解液提取与六氟硅酸锂的合成实验流程示意图

$$LiPF_6 \rightarrow LiF \downarrow + PF_5 \qquad (4-34)$$

PF_5 与 $LiPF_6$ 容易与微量水反应，特别是来自乙醇萃取剂中的微量水分，另外六氟磷酸锂在 70 ℃下开始分解，化学方程式如下：

$$PF_5 + H_2O \rightarrow HF + PF_3O \qquad (4-35)$$

$$LiPF_6 + H_2O \rightarrow LiF + PF_3O + 2HF \qquad (4-36)$$

$$LiPF_6 \rightarrow LiF + PF_5 \qquad (4-37)$$

硅与六氟磷酸锂中的磷的交换反应如下：

$$2LiPF_6 + SiO_2 + 6H_2O \rightarrow Li_2SiF_6 + 2H_3PO_4 + 6HF \qquad (4-38)$$

实验结果表明，锂离子电池电解液除可作为原料外，还可通过蒸馏重复，可经济有效地用于制备六氟硅酸锂。此研究首次实现了六氟磷酸锂向有用化合物如六氟硅酸锂的创新转化。

超临界流体萃取法是一种利用超临界流体密度与溶解能力的关系进行分离的技术。超临界态是指物质的压力和温度同时高于相应的临界压力和临界温度时所达到的状态。临界压力（Pc）与临界温度（Tc）是指流体蒸汽压曲线的终点。物质的压力和温度的曲线关系如图 4 – 41 所示。当物质的压力和温度到达其超临界点后，物质的气液两相界面逐渐模糊，最终成为一体，得到超临界流体。因此，超临界流体此时所处的压力和温度都高于临界值。在超临界流体的状态下，即使在一定范围内调节流体的密度，流体也不会发生相变。实际上，只需控制流体的压力和温度即可较大幅度地控制流体的热力学性质和传递性能的变化。由于从气态向超临界态转变的过程中，流体两相的过渡非常平缓，使超临界流体的密度与液体相差无几，其黏度类似于气体，因而超临界流体具备了气液两种状态的特点，被视为理想的萃取剂。因此，所有基于气液和液液分离的模型和应用都可以用超临界流体萃取实现，并且有越来越多的代替传统有机溶剂成为新型溶媒的趋势，如溶剂萃取、吸附、脱附、精馏、提馏和蒸馏。

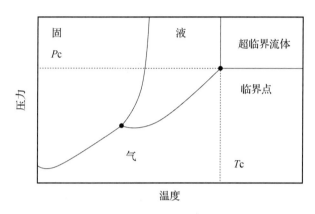

图 4 – 41　物质的压力和温度的曲线关系

　　超临界萃取剂为非质子性无水溶剂，在目前的超临界流体系统中，最常用的萃取剂是二氧化碳。二氧化碳相比于其他的萃取剂具有适中的临界压力（7.48 MPa）、低的临界温度（31.1 ℃）。在超临界状态下，二氧化碳对低极性物质具有较大的溶解能力，而且可以避免溶剂杂质进入电解液。二氧化碳的挥发性高，容易从萃取物中分离出来，可完全回收再利用，不排放有害溶剂废弃物，大大简化了萃取产物的纯化过程。重要的是，在超临界萃取操作中，二氧化碳对热敏感锂盐六氟磷酸锂没有影响，还可以有效地防止六氟磷酸锂的分解，最大限度地保留了电解液功能性组分和防止挥发性有机溶剂的扩散。

　　使用超临界二氧化碳把目标物质从固体基质中萃取分离是超临界二氧化碳萃取技术的重要应用之一。通过改变超临界二氧化碳的压力和温度可以有效地调整目标物质在超临界二氧化碳中的溶解度。由于超临界二氧化碳的可压缩性较强，因此通过增加超临界二氧化碳的压力即可提高其密度，从而加大溶质 – 溶剂间的相互作用，更均匀地与固体基质混合以及更有效地穿透固体基质上的毛细孔洞，从而溶解其中的溶质。超临界二氧化碳的温度与黏度的关系曲线如图 4 – 42 所示。

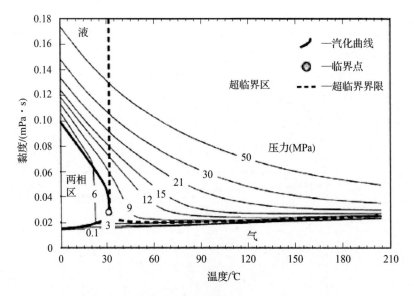

图 4-42 超临界二氧化碳的温度与黏度的关系曲线

在二氧化碳的临界点附近，细小的压力或温度改变即可引起二氧化碳密度的剧烈变化，从而影响溶质在超临界二氧化碳中的溶解性。在实际操作中，超临界二氧化碳萃取的过程按顺序可以分为 3 个步骤：

①通过调整超临界二氧化碳的压力和温度，使其获得对溶质的最大溶解能力，此时溶质从固体基质中溶解进入超临界相并达到平衡状态，形成超临界二氧化碳负载相。

②持续通入超临界二氧化碳将溶质从固体基质中不断脱附进二氧化碳中，同时使负载相不断进入收集釜。

③在收集釜中通过调整二氧化碳的压力或温度降低其溶解能力使溶质析出，将二氧化碳恢复成气体状态，实现溶质与二氧化碳的分离。

不同溶质在超临界二氧化碳中的溶解度不同，而同一溶质在不同压力和温度下在超临界二氧化碳中的溶解度也不同，与溶质的分子量、极性和极性官能团的数量密切相关，使该萃取分离过程具有高度的可操作性和选择性。超临界二氧化碳对溶质溶解规律总结如下：

①萃取压力 <10 MPa 时适合挥发油类、烃类、酯类、醚类、环氧化合物等亲脂性和低沸点物质的萃取。

②萃取压力 >40 MPa 时才有可能萃取糖类、氨基酸类等具有较强极性的物质。

③具有较强极性基团（如—OH、—COOH）的物质不易被萃取，其中苯的

衍生物中若具有 3 个羟基的化合物（如三羟基苯甲酸、间苯三酚）不能被萃取。

④相对分子质量（>300）越大的物质越不易被萃取，如蛋白质、树脂等不能被萃取。

超临界二氧化碳萃取的方式可分为动态萃取和静态萃取两种：

①动态萃取法即二氧化碳不断注入萃取釜的同时将溶解了溶质的超临界二氧化碳流体以一定的流量排出，使样品基体中目标溶质的浓度不断减小的萃取方法。该方法具有简单、快速的优点，尤其适合从多孔基体中分离具有高溶解度的物质（多孔基体利于超临界二氧化碳扩散），但是二氧化碳在无法循环利用的情况下消耗量较大。

②静态萃取法即二氧化碳在萃取釜中达到超临界态后，静置一段时间，使超临界二氧化碳渗透基体与溶质充分接触，待溶质大部分溶解后排空收集的方法。该方法适合于萃取不易与基体分离的溶质或在超临界二氧化碳中溶解度不大的溶质，以及基体致密不利于超临界二氧化碳扩散的样品，因此萃取时间会比较长。实际操作中，往往将两种方法结合，先采用静态萃取，待溶质充分溶解后再采用动态萃取，尽量减少溶质在样品基体中的残留，提高萃取效率。研究人员已经利用超临界二氧化碳萃取技术从废旧锂离子电池中回收电解液，实验流程示意图如图 4 – 43 所示。

在 Sloop[164] 的一项专利中阐明了通过超临界二氧化碳和其他一些超临界流体去除废旧锂离子电池中电解液的方法。将电池放置在装置中，向反应釜中加入萃取剂，调整萃取容器内流体的温度和压力，使其达到超临界状态，电解质暴露于超临界状态的流体中并由其萃取。所有超临界流体都被转移到一个收集容器中，在这个容器中，流体的温度和压力恢复到原来的状态，最终得到电解质。

Liu 等人[165] 采用超临界二氧化碳萃取法从废旧锂离子电池中分离有机碳酸盐基电解质。采用响应面法对提取工艺参数进行优化，并且在经济允许的操作范围内获得了较好的提取率。此外，该研究从电解质组分的一致性和完整性方面评价了超临界二氧化碳萃取对电解质回收的影响。

每次萃取实验均在氩气手套箱中进行，其中电解液被吸附在锂离子电池隔膜中，并被密封在萃取容器中，手套箱内湿度和氧气均低于1‰。氩气手套箱被转移到 Spe – ed SCF Prime 超临界二氧化碳萃取系统进行电解液萃取。超临界萃取电解液装置示意图如图 4 – 44 所示。

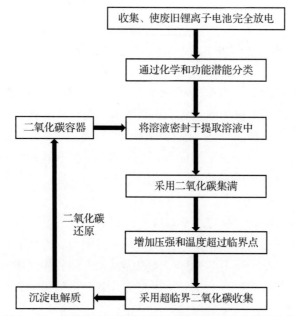

图4-43 超临界二氧化碳技术回收萃取电解液流程示意图

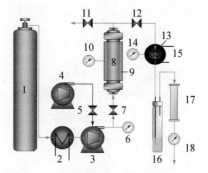

图4-44 超临界萃取电解液装置示意图

1—二氧化碳气瓶；2—低温循环水泵；3—高压气动泵；4—空压机；5—萃取釜压力调节阀；

6—萃取釜压力表；7—进气阀；8—萃取釜；9—釜加热套；10—萃取釜温度计；

11—紧急降压阀；12—出气阀；13—流量调节阀；14—流量阀温度计；

15—流量阀加热套；16—收集釜；17—洗气装置；18—流量计

为了研究萃取压力、温度以及时间对萃取效率的影响，他们设计了一系列的实验：压力为 15～35 MPa，温度设置为 40～50 ℃，萃取时间为 45～75 min。将提取物收集到样品罐中，控制流率为 4.0 L/min，收集到的样品密封保存在手套箱中。萃取率计算公式如下：

$$Y = (M_{ads} - M_{res}) / (M_{ads} - M_{sep}) \times 100\% \tag{4-39}$$

式中，Y 为萃取率；M_{sep} 为分离器的质量；M_{ads} 为吸附电解质的分离器的质量；M_{res} 为萃取残渣的质量。

实验优化基于 Box – Behnken 设计的响应面法去设计最优实验条件。采用多元回归方法对设计实验的最高电解质产率响应值进行多元回归，得到多项式方程的数学模型参数估计，计算公式如下：

$$Y = \beta_0 + \sum_{j=1}^{n}\beta_j X_j + \sum_{j=1}^{n}\beta_{jj}X_j^2 + \sum_{i=1}^{j-1}\sum_{j=1}^{n}\beta_{ij}X_i X_j + \varepsilon \qquad (4-40)$$

式中，Y 为响应数值（萃取率）；β_0 为模型常系数，β_j、β_{jj} 和 β_{ij} 分别为线性、二次和相互作用系数；X_i 和 X_j 为自变量；ε 为随机误差；n 为实验研究的因子数。

使用 Design Expert 8.0.6 软件对数据进行回归和图形化分析，最后得到如下计算公式：

$$Y = 87.61 + 2.11X_1 + 0.81X_2 + 0.92X_3 - 0.23X_1X_3 + \\ 0.31X_2X_3 - 2.22X_1^2 - 0.52X_3^2 \qquad (4-41)$$

其中，X_1、X_2、X_3 分别代表自变量压力（MPa）、温度（℃）、时间（min），共设计了 15 种实验方案。Box – Behnken 设计及结果如表 4 – 6 所示，Box Behnken 设计实验结果的方差分析（ANOVA）如表 4 – 7 所示。模型的拟合度可以通过决定系数（R^2）进行检验，决定系数为 0.994 4，说明模型能够充分反映所选参数之间的真实关系。缺乏拟合衡量的是模型在没有包含在回归中的点上无法在实验域中表示数据的情况。失配的非显著性值（$p > 0.05$）表明，模型方程对于预测任意变量组合下的产量都是合适的。

表 4 – 6　Box – Behnken 设计及结果

实验	自变量			响应 Y/%
	压力 X_1/MPa	温度 X_2/℃	时间 X_3/min	
1	15(−1)	50(+1)	60(0)	83.98
2	25(0)	40(−1)	75(+1)	86.71
3	25(0)	45(0)	75(+1)	87.96
4	15(−1)	45(0)	60(0)	84.17
5	25(0)	40(−1)	75(+1)	85.69
6	25(0)	45(0)	45(−1)	87.53

续表

	自变量			
实验	压力 X_1/MPa	温度 X_2/℃	时间 X_3/min	响应 Y/%
7	25（0）	50（+1）	60（+1）	88.98
8	15（-1）	40（-1）	75（+1）	82.24
9	35（+1）	40（-1）	60（0）	86.84
10	35（+1）	50（+1）	60（0）	88.26
11	35（+1）	45（0）	45（-1）	86.13
12	35（+1）	45（0）	75（+1）	87.72
13	15（-1）	45（0）	45（-1）	81.66
14	25（0）	45（0）	60（0）	87.55
15	25（0）	50（+1）	45（-1）	86.74

表 4 – 7　Box – Behnken 设计实验结果的方差分析（ANOVA）

来源	平方和	df	均方	F 值	p – 值概率 > F
模型	67.11	7	9.59	176.42	< 0.000 1
X_1	35.70	1	35.70	656.93	< 0.000 1
X_2	5.25	1	35.70	656.93	< 0.000 1
X_3	6.77	1	6.77	124.60	< 0.000 1
$X_1 X_3$	0.21	1	0.21	3.89	0.089 1
$X_2 X_3$	0.37	1	0.37	6.85	0.034 6
X_1^2	18.32	1	18.32	337.07	< 0.000 1
X_3^2	1.01	1	1.01	18.54	0.003 5
剩余值	0.38	7	0.054		
失拟	0.26	5	0.053	0.89	0.604 0
纯误差	0.12	2	0.059		
总离差	67.49	2	0.059		
调整的 R^2	0.988 7				
R^2	0.994 4				

一般认为，溶质在超临界流体中的溶解度随流体密度的增大而增大（在恒温条件下）。在该研究中，压力对电解质组成的影响表明，在一定的萃取时间内，萃取率随压力的增大而显著提高。这一结果是可预测的，因为提高萃取压力会导致更高的流体密度，这可以改善电解质组成的溶解度。超临界流体萃取过程中温度的变化影响了锂离子电池分离器中电解质的流体密度和挥发性。通过提高温度，电解质组成的挥发性呈上升趋势，而超临界流体密度呈下降趋势。在研究温度范围内，由于电解质组成的挥发性增强，提高温度可以稳步提高电解质的提取率。实际上，以最少的投入获得所需的输出是最经济的生产模式。

基于多项式回归模型，研究发现获得较高萃取率的最佳实验条件是23.4 MPa、40 ℃和45 min。在这些条件下，预测萃取率为85.22%，实验测得的真实萃取率为（85.07 ± 0.36）%。该结果与预测值吻合，验证了响应模型能够反映预期的优化。另外通过组分分析结果表明，超临界二氧化碳萃取过程中，电解液中有机溶剂的含量基本保持不变。电解液是一种混合物，利用超临界二氧化碳可以选择性地将混合物提取成单个组分，是纯化和再利用的最佳选择。这是下一步电解质回收研究的目标。

Mu 等人[166]则在该方法的基础上详细地研究了不同实验条件下电解液的回收率，并且提出了优化模型，最后萃取的回收率可达90%以上。将经过前期处理过的废旧锂离子电池中带有正负极的集流体及隔膜全部转入超临界萃取装置中，调节超临界二氧化碳流体的温度为 26 ~ 52 ℃，压力为 6.5 ~ 18 MPa。经过一定时间和固定溶液流量下，可以萃取得到有机溶剂、锂盐以及添加剂，具体实验流程如图 4 - 45 所示。

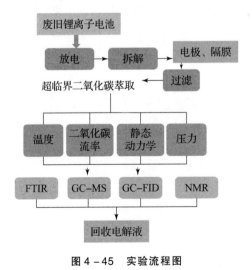

图 4 - 45　实验流程图

此外，他们建立了这种环境友好的电解质回收模型，并完成了工艺参数的优化。研究结果表明，萃取压力是影响萃取电解液的主要因素。优化后的二次模型对于同时提取电解液也是有效的，并且能够更有效地利用时间和试剂，避免使用有机溶剂。最后，应用多种检测技术来评估得到的提取物，如 GC – MS、GC – FID、FITR 和 NMR。GC – FID 定量分析有助于实现萃取过程的定向控制，并且通过 ^{19}F 和 ^{31}P 光谱检测研究了六氟磷酸根（PF_6^-）、氟离子（F^-）和二氟磷酸根（$PO_2F_2^-$）的降解途径。通过对电解液的回收，可以提高导电盐的回收效率。从实验结果得出，对于组分复杂、热敏导电盐的锂离子电池电解液，推荐采用低压低温的超临界萃取处理。在环保和可操作的条件下，超临界二氧化碳萃取技术对废旧锂离子电池电解液在工业上的回收与再利用是有潜力的。

另外，他们在前面的回收装置基础上又设计出了一种由超临界二氧化碳萃取剂、树脂、分子筛净化和其他补充组分组成的回收废旧锂离子电池电解液的方法，回收原理如图 4 – 46 所示[167]。

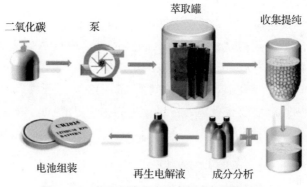

图 4 – 46　废旧锂离子电池电解液回收原理图

废旧锂离子电池中游离的电解液较少，因为大部分的电解液均被吸附在隔膜和活性物质中。在每次萃取实验中，将放电的电池拆解，装入浸出容器，放入充满氩气的手套箱中，水分和氧气浓度均小于 $1 \times 10^{-3}‰$。萃取容器转移到超临界二氧化碳萃取系统进行电解液萃取。连接萃取罐后，将萃取系统的压力和温度设置为 40 ℃和 15 MPa，实验开始于一个静态萃取步骤大约 10 min，其次是 20 min 的动态萃取，设置恒定流速为 2.0 L/min。最后将提取液低温保存在样品瓶中。采集的样品在分析前，密封好并保存在手套箱中。最后的萃取率可达 85% 左右。由于电解质性质对氢氟酸和水含量的敏感性，提取物用 Amberlite IRA – 67 弱碱性阴离子交换树脂脱酸并用活化的 4 Å 锂取代分子筛脱水。将阴离子交换树脂在 80 ℃下真空干燥 4 h，然后与提取物接触 24 h 以除去氢氟酸。然后，将萃取物倒入装有活化的 4 Å 锂取代分子筛的密闭容器中 12 h。过滤后，将提取物密封并在分析前储存于手套箱中。不同阶段电解质的颜色对比度如图 4 - 47 所示。图中发现中间 3 个样品经提取纯化后颜色略呈黄色，但仍澄清。虽然回收的电解液与工业电解液之间存在色差，但回收的电解液在评价电解液过程中仍能达到色度标准。用 0.01 mol/L 氢氧化钾溶液在乙醇溶液中进行电位滴定法测定氢氟酸的浓度，用卡尔·费休库仑滴定法控制水的含量。如果回收的电解液与对照样品的组成相同，回收结果会更加合理。通过 GC - MS、ICP - OES、NMR 等手段对其进行了定量分析。根据商业电解液（TC - E216#）的配方，用电池级碳酸盐溶剂和锂盐补充到提纯后的电解液中，得到再生电解液，然后在相同的条件下评价它们的性能。

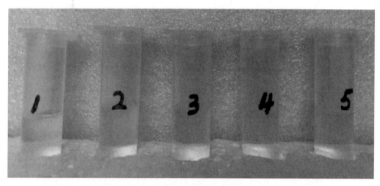

图 4 - 47　不同阶段电解质的颜色对比度（书后附彩插）

1—拆解后的电解液；2—萃取后的电解液；3—纯化后的电解液；

4—再生电解液；5—商业电解液

将实验得到的电解液进行电化学性能测试，包括电导率、活化能、电化学窗口以及在 Li/LiCoO$_2$ 电池中的电池性能测试。再生电解液的离子电导率（σ）对于电池的整体性能有着至关重要的作用。鉴于此，在 10 ~ 50 ℃ 的范围内，电解质的离子电导率被确定为温度的函数（图 4 - 48（c））。通过交流阻抗图来计算离子电导率，如图 4 - 48（a）和（b）所示。本体阻抗（R_b）的数值是阻抗图在高频处实轴上的截距，电导率计算公式如下：

$$\sigma = l/AR_b \qquad (4-42)$$

式中，A 是电极的面积；l 是电极之间的距离。

计算得到再生电解液在 293.15 K 时离子电导率为 0.19 mS/cm，与商业电解液（0.25 mS/cm）非常相似，且随温度升高而增大。

离子电导率的温度可以由阿伦尼乌斯方程计算得到：

$$\sigma = A\exp(E_a/RT) \qquad (4-43)$$

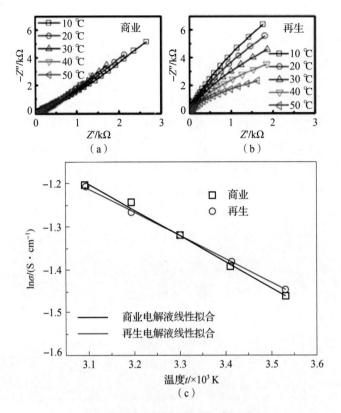

图 4 - 48 再生电解液的电化学性能

（a）商业电解液交流阻抗图；（b）再生电解液交流阻抗图；
（c）两种电解液在不同温度下的离子电导率的 Arrhenius 图

其中，A 是前置指数，E_a 是表观活化能。再生电解液的 E_a 计算值为 4.53 kJ/mol，与商业电解液的活化能（5.01 kJ/mol）非常接近。两种电解液的离子电导率和活化能在数量上相近，说明在回收的电解液中加入适量的导电盐是合适的。

电化学稳定窗口是指在电化学氧化还原反应中不发生溶剂或导电盐的电化学分解的电位范围。电化学稳定窗口的测定通常由选定电解液中惰性电极的线性扫描伏安法（LSV）决定。阳极高电位区电流的开始被认为是由与电极相关的分解过程引起的，这个开始电位被认为是电解液稳定区的上限。这个电势是由高压区电势轴上电流外推的线性截距决定的。商业电解液和再生电解液的 LSV 结果如图 4 - 49 所示。

可以看出，两种电解液的稳定窗口均为 5.4 V（vs. Li/Li⁺），但再生电解液在 3.5 V 左右开始时阳极电流非常小，并逐渐增大，直到 5.4 V 时急剧增大。这说明该电位区部分组分分解缓慢，再生电解液的电化学稳定性低于商业电解

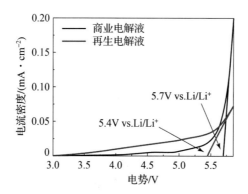

图 4 - 49　商业电解液和再生电解液的 LSV 结果图

液。然而，对于 $LiCoO_2$、$LiNiO_2$ 和 $LiMn_2O_4$ 等电极来说，该再生电解液的电化学稳定性已经足够。

　　将所得的电解液用于以 $LiCoO_2$ 为正极、锂金属为负极的扣式电池。电流密度 0.2 C 下，图 4 - 50 显示了再生和商业电解液的充放电曲线。两种电解液充放电曲线的特点很相似，再生电解液显示出良好的电化学性能，可以接近商业电解质。电池在 0.2 C 下的放电容量为 115 mA·h/g，低于商业电解质（141 mA·h/g）。

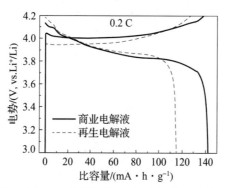

图 4 - 50　再生和商业电解液的充放电曲线（书后附彩插）

　　再生电解液的电池在 0.2 C 下循环 100 次后的可逆容量仍高于 77 mA·h/g，容量保持率为 66%，低于商业电解液的电池性能（循环 100 次后保持在 120 mA·h/g，容量保持率为 85%）。再生电解液的电池平均库仑效率（96.2%）接近于商业电解液（99.1%），表明锂离子在嵌入/脱嵌的动力学过程中具有很高的可逆性。从图 4 - 51 可以看出，随着循环次数的增加，商业电解液和再生电解液的容量均有所下降，但再生电解液从第 50 次循环左右开始，充放电容量明显下降。除文献报道的 $LiCoO_2$ 正极的固有缺陷外，溶剂分解可能是容量衰减的重要原因。HPO_2F_2 的存在可以进一步水解生成氢氟酸、磷酸和氟代磷酸盐。特别是氢氟酸会导致正极活性物质的分解。因此，电池的循环寿命和容量保持能力有限。

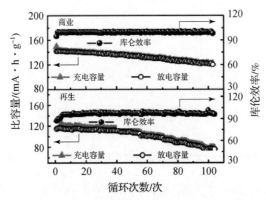

图 4 - 51　0.2 C 时商业和再生电解液电池的循环性能与库仑效率（书后附彩插）

萃取法有效地实现了电解质盐和有机溶剂资源的回收利用，优化了资源配置，防止热敏物质的降解和逸散，促进了资源的二次利用，工艺简单高效。选择有机溶剂作为萃取剂既要考虑萃取的效率，又要考虑萃取剂是否易与电解液分离，否则会在电解液的回收过程中引入新的杂质，增加回收成本，给环境带来新的污染。同时，二氧化碳是不燃、无毒而且廉价的物质，适用于电解液的回收。但是超临界二氧化碳萃取法目前仅仅处于实验室研发阶段，还没有进入到工业化生产阶段，未来将会是废旧锂离子电池电解液回收的研究方向之一。

5. 其他方法

He 等人[168]开发了一种从金属箔中剥离电极材料并同时回收电解质的新工艺。他们研制了一种特殊的复合水脱皮剂，即去角质萃取液（AEES）。用 AEES 水溶液对溶解铝箔进行精确的优化控制，从铝箔上剥离正极材料。同时，采用溶解负极黏结剂、替代有机溶剂回收电解液和沉淀稳定的 $LiPF_6$ 等方法对负极石墨与铜箔进行分离；分析了电极材料分离和电解液回收的效率，并对回收成本进行了评价。从电极和分离器中提取碳酸乙烯酯（EC）和碳酸丙烯酯（PC），经蒸馏回收。从 EC 和 PC 中析出 $LiPF_6$，经过滤回收。电解液、铝箔、铜箔和电极材料的回收率分别为 95.6%、99.0%、100% 和约 100%。该工艺的主要优点是不使用强酸或强碱，电极材料采用片状回收。该工艺有效地避免了杂质渗入电极材料，在工业应用上能够做到环境友好。

如图 4 - 52 电极材料分离实验装置所示，首先通过放电装置，将 24 个串联的电池在 2 h 内同步放电。放电后，将电池从顶部切开，从开口中拉出隔膜，将电池分为正极板、负极板、隔膜、壳体和凸耳。为了避免电解液水解物对金属箔和正极材料的腐蚀，减少电解液的挥发，将分离器转移到 AEES 中。将正极板和负极板分别转移到旋转筛中，将旋转筛浸入到溶液中。旋转屏可以防止电极板堆积，并过滤掉脱落的电极材料。涂层材料完全脱落后，金属箔和电解质发生溶解，从水箱中收集小尺寸的石墨和正极材料并烘干。分离后，溶液混合并转移到旋转蒸发冷凝器中。通过蒸馏从水溶液中回收电解质有机物。$NaPF_6$ 和锂盐作为沉积物残留在有机物中，过滤回收。

电解液溶解率由式（4-44）计算：

$$D = Mi/Me \times 100\% \qquad (4-44)$$

式中，Me 为电解液总质量，Mi 为电解液溶解质量。

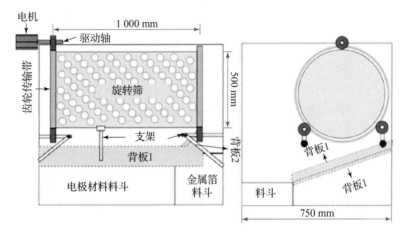

图 4-52　电极材料分离实验装置

如图 4-53 电解液回收效率图所示，正极板、负极板和隔膜分别浸泡在由碳酸乙烯酯（EC）、碳酸丙烯酯（PC）和 $LiPF_6$ 组成的电解液中，正极板、负极板和隔膜中的电解质含量分别为 4.79%、4.71% 和 0.07%。EC 和 PC 暴露于大气中容易挥发；$LiPF_6$ 容易水解成 HF，对环境和人体健康造成危害。由于电解液是水溶性的，其沸点（242~248 ℃）远高于水，因此在分离电极材料的过程中，电解液可以通过溶解和蒸馏同时回收。如图 4-53 所示，电解质的溶解过程可以分为两个阶段。第一阶段，溶解速度非常快，近 90% 的电解质在 3 min 内被溶解，其快速溶解可能是由于电极或分离器表面的电解质所致。第二阶段是一个非常缓慢的过程，因为这部分电解质停留在电极材料和分离器的孔隙中，约 10% 的电解质在此阶段继续溶解需要 27 min。电解质在孔隙中的扩散受到多孔结构的阻碍，25 min 内电解质几乎完全溶解。

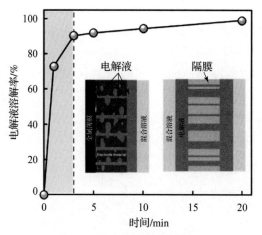

图 4 - 53　电解液回收效率

　　蒸馏后，EC 和 PC 分别有 4.4% 和 95.6% 残留在蒸馏水中，其中有机混合物的回收率为 95.6%。凝结水可重复利用。由于在连续的生产过程中，水中的有机物可以在下一次蒸馏过程中回收，因此有机物的整体回收效率有可能高于实验结果。对回收的 EC 和 PC 混合物进行精馏，得到纯 EC 和 PC。锂盐是电解液与钠盐反应生成，可从电解液中回收锂，避免 PF_6 水解。由于 $LiPF_6$ 溶于 EC 和 PC 的混合物中，所以从电解液中分离 $LiPF_6$ 非常困难。此外，废旧锂离子电池中 $LiPF_6$ 的比例很小（< 1%），工业生产中回收的 $LiPF_6$ 需要储存起来。但是，由于 Li^+ 与其他碱金属离子 PF_6 盐的结合较弱，在潮湿的空气或水中，$LiPF_6$ 极易水解，会造成 $LiPF_6$ 的损失，对环境和工人健康造成危害。因此，将 $LiPF_6$ 转化为一种不溶性和更稳定的形式至关重要。实验中，在正极材料分离过程中，通过化学反应对 $LiPF_6$ 进行脱溶稳定。反应过程中，锂盐从溶液中析出，推动了反应的进行。通过反应，将 $LiPF_6$ 转化为稳定的 $NaPF_6$ 和锂盐，以保证储存过程对环境友好和安全。此外，由于 $NaPF_6$ 和锂盐在 EC 和 PC 的混合物中不溶，所以在有机混合物中蒸发后呈现为白色沉积物。图 4 - 54 为回收六氟磷酸钠和碳酸钠的 XRD 图。

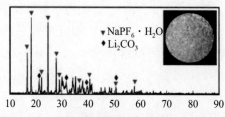

图 4 - 54　回收六氟磷酸钠和碳酸钠的 XRD 图

该过程将电解液分成碳酸乙烯酯（EC）和碳酸丙烯酯（PC）的有机混合物以及 $NaPF_6$ 和锂盐的盐混合物来回收，而在传统的破碎过程中电解液分解并挥发排出有毒气体。由于该工艺在水中进行，电解液完全溶解，因此达到废气零排放。此外，由于在该过程中使用的水经蒸馏再利用，废水的排放量也为零，整个过程是环保的。通过该工艺，在一个规模扩大的回收工厂中，计算回收废旧锂离子电池的成本，包括劳动力成本、能源投入、折旧和材料，估计约为 25.41 美元/t，回收 $LiFePO_4$ 和三元锂电池的收入估计分别为 699.14 美元/t 和 1 064.80 美元/t。

Sun 等人[18]利用真空热解法在热解系统中将废旧锂离子电池中的电解液与电池分离，实验条件温度为 600 ℃，真空蒸发时间为 30 min，残余气体压力为 1.0 kPa。红外分析热解产物表明其主要组分是氟碳有机物。大多数含氟化合物可以富集和回收，以防止环境污染和资源浪费，但是有机溶剂萃取过程总是引入溶剂杂质，不仅使分离过程复杂化，而且易带来新污染物。在真空热解过程中电解液彻底分解，但分解产物的组分太复杂而不能再利用。

参 考 文 献

［1］ 张林浩. 从《汽车产业中长期发展规划》看当前汽车的产业发展 ［J］. 汽车工业研究，2017（12）：10 - 11.

［2］ BAI Y C，MURALIDHARAN N，SUN Y K，et al. Energy and environmental aspects in recycling lithium - ion batteries：Concept of battery identity global passport ［J］. Materials Today，2020，41：304 - 315.

［3］ 钟雪虎，陈玲玲，韩俊伟，等. 废旧锂离子电池资源现状及回收利用 ［J］. 工程科学学报，2021，43（2）：161 - 169.

［4］ RICHA K，BABBITT C W，GAUSTAD G. Eco - efficiency analysis of a lithium - ion battery waste hierarchy inspired by circular economy ［J］. Journal of Industrial Ecology，2017，21（3）：715 - 730.

［5］ ZHANG X X，XUE Q，LI L，et al. Sustainable recycling and regeneration of cathode scraps from industrial production of lithium - ion batteries ［J］. ACS Sustainable Chemistry & Engineering，2016，4（12）：7041 - 7049.

［6］ 徐盛明. 序：电池材料与资源循环利用 ［J］. 化学工业与工程，2021，38（6）：1.

［7］ TARASCON J M，ARMAND M. Issues and challenges facing rechargeable lithium batteries ［J］. Nature，2001，414：359 - 367.

［8］ XU K. Non－aqueous liquid electrolytes for lithium－based rechargeable batteries［J］. Chemical Reviews, 2004, 104（10）: 4303－4417.

［9］ DA COSTA A J, MATOS J F, BERNARDES A M, et al. Beneficiation of cobalt, copper and aluminum from wasted lithium－ion batteries by mechanical processing［J］. International Journal of Mineral Processing, 2015, 145: 77－82.

［10］ LU M, ZHANG H, WANG B, et al. The re－synthesis of LiCoO$_2$ from spent lithium－ion batteries separated by vacuum－assisted heat－treating method［J］. International Journal of Electrochemical Science, 2013, 8（6）: 8201－8209.

［11］ NIE H H, XU L, SONG D W, et al. LiCoO$_2$: Recycling from spent batteries and regeneration with solid state synthesis［J］. Green Chemistry, 2015, 17（2）: 1276－1280.

［12］ NAN J M, HAN D M, ZUO X X. Recovery of metal values from spent lithium－ion batteries with chemical deposition and solvent extraction［J］. Journal of Power Sources, 2005, 152: 278－284.

［13］ KIM S, YANG D, RHEE K, et al. Recycling process of spent battery modules in used hybrid electric vehicles using physical/chemical treatments［J］. Research on Chemical Intermediates, 2014, 40（7）: 2447－2456.

［14］ DORELLA G, MANSUR M B. A study of the separation of cobalt from spent Li－ion battery residues［J］. Journal of Power Sources, 2007, 170（1）: 210－215.

［15］ ARAL H, VECCHIO－SADUS A. Toxicity of lithium to humans and the environment－a literature review［J］. Ecotoxicology and Environmental Safety, 2008, 70（3）: 349－356.

［16］ DOERFFEL D, SHARKH S A. A critical review of using the peukert equation for determining the remaining capacity of lead－acid and lithium－ion batteries［J］. Journal of Power Sources, 2006, 155（2）: 395－400.

［17］ FOUAD O A, FARGHALY F I, BAHGAT M. A novel approach for synthesis of nanocrystalline γ－LiAlO$_2$ from spent lithium－ion batteries［J］. Journal of Analytical and Applied Pyrolysis, 2007, 78（1）: 65－69.

［18］ SUN L, QIU K Q. Vacuum pyrolysis and hydrometallurgical process for the recovery of valuable metals from spent lithium－ion batteries［J］. Journal of Hazardous Materials, 2011, 194: 378－384.

[19] MESHRAM P, PANDEY B D, MANKHAND R T. Extraction of lithium from primary and secondary sources by pre – treatment, leaching and separation: A comprehensive review [J]. Hydrometallurgy, 2014, 150: 192 – 208.

[20] DORELLA G, MANSUR M B. A study of the separation of cobalt from spent Li – ion battery residues [J]. Journal of Power Sources, 2007, 170 (1): 210 – 215.

[21] WANG X, GAUSTAD G, BABBITT C W. Targeting high value metals in lithium – ion battery recycling via shredding and size – based separation [J]. Waste Management, 2016, 51: 204 – 213.

[22] ZHU S, HE W, LI G, XU Z, et al. Recovering copper from spent lithium – ion battery by a mechanical separation process [C] //International Conference on Materials for Renewable Energy & Environment, May21 – 22, 2011.

[23] PAGNANELLI F, MOSCARDINI E, ALTIMARI P, et al. Leaching of electronic powders from lithium – ion batteries: Optimization of operating conditions and effect of physical pretreatment for waste fraction retrieval [J]. Waste Management, 2017, 60: 706 – 715.

[24] CONTESTABILE M, PANERO S, SCROSATI B. A laboratory – scale lithium – ion battery recycling process [J]. Journal of Power Sources, 2001, 92 (1/2): 65 – 69.

[25] HE L P, SUN S Y, SONG X F, et al. Recovery of cathode materials and Al from spent lithium – ion batteries by ultrasonic cleaning [J]. Waste Management, 2015, 46: 523 – 528.

[26] HUANG H L, WANG H P, WEI G T, et al. Extraction of nanosize copper pollutants with an ionic liquid [J]. Environmental Science & Technology, 2006, 40 (15): 4761 – 4764.

[27] MARKIEWICZ M, JUNGNICKEL C, ARP H P H. Ionic liquid assisted dissolution of dissolved organic matter and PAHs from soil below the critical micelle concentration [J]. Environmental Science & Technology, 2013, 47 (13): 6951 – 6958.

[28] ZENG X L, LI J H, XIE H H, et al. A novel dismantling process of waste printed circuit boards using water – soluble ionic liquid [J]. Chemosphere, 2013, 93 (7): 1288 – 1294.

[29] ZENG X L, LI J H. Innovative application of ionic liquid to separate Al and cathode materials from spent high – power lithium – ion batteries [J]. Journal

of Hazardous Materials, 2014, 271: 50 – 56.

[30] FERREIRA D A, PRADOS L M Z, MAJUSTE D, et al. Hydrometallurgical separation of aluminium, cobalt, copper and lithium from spent Li – ion batteries [J]. Journal of Power Sources, 2009, 187 (1): 238 – 246.

[31] CREADY E, LIPPERT J, PIHL J, et al. Technical and economic feasibility of applying used EV batteries in stationary applications [R]. Albuquerque: Sandia National Laboratories, SAND2002 – 4084, 2003.

[32] NEUBAUER J, SMITH K, WOOD E, et al. Identifying and overcoming critical barriers to widespread second use of PEV batteries [EB/OL]. (2015 – 06 – 18)[2022 – 05 – 23]. http://www. nrel. gov/docs/fyl 5osti/63332. pdf.

[33] WANG X, GAUSTAD G, BABBITT C W. Targeting high value metals in lithium – ion battery recycling via shredding and size – based separation [J]. Waste Management, 2016, 51: 204 – 213.

[34] DIEKMANN J, HANISCH C, FROBOESE L, et al. Ecological recycling of lithium – ion batteries from electric vehicles with focus on mechanical processes [J]. Journal of the Electrochemical Society, 2017, 164 (1): 164 – 184.

[35] NEUBAUER J, PESARAN A, WOOD E, et al. Second use of PEV batteries: A massive storage resource for revolutionizing the grid [EB/OL]. (2015 – 05 – 27) [2022 – 05 – 23]. https: //www. osti. gov/biblio/1225537.

[36] LI J, WANG G X, XU Z M. Generation and detection of metal ions and volatile organic compounds (VOCs) emissions from the pretreatment processes for recycling spent lithium – ion batteries [J]. Waste Management, 2016, 52: 221 – 227.

[37] GRATZ E, SA Q, APELIAN D, et al. A closed loop process for recycling spent lithium – ion batteries [J]. Journal of Power Sources, 2014, 262 (15): 255 – 262.

[38] ZHANG T, HE Y Q, GE L H, et al. Characteristics of wet and dry crushing methods in the recycling process of spent lithium – ion batteries [J]. Journal of Power Sources, 2013, 240: 766 – 771.

[39] SHIN S M, KIM N H, SOHN J S, et al. Development of a metal recovery process from Li – ion battery wastes [J]. Hydrometallurgy, 2005, 79 (3/4): 172 – 181.

[40] MARINOS D, MISHRA B. An approach to processing of lithium – ion batteries for the zero – waste recovery of materials [J]. Journal of Sustainable

Metallurgy, 2015, 1 (4): 263 – 274.

[41] AL – THYABAT S, NAKAMURA T, SHIBATA E, et al. Adaptation of minerals processing operations for lithium – ion batteries (LIBs) and nickel metal hydride (NiMH) batteries recycling: Critical review [J]. Minerals Engineering, 2013, 45: 4 – 17.

[42] YANG Y, HUANG G Y, XU S M, et al. Thermal treatment process for the recovery of valuable metals from spent lithium – ion batteries [J]. Hydrometallurgy, 2016, 165: 390 – 396.

[43] SUN L, QIU K Q. Vacuum pyrolysis and hydrometallurgical process for the recovery of valuable metals from spent lithium – ion batteries [J]. Journal of Hazardous Materials, 2011, 194: 378 – 384.

[44] YU J D, HE Y Q, GE Z Z, et al. A promising physical method for recovery of $LiCoO_2$ and graphite from spent lithium – ion batteries: Grinding flotation [J]. Separation and Purification Technology, 2018, 190: 45 – 52.

[45] HANISCH C, LOELLHOEFFEL T, DIEKMANN J, et al. Recycling of lithium – ion batteries: A novel method to separate coating and foil of electrodes [J]. Journal of Cleaner Production, 2015, 108: 301 – 311.

[46] BERTUOL D A, TONIASSO C, JIMÉNEZ B M, et al. Application of spouted bed elutriation in the recycling of lithium – ion batteries [J]. Journal of Power Sources, 2015, 275: 627 – 632.

[47] ZHANG T, HE Y Q, WANG F F, et al. Chemical and process mineralogical characterizations of spent lithium – ion batteries: An approach by multi – analytical techniques [J]. Waste Management, 2014, 34 (6): 1051 – 1058.

[48] ZHANG T, HE Y Q, WANG F F, et al. Surface analysis of cobalt – enriched crushed products of spent lithium – ion batteries by X – ray photoelectron spectroscopy [J]. Separation and Purification Technology, 2014, 138: 21 – 27.

[49] WANG F F, ZHANG T, HE Y Q, et al. Recovery of valuable materials from spent lithium – ion batteries by mechanical separation and thermal treatment [J]. Journal of Cleaner Production, 2018, 185: 646 – 652.

[50] HE Y Q, WANG F F, ZHANG T, et al. Recovery of $LiCoO_2$ and graphite from spent lithium – ion batteries by Fenton reagent – assisted flotation [J]. Journal of Cleaner Production, 2017, 143: 319 – 325.

［51］ YU J D, HE Y Q, LI H, et al. Effect of the secondary product of semi – solid phase fenton on the flotability of electrode material from spent lithium – ion battery ［J］. Powder Technology, 2017, 315: 139 – 146.

［52］ HUANG K, LI J, XU Z M. A novel process for recovering valuable metals from waste nickel – cadmium batteries ［J］. Environmental Science & Technology, 2009, 43 (23): 8974 – 8978.

［53］ LI J, WANG G X, XU Z M. Environmentally – friendly oxygen – free roasting/wet magnetic separation technology for in situ recycling cobalt, lithium carbonate and graphite from spent $LiCoO_2$/graphite lithium batteries ［J］. Journal of Hazardous Materials, 2016, 302: 97 – 104.

［54］ BALÁŽ P, ACHIMOVIČOVÁ M, BALÁŽ M, et al. Hallmarks of mechanochemistry: From nanoparticles to technology ［J］. Chemical Society Reviews, 2013, 42 (18): 7571 – 7637.

［55］ OU Z Y, LI J H, WANG Z S. Application of mechanochemistry to metal recovery from second – hand resources: A technical overview ［J］. Environmental Science: Processes & Impacts, 2015, 17 (9): 1522 – 1530.

［56］ OU Z Y, LI J H. Synergism of mechanical activation and sulfurization to recover copper from waste printed circuit boards ［J］. RSC Advances, 2014, 4 (94): 51970 – 51976.

［57］ YUAN W Y, LI J H, ZHANG Q W, et al. Innovated application of mechanical activation to separate lead from scrap cathode ray tube funnel glass ［J］. Environmental Science & Technology, 2012, 46 (7): 4109 – 4114.

［58］ YUAN W Y, LI J H, ZHANG Q W, et al. Mechanochemical sulfidization of lead oxides by grinding with sulfur ［J］. Powder Technology, 2012, 230: 63 – 66.

［59］ ZHANG Q W, LU J F, SAITO F, et al. Room temperature acid extraction of valuable substances from $LiCo_{0.2}Ni_{0.8}O_2$ scrap by a mechanochemical treatment ［J］. Journal of the Society of Powder Technology, 1999, 36 (6): 474 – 478.

［60］ YANG Y X, ZHENG X H, CAO H B, et al. A closed – loop process for selective metal recovery from spent lithium iron phosphate batteries through mechanochemical activation ［J］. ACS Sustainable Chemistry & Engineering, 2017, 5 (11): 9972 – 9980.

［61］ XIAO J F, LI J, XU Z M. Recycling metals from lithium – ion battery by mechanical separation and vacuum metallurgy [J]. Journal of Hazardous Materials, 2017, 338: 124 – 131.

[62] ZHENG X H, ZHU Z W, LIN X, et al. A mini – review on metal recycling from spent lithium – ion batteries [J]. Engineering, 2018, 4 (3): 361 – 370.

[63] HU J T, ZHANG J L, LI H X, et al. A promising approach for the recovery of high value – added metals from spent lithium – ion batteries [J]. Journal of Power Sources, 2017, 351: 192 – 199.

[64] XIAO J F, LI J, XU Z M. Novel approach for in – situ recovery of lithium carbonate from spent lithium – ion batteries using vacuum metallurgy [J]. Environmental Science & Technology, 2017, 51 (20): 11960 – 11966.

[65] KU H, JUNG Y, JO M, et al. Recycling of spent lithium – ion battery cathode materials by ammoniacal leaching [J]. Journal of Hazardous Materials, 2016, 313: 138 – 146.

[66] ZHENG XH, GAO W F, ZHANG X H, et al. Spent lithium – ion battery recycling – Reductive ammonia leaching of metals from cathode scrap by sodium sulphite [J]. Waste Management, 2017, 60: 680 – 688.

[67] GAO W F, LIU C M, CAO H b, et al. Comprehensive evaluation on effective leaching of critical metals from spent lithium – ion batteries [J]. Waste Management, 2018, 75: 477 – 485.

[68] YANG Y, XU S M, HE Y H. Lithium recycling and cathode material regeneration from acid leach liquor of spent lithium – ion battery via facile co – extraction and co – precipitation processes [J]. Waste Management, 2017, 64: 589 – 598.

[69] ZHANG P W, YOKOYAMA T, ITABASHI O, et al. Hydrometallurgical process for recovery of metal values from spent lithium – ion secondary batteries [J]. Hydrometallurgy, 1998, 47 (2/3): 259 – 271.

[70] CHEN X P, CHENY B, ZHOU T, et al. Hydrometallurgical recovery of metal values from sulfuric acid leaching liquor of spent lithium – ion batteries [J]. Waste Management, 2015, 38: 349 – 356.

[71] LEE C K, RHEE K I. Reductive leaching of cathodic active materials from lithium – ion battery wastes [J]. Hydrometallurgy, 2003, 68 (1/3): 5 – 10.

[72] ZENG X L, LI J H, SHEN B Y. Novel approach to recover cobalt and lithium

from spent lithium – ion battery using oxalic acid [J]. Journal of Hazardous Materials, 2015, 295: 112 – 118.

[73] DEMIR F, LAÇIN O, DÖNMEZ B. Leaching kinetics of calcined magnesite in citric acid solutions [J]. Industrial & Engineering Chemistry Research, 2006, 45 (4): 1307 – 1311.

[74] LI L, GE J, CHEN R J, et al. Environmental friendly leaching reagent for cobalt and lithium recovery from spent lithium – ion batteries [J]. Waste Management, 2010, 30 (12): 2615 – 2621.

[75] LI L, GE J, Wu F, et al. Recovery of cobalt and lithium from spent lithium – ion batteries using organic citric acid as leachant [J]. Journal of Hazardous Materials, 2010, 176 (1/3): 288 – 293.

[76] LI L, DUNN J B, ZHANG X X, et al. Recovery of metals from spent lithium – ion batteries with organic acids as leaching reagents and environmental assessment [J]. Journal of Power Sources, 2013, 233: 180 – 189.

[77] LI L, FAN E, GUAN Y B, et al. Sustainable recovery of cathode materials from spent lithium – ion batteries using lactic acid leaching system [J]. ACS Sustainable Chemistry & Engineering, 2017, 5 (6): 5224 – 5233.

[78] LI L, BIAN Y F, ZHANG X X, et al. Economical recycling process for spent lithium – ion batteries and macro – and micro – scale mechanistic study [J]. Journal of Power Sources, 2018, 377: 70 – 79.

[79] 李林林, 曹林娟, 麦永雄, 等. 废旧锂离子电池有机酸湿法冶金回收技术研究进展 [J]. 储能科学与技术, 2020, 9 (6): 1641 – 1650.

[80] ZHANG Y J, MENG Q, DONG P, et al. Use of grape seed as reductant for leaching of cobalt from spent lithium – ion batteries [J]. Journal of Industrial and Engineering Chemistry, 2018, 66: 86 – 93.

[81] JANEIRO P, BRETT A M O. Catechin electrochemical oxidation mechanisms [J]. Analytica Chimica Acta, 2004, 518 (1/2): 109 – 115.

[82] LI L, BIAN Y F, ZHANG X X, et al. Process for recycling mixed – cathode materials from spent lithium – ion batteries and kinetics of leaching [J]. Waste Management, 2017, 71: 362 – 371.

[83] MUSARIRI B, AKDOGAN G, DORFLING C, et al. Evaluating organic acids as alternative leaching reagents for metal recovery from lithium – ion batteries [J]. Minerals Engineering, 2019, 137: 108 – 117.

[84] SHIH Y J, CHIEN S K, JHANG S R, et al. Chemical leaching,

precipitation and solvent extraction for sequential separation of valuable metals in cathode material of spent lithium – ion batteries ［J］. Journal of the Taiwan Institute of Chemical Engineers, 2019, 100: 151 – 159.

［85］ MIAMARI A, CHAO P, WILSON B P, et al. Leaching of metals from spent lithium – ion batteries ［J］. Recycling, 2017, 2 (4): 20.

［86］ LU Y, YONG F, GUO X X. A new method for the synthesis of $LiNi_{1/3}Co_{1/3}Mn_{1/3}O_2$ from waste lithium – ion batteries ［J］. RSC Advances, 2015, 5: 44107 – 44114.

［87］ LI L, LU J, ZHAI L Y, et al. A facile recovery process for cathodes from spent lithium iron phosphate batteries by using oxalic acid ［J］. CSEE Journal of Power and Energy Systems, 2018, 4 (2): 219 – 225.

［88］ NATARAJAN S, BORICHA A B, BAJAJ H C. Recovery of value – added products from cathode and anode material of spent lithium – ion batteries ［J］. Waste Management, 2018, 77: 455 – 465.

［89］ GAO W F, SONG J L, CAO H B, et al. Selective recovery of valuable metals from spent lithium – ion batteries – Process development and kinetics evaluation ［J］. Journal of Cleaner Production, 2018, 178: 833 – 845.

［90］ GOLMOHAMMADZADEH R, RASHCHI F, VAHIDI E. Recovery of lithium and cobalt from spent lithium – ion batteries using organic acids: Process optimization and kinetic aspects ［J］. Waste Management, 2017, 64: 244 – 254.

［91］ NAYAKA G P, PAI K V, MANJANNA J, et al. Use of mild organic acid reagents to recover the Co and Li from spent Li – ion batteries ［J］. Waste Management, 2016, 51: 234 – 238.

［92］ LI L, LU J, REN Y, et al. Ascorbic – acid – assisted recovery of cobalt and lithium from spent Li – ion batteries ［J］. Journal of Power Sources, 2012 (218): 21 – 27.

［93］ NAYAKA GP, PAI K V, SANTHOSH G, et al. Dissolution of cathode active material of spent Li – ion batteries using tartaric acid and ascorbic acid mixture to recover Co ［J］. Hydrometallurgy, 2016, 161: 54 – 57.

［94］ HE L P, SUN S Y, MU Y Y, et al. Recovery of lithium, nickel, cobalt, and manganese from spent lithium – ion batteries using L – tartaric acid as a leachant ［J］. ACS Sustainable Chemistry & Engineering, 2017, 5 (1): 714 – 721.

［95］ SETHURAJAN M, GAYDARDZHIEV S. Bioprocessing of spent lithium – ion batteries for critical metals recovery – a review [J]. Resources, Conservation and Recycling, 2021, 165: 105225.

[96] WU H Y, TING Y P. Metal extraction from municipal solid waste (MSW) incinerator fly ash – Chemical leaching and fungal bioleaching [J]. Enzyme and Microbial Technology, 2006, 38 (6): 839 – 847.

[97] YANG J, WANG Q H, WANG Q, et al. Comparisons of one – step and two – step bioleaching for heavy metals removed from municipal solid waste incineration fly ash [J]. Environmental Engineering Science, 2008, 25 (5): 783 – 789.

[98] WU W J, LIU X C, ZHANG X, et al. Mechanism underlying the bioleaching process of LiCoO$_2$ by sulfur – oxidizing and iron – oxidizing bacteria [J]. Journal of Bioscience and Bioengineering, 2019, 128 (3): 344 – 354.

[99] XIN B P, ZHANG D, ZHANG X, et al. Bioleaching mechanism of Co and Li from spent lithium – ion battery by the mixed culture of acidophilic sulfur – oxidizing and iron – oxidizing bacteria [J]. Bioresource Technology, 2009, 100 (24): 6163 – 6169.

[100] PRADHAN J K, KUMAR S. Metals bioleaching from electronic waste by chromobacterium violaceum and pseudomonads sp [J]. Waste Management & Research, 2012, 30 (11): 1151 – 1159.

[101] KARIM S, TING Y P. Ultrasound – assisted nitric acid pretreatment for enhanced biorecovery of platinum group metals from spent automotive catalyst [J]. Journal of Cleaner Production, 2020, 255: 120199.

[102] DESOUKY O A, EL – MOUGITH A A, HASSANIEN W A, et al. Extraction of some strategic elements from thorium – uranium concentrate using bioproducts of aspergillus ficuum and pseudomonas aeruginosa [J]. Arabian Journal of Chemistry, 2016, 9 (1): S795 – S805.

[103] BAHALOO – HOREH N, MOUSAVI S M. Enhanced recovery of valuable metals from spent lithium – ion batteries through optimization of organic acids produced by aspergillus niger [J]. Waste Management, 2017, 60: 666 – 679.

[104] CRAWFORD R L, HESS T F, PASZCZYNSKI A. Combined biological and abiological degradation of xenobiotic compounds [M]. Berlin Heidelberg: Springer – Verlag, 2004.

[105] BAHALOO – HOREH N, MOUSAVI S M, BANIASADI M. Use of adapted

metal tolerant aspergillus niger to enhance bioleaching efficiency of valuable metals from spent lithium – ion mobile phone batteries ［J］. Journal of Cleaner Production, 2018, 197 (1): 1546 – 1557.

［106］ JOO S H, SHIN D, OH C H, et al. Extraction of manganese by alkyl monocarboxylic acid in a mixed extractant from a leaching solution of spent lithium – ion battery ternary cathodic material ［J］. Journal of Power Sources, 2016, 305: 175 – 181.

［107］ PRANOLO Y, ZHANG W, CHENG C Y. Recovery of metals from spent lithium – ion battery leach solutions with a mixed solvent extractant system ［J］. Hydrometallurgy, 2010, 102 (1 – 4): 37 – 42.

［108］ CERPA A, ALGUACIL F J. Separation of cobalt and nickel from acidic sulfate solutions using mixtures of di (2 – ethylhexyl) phosphoric acid (DP – 8 R) and hydroxyoxime (ACORGA M5640) ［J］. Journal of Chemical Technology & Biotechnology, 2004, 79 (5): 455 – 460.

［109］ CHENG C Y. Solvent extraction of nickel and cobalt with synergistic systems consisting of carboxylic acid and aliphatic hydroxyoxime ［J］. Hydrometallurgy, 2006, 84 (1/2): 109 – 117.

［110］ 徐源来, 徐盛明, 池汝安, 等. 废旧锂离子电池正极材料回收工艺研究 ［J］. 武汉工程大学学报, 2008, 30 (4): 46 – 50.

［111］ 贾旭宏, 李丽娟, 曾忠民, 等. 磷酸三丁酯萃取体系从盐湖卤水提取锂 ［J］. 无机盐工业, 2011, 43 (8): 29 – 32.

［112］ 祝茂忠. 溶剂萃取法提取盐湖卤水中锂的研究 ［J］. 化工矿物与加工, 2016, 45 (8): 27 – 30.

［113］ 孙锡良, 陈白珍, 徐徽, 等. 从盐湖卤水中萃取锂 ［J］. 中南大学学报 (自然科学版), 2007, 38 (2): 262 – 266.

［114］ 叶帆. 盐湖卤水萃取提锂及其机理研究 ［D］. 上海: 华东理工大学, 2011.

［115］ KANG J, SENANAYAKE G, SOHN J, et al. Recovery of cobalt sulfate from spent lithium – ion batteries by reductive leaching and solvent extraction with cyanex 272 ［J］. Hydrometallurgy, 2010, 100 (3/4): 168 – 171.

［116］ 南俊民, 韩东梅, 崔明, 等. 溶剂萃取法从废旧锂离子电池中回收有价金属 ［J］. 电池, 2004, 34 (4): 309 – 311.

［117］ 赵天瑜, 宋云峰, 李永立, 等. 萃取法从废旧锂离子电池正极材料浸出液中提取锂 ［J］. 有色金属科学与工程, 2019, 10 (1): 49 – 53.

[118] GRANATA G, MOSCARDINI E, Pagnanelli F, et al. Product recovery from Li – ion battery wastes coming from an industrial pre – treatment plant: Lab scale tests and process simulations [J]. Journal of Power Sources, 2012 (206): 393 – 401.

[119] WANG R C, LIN YC, WU S H. A novel recovery process of metal values from the cathode active materials of the lithium – ion secondary batteries [J]. Hydrometallurgy, 2009, 99 (3/4): 194 – 201.

[120] MA L W, NIE Z R, XI X L, et al. Theoretical simulation and experimental study on nickel, cobalt, manganese separation in complexation – precipitation system [J]. Separation and Purification Technology, 2013, 108: 124 – 132.

[121] JANDOVÁ J, VU H, DVOŘÁK P. Treatment of sulphate leach liquors to recover cobalt from waste dusts generated by the glass industry [J]. Hydrometallurgy, 2005, 77 (1/2): 67 – 73.

[122] ZOU H Y, GRATZ E, APELIAN D, et al. A novel method to recycle mixed cathode materials for lithium – ion batteries [J]. Green Chemistry, 2013, 15 (5): 1183 – 1191.

[123] KANG J, SOHN J, CHANG H, et al. Preparation of cobalt oxide from concentrated cathode material of spent lithium – ion batteries by hydrometallurgical method [J]. Advanced Powder Technology, 2010, 21 (2): 175 – 179.

[124] PINNA E G, RUIZ M C, OJEDA M W, et al. Cathodes of spent Li – ion batteries: Dissolution with phosphoric acid and recovery of lithium and cobalt from leach liquors [J]. Hydrometallurgy, 2017, 167: 66 – 71.

[125] GUO X Y, CAO X, HUANG G Y, et al. Recovery of lithium from the effluent obtained in the process of spent lithium – ion batteries recycling [J]. Journal of Environmental Management, 2017, 198 (1): 84 – 89.

[126] PEGORETTI V C B, DIXINI P V M, SMECELLATO P C, et al. Thermal synthesis, characterization and electrochemical study of high – temperature (HT) LiCoO$_2$ obtained from Co (OH)$_2$ recycled of spent lithium – ion batteries [J]. Materials Research Bulletin, 2017, 86: 5 – 9.

[127] ZHU S G, HE W Z, LI G M, et al. Recovery of Co and Li from spent lithium – ion batteries by combination method of acid leaching and chemical precipitation [J]. Transactions of Nonferrous Metals Society of China,

2012，22（9）：2274－2281.

［128］MA LW, NIE Z R, XI X L, et al. Cobalt recovery from cobalt－bearing waste in sulphuric and citric acid systems［J］. Hydrometallurgy, 2013, 136：1－7.

［129］CHEN L, TANG X C, ZHANG Y, et al. Process for the recovery of cobalt oxalate from spent lithium－ion batteries［J］. Hydrometallurgy, 2011, 108（1/2）：80－86.

［130］代梦雅，张亚茹，张可，等. 用溶剂萃取—沉淀法从废锂离子电池正极材料中回收钴镍锂［J］. 湿法冶金，2019，38（4）：276－282.

［131］刘帆，周有池，王林生，等. 从废旧锂离子电池提钴后液中回收锂［J］. 无机盐工业，2017，49（2）：50－53.

［132］SONOC A C, JESWIET J, MURAYAMA N, et al. A study of the application of donnan dialysis to the recycling of lithium－ion batteries［J］. Hydrometallurgy, 2017（175）：133－143.

［133］FREITAS M B J G, CELANTE V G, PIETRE M K. Electrochemical recovery of cobalt and copper from spent Li－ion batteries as multilayer deposits［J］. Journal of Power Sources, 2010, 195（10）：3309－3315.

［134］陈梦君，李淑媛，邓毅，等. 废旧锂离子电池正负极混合物氨浸液电沉积研究［J］. 有色金属（冶炼部分），2020（9）：25－30.

［135］LEMAIRE J, SVECOVA L, LAGALLARDE F, et al. Lithium recovery from aqueous solution by sorption/desorption［J］. Hydrometallurgy, 2014（143）：1－11.

［136］FERREIRA D A, PRADOS L M Z, MAJUSTE D, et al. Hydrometallurgical separation of aluminium, cobalt, copper and lithium from spent Li－ion batteries［J］. Journal of Power Sources, 2009, 187（1）：238－246.

［137］HUANG B, PAN Z F, SU X Y, et al. Recycling of lithium－ion batteries：Recent advances and perspectives［J］. Journal of Power Sources, 2018, 399：274－286.

［138］ZENG X L, LI J H, LIU L L. Solving spent lithium－ion battery problems in China：Opportunities and challenges［J］. Renewable and Sustainable Energy Reviews, 2015, 52：1759－1767.

［139］LIU C W, LIN J, CAO H B, et al. Recycling of spent lithium－ion batteries in view of lithium recovery：A critical review［J］. Journal of Cleaner Production, 2019, 228：801－813.

[140] 夏静, 张哲鸣, 贺文智, 等. 废锂离子电池负极活性材料的分析测试 [J]. 化工进展, 2013, 32 (11): 2783 - 2786.

[141] 周旭, 朱曙光, 次西拉姆, 等. 废锂离子电池负极材料的机械分离与回收 [J]. 中国有色金属学报, 2011, 21 (12): 3082 - 3086.

[142] 卢毅屏, 夏自发, 冯其明, 等. 废锂离子电池中集流体与活性物质的分离 [J]. 中国有色金属学报, 2007, 17 (6): 997 - 1001.

[143] GUO Y, LI F, ZHU H C, et al. Leaching lithium from the anode electrode materials of spent lithium - ion batteries by hydrochloric acid (HCl) [J]. Waste Management, 2016, 51: 227 - 233.

[144] 刘展鹏, 郭扬, 贺文智, 等. 废锂电池负极活性材料中锂的浸提研究 [J]. 环境科学与技术, 2015, 38 (Z2): 93 - 95, 99.

[145] 程前, 张婧. 废锂电池负极全组分绿色回收与再生 [J]. 材料导报, 2018, 32 (20): 3667 - 3672.

[146] YANG Y, SONG S L, LEI S Y, et al. A process for combination of recycling lithium and regenerating graphite from spent lithium - ion battery [J]. Waste Management, 2019, 85: 529 - 537.

[147] 刘元龙, 戴长松, 贾铮, 等. 废旧锂离子电池电解液的处理技术 [J]. 电池, 2014, 44 (2): 124 - 126.

[148] 温丰源, 刘海霞, 李霞. 废旧锂离子电池材料中电解液的回收处理方法 [J]. 河南化工, 2016, 33 (8): 12 - 14.

[149] 张笑笑, 王莺莺, 刘媛, 等. 废旧锂离子电池回收处理技术与资源化再生技术进展 [J]. 化工进展, 2016, 35 (12): 4026 - 4032.

[150] AYOOB S, GUPTA A K. Fluoride in drinking water: A review on the status and stress effects [J]. Critical Reviews in Environmental Science and Technology, 2006, 36 (6): 433 - 487.

[151] 周立山, 刘红光, 叶学海, 等. 一种回收废旧锂离子电池电解液的方法: 201110427431. 2 [P]. 2012 - 06 - 13.

[152] 赵煜娟, 孙玉成, 纪常伟, 等. 一种废旧硬壳动力锂离子电池电解液置换装置及置换方法: 201410069333. X [P]. 2014 - 05 - 28.

[153] 崔宏祥, 王志远, 徐宁, 等. 一种废旧锂离子电池电解液的无害化处理工艺及装置: 200810152903. 6 [P]. 2009 - 04 - 01.

[154] 百田邦堯, 松尾健太郎. 六フッ化リン酸リチウムまたは四フッ化ホウ酸リチウムを含有する有機溶液の処理方法 [P]. 日本. 1999: JP, 2000 - 211916, A.

[155] WILLIAM M，ADAMS T S. Li reclamation process：US05888463A［P］. 1999 – 03 – 30.

[156] 严红．废旧锂离子电池电解液的回收方法：201310290286.7［P］. 2015 – 01 – 14.

[157] 李荐，何帅，周宏明．一种废旧锂离子电池电解液回收方法： 201510048633.4［P］. 2015 – 05 – 06.

[158] 谷井忠明，都築鋭，市瀬順一，神村武男．非水溶媒系電池の処理方 法［P］. 日本，1998：078392.

[159] 赖延清，张治安，闫霄林，等．一种废旧锂离子电池电解液回收方法： 201710115795.4［P］. 2017 – 05 – 17.

[160] ZHONG X H，LIU W，HAN J W，et al. Pyrolysis and physical separation for the recovery of spent LiFePO$_4$ batteries［J］. Waste Management，2019, 89：83 – 89.

[161] 吕小三，雷立旭，余小文，等．一种废旧锂离子电池成分分离的方法 ［J］. 电池，2007，37（1）：79 – 80.

[162] 童东革，赖琼钰，吉晓洋．废旧锂离子电池正极材料钴酸锂的回收 ［J］. 化工学报，2005，56（10）：1967 – 1970.

[163] BANKOLE O E，LEI L. Silicon exchange effects of glassware on the recovery of LiPF$_6$：Alternative route to preparation of Li$_2$SiF$_6$［J］. Journal of Solid Waste Technology and Management，2014，39（4）：254 – 259.

[164] SLOOP S E. Patent No：US 7.198.865 B2，2007.

[165] LIU Y L，MU D Y，ZHENG R J，et al. Supercritical CO$_2$ extraction of organic carbonate – based electrolytes of lithium – ion batteries［J］. RSC Advances，2014，4（97）：54525 – 54531.

[166] MU D Y，LIU Y L，LI R H，et al. Transcritical CO$_2$ extraction of electrolytes for lithium – ion batteries：Optimization of the recycling process and quality – quantity variation［J］. New Journal of Chemistry，2017，41（15）：7177 – 7185.

[167] LIU Y L，MU D Y，LI R H，et al. Purification and characterization of reclaimed electrolytes from spent lithium – ion batteries［J］. Journal of Physical Chemistry C，2017，121（8）：4181 – 4187.

[168] HE K，ZHANG Z Y，ALAI L，et al. A green process for exfoliating electrode materials and simultaneously extracting electrolyte from spent lithium – ion batteries［J］. Journal of Hazardous Materials，2019，375：43 – 51.

第 5 章

废旧锂离子电池正负极资源化再生

| 引言 |

传统锂离子动力电池的生命周期通常由原材料 – 成品制造 – 使用消耗 3 个环节构成。蓄电池的梯次利用将是这些退役电池的首选[1]。然而，对于那些不能梯次利用的废旧电池，拆除后回收有价值的材料是唯一的选择。目前电池回收领域主要是回收材料中的贵金属钴、铜以及锂盐等，回收率为材料总用量的 3%。通过上一章中阐述的废旧锂离子电池回收技术，可以将废旧锂离子电池中的正负极中的有用部分提取[2]。然而回收技术只是锂离子电池闭环回收中的一环，后续如何将回收后的有价金属和石墨负极进行重新加工再利用也至关重要，本章将进行详细介绍。近年来，许多研究致力于将废旧锂离子电池正极材料中的贵金属和锂盐回收利用、修复再生为全新的正极材料，而将废旧锂离子电池负极中的石墨回收再生为石墨材料，应用于储能、环保、新型材料制备等各个研究方向。本章从实验室基础研究到工业应用的视角，梳理了废旧锂离子电池的正负极材料资源化回收再利用的研究现状及存在问题，着重阐述了负极石墨回收在环境领域的应用优势，总结了再生材料的显著特点和发展潜力，旨在为锂离子电池正负极材料回收处理行业的未来发展以及 3R（再回收、再利用、再设计）和 4H（高效率、高环保、高收益、高安全）的绿色高效能源材料回收体系的构建提供参考。

| 5.1 锂离子电池正极回收资源化再利用技术 |

传统的火法冶金方法总是破坏废锂中活性材料的结构。目前，针对退役的废旧锂离子电池首先可以使用直接修复再生过程，通过一种无损的修复方式恢复退役正极材料的性能。直接修复再生的典型回收过程示意图如图 5 – 1 所示。在典型的直接修复再生过程中，退役的正极材料首先通过物理或化学方法从废旧的电池中收集起来[3]。固态烧结可以恢复正极容量。然而，高温烧结意味着大量的能源消耗，为了降低能源成本，水热处理结合热退火回收退役的 NCM/LiCoO$_2$ 正极颗粒更为合理，并且在恢复正极材料化学计量成分和修复正极表面相方面取得了巨大成功。在热液锂化过程中，首先给退役后的正极材料补充锂，然后经过短时间的退火，使材料的结构和成分完全恢复。实验结果表明，再生材料具有良好的循环稳定性。这一简单有效的方法为可持续回收退役正极奠定了重要的基础。

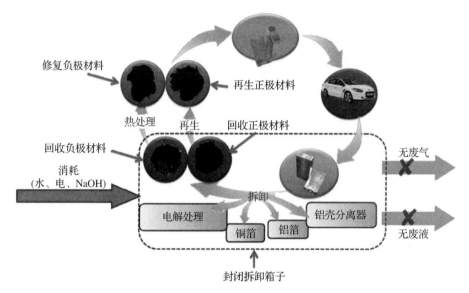

图 5 - 1　直接修复再生的典型回收过程示意图

除了直接修复退役后的锂离子电池正极材料，对于不能修复需要破坏正极结构进行回收的电池，由于金属离子的分离工艺较为烦琐，有学者提出了将萃取液或分离出的固体活性物质直接用不同的方法进行再生，使其成为新的电极材料，从而使回收的材料达到最大的经济效益。这种闭环回收可以通过生产高附加值的产品来降低成本，也可以通过生命周期（LCA）分析降低锂离子电池的总能耗[4]。合成电极材料的方法主要分为火法和湿法两大类，具体包括高温烧结、共沉淀、溶胶 – 凝胶、水热和电化学法等。热处理、共沉淀法、溶胶 – 凝胶法和重熔法是主要的重合成方法，重合成的正极材料有钴酸锂（LCO）、磷酸铁锂（LFP）和镍钴锰三元材料（NCM）等。基于不同正极材料的性质，每种再合成方法都有自己的应用。图 5 – 2 为通过不同的方法重新合成各种正极初始放电比容量。

5.1.1　高温烧结法

高温烧结是在高温下，加入其他化学配比的锂化合物，然后在高温下进行焙烧，从而获得新的电极材料[5]。这种方法具有工艺简便，但存在材料分布不均匀、产生杂质等缺点，从而降低了新型电极材料的电化学活性。Song 等

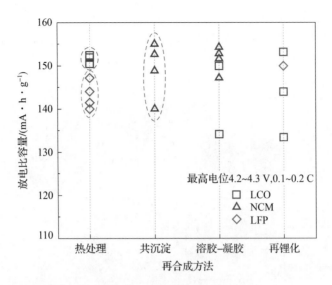

图5-2　通过不同的方法重新合成各种正极初始放电比容量

人[6]对废旧 CoO_2 进行了简单的高温烧结回收，经处理后的废旧正极材料 $LiCoO_2$ 中含有少量的 CO_3O_4，并进行了相应的配比计算，对其电化学性质进行了分析。研究发现，900 ℃高温烧结后，所制得的 $LiCoO_2$ 正极材料具有最佳的电化学特性，且粒径分布、pH、振实密度等指标均达到最佳值，80 次后放电比容量仍然高于 150 mA·h/g。

5.1.2　共沉淀法

共沉淀法[7-9]是三元正极材料中最常见的一种合成工艺。由于三元材料中存在着大量的金属离子，因此其在电化学性质上的分布会受到很大的影响，常规的高温烧结工艺不能保证三元正极的均匀性，而采用溶液反应的共沉淀法则可以实现原子级的金属离子的掺杂，从而得到性能优良的三元正极材料。另外，由于过渡金属如 Co、Ni、Mn 等具有类似的特性，难以分离，故可采用不同的离子进行再合成，从而避免了分离过程中的烦琐。常见的沉淀方法有氢氧化物沉淀、碳酸盐沉淀、草酸盐沉淀。该方法具有工艺设备简便、易于实现工业化生产的特点；溶解－液体混合能准确地控制成分，使分子/原子级的均匀混合；在沉淀反应中，对得到的前驱物纯度、粒径、分散性及相成分进行控制，但其存在的问题是，沉淀过程中的影响因素太多，易形成共沉淀。Zou 等人[8]采用氢氧化沉积方法进行研究，其沉淀法合成新的电极材料流程图见图5-3。采用酸浸液调整各个成分的配比，利用酸浸后的溶液调节各元素比例，调节 pH 为 11 左右，在氮气气氛下合成 Ni、Co 和 Mn 的共沉淀前驱体 $Ni_{1/3}Mn_{1/3}Co_{1/3}(OH)_2$，显示出更好的颗粒尺寸分布，然后采用化学沉淀法进行 Li_2CO_3 的回收，最后经 900 ℃ 的高温煅烧，得到了新的三元正极材料 $LiNi_{1/3}Co_{1/3}Mn_{1/3}O_2$，如图 5 - 4 所示，表现出了良好的电化学性能，0.1 C 首次放电容量为158 mA·h/g，100 次循环后容量保持率仍高于80%。

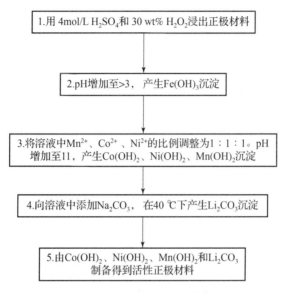

图 5 - 3　共沉淀法合成新的电极材料流程图

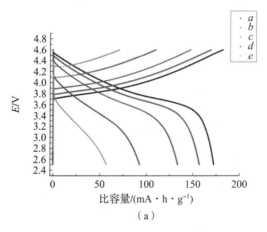

图 5 - 4　合成的 $LiNi_{1/3}Mn_{1/3}Co_{1/3}O_2$ 的电化学性能（书后附彩插）

（a）不同倍率（$a = 11.67$，$b = 23.33$，$c = 46.67$，$d = 116.67$，

$e = 233.34$ mA/g）的充/放电曲线；

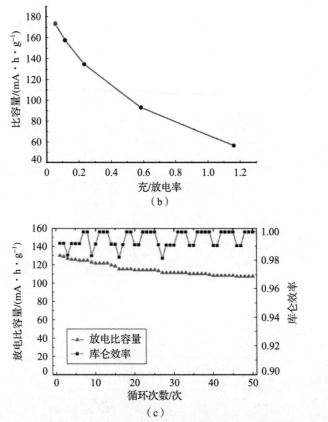

图 5 – 4　合成的 $LiNi_{1/3}Mn_{1/3}Co_{1/3}O_2$ 的电化学性能（书后附彩插）（续表）

（b）放电比容量作为倍率的函数；（c）在电流密度为 46.6 mA/g，

电压为 2.5~4.6 V 的循环试验

5.1.3　溶胶-凝胶法

溶胶-凝胶法是制备电极材料的又一种方法，它通常以无机盐或有机盐为母体，通过添加适当的螯合剂，使其发生水解、聚合、成核、成长，形成溶胶，然后汽化，再通过煅烧获得产物[10]。采用溶胶-凝胶工艺，能使各个成分在原子层面上达到均匀的混合，且热处理工艺温度较低，反应时间较短，所得产物具有较好的均一性和纯度；但其工艺控制较为烦琐，不利于工业化生产，目前多在实验室进行合成。

韩国循环回收利用研究中心的 Lee 和 Rhee[11] 以废旧锂离子电池酸浸后的溶液进行了溶胶-凝胶法制备 $LiCoO_2$ 新型正极材料，并在酸浸液中添加 HNO_3、H_2O_2，将 Li、Co 的配比调整为 1∶1，然后加入一定数量的柠檬酸螯合剂，搅拌均匀，蒸发成胶状，在950℃的高温下焙烧24 h，以获得新的LiCoO$_2$正极材料。除以上所述之外，还可以使用水热和电化学等来合成新的电极材料[12-14]。

5.1.4 高温冶金处理和湿法冶金处理复合联用

郭苗苗等人[15]采用高温氢气还原和湿法冶金相结合的方法，研究出了一种回收锂、镍、钴、锰的新方法，并对其进行了优化。具体方案为：利用高温氢还原技术，将废旧镍钴锰酸锂三元正极粉末经高温氢化还原成金属钴、金属镍、氧化锰、氢氧化锂和水合氢氧化锂，进一步使用草酸溶液清洗滤渣，使用碳酸钠沉淀得到碳酸锂产品，并将锂与镍、钴、锰金属分开。通过 XRD 和 XPS 分析测试技术对材料中不同元素的相位和含量进行了分析。结果得到在不同的还原温度下，废弃 LiNi$_{1/3}$Co$_{1/3}$Mn$_{1/3}$O$_2$ 正极粉末的 XRD 谱。从图 5-5 可以看出，在350℃下，与还原前的正极材料的晶相基本相同，属于 LiMO$_2$ 的层状（M = Ni、Co、Mn），没有明显的还原反应；450℃时出现多种物相，包括钴、镍单质、氧化锰及氢氧化锂、水合氢氧化锂和碳酸锂等。

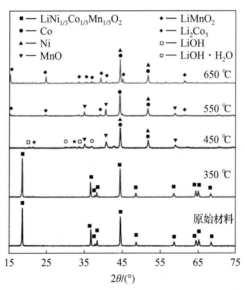

图 5-5 在不同还原温度下废旧 LiNi$_{1/3}$Co$_{1/3}$Mn$_{1/3}$O$_2$ 正极粉末的 XRD 谱

废旧的正极材料经450℃氢还原3 h后，在层状镍钴锰酸锂中的锂向表面迁移，变成氢氧化锂、水合氢氧化锂和少量的碳酸锂；还原后表面的氢氧化锂、水合氢氧化锂和少量的碳酸锂，经过水浸加酸洗后，锂的浸出率可达到97.5%，最后可沉淀出纯度为99.5%的碳酸锂，实现了锂与镍、钴、锰的分离；最后，废旧的正极材料通过氢还原，从 +2、+3、+4 价分别还原成了金属镍、钴及具有二价金属锰的氧化锰，并且发生金属迁移，其经过水洗后物料的表面相分别为 Ni(OH)$_2$、Co(OH)$_2$ 及 MnO。在硫酸加入过量比为 2 酸浸后，镍、钴、锰浸出率分别为 96.88%、97.23% 和 99.78%。上述硫酸镍钴锰溶液在 pH = 1 的条件下，用高锰酸钾沉淀锰，获得了 98.46% 的锰。经提取，氯化钴、氯化镍等杂质含量均在 10 mg/L 以下，符合电池原材料的使用要求。

Refly 等人[16]通过一个简单、快速、环保的回收工艺，成功地从报废锂电池中再生了 LiNi$_{1/3}$Co$_{1/3}$Mn$_{1/3}$O$_2$(NCM 111) 正极活性材料，如图 5 – 6 所示的全周期循环工艺图。该工艺包括 3 个主要阶段，即通过抗坏血酸浸出、草酸共沉淀法和热处理。抗坏血酸可从废 NCM 111 正极材料中浸出 Li、Ni、Co 和 Mn 离子，浸出效率较高，可达 90%。X 射线衍射表征（XRD）结果证实，后续草酸共沉淀法能有效回收淋滤液中的过渡金属离子，以金属草酸盐 MC$_2$O$_4$·2H$_2$O(M = Ni、Mn、Co)的形式存在。X 射线荧光光谱法对金属离子的定量分析表明，析出物中 Ni、Co、Mn 的比例约为 1∶1∶1，Mn 的含量略低。通过金属草酸盐在 800 ~ 950 ℃ 热处理再生 NCM 111，成功地再生出 R3m 六边形层状结构的材料（R – NCM），可重新作为锂电池的正极。如图 5 – 7 所示，在 2.5 ~ 4.3 V 条件下制备的锂电池的充放电特性表明，在 900 ℃ 合成的 R – NCM 正极电池的初始放电容量（0.2 C 时 164.9 mA·h/g）略高于商用 NCM(0.2 C 时 157.4 mA·h/g)。锂离子电池也表现出非常稳定的性能，在 0.2 C 下循环 100 次后容量保持率为 91.3%。

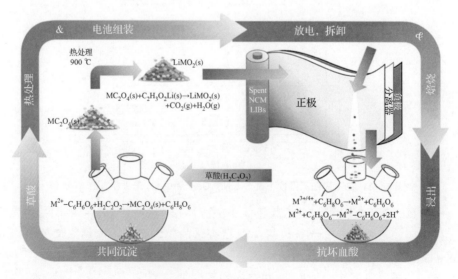

图 5 – 6 全周期循环工艺图

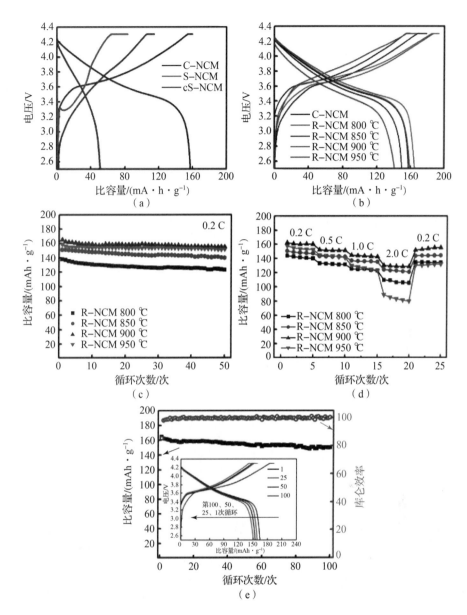

图 5 - 7　再生正极材料组装锂电池的充放电特性（书后附彩插）

（a）S - NCM 和 cS - NCM 在 0.2 C、2.5 ~ 4.3 V 的初始充放电图（与 C - NCM 的充放电图对比）；
（b）R - NCM 800 ~ 950 ℃ 在 0.2 C、2.5 ~ 4.3 V 的初始充放电图与（与 C - NCM 的
充放电图对比）；（c）R - NCM 800 ~ 950 ℃ 在 0.2 C 下超过 50 次循环的循环性能；
（d）R - NCM 800 ~ 950 ℃ 在不同倍率（0.2 C、0.5 C、1 C 和 2 C）下的能力；
（e）R - NCM 900 ℃ 在 0.2 C 下超过 100 次循环的循环性能
（图中为 R - NCM 900 ℃ 在第 1、25、50 和 100 次循环时的充放电曲线）

5.1.5　其他正极回收方法

对 LiCoO$_2$ 常规回收过程可主要分为两类：火法冶金和湿法冶金工艺。这两种处理手段都需要将正极结构破坏到原子水平并从中提取有价值的成分，无论是火法还是湿法，高温和腐蚀剂的大量使用都非常不利于可持续的电池回收系统。传统的回收从用过的电池正极开始，以锂/钴盐告终，这是不可持续的回收过程。Wang 等人[17]提出了一种全新的回收工艺，将 LiCoO$_2$ 降解转化为高压 LiCoO$_2$ 正极材料，此种回收工艺具有闭环和绿色的特性，整体的回收思路如图 5 – 8 所示，具体的回收示意图如图 5 – 9 所示。废旧正极直接转化的 LiCoO$_2$ 在 4.5 V 下表现出优异的循环性能，100 次循环后容量保持率高达 97.4%，甚至优于原始 LiCoO$_2$。锂和钴的回收率分别达到 91.3% 和 93.5%，在硫酸铵的辅助下焙烧温度降至 400 ℃ 以下，能耗大大降低。由于使用低成本试剂和水作为浸出剂，回收过程的潜在收益估计达到 6.94 美元/kg。

图 5 – 8　废旧 LiCoO$_2$ 降解转化为高压 LiCoO$_2$ 正极材料的闭环回收工艺流程图

中国科学院及中国科学院大学的科研人员[18]对 LiNi$_{1-x-y}$Co$_x$Mn$_y$O$_2$ 降解电极的微观结构演变进行了全面研究，然后提出了一种有针对性的方法，可基于增加的残留锂化合物从而回收废正极材料，如图 5 – 10 所示。与现有的预处理策略相比，该分离过程不涉及其他试剂、水、有毒有机溶剂、复杂的过程以及废物处理。此外，分离的正极适合于直接再生。通过简单的烧结就可以实现正

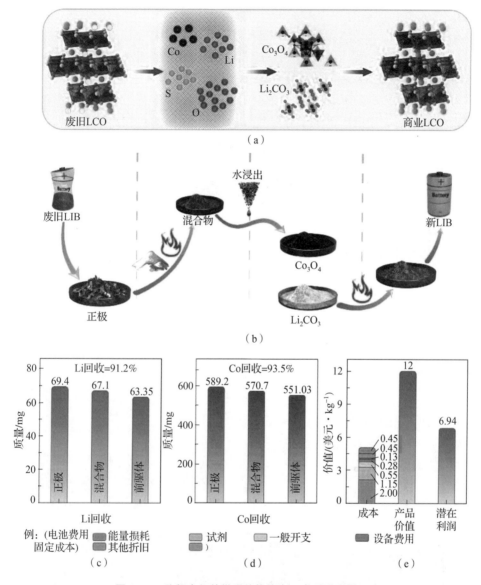

图 5 - 9　降解电极的微观结构演变（书后附彩插）

（a）回收过程示意图；（b）详细的回收流程及每个步骤对应的产品；（c）Li 元素在不同阶段的质量；
（d）Co 元素在不同阶段的质量；（e）该方法的估计成本、产品价值和潜在利润

极容量的恢复。这种回收过程可为废旧正极实现可持续的闭环，并为 LIB 回收的设计提供新的方法。在这项研究中，全面分析了循环、分离和再生后基于 NCM 的正极的特性和演变。证实了由于长时间循环而导致的残留锂化合物的增加、PVDF 的溶胀和集电器的腐蚀导致的界面处粘合力下降。在颗粒表面残

留锂化合物增加的指导下，设计了一种极其简单但有效且环保的方法，成功地将正极材料与铝箔分离。通过这种良性方法，无须使用有机溶剂，并且不会发生二次污染。电化学性能表明，再生材料在循环和倍率性能方面与原始材料相当，并且在100次循环后仍保持94.5%的容量保持率，在1 C循环后具有出色的容量恢复能力。与现有的回收策略相比，此项方法的水分离工艺具有替代有毒有机溶剂分离的巨大潜力，并且可以实现废NCM的可持续再生。此外，对于所有具有碱性表面的正极材料，水分离过程是方便且可扩展的。

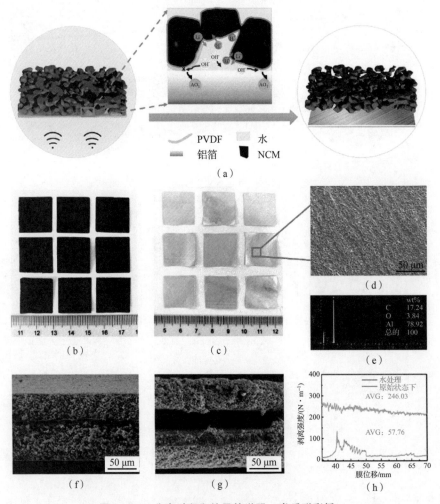

图 5-10 分离过程和结果的说明（书后附彩插）

（a）分离过程示意图和可能的分离机制；（b）尺寸为 2 cm² 的降解电极片的光学照片；

（c）分离后的铝箔；（d）分离铝箔的 SEM 图像；（e）分离铝箔的元素分析结果；

（f）电极水处理前的 SEM 图像；（g）电极水处理后的 SEM 图像；（h）水处理前后电极的剥离强度

|5.2　锂离子电池负极材料资源化再利用技术 |

近年来，废旧电池的回收利用都是以正极中金属材料的回收为主要目标。关于废旧电池中负极碳材料回收与利用方面的研究报道还很少。随着资源的匮乏，生产成本的增加，碳粉作为在生产领域中常见的原材料，具有广泛的应用价值。因此，废旧电池中的负极石墨的回收再利用问题不容忽视。目前应用广泛的电池湿法回收中，电池通过浸提分离锰、钴、锌等金属，可以得到大量的碳粉副产物。此种碳粉中 Mn、Pb、Zn 等有害金属含量均低于 0.01%，含有的微量 Fe、Al、Cu、Li（均低于 0.03%）为后期材料表面修饰和功能化设计提供了便利条件，而且不会溶出有害物质。此外，废旧大型电池中的多孔碳负极材料，碳量较大，材料较多，成分较纯，其巨大的比表面积和优良的结构等为石墨材料在众多领域中的重新应用提供了良好的条件，其可应用于锂离子电池中，作为重新再生的负极、电容器材料、空气电极等，又可以应用到环境污染治理领域，作为水污染处理的新型吸附剂材料。同时，其本身可通过进一步加工改性提纯，制备成为具有广泛应用的石墨粉及新型材料石墨烯等。废旧锂离子电池负极石墨的应用，既能降低原料成本，为新材料合成带来更高的经济效益，同时又能够实现废弃电池材料的资源化回收，达到可持续发展的目标。本节将从以下几个方面对负极石墨的资源化再利用进行阐述。

5.2.1　再生锂离子电池负极材料

由于废旧锂离子电池数量的快速增长，回收负极材料经过有效的再生后再利用，形成一个全封闭式循环，可以带来可观的经济效益，实现锂离子动力电池产业的可持续发展。回收锂离子电池负极材料用于新的锂电池有几个潜在的优势。首先，它可以作为石墨材料源，且这些材料已经用添加剂预处理过，这不仅减少了对新来源的寻找，同时也避免了对原始石墨材料的预处理。此外，分离出的石墨材料已经在上一次使用过程中形成了一层钝化层，即固态电解质界面（SEI），它有助于锂离子的传导。众所周知，SEI 将电池中存在的一些锂离子合并到自身中，导致这些离子失去电活性，并导致第一次循环容量的损失。通过使用回收锂离子电池中的石墨，第一次的循环损失可以通过已经含有 SEI 层的石墨来降低。实验也表明，当石墨组装成一个电池时，允许负极本身作为部分锂源，石墨可以预锂化。如果预锂化程度足够，电池的第一次循环可以显示出比输入更大的输出电容,从而节省了初始能量成本。

为了更好地模拟各种回收过程以便于实际应用,Sabisch 等人[19]选择了完全释放且容量退化到初始容量 20% 以下的废旧锂离子电池,如图 5 – 11 所示。在这些使用过的电池中,实际锂化程度、负极的组成和负极的降解程度可看作未知的,以此来确保原始石墨负极(VG)与未知循环历史的负极材料(RAM)的比较,这样更能代表真实的回收场景。在完全放电的情况下,预计石墨只有最小的预锂化,这主要是由于石墨晶格中存在不活泼的锂。测试的电池电压为 2~3 V,在保证负极锂化的前提下,可以达到最大的安全性(与低压电池一起工作,使实验过程更安全)。由于氧可以与石墨中的锂发生反应,破坏 SEI 层,或者与六氟化磷锂(LiPF$_6$)发生反应,生成氟化氢(HF),所以需要在不存在任何水和氧的情况下小心地拆解锂电池。实验在手套箱内操作,使用二氧化硅干燥剂来去除水分。因为实验使用的锂电池常常是废旧电子产品,所以需要用碳酸二甲酯(DMC)和 n – 甲基 – 2 – 吡咯烷酮(NMP)彻底清洗负极材料。用 DMC 洗涤,可以最大限度地去除剩余的电解质。当将负极重新制备成新的锂电池电极时,将使用新的电解质。采用 NMP 去除聚合物

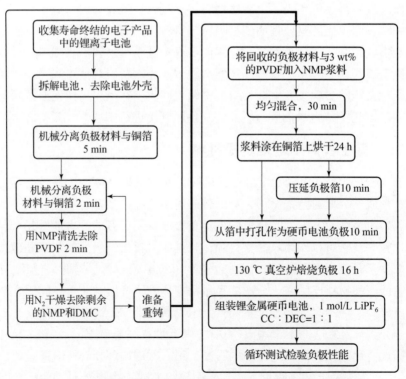

图 5 – 11 实验室环境下负极材料回收和纽扣电池制造工艺流程图

黏结剂，分离出电池活性炭。从负极材料中取出的聚合物黏合剂的数量是未知的，因此只能粗略估计出活性负极的重量。冲洗完后，将材料放在手套箱中，在氮气气氛中干燥。

用于此实验中的原始石墨负极（VG）的基本配比为 89% 石墨，3% 乙炔黑（有助于传导的碳添加剂）和 8% 的 PVDF。假设 RAM 通过洗涤后保留了所有乙炔黑和大部分 PVDF，那么使用 RAM 时，仅需要添加 3% 的 PVDF。将负极浇铸在 10 μm 厚的铜箔上，干燥并在空气中压延，使其厚度为 80 μm。接下来将制备的负极在真空烘箱中于 130 ℃ 干燥 16 h，除去负极中残留的水、溶剂和氧气。干燥后，将负极组装成扣式锂半电池。

由于 VG 的基质中没有嵌入锂，因此初始电压应大约为 3 V。在图 5 - 12（a）中可以发现，使用 VG 负极的电池的初始电压如预期值 3.086 V，此电压对应于具有非常小内部阻抗的无锂负极。在图 5 - 12（a）和（b）中的初始电压图中可以看出，存在的 1.2 V 初始电压表示在其内部存在预存储的锂。图 5 - 12（a）中 VG 的初始循环电压曲线，可以看出电压从 3 V 下降到 1.2 V 需要大约 5 s。它表明 RAM 单元中的预锂化程度远小于总容量的 1%。由此可以看出，预锂化的程度对于 RAM 负极初始容量的影响并不大。但值得注意的是，初始容量损失并没有受到 RAM 的影响，图 5 - 12（c）中看到的总容量与 VG 电池相当，由于 VG 和 RAM 单元的组装和循环过程是相同的，但 RAM 的来源基本上是未知的，这一事实表明了这种回收和再利用方法具有很高的稳定性。

图 5 - 13 显示了 VG 和 RAM 负极的扫描电子显微镜（SEM）图像。从图中可以清楚地看到，各种负极显示出显著不同的形态，但这都不会影响电池的整体循环行为。这表明即使 RAM 来自不同的废旧锂电池，含有不同的活性炭材料，实验再处理后仍然可以表现出相同的循环行为。SEM 图像揭示的一个特征是 VG 石墨通常由更小的碎片组成，使得整个负极具有差别更小的形貌。

在证明了回收重复利用废旧锂电池负极材料的可行性后，此研究将该工艺扩展到工业规模应用上。图 5 - 14 显示了一般的废旧锂离子电池负极回收的工业过程。由于负极材料与铜的粘附性很低，负极材料很容易通过机械装置以非常小的力从铜基板上移除，使用类似于超声波仪或振动台的机械通过搅拌铜基板从分离的负极中获取 RAM。

此外，Zhang 等人[20]采用自制小型模型线，从废旧的锂离子电池中回收负极材料，通过两个步骤对回收的负极材料进行再生，如图 5 - 15 所示的废旧锂离子电池负极材料回收过程。首先将回收的负极材料在空气中进行热处理，去除导电剂、黏结剂和增稠剂。其次，对被热解的碳进行进一步处理以制备负极材料。实验结果表明，再生负极材料的各项技术指标均优于同类型的中档石

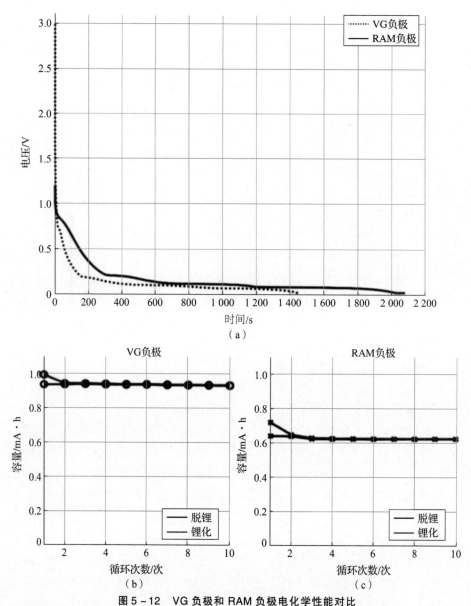

图 5–12　VG 负极和 RAM 负极电化学性能对比

(a) VG 和 RAM 的电压随时间变化曲线；(b) VG 的容量循环次数图；

(c) RAM 的容量循环次数图

墨，部分技术指标甚至接近未使用的石墨，完全满足了锂离子电池负极材料的再利用要求。此外，该再生过程不使用任何有毒试剂，也不产生任何有害废物，是一个完全绿色的过程。

　　在这个再生过程中有两个关键步骤：一是有效去除再生负极材料中残留的

图 5-13　VG 和 RAM 负极的扫描电子显微镜（SEM）图像

（a），（b）VG 电极；（c），（d）一种 RAM 来源电极；

（e），（f）另一种 RAM 来源电极的 SEM 图像集合

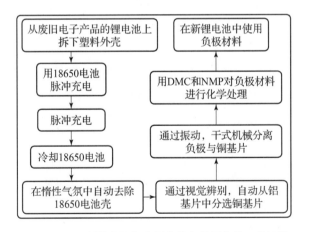

图 5-14　一般的废旧锂离子电池负极回收的工业过程

导电剂乙炔黑（AB）、黏结剂 SBR、增稠剂 CMC 和固体电解质界膜（SEI）。为此，回收的负极材料需要在 H_2SO_4 和 H_2O_2 溶液中剪切乳化，并经过离心洗涤干燥之后在 300~600 ℃ 的空气中热处理 1 h，用去离子水清洗后再烘干。回收的负极材料为石墨（含镀层和 SEI 层）、乙炔黑（AB）、黏结剂 SBR、增稠

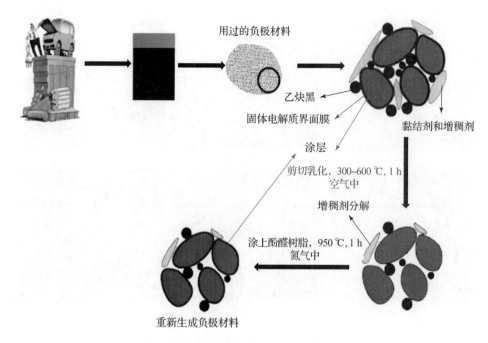

用过的负极材料

乙炔黑

固体电解质界面膜

黏结剂和增稠剂

涂层

剪切乳化，300~600 ℃，1 h
空气中

增稠剂分解

涂上酚醛树脂，950 ℃，1 h
氮气中

重新生成负极材料

图 5 - 15　废旧锂离子电池负极材料回收过程

剂 CMC 的混合物，简称 RAM。负极材料在 300 ~ 600 ℃热处理 1 h 后，分别标记为"H - 300、H - 400、H - 500、H - 600"。二是用酚醛树脂的热解碳进行有效的涂覆。这是因为石墨表面的涂层在空气中热处理时也会烧坏，所以热处理后的负极材料需要重新涂层。典型的涂装工艺为：首先，将 10 g 热处理负极材料（H - 300、H - 400、H - 500、H - 600）分散于 20 mL 酚醛树脂乙醇溶液中（酚醛树脂浓度为 5.88 wt%），搅拌 5 h，过滤干燥。其次，负极材料在 120 ℃下固化 1 h，然后在 950 ℃氮气气氛下烧结 1 h。最后，对负极材料进行研磨和筛选。从酚醛树脂中提取的热解碳在包覆负极材料中的理论包覆量为 6.88 wt%。涂覆后的负极材料分别为"C - H - 300、C - H - 400、C - H - 500、C - H - 600"。热重分析结果表明，在 580 ~ 600 ℃，UG 和 AB 相对稳定；CMC 和 SBR 分别在 250 ℃和 350 ℃开始分解，分别在 380 ℃和 530 ℃下可以完全分解。此外，考虑到回收负极材料（RAM）在高温热处理温度下的失重量过大，因此回收负极材料的热处理温度选择在 300 ~ 600 ℃。SBR 和 CMC 在高温热处理温度下可以完全分解，但水洗后仍有少量 CMC 热解产物。同时，为了进一步验证热处理负极材料和再生负极材料中是否存在其他残留物，对 H - 600 和 C - H - 600 进行 ICP - OES 元素分析，并与 UG 进行比较。结果表明，H - 600 为石墨、残余 AB 和少量 CMC 热解产物的混合物，而 C - H - 600 为石墨（带涂层）、残余 AB 和少量 CMC 热解产物的混合物。

图 5 - 16 为负极材料的 XRD 图谱，含有 AB、SBR 和 CMC 的 RAM 的峰值强度（002）相对较低。热处理后，负极材料的（002）的峰值强度高于 RAM，且随着热处理温度的升高而逐渐增大。这证实了 AB、SBR、CMC 含量的逐渐减少。但 H - 600 的（002）峰值强度仍低于 UG，说明仍有少量残渣的存在。在图 5 - 16 中，再生负极材料的 XRD 图谱显示了相似的大角化趋势，但是由于酚醛树脂的热解碳涂层，再生负极材料的（002）峰值强度均低于在 H - 600 和 C - H - 600 的拉曼光谱（图 5 - 17）中，检测到两个明显的特征峰，1 360 cm⁻¹ 处的 D 波段为有序石墨碳的 sp² 特征峰，1 580 cm⁻¹ 处的 G 波段为石墨碳的平面拉伸振动。观察到 C - H - 600 的 D 带和 G 带的强度比（0.811 0）远高于 H - 600（0.459 3），进一步说明了 H - 600 颗粒表面包裹着非晶态热解碳层。H - 600 中石墨薄片表面观察到非晶状热解碳，表明表面涂层在空气中热处理后已经烧坏。在 C - H - 600 中，石墨薄片表面存在酚醛树脂的非晶态热解碳，与许多无序纳米线相似，非晶态热解碳在石墨薄片之间形成连续的导电网络，从而提高了导电性能。与 H - 600 相比，C - H - 600 中石墨的平面晶格间距（002）明显增大。

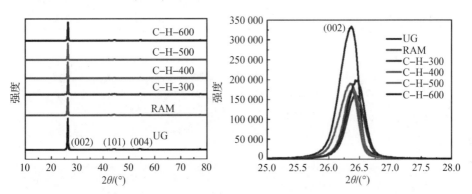

图 5 - 16　负极材料的 XRD 图谱（右图是左图的局部放大）（书后附彩插）

此外，石墨颗粒表面经过热处理后会发生形态变化。随着热处理温度的升高，团聚现象和残渣逐渐减少，甚至消失，说明对残余 AB、SBR、CMC 的去除效果良好。再生负极材料也有类似的变化趋势，负极回收利用时各个材料电子显微镜图像如图 5 - 18 所示。与涂覆前相应的热处理负极材料相比，再生负极材料的表面更加光滑平整。

表 5 - 1 列出了再生负极的比表面积及密度。与 UG 相比，由于存在高比表面积的 AB，RAM 的比表面积增加到 1.752 m²/g。特别是 CMC 在 C - H - 500 中大部分分解为热解产物，最大比表面积为 11.473 m²/g。此外，由于

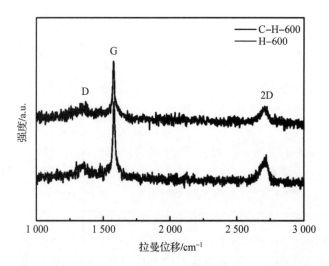

图 5 - 17　H - 600 和 C - H - 600 的拉曼光谱（书后附彩插）

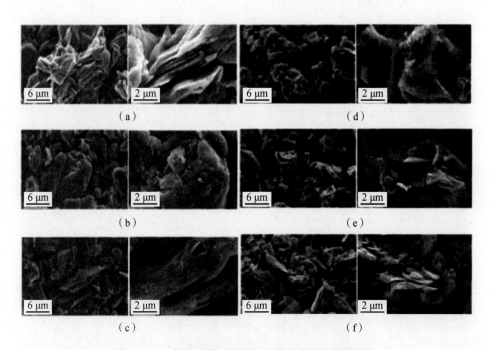

图 5 - 18　负极回收利用时各个材料电子显微镜图像

（a）VG；（b）RAM；（c）C - H - 300；（d）C - H - 400；（e）C - H - 500；（f）C - H - 600

AB 在热处理过程中加速氧化，C - H - 600 的比表面积较 C - H - 500 略有下降。但 C - H - 600 的比表面积仍大于 UG，说明仍有残余 AB 和少量 CMC 热解产物存在。

表 5 - 1　再生负极的比表面积及密度

再生负极材料	比表面积/($m^2 \cdot g^{-1}$)	振实密度/($g \cdot cm^{-3}$)
UG	0.871	1.05
RAM	1.752	0.72
C - H - 300	1.846	1.00
C - H - 400	2.732	1.02
C - H - 500	11.473	1.03
C - H - 600	10.240	1.03

图 5 - 19 为再生负极材料的循环性能曲线。由于石墨结构的恶化，在 RAM 中观察到一个较长的活化过程，而 RAM 的比容量低是由于石墨含量低引起。从 C - H - 300 到 C - H - 600 再生负极材料均表现出良好的循环性能。其中，C - H - 600 的充电比容量最高，为 342.9 mA·h/g，50 次循环后的容量保持率为 98.76%，低于 UG，但远高于同类型的负极材料。

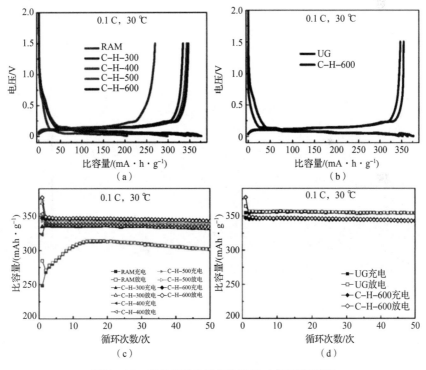

图 5 - 19　负极材料电化学性能图（书后附彩插）

（a），（b）容量电压曲线图；（c），（d）循环性能曲线上述实验中，大部分 AB 和所有 SBR、CMC 经过热处理和涂覆后都被除去，因此再生负极材料为石墨（带涂层）、残余 AB 和少量 CMC 热解产物的混合物。此外，研究者为了进一步验证残渣（AB、CMC 热解产物）对再生负极材料是否有电化学作用，对 UG 和 C－H－600 电极进行循环伏安测试（CV）。结果表明，C－H－600 电极的 CV 曲线与 UG 电极的 CV 曲线吻合较好。在 0.7 V 时可以观察到一个小峰，但在随后的循环中消失，这与电解质的不可逆还原和 SEI 层的形成相对应，说明剩余 SEI 层已经被除去。没有观察到其他峰，表明残留物不参与充放电反应，并避免负电化学效应。再生负极材料 C－H－600 的各项技术指标均超过了同类型中档石墨，部分技术指标甚至达到了未使用石墨的水平，完全满足了再利用要求。该研究为废旧锂离子电池环保高效再生负极材料的开发开辟了新的领域，具有重要的经济和社会价值。

5.2.2　再生超级电容器电极材料

Natarajan 等人[21]从废旧锂离子电池中合成了还原氧化石墨烯（rGO），并将此种合成 rGO 应用到了超级电容器中（图 5－20）。石墨烯及其衍生物因其高热导率（5 000 W/(m·K)）、优异的比表面积（2 600 m²/g）和较强的机械强度而被认为是一种优良的材料，特别是对于超级电容器而言[22]。超级电容器或电化学电容器因其具有较高的比容量、比能量、较长的循环寿命、更高的充放电效率而备受关注。根据超级电容器的充放电机理，超级电容器可分为双电层电容器（EDLCs）和赝电容器[23]。EDLCs 通过在电极－电解质界面形成薄的双层而存储能量，而赝电容器则通过可逆氧化还原法拉第反应存储能量，比 EDLCs 具有更高的比容量和能量密度[24]。

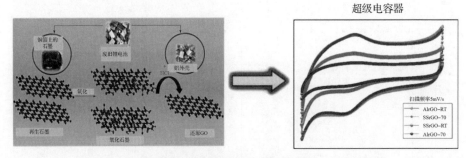

图 5－20　rGO 合成路线图和超级电容器性能图（书后附彩插）

目前，发展了许多合成还原氧化石墨烯（rGO）的方法，包括热还原[25]、电子束还原[26]、化学气相沉积[27]、电弧放电[28]和外延生长[29]。在这些方法中，以溶液为基础合成氧化石墨烯是批量生产的最佳方法[30]。此外，化学方法还采用一水肼、二甲基肼、对苯二酚、硫酰氯、硼氢化钠等化学试剂作为还原剂[31]。所有上述方法都需要昂贵的、对环境有害的化学品，并且需要复杂的合成条件。但是，通过用石墨和废旧金属外壳（铝（Al）和不锈钢（SS）等）作为前驱体在盐酸（HCl）存在下制备还原氧化石墨烯（rGO）是更加环保的方式。研究人员以氧化石墨烯（GO）为原料，在室温（RT）和 70℃下制备了 4 套 rGO，合成样品分别标记为 SSrGo – RT、SSrGo – 70、AlrGo – RT 和 AlrGo – 70，并对合成材料的结构、形貌、比表面积和多孔性质进行了研究，对其应用在超级电容器中的性能进行了检验。

使用回收的石墨（RGR）通过改进的 Hummer 方法合成氧化石墨，并将其剥离以获得氧化石墨烯（GO）。在室温（RT）和 70 ℃下，在 HCl 存在时，回收的金属外壳（Al、SS）作为还原剂还原 GO，具体的制备流程如下：

实验中使用的 LIB 是从印度古吉拉特邦 Bhavnagar 当地市场收集的。废旧锂离子被浸泡在 NaCl 溶液中 24 h，在拆卸组件之前将电池放电。通常，在移动电话中使用的 LIB 的外部容器（金属外壳）是铝（Al）或不锈钢（SS）的组装。锂离子电池的内部由正极、负极、电解质和隔膜组成。正极由涂覆在铝箔上的不同成分的金属氧化物组成。负极含有沉积在铜箔上的石墨浆，锂离子电池中的隔膜是聚烯烃（PP 或 PE）。对负极进行的具体操作为从铜箔中收集石墨，在 700 ℃下煅烧 3 h，去除黏结剂并回收石墨。用电感耦合等离子体发射光谱法（ICP – OES）测量了金属壳中金属离子的总浓度。表 5 – 2 为废旧金属壳中各种金属的组成。

表 5 – 2　废旧金属壳中各种金属的组成

铝		不锈钢	
元素	含量/(mg·g^{-1})	元素	含量/(mg·g^{-1})
铝	496	铁	548
锰	102	铬	123.3
铁	4.4	锰	80.8
铜	0.8	铜	12.7
钼	0.09	镍	7.5

采用改进的 Hummer 法从废 LIB 中回收石墨，合成了氧化石墨。将 4 g 石墨粉（平均粒径为 100 μm，比表面积为 21.6 m^2/g，密度为 0.74 g/cm^3）和 16 g KMnO$_4$ 加入 200 mL 浓硫酸中，并置于冰浴中，搅拌 2 h，该混合物用

600 mL 蒸馏水进一步稀释。加入 40 mL 30% 的双氧水，以减少残留的 $KMnO_4$。然后用 5% HCl 溶液离心洗涤，再用大量蒸馏水反复洗涤，直至滤液的 pH 值达到 7。最后，在 60 ℃ 下干燥 24 h，在水中超声 1 h，去除合成的氧化石墨，制得 GO。

用金属外壳对 GO 进行还原的方法如下：10 mL HCl（35 wt%）和 1 g 铝（Al）或不锈钢（SS）金属壳分别添加到 50 mL 1 mg/mL GO 分散体中。在室温下持续还原 6h，为了探究温度的影响，在 70 ℃ 下重复相同的实验步骤，得到的 rGO 分散液用二醇洗涤。用 HCl 去除多余的金属颗粒，整个还原过程如图 5 - 20 所示。接下来，再用蒸馏水中和，在烘箱中干燥 12 h，室温下制备的样品分别表示为 AlrGo - RT 和 SSrGo - RT。在 70 ℃ 下进行的相同实验分别表示为 AlrGo - 70 和 SSrGo - 70，并用于进一步的研究。其主要的反应原理为：在加入 HCl 后，铝箔中的铝和不锈钢中的铁，会与 H^+ 发生反应并产生 Al^{3+} 和 Fe^{2+} 离子。这些金属阳离子将通过其表面上存在的负电荷吸附在 GO 表面上，这导致 GO 在酸性介质中的氧部分的减少。因为 Al^{3+}/Al 和 Fe^{2+}/Fe 对 SHE 的标准还原电位分别为 - 1.66 V 和 - 0.44 V。在 pH 约为 4 的溶液中，GO 还原的电极电位相对于 Ag/AgCl 约为 - 0.9 V，可以对 GO 进行还原。图 5 - 21 为利用废旧锂回收材料合成 rGO 的工艺流程。

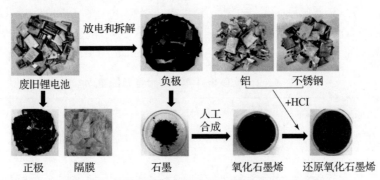

图 5 - 21　利用废旧锂回收材料合成 rGO 的工艺流程

工作电极的制作过程如下：使用 N - 甲基 - 2 - 吡咯烷酮（NMP）为溶剂，将活性物质（rGO）、导电材料（乙炔黑）和黏结剂（聚偏氟乙烯（PVDF））按 80：15：5 的比例配制合适的浆料，在面积为 1 cm × 1 cm 的炭布上涂覆 1.6 mg 的活性物质，并在 100 ℃ 下干燥 12 h。

如图 5 - 22 所示，为 GO、Alrgo - 70、SSrgo - 70、Alrgo - RT 和 SSrgo - RT 的紫外 - 可见光谱和 XRD 衍射光谱。废旧 LIB 中废旧金属壳还原 GO 的过程通过 UV - Vis 光谱进行表征。GO 在 $\lambda = 234$ nm 处呈现芳香族 C = C 吸收带的 $\pi - \pi*$ 跃迁，由于 GO 中 C = O 键的 $n - \pi*$ 跃迁，在 303 nm 处出现弱峰跃迁。在

70 ℃和室温还原后，AlrGO – 70、SSrGO – 70、AlrGo – RT 和 SSrGo – RT 的 234 nm波段分别移动到264 nm、295 nm、260 nm 和259 nm，这证实了 π – 电子密度的增加。这种红移现象已被用作还原 GO 的主要特征。同样，在 XRD 表征中，同样可以看到，回收的石墨在 26.6°处具有强烈的（002）衍射峰。氧化后，石墨粉末的特征衍射峰（26.7°）消失，观察到对应于 GO 的平面（001）的 2θ 值为 11.5°的附加峰。在石墨烯（001）平面上，GO 和所有 rGO 均在 43°处出现了一个强度较低的峰值。这些 X 射线衍射结果表明，从废旧 LIBs 中回收的组分（Al 和 SS）在盐酸存在下能够还原氧化石墨烯。

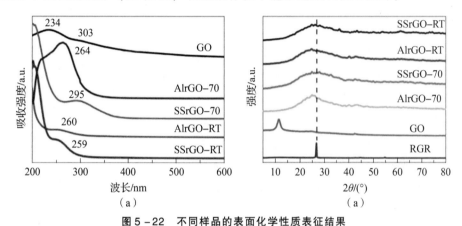

图 5 – 22　不同样品的表面化学性质表征结果

（a）紫外 – 可见光谱；（b）XRD 衍射图谱

对制备的材料进行了 TEM 图表征。图 5 – 23（a）显示其石墨性质为大的深色厚片。对于 GO（图 5 – 23（b）），观察到彼此缠结的波状丝质形态的透明片。图 5 – 23（c）中所示的 AlrGO – 70 的高分辨率 TEM 图像中可见，晶面间距约为 0.33 nm，对应于菱形晶体石墨烯的（111）面。图 5 – 23（d）中 SSrGO – 70 的相邻石墨烯层之间的间隔为约 0.34 nm。另一方面，AlrGO – RT 的 HRTEM 图像和与 AlrGO – 70 和 SSrGO – 70 相比，SSrGO – RT（图 5 – 23（e）和（f））显示出较小的结晶度，层间距离为 0.35 nm。

最终，如图 5 – 24 和图 5 – 25 所示，将 4 种制备的材料应用在超级电容器中。在制备的 rGO 样品中，由于 AlrGO 具有较高的比表面积和介孔性质，在电流密度为 0.5 A/g 时，具有较高的比电容为 112 F/g。此外，它还在 25 A/g 的电流密度下显示出 20 000 次循环的高循环稳定性。这些结果意味着从废旧锂离子电池中合成的这种 rGO 将成为下一代高性能超级电容器的潜在材料。此外，此种方法合成的 rGO 可以实现废物再生的大规模制备，并可进一步扩展到其他碳基材料合成的应用中。

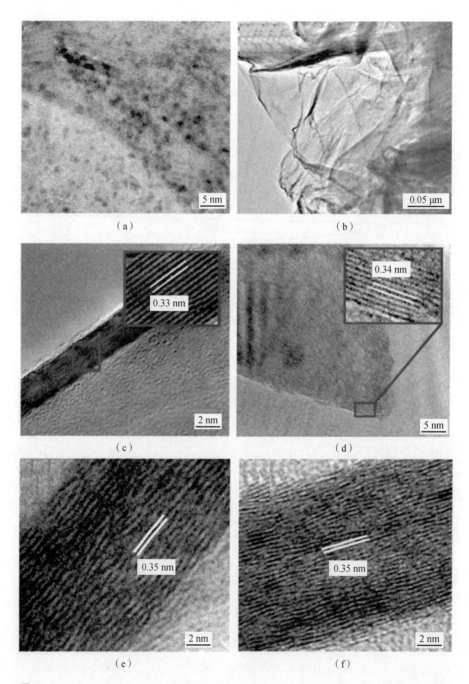

图 5 – 23　GO、AlrGO – 70、SSrGO – 70、AlrGO – RT 和 SSrGO – RT 的 TEM 图表征
（a），（b）GO；（c）AlrGO – 70；（d）SSrGO – 70；（e）AlrGO – RT；（f）SSrGO – RT

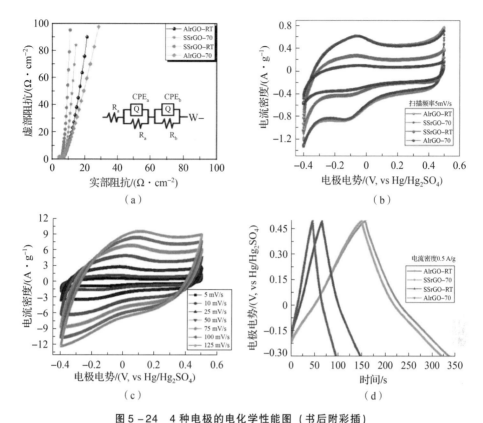

图 5-24　4 种电极的电化学性能图（书后附彩插）

（a）4 种电极的 Nyquist 电化学阻抗图；（b）CV 曲线；（c）不同扫描速度下
（5～125 mV/s）的 CV 曲线；（d）在 0.5 A/g 时的 GCD 曲线

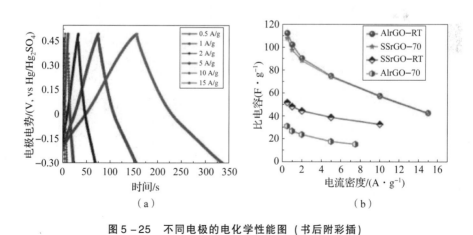

图 5-25　不同电极的电化学性能图（书后附彩插）

（a）AlrGO-RT 电极在不同电流密度下的 GCD 曲线；（b）AlrGO-RT、
SSrGO-70、SSrGO-RT 和 AlrGO-70 电极的比电容与电流密度的关系

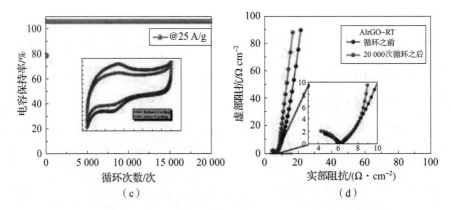

图 5-25　不同电极的电化学性能图（续）（书后附彩插）

（c）AlrGO-RT 电极在 25 A/g 下进行 20 000 次循环的耐久性测试最终 CV 曲线（循环前后）；
（d）在循环之前和之后的 AlrGO-RT 电极的 EIS 研究（奈奎斯特图）

5.2.3　再生环境吸附及功能材料

1. 用作污水除磷吸附剂

石墨作为锂离子电池负极的主要构件，由于其较纯的组分和稳定的碳结构，废石墨的回收再利用受到了极大的关注。废旧电池中的碳负极具有碳量大、数量多、成分较纯等优点，为制备新型吸附剂提供了有利条件。采用废旧材料制备碳吸附剂不仅环保，也有利于经济发展。

磷过度排放导致了严重的水体富营养化，目前已经成为不可忽视的环境问题之一。然而，对能够高效去除磷的吸附剂的研究开发却是落后的。目前，市政和工业废水的除磷技术主要分为化学、生物和物理等处理方法。近年来锂离子电池的广泛使用不可避免地产生了大量的废旧电池，其回收再利用已经引起了世界各国的广泛关注，但大部分的研究都是以正极金属元素的回收为主要目标。系统研究废旧电池中负极碳材料回收利用方面的报道还很少。废旧锂离子电池中的碳材料具有数量大、比表面积大、多孔结构、表面官能团富集、矿物成分丰富等优点，为新型吸附剂的制备提供了有利条件，是制备除磷吸附剂的优秀原材料[32]。

北京理工大学姚莹课题组 Zhang 等人[33]首次报道了使用废旧锂离子电池负极材料中的废旧石墨来制备富镁碳吸附剂。使用废旧电池中的碳渣，通过功能化设计，在碳基质表面添加镁纳米晶体，已成功制备出能够高效去除污水中磷元素的吸附剂。

　　实验使用商业化圆柱形 18650 废旧电池负极作为原材料。在拆除电池钢壳之前，为了避免短路和电池自燃，对电池进行了放电处理。之后，将电池拆开并把正负极手动展开分离。将负极材料浸泡在 80 ℃ 的 N－甲基吡咯烷酮（NMP）中 4 h，分离铜箔和负极碳材料石墨。N－甲基吡咯烷酮可以多次使用。将混合液过滤，用去离子水多次清洗，在 80 ℃ 烘箱中烘干移除 NMP 和其他杂质，最后得到负极材料（即石墨），并标记为 C。将 3.5 g C 按 C：Mg 为 1：0.3 的质量比加入硝酸镁溶液中，并于 50 ℃ 下快速搅拌 4 h 使之充分混合，然后在 80 ℃ 烘箱中烘干；将烘干后的混合物置于石英管式气氛炉中在氮气氛围下于 600 ℃ 加热 1 h（升温速率 10 ℃/min）。样品取出后用去离子水反复抽滤洗涤。离心后的块状膏体置于 80 ℃ 鼓风烘箱中，干燥后研磨成粉末即得到吸附剂样品，将得到的样品密封保存并命名为 Mg－C。在碳基质表面生成纳米级别的镁晶体，得到了一种新型含镁纳米晶体的碳材料。制备镁纳米晶体过程及机理如图 5－26 所示[34]。

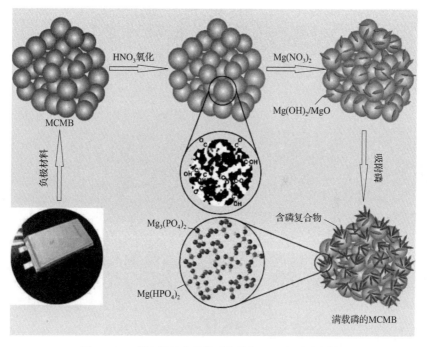

图 5－26　制备镁纳米晶体过程及机理（书后附彩插）

　　表 5－3 所示为 3 种 Mg－MCMB 纳米复合物的元素组成和性能。从废旧电池中回收得到的 C 含碳量高达 87.18%，而且金属含量很低，只含有微量的 Na、Ca、Cu 和 Li，其中少量的 Cu（0.94%）和 Li（0.02%）很可能是来自废旧锂离子电池负极的铜箔和正极材料。和 C 的高碳量相比，Mg 改性过的 C 的

含碳量降为 53.57 wt%，镁含量增加为 18.13%，表明镁成功地嵌入到 C 基质中。由于镁的嵌入，Mg – C 中 C、N、S、Cu、Li 和 Ca 的含量均低于其在样品 C 中含量。在 C 和 Mg – C 中均没有检测到其他重金属元素如 Fe、Zn、Co、Ni、Pb 和 Mn，因此不会带来二次污染，也不会对磷的吸附造成影响。

表 5 – 3　3 种 Mg – MCMB 纳米复合物的元素组成和性能

样品	质量百分比/%												
---	C	H	N	S	K	Na	Ca	Mg	Fe	Zn	Mn	Co	Cu	Li
C	87.18	0.811	0.10	0.07	0.004	0.002	0.023	—	—	—	—	—	0.939	0.021
Mg – C	53.57	1.874	0.04	0.04	—	—	—	18.13	—	—	—	—	0.930	0.010

对 C 和 Mg – C 复合物的拉曼光谱和红外光谱结果如图 5 – 27 所示，主要的两个特征峰 1 349 cm^{-1} 和 1 578 cm^{-1} 分别是碳原子晶体的 D 峰和 G 峰。C 和 Mg – C 的 G 峰强度很高主要是锂离子电池负极石墨的结构特性。而 Mg – C 的 I_D/I_G（即 D 峰和 G 峰的强度比）为 0.29，高于 C 的 I_D/I_G（0.14），表明在镁改性之后，无定形碳、碳原子晶体缺陷和官能团增多，这些官能团有利于对磷酸根的吸附，而 C 和 Mg – C 样品的红外光谱图检测到了多种峰，表明样品的复杂性。Mg – C 去磷过程中磷酸根也可以和官能团发生反应，这些丰富的官能团有利于进一步促进磷吸附。

C、Mg – C 和吸附后 Mg – C 的 XRD 图如图 5 – 28 所示。和 C 的晶体结构相比，回收的 C 经过镁溶液浸泡后形成了结晶度良好的 $Mg(OH)_2$ 纳米颗粒。通过对吸附磷后 Mg – C 复合物的形貌进行表征，从图 5 – 29 Mg – MCMB 复合物吸附后电子显微镜图像可以看出，经过镁改性之后，碳微球表面覆盖满了平均厚度为 15.6 nm 的纳米片（图 5 – 29（a）、（b）），而且 Mg – C 碳微球的平均粒径由 C 的 24 μm 增加到 28.5 μm。SEM 图（图 5 – 29（d）、（e））中碳表面出现了大量的纳米针状物，通过相同部位的 EDX 图（图 5 – 29（f））证明这些纳米片是 Mg – P 化合物。SEM、EDX 结果和 XRD 分析结果一致，表明碳表面成功地吸附了磷，且新形成化学键是该吸附过程的主要机理。Mg – C 的 EDX 光谱图（图 5 – 29（c））表明这些纳米片主要是镁化合物。Mg – C 和 C 相比，出现镁峰，氧峰增高，碳峰降低。这进一步证明了碳基质表面主要是 $Mg(OH)_2$ 颗粒。图 5 – 29（g）表明回收 C 的形态是多孔碳基质中混合了一些颗粒形的充放电循环副产品，而 C 样品被镁溶液处理过后，出现了纳米针状的 $Mg(OH)_2$（图 5 – 29（h）），吸附磷后的 TEM 图（图 5 – 29（i））捕捉到了单个晶体颗粒，经分析是沿

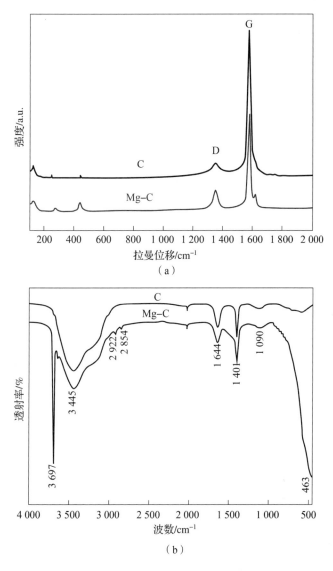

图 5 – 27　C 和 Mg – C 复合物的拉曼光谱和红外光谱（书后附彩插）

（a）拉曼光谱；（b）红外光谱

着[110]纵轴的 $Mg_3(PO_4)_2(H_2O)_8$。因此，TEM 结果也有力地证明了回收的负极碳制备的新型吸附剂对磷的高效吸附。

Mg – C 的 XPS 光谱图（图 5 – 30（a）和（b））表明在碳表面检测到很强的镁信号，而 Mg 2p 峰可以分为 49.1 eV 和 51.4 eV 两个峰，分别代表 $Mg(OH)_2$ 和 Li 1s 光谱重叠峰。根据以上多种物化性能测量，证明纳米尺寸的 $Mg(OH)_2$ 已经成功地嵌入到回收碳中，其对磷去除将会起到至关重要的作用。

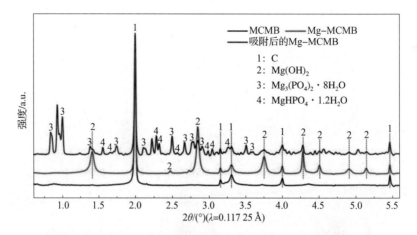

图 5 – 28　C、Mg – C 和吸附后 Mg – C 的 XRD 图（书后附彩插）

在吸附后 Mg – C 样品 XPS 分析中检测到 P 信号（图 5 – 30（c）和（d））。Mg 2p 和 P 2p 光谱不但证明了 $Mg_3(PO_4)_2$ 和 $MgHPO_4$ 的存在，而且揭示在吸附后 Mg – C 中还存在大量的 $Mg(OH)_2$，表明吸附剂成功地去除了磷，而且有能力从溶液中吸附更多的磷酸根。因此，吸附实验和吸附后材料性能表征证实从废旧锂离子电池负极回收制备的 Mg – C 对磷的去除主要机理是 Mg – P 沉淀的生成。该结果和报道的金属氢氧化物吸附磷机理研究结果一致。

为了探究吸附剂的实际应用，该研究还讨论了共存离子对 Mg – C 吸附磷效果的影响和 Mg – C 的吸附循环再生（图 5 – 31）。除了优异的吸附能力，Mg – C 的稳定性也是评价吸附剂工业可行性的另外一个重要因素。吸附剂的解吸和再生研究如图 5 – 31（b）所示，解吸和重复利用实验循环进行了 8 次。吸附剂的再生研究采用的初始磷浓度是 50 mg P/L，这是因为市政污水中典型的磷浓度一般低于 50 mg P/L。Mg – C 对磷的吸附能力随着循环次数的增加而逐渐降低，但在 8 次循环后仍保持了一个比较好的磷吸附能力。这些结果表明 Mg – C 吸附剂在废水处理的磷去除应用中有很大的潜力，因为它表现了较好的再生能力和极低的成本。吸附剂原材料来源于废旧锂离子电池，低成本使得吸附剂可能不需要重复再生。

近年来，越来越多的吸附剂用于去除水溶液中的磷，包括活性炭、矿渣、飞灰、白云石和氧化尾矿。为了阐明 Mg – C 对水溶液磷去除的能力，表 5 – 4 列举了文献中不同吸附剂的磷吸附能力。大部分文献中报道的碳基质和其他商业化吸附剂的磷吸附量均很低，普遍低于 20 mg/g，而来源于甘蔗渣的生物炭展现了吸附量大于 100 mg/g 的磷吸附能力。2011 年，北京理工大学姚莹课题组[35]通过在碳基质中掺杂纳米级别 MgO 颗粒制备了黑碳材料。研究发现，这

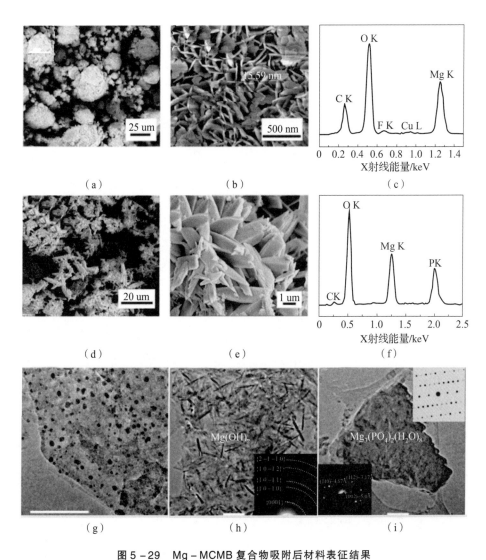

图 5 - 29　Mg - MCMB 复合物吸附后材料表征结果

（a）~（c）Mg - C 的 SEM 图和相关的 EDX 光谱；（d）~（f）吸附后 Mg - C 的 SEM 图和
相关的 EDX 光谱；（g）~（h）Mg - C 的 TEM 图；（i）吸附后 Mg - C 的 TEM 图

种材料对水中的磷有很强的亲和力，最大吸附容量高于 100 mg/g。进一步研究制备的 Mg - C 吸附剂对磷吸附能力高达 588.4 mg/g，是目前报道过的最大吸附量之一[33]。此外，经过 Mg - C 吸附之后，溶液中的有害金属包括 Mn、Co、Ni、Cu、Li、Pb、Cd 和 Cr 浓度都低于检测限。Mg - C 的浸出毒性在安全标准内，不会导致二次水污染。因此，Mg - C 是一种高效低成本的吸附剂，在实际的废水处理应用中具有很大的潜力。

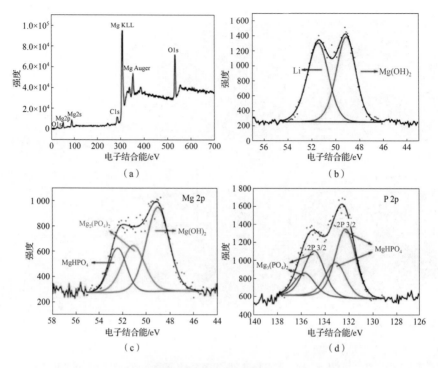

图 5 – 30　XPS 光谱图

（a）Mg – C 复合物的 XPS 光谱图；（b）Mg 2p 的 XPS 光谱图；

（c）吸附后 Mg – C Mg 2p 光谱图；（d）吸附后 Mg – C P 2p XPS 光谱图

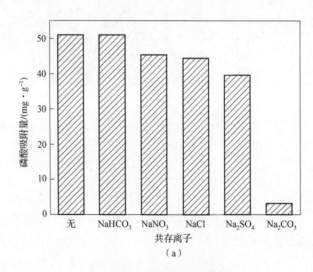

图 5 – 31　吸附性能柱状图

（a）共存阴离子对 Mg – C 吸附磷的影响

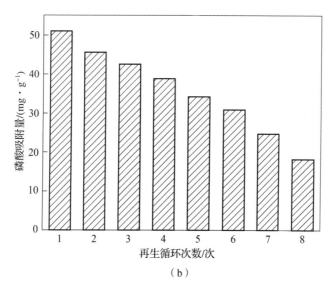

（b）

图 5 - 31　吸附性能柱状图（续）

（b）共存阴离子对 Mg - C 的吸附循环再生

表 5 - 4　文献中不同吸附剂的磷吸附能力

吸附剂	最大吸附能力 /(mg·g⁻¹)	吸附剂配比 /(g·L⁻¹)	pH	参考文献
椰壳活性炭	7.74	4	6.0	[36]
罗望子果壳活性炭	4.98	6	6.0 ± 0.2	[37]
中孔氧化镁微球	75.13	0.4	5.0	[38]
MgAl - LDH/棉木生物炭	410	2	5.2	[39]
Thalia dealbata 生物炭	4.96	4	7.0	[40]
磁性氧化铁	15.41	0.6	6.0	[41]
生物质炭	15.11	1.0	6.0	[42]
磁铁矿	27.15	1.0	7.0 ± 0.3	[43]
铁浸渍椰壳纤维	70.92	2	3.0	[44]
富含镁的番茄叶生物炭	116.6	2	5.2	[45]
铁铝锰三金属氧化物	55.73	0.1	6.8	[46]
镧活化橡木木屑生物炭	142.7	2	5.6	[47]

吸附剂	最大吸附能力 /(mg · g⁻¹)	吸附剂配比 /(g · L⁻¹)	pH	参考文献
ALOOH/生物炭复合材料	135.04	2	6.0	[48]
纳米双金属铁氧体 CuFe₂O₄	41.31	0.6	2.64	[49]
氢氧化镧掺杂的活性炭	15.3	2.5	5.5	[50]
非晶氧化锆	99.01	0.1	6.2	[51]
磁性橙皮生物炭	3.8	6.25	No data	[52]
纳米结构的 Fe – Cu 二元氧化物	39.8	0.2	5.0 ± 0.1	[53]
明矾石	118	10	5.0	[54]
花生壳生物炭	7.57	2	7.0 ± 0.1	[55]
锆加载的橙色废料	174.68	1.67	7.0	[56]
铁负载皮肤分裂废物	72.00	1	7.0	[57]
磨粉转炉渣	60.7	10	7.0 – 7.2	[58]
铁 – 镁 – 镧复合材料	415.2	0.2	6.0	[59]
Fe – Zr 二元氧化物	41.83	1	4.0	[60]
装载 La（Ⅲ）– Ce（Ⅲ）– Fe（Ⅲ）的橙色废料	42.70	1.67	7.5	[61]
甘蔗渣生物炭	133.09	2	7.0	[62]
Mg – C	588.4	2	5.2	[33]

Zhang 等人[33]的研究针对目前电池行业发展过程中出现的废弃物产量大、环境污染严重等问题，使用废旧锂离子电池中贵金属浸提后的碳渣为原材料，将其回收后经过氧化性酸预处理活化后，通过化学沉降或浸渍等多种方法，在碳基质表面生成纳米级别的镁晶体，制备成一种新型含镁纳米晶体的碳材料，并用于污水中除磷吸附剂。该方法既能实现废旧电池碳材料的资源化回收，降低对环境的损害，同时降低吸附剂材料的制备成本，为新材料合成带来更高的经济效益。

2. 重金属吸附剂

随着工业化的快速发展，很多行业都产生大量重金属污水，这是引起重金属污染的主要原因。重金属污染对生态环境和人类都具有很大的危害。重金属不能自然降解，会在生物体中富集，对人体具有毒性和致癌性。因此，工业污水在排放前一定要去除其中的重金属离子。吸附法去除污水中重金属操作简单、成本低、高效快速，在目前处理重金属的方法中最具研究价值。吸附法研究的焦点是低成本高效吸附剂的研究。

北京理工大学姚莹课题组 Zhao 等人[63]使用废旧锂离子电池负极，回收其中的碳材料制备重金属吸附剂。首先，用 60 ℃ 的酸性高锰酸钾溶液对回收的碳材料进行改性处理，在其表面负载 MnO_2 微粒，制成吸附剂 MnO_2 - AG。然后，对 AG 和 MnO_2 - AG 进行比表面积测定、元素含量分析、X 射线衍射（XRD）表征、热重分析（TGA）、扫描电镜分析（SEM）和能量色散光谱分析（EDX），一系列分析结果表明制得的 MnO_2 - AG 表面负载了一层均匀的 MnO_2 微粒，并通过初步的对比吸附试验证明，改性极大地提高了 AG 对 Pb^{2+}、Cd^{2+} 和 Ag^+ 的去除率。之后，探究了重金属离子初始浓度、吸附接触时间和溶液初始 pH 对 MnO_2 - AG 吸附重金属性能的影响。结果表明，MnO_2 - AG 对 3 种重金属的最大吸附量分别为 92.35 mg/g、23.25 mg/g 和 62.7 mg/g。最后，对 MnO_2 - AG 吸附 Pb^{2+}、Cd^{2+} 和 Ag^+ 后的材料进行了 XRD、红外光谱（FTIR）表征，分析结果表明吸附的主要机理为材料表面的 Mn - OH 与重金属离子发生离子交换。

主要回收和制备的过程为：将电池负极浸泡在去离子水中 1 h 后，分离碳粉和铜箔，用去离子水冲洗即可完全回收碳粉。然后，在鼓风烘箱 80 ℃ 干燥碳粉和去离子水的混合物，得到干燥碳粉。最后，将碳粉置于管式气氛炉中氮气氛下 600 ℃ 煅烧 1 h，升温速率为 10 ℃/min。煅烧过程中去除碳粉表面的黏结剂和其他有机物杂质，得到的产物为人工石墨（AG）粉末。

吸附剂 MnO_2 - AG 元素分析检测的元素包括 C、H、S、N 和一些常见的金属元素，结果如表 5 - 5 所示。

表 5 - 5　MnO_2 - AG 的元素分析结果和吸附后溶液中金属元素分析

样品	C	H	S	N	Mn	K	Ca
MnO_2 - AG（质量%）[a]	79.02	0.45	0.10	0.04	1.33	0.93	0.33
吸附后溶液/(mg · L^{-1})	…[c]	…	…	…	0.03	2.53	—

样品	Li	Pb	Zn	Ag	Cr	Co	Ni
MnO_2 – AG （质量%）[a]	0.12	0.16	0.03	—[b]	—	—	—
吸附后溶液/（mg·L^{-1}）	0.14	—	—	—	—	—	—

a 质量比重。

b 浓度低于 0.01% 。

c 未检测。

通过对 AG 和 MnO_2 – AG 进行物理化学性质表征，对其相结构、表面微观结构、元素和官能团进行了分析，如图 5 – 32 所示。图 5 – 32（a）展示的为高放大倍数的 AG 图像，改性前材料表面相对平滑。图 5 – 32（b）是低放大倍数的 MnO_2 – AG 图像，材料呈现为形状不规则表面粗糙的颗粒，这些特征是原始材料 AG 的原始属性。图 5 – 32（c）展示的是 MnO_2 – AG 的高放大倍数图像，材料表面有无数的小颗粒，和改性前相比较表面的粗糙度明显提高。为了进一步确定 MnO_2 – AG 表面颗粒的组成，对其进行了能量色散 X 射线荧光光谱表征。与图 5 – 32（c）对应位置的 EDX 图（图 5 – 32（d））对比，MnO_2 – AG 表面的主要元素为 C、O 和 Mn，摩尔比重分别为 81.45%、14.85% 和 3.14%，而且 3 种元素分布非常均匀。由此可以证明，图 5 – 32（c）中观察到的颗粒即为吸附剂 MnO_2 – AG 表面均匀负载的 MnO_2 颗粒。另外，Mn 和 O 的摩尔比为 0.21，小于 MnO_2 中 Mn 和 O 的摩尔比 0.5，大量的氧元素存在表明吸附剂表面还含有丰富的含氧官能团。因此，在 MnO_2 – AG 去除重金属的过程中，表面的含氧官能团和负载的 MnO_2 颗粒都可能作为吸附位点吸附重金属离子。

AG 和 MnO_2 – AG 对 Pb^{2+}、Cd^{2+} 和 Ag^+ 去除率对比实验结果如图 5 – 33 所示。改性后的吸附剂对 3 种重金属离子的去除率有了显著的提高。改性前的 AG 对 Pb^{2+}、Cd^{2+} 和 Ag^+ 的去除率分别为 37.3%、1.5% 和 22.8%。改性后得到的吸附剂 MnO_2 – AG 对 Pb^{2+}，Cd^{2+} 和 Ag^+ 的去除率分别提高为 99.9%、79.7% 和 99.8%，分别是改性前的 2.6 倍、52.6 倍和 4.3 倍。从实验结果可以明显得知，AG 表面负载 MnO_2 颗粒可以极大地提高其对水溶液中 Pb^{2+}、Cd^{2+} 和 Ag^+ 3 种重金属的去除能力[64]。

表 5 – 6 为不同吸附剂对重金属离子最大吸附量的对比。表中列举了一些最新的重金属吸附剂的最大吸附量，MnO_2 – AG 对 3 种重金属的最大吸附量高于很多吸附剂的文献报道。因此，MnO_2 – AG 具有作为处理含 Pb^{2+}、Cd^{2+} 和 Ag^+ 污水的高效吸附剂的潜力。

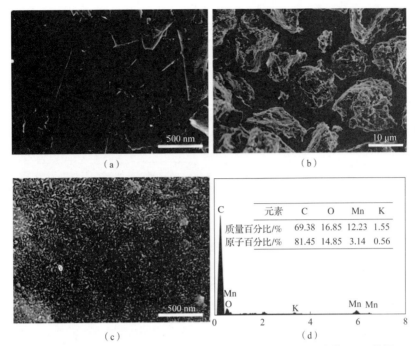

图 5 - 32　AG 和 MnO_2 - AG 的 SEM 图以及 MnO_2 - AG 对应的 EDX 数据

（a）高放大倍数的 AG 图；（b）低放大倍数的 MnO_2 - AG 图；
（c）高放大倍数的 MnO_2 - AG 图；（d）MnO_2 - AG 对应的 EDX 数据

表 5 - 6　不同吸附剂对重金属离子最大吸附量的对比

被吸附剂	吸附剂	吸附能力/$(mg \cdot g^{-1})$	参考文献
Ag^+	斜发沸石	33.2	[65]
	多孔珍珠岩	8.46	[66]
	MG 斜发沸石	22.57	[67]
	稻壳	1.62	[68]
	MnO_2 - AG	67.80	[63]
Cd^{2+}	芒草	11.4	[69]
	锰氧化物矿物质	6.8	[70]
	壳聚糖	1.84	[71]
	壳聚糖	6.07	[72]
	纤维素	21.4	[73]
	MnO_2 - AG	29.49	[63]

续表

被吸附剂	吸附剂	吸附能力/(mg·g⁻¹)	参考文献
Pb²⁺	咖啡渣碳	63.29	[74]
	聚苯乙烯－氧化铝活性炭	22.47	[75]
	壳聚糖改性生物炭	14.3	[76]
	BPB	47.1	[77]
	Mn－BC	55.56	[78]
	MnO₂－AG	99.88	[63]

该研究使用废旧锂离子电池负极为原材料，回收人工石墨粉（AG）并通过在其表面负载 MnO_2 微粒制得一种高效低成本的重金属吸附剂 MnO_2 – AG。如图 5 – 33 所示，一系列的表征实验表明在 AG 表面成功地负载了一层均匀的无定形 MnO_2 微粒，MnO_2 微粒约占 MnO_2 – AG 质量的 2.1%。AG 和 MnO_2 – AG 对 Pb^{2+}、Cd^{2+} 和 Ag^+ 吸附实验表明，改性后的吸附剂对 3 种重金属离子的去除率有了显著的提高。MnO_2 – AG 作为一种低成本、环境友好、高效快速且使用 pH 范围广的 Pb^{2+}、Cd^{2+} 和 Ag^+ 污水吸附剂，在实际的重金属污水处理中具有很好的应用前景。

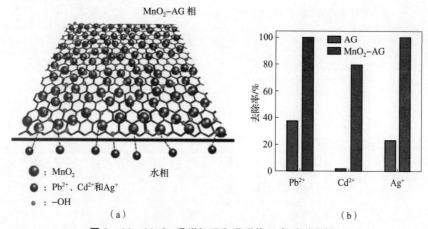

图 5 – 33 MnO_2 吸附机理和吸附值（书后附彩插）

（a）改性后碳材料的吸附机理；（b）改性后重金属吸附去除率

3. Electro – Fenton 系统

目前，许多研究都集中在利用石墨作为阴极对含有持久性污染物的水体进行修复。其中，Electro‑Fenton 作为一种先进的氧化技术，因其简单、高效的污染物修复方法而受到广泛关注。这一过程如下：首先，通过阴极上 O_2 的二电子还原连续地产生 H_2O_2；然后，H_2O_2 被亚铁离子（Fe^{2+}）活化产生羟基自由基，这是废水中有机污染物最强的氧化剂之一。一般来说，降解效率很大程度上取决于 H_2O_2 的产率，而 H_2O_2 的产率在很大程度上取决于阴极材料的性能。在石墨、石墨毡、碳纳米管、活性炭纤维（ACF）、网状玻璃体碳（RVC）、碳聚四氟乙烯（PTFE）等非均质 Electro‑Fenton 体系中，各种碳质电极都容易实现 H_2O_2 的高产。Cao 等人[79] 利用废旧锂离子电池的负极废料，在 Electro‑Fenton 系统中实现了废旧锂离子电池中石墨的高效回收再利用。实验重点研究了不同回收工艺在 Electro‑Fenton 系统中对负极废粉再利用时起到的作用，包括负极原粉（RP）、酸浸（AL）、酸碱浸（AAL）残粉。结果表明，不同的浸出工艺会使负极粉的官能团发生变化，这对后续体系的重复使用具有重要影响。电化学表征结果表明，由于氧（O_2）具有高活性双电子还原能力，AAL 具有比 RP 和 AL 更高的过氧化氢选择性和产率。当负极粉在体系中重复使用时，AL 电极在 70 min 内可去除 100% 双酚 A（BPA），在 240 min 可去除 87.4% COD，降解效率最高。其原因可能与 AL 中羧基含量（35.83%）高于 AAL（7%）有关。因此，溶液中的部分铁离子可以吸附在 AL 阴极表面，形成部分不均匀的铁氧化还原。研究还对 AL 电极的可重用性进行了评价。低电流密度的 AL 阴极经过 10 次循环使用后，仍能保持 100% 的 BPA 去除率。与传统阴极材料相比，该材料具有较高的可重用性和环境友好性，为固体废物和废水中污染物的协同治理提供了一种有潜力的新途径。图 5‑34 显示了 Electro‑Fenton 系统中废石墨的高效回收再利用。

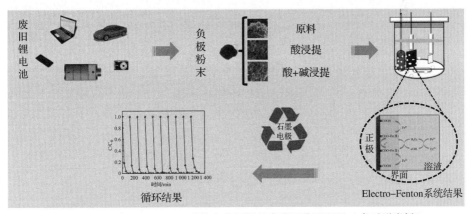

图 5‑34　Electro‑Fenton 系统中废石墨的高效回收再利用（书后附彩插）

4. 石墨粉回收利用制作石墨烯和氧化石墨烯

根据前文中针对石墨中不同种类杂质的深度除杂以及回收处理技术,可以利用热处理或酸浸工艺,在回收负极集流体铜箔的同时,去除石墨中微量金属杂质,为后续回收创造了良好的条件。前文中所述的负极石墨净化技术可以得到纯度为99%以上的石墨粉。为进一步制备为石墨烯或者氧化石墨烯提供了可能。采用商用石墨大规模生产石墨烯的主要工艺为化学氧化/还原法,但大量使用强氧化剂、还原剂和酸导致的高成本限制了其大规模应用,生产过程中产生的废液会对环境造成二次污染。He 等[80]提出使用石墨夹层化合物作为初始材料,通过直接劈裂大块石墨层获得结构完整的石墨烯,但需要使用昂贵的金属锂或熔融氢氧化锂等插层源。将锂离子电池充放电循环中,锂占据石墨层间空位形成石墨夹层化合物的过程视为预制步骤,提出回收负极石墨作为源材料制备石墨烯的技术方案,有望提高石墨烯及其衍生物的产率。将从废锂离子电池处获得的负极锂石墨夹层化合物与水反应制得石墨烯和氢氧化锂,并过滤分离。该工艺成功制备了58.8%的2~4层石墨烯和41.2%的1~2层石墨烯。

石墨烯是所有石墨形式的碳材料的基本构件,可以应用在能量存储装置、小型电子产品、太阳能电池、复合材料、印刷电子产品、多相催化剂等多个领域。在过去10年中,石墨烯的生产取得了显著进展。然而,氧化和还原/脱氧过程引入的残余氧官能团和大量缺陷破坏了理想的sp^2网络并显著降低其电子和机械性能。同时,由于化学气相沉积(CVD)是制造高质量和大表面积石墨烯的最有前途的方法,但单晶石墨烯复杂的生长过程造成了石墨烯制造具有较高的成本,是其大规模应用的一大障碍。Chen 等人[81]发现使用过的锂离子电池中的碳负极材料可能是一种廉价且理想的候选材料,可以高效生产高质量的石墨烯。为了测试这个想法,Chen 等人研究了在表面活性剂、水溶液和溶剂混合物中使负极石墨(UAG)直接液体剥离制备石墨烯。结果表明,所用负极石墨的剥离效率相对于天然石墨增加了3~11倍,最高质量产率为40 wt%。其尺寸超过1 mm,厚度小于1.5 nm,优于60%的原石墨烯制品的尺寸。更重要的是,这种技术与贵金属回收过程相结合,可以为废旧电池提供环保、高效和高附加值的回收技术。图5-35为使用废旧锂离子电池负极制备石墨烯的示意图。

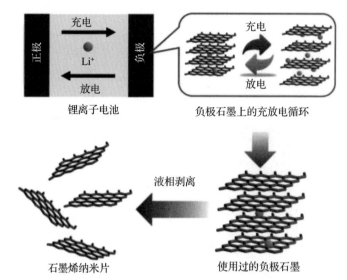

图5-35　使用废旧锂离子电池负极制备石墨烯的示意图（书后附彩插）

图5-36的UAG和石墨X射线衍射（XRD）分析结果表明，UAG虽然强度相对较低，但与天然石墨形态相同。和天然石墨相比，UAG归一化（002）峰具有较低的角度（插图），说明层间距略有增加。由布拉格方程计算UAG和石墨粉的层间距离分别为0.338 nm和0.335 nm。值得注意的是，范德瓦尔斯晶体层间距离的增加意味着层间力的减小，可以促进随后的剥落过程。

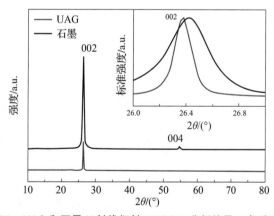

图5-36　UAG和石墨X射线衍射（XRD）分析结果（书后附彩插）

为了比较大块UAG和天然石墨在6 mm胆酸钠水溶液中的剥落效果，实验提出了一种有效的剥落层状范德瓦尔斯晶体的方法。研究发现，UAG制得的石墨烯分散体离心后的浓度远远高于石墨，这种差异可以用肉眼清楚地识别，尤其是在稀释后的分散体中，如图5-37（a）所示。这种浓度差异在45 vol%

乙醇水溶液中进一步扩大（浓度差异 10 倍）。但 UAG 和石墨制分散体的浓度都显著下降。紫外可见吸收光谱显示 UAG 和石墨分散体的吸收峰出现在 268 nm处，表明石墨烯片内的电子共轭被保留。通过真空干燥法测量 UAG 制备的石墨烯分散体的浓度为 0.8 mg/mL，对应于 40 wt% 的产率（10 倍的统计数据）。该值是石墨制分散体的 3 倍，并且远高于之前文献报道的结果。

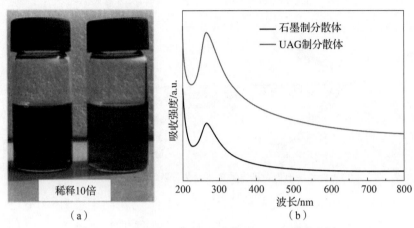

图 5-37　色散图和紫外可见吸收光谱（书后附彩插）

（a）色散图；（b）紫外可见吸收光谱

如图 5-38 所示，UAG 的拉曼光谱的特征是缺陷诱导 D 波段（1 337 cm^{-1}）、G 波段（1 583 cm^{-1}）和 2D 波段（2 684 cm^{-1}）。对于 UAG，I_D/I_G 为 0.54，明显高于原始石墨，表明一些缺陷的引入是电池充放电循环所导致的。然而，由于缺陷和边缘的增加，I_D/I_G 值仅略微增加至 0.68，该值仍远低于化学还原石墨烯的值，并且与 LPE 剥离的石墨烯片相当。

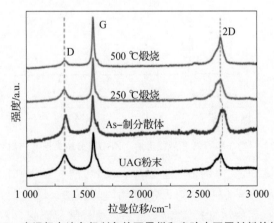

图 5-38　废旧锂电池负极制备的石墨烯和实验中不同材料的拉曼光谱

Freitas 等人[82]针对石墨粉的回收利用，提出以下的过程步骤：①拆下电极盖，取出石墨电极片，用有机溶剂（如 DMC）清洗，除去电极表面收集的残留电解质。②干燥电极，使溶剂蒸发。干燥温度最好是 85～100 ℃。③将前一步干燥的石墨电极在超声振动下浸泡在盐酸溶液中，使石墨与铜箔完全分离。④通过离心、冲洗、干燥等方法将石墨粉从酸性溶液中分离出来。⑤从干粉中筛分、抛光并制备负极材料，将其插入新电池中。虽然与石墨相比，实际使用过的电池中石墨负极的老化和损坏程度更高，但此方法可以将锂电池中石墨负极回收再利用。

如图 5－39 所示，Zhang 等人[83]经研究发现，在充放电过程中锂离子插层和脱层会引起晶格膨胀，破坏了范德华键，削弱了夹层石墨的黏结强度。由于石墨烯和氧化石墨烯的制备是为了打破化学键，分离石墨烯层，所以电池循环可以看作是一个负极石墨烯的预制步骤，从而提高石墨烯及其衍生物的产能。

为了验证这一假设，首先用简化的 Hummers 方法制备氧化石墨烯。如图 5－40 所示，与原始石墨制备的氧化石墨烯相比，废旧电池负极石墨制备的氧化石墨烯具有优异的均匀性和电化学性能。图 5－40（a）为进一步简化 Hummers 法制备氧化石墨烯的数码照片，该方法中石墨在 40 ℃下与氧化剂反应 6 h，就可得到具有较好均匀性的氧化石墨烯。图 5－40（b）可见在离心和稀释后，原始石墨制得的氧化石墨烯表现出明显的聚集，而负极石墨制得的氧化石墨烯保持均匀和分散。图 5－40（c）为厚度为 0.87 nm 的单层氧化石墨烯薄片的典型原子力显微镜（AFM）图像，图像表明氧化石墨烯片大多为单层。图 5－40（d）TEM 成像显示，氧化石墨烯呈薄片状和褶皱状。图 5－40（e）中的 HRTEM 结果显示产物没有显示出长程的结晶顺序，缺乏长程有序晶体结构，这表明负极石墨制备的氧化石墨烯氧化程度较高。

另一方面，通过剪切混合制备得到的石墨烯，锂化辅助预膨胀使石墨烯产能提高了 4 倍。如图 5－41（a）所示，剪切混合后得到的石墨烯悬浮液均呈黑色。静置 4 h 后，原始石墨制得的石墨烯悬浮液呈聚集沉积状态，而负极石墨制得的石墨烯悬浮液仍呈黑色。48 h 后从原始石墨中提取的石墨悬浮液分离成干净的上部液体和黑色粉末底部。相比之下，从负极石墨得到的悬浮体仍然是黑色的，只有少量分离。石墨烯的产能可以通过石墨烯在液体中的重量来计算。具体来说，从上层液体中取出 5 mL 悬浮液。从原始石墨中提取的石墨烯在 48 h 后仅为 0.09～0.12 g，相当于 6%～8% 的石墨烯产能。相反，负极石墨的石墨烯产率为 35%～46%，是原始石墨的 4 倍。

石墨烯生产率的提高主要有两个原因：首先，电池循环引起的栅格膨胀削弱了石墨层之间的键合，导致石墨层剥落效率提高；其次，由 XPS 证明，负

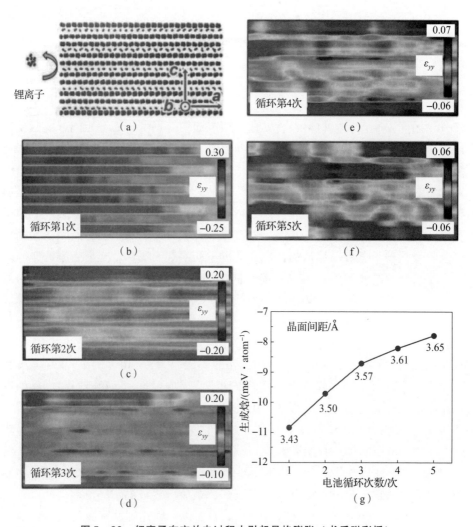

图 5 – 39　锂离子在充放电过程中引起晶格膨胀（书后附彩插）

（a）~（f）在不同循环条件下晶格膨胀热力学示意图；

（g）晶面间距随着电池循环次数变化曲线

极石墨制得的石墨烯薄片被含氧官能团附着，会阻止其聚集。

　　TEM（图 5 – 41（b））图显示，负极石墨制备的石墨烯薄而透明。与氧化石墨烯不同，通过剪切混合从负极和原始石墨中得到的石墨烯具有完整的晶体结构（图 5 – 42（c））。此外，经过电池循环预制步骤能有效地提高剪切混合的效率，而不会破坏石墨烯片的晶体结构。

　　上文介绍了从废锂离子电池正极中提取出镍、钴、锰和比例可控的锂盐。在浸出过程的第一步，H_2SO_4 搅拌破碎的正极和负极。搅拌后，正极溶解到酸

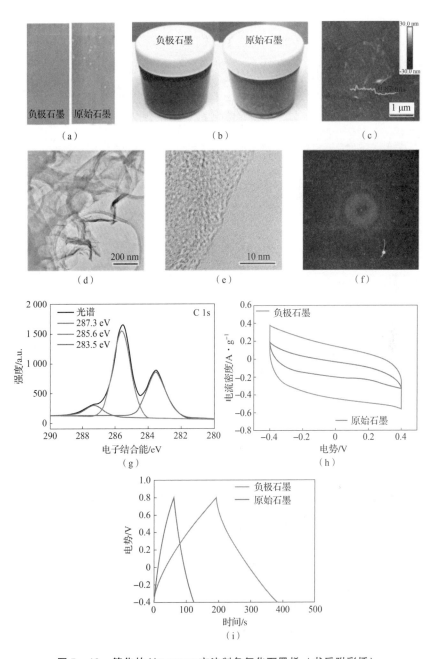

图 5 - 40　简化的 Hummers 方法制备氧化石墨烯（书后附彩插）

（a），（b）负极石墨和原始石墨的电子照片；（c）~（f）负极石墨和
原始石墨的微观形貌图；（g）负极石墨的 C 1s 高分辨 XPS 图像；

（h），（i）原始石墨和负极石墨的电化学曲线

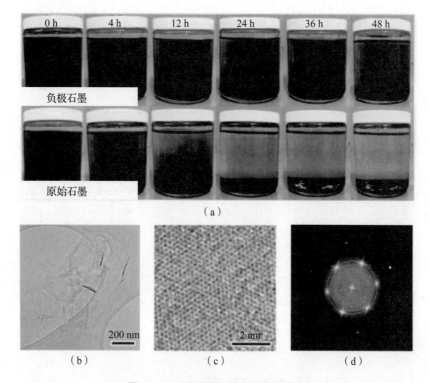

图 5 – 41　通过剪切混合制备石墨烯
(a) 原始石墨和负极石墨制备的石墨烯在水溶液中电子照片;
(b) ~ (d) 负极石墨的微观透射扫描电镜图

中, 而负极 (石墨粉) 作为废物沉积除去。此外, 高浓度酸搅拌使石墨膨胀。如果负极石墨在酸处理下进一步膨胀, 剪切混合生产效率有望显著提高 (图 5 – 41 (a))。这提供了负极回收和石墨烯生产的无缝集成, 实现了锂离子电池的完全回收。酸处理后负极石墨是薄而透明的 (图 5 – 41 (b)), 表明范德瓦耳斯键被削弱。对酸处理负极石墨的近距离观察显示, 石墨烯层呈不规则的堆叠 (图 5 – 41 (c)), 具有多晶结构特征 (图 5 – 41 (d))。

　　图 5 – 42 为酸处理负极石墨制备石墨烯的材料表征测试图。通过图中的特征可以证明石墨烯的制造可以应用于目前的电池回收流水线中, 其中用于溶解正极材料的 H_2SO_4, 可以同时移除不溶性负极石墨。在不破坏 sp^2 键的情况下, 酸处理可以使石墨晶格进一步膨胀, 从而将石墨烯的产率提高到 83.7% (是原始石墨粉的 10 倍)。

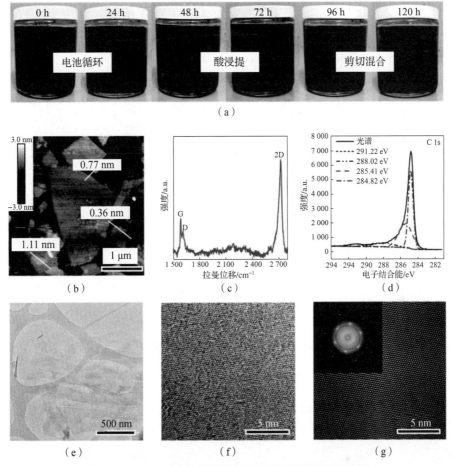

图 5-42 酸处理负极石墨制备石墨烯的材料表征测试图

（a）电子照片；（b）显微形貌照片；（c）拉曼测试图；（d）C 1 s 的高分辨 XPS 图像；

（e）~（f）透射电子扫描电子显微镜图片；（g）循环前 5 次石墨烯的生成焓与晶面间距

参 考 文 献

［1］ WiNSLOW K M, LAUX S J, TOWNSEND TG. A review on the growing concern and potential management strategies of waste lithium – ion batteries ［J］. Resources, Conservation and Recycling, 2018, 129：263 – 277.

［2］ LV W G, WANG Z H, CAO H B, et al. A critical review and analysis on the recycling of spent lithium – ion batteries ［J］. ACS Sustainable Chemistry & Engineering, 2018, 6（2）：1504 – 1521.

[3] LI X L, ZHANG J, SONG D W, et al. Direct regeneration of recycled cathode material mixture from scrapped LiFePO₄ batteries [J]. Journal of Power Sources, 2017, 345: 78 – 84.

[4] HENDRICKSON T P, KAVVADA O, SHAH N, et al. Life – cycle implications and supply chain logistics of electric vehicle battery recycling in California [J]. Environmental Research Letters, 2015, 10 (1): 014011.

[5] SONG D W, WANG X Q, NIE H H, et al. Heat treatment of LiCoO₂ recovered from cathode scraps with solvent method [J]. Journal of Power Sources, 2014, 249: 137 – 141.

[6] NIE H H, XU L, SONG D W, et al. LiCoO₂: Recycling from spent batteries and regeneration with solid state synthesis [J]. Green Chemistry, 2015, 17 (2): 1276 – 1280.

[7] SA Q, GRATZ E, HE M, et al. Synthesis of high performance LiNi$_{1/3}$Mn$_{1/3}$Co$_{1/3}$O₂ from lithium – ion battery recovery stream [J]. Journal of Power Sources, 2015, 282: 140 – 145.

[8] ZOU H Y, GRATZ E, APELIAN D, et al. A novel method to recycle mixed cathode materials for lithium – ion batteries [J]. Green Chemistry, 2013, 15 (5): 1183 – 1191.

[9] GRATZ E, SA Q, APELIAN D, et al. A closed loop process for recycling spent lithium – ion batteries [J]. Journal of Power Sources, 2014, 262 (4): 255 – 262.

[10] LU Y, YONG F, GUO X X. A new method for the synthesis of LiNi$_{1/3}$Co$_{1/3}$Mn$_{1/3}$O₂ from waste lithium – ion batteries [J]. Rsc Advances, 2015, 55: 44107 – 44114.

[11] LEE C K, RHEE K – I. Reductive leaching of cathodic active materials from lithium – ion battery wastes [J]. Hydrometallurgy, 2003, 68 (1 – 3): 5 – 10.

[12] ZHANG Z, HE W, LI G, et al. Ultrasound – assisted hydrothermal renovation of LiCoO₂ from the cathode of spent lithium – ion batteries [J]. International Journal of Electrochemical Science, 2014, 9 (7): 3691 – 3700.

[13] KIM D S, SOHN J S, LEE C K, et al. Simultaneous separation and renovation of lithium cobalt oxide from the cathode of spent lithium – ion rechargeable batteries [J]. Journal of Power Sources, 2004, 132 (1/2): 145 – 149.

[14] LI L, ZHANG X X, CHEN R J, et al. Synthesis and electrochemical performance of cathode material Li$_{1.2}$Co$_{0.13}$Ni$_{0.13}$Mn$_{0.54}$O₂ from spent lithium –

ion batteries [J]. Journal of Power Sources, 2014, 249: 28 – 34.

[15] 郭苗苗, 席晓丽, 张云河, 等. 报废动力电池镍钴锰酸锂三元正极材料高温氢还原 – 湿法冶金联用回收有价金属 [J]. 中国有色金属学报, 2020, 30 (6): 1415 – 1426.

[16] REFLY S, FLOWERI O, MAYANGSARI T R, et al. Regeneration of $LiN_{i1/3}Co_{1/3}Mn_{1/3}O_2$ cathode active materials from end – of – life lithium – ion batteries through ascorbic acid leaching and oxalic acid coprecipitation processes [J]. ACS Sustainable Chemistry & Engineering, 2020, 8 (43): 16104 – 16114.

[17] WANG J X, LIANG Z, ZHAO Y, et al. Direct conversion of degraded $LiCoO_2$ cathode materials into high – performance $LiCoO_2$: A closed – loop green recycling strategy for spent lithium – ion batteries [J]. Energy Storage Materials, 2022, 45: 768 – 776.

[18] FAN M, CHANG X, GUO Y J, et al. Increased residual lithium compounds guided design for green recycling of spent lithium – ion cathodes [J]. Energy & Environmental Science, 2021, 14 (3): 1461 – 1468.

[19] SABISCH J E C, ANAPOLSKY A, LIU G, et al. Evaluation of using pre – lithiated graphite from recycled Li – ion batteries for new LIB anodes [J]. Resources, Conservation and Recycling, 2018, 129: 129 – 134.

[20] ZHANG J, LI X L, SONG D W, et al. Effective regeneration of anode material recycled from scrapped Li – ion batteries [J]. Journal of Power Sources, 2018, 390: 38 – 44.

[21] NATARAJAN S, EDE S R, BAJAJ H C, et al. Environmental benign synthesis of reduced graphene oxide (RGO) from spent lithium – ion batteries (LIBs) graphite and its application in supercapacitor [J]. Colloids and Surfaces A: Physicochemical and Engineering Aspects, 2018, 543: 98 – 108.

[22] XU P, KANG J, CHOI J – B, et al. Laminated ultrathin chemical vapor deposition graphene films based stretchable and transparent high – rate supercapacitor [J]. ACS Nano, 2014, 8 (9): 9437 – 9445.

[23] DIVYASHREE A, HEGDE G. Activated carbon nanospheres derived from bio – waste materials for supercapacitor applications – a review [J]. RSC Advances, 2015, 5 (107): 88339 – 88352.

[24] KOTZ R, CARLEN M. Principles and applications of electrochemical capacitors [J]. Electrochimica Acta, 2000, 45 (15): 2483 – 2498.

［25］ XIA J L, CHEN F, L J H, et al. Measurement of the quantum capacitance of graphene ［J］. Nature Nanotechnology, 2009, 4 （8）: 505 – 509.

［26］ CHEN L, XU Z W, LI J L, et al. Reduction and disorder in graphene oxide induced by electron – beam irradiation ［J］. Materials Letters, 2011, 65 （8）: 1229 – 1230.

［27］ MILLER J R, OUTLAW R A, HOLLOWAY B C. Graphene double – layer capacitor with ac line – filtering performance ［J］. Science, 2010, 329 （5999）: 1637 – 1639.

［28］ SHEN B S, DinG J J, YAN X B, et al. Influence of different buffer gases on synthesis of few – layered graphene by arc discharge method ［J］. Applied Surface Science, 2012, 258 （10）: 4523 – 4531.

［29］ HUANG Q S, KIM J J, ALI G, et al. Width – tunable graphene nanoribbons on a SiC substrate with a controlled step height ［J］. Advanced Materials, 2013, 25 （8）: 1144 – 1148.

［30］ RAJAGOPALAN B, CHUANG J S. Reduced chemically modified graphene oxide for supercapacitor electrode ［J］. Nanoscale Research Letters, 2014, 9 （1）: 535 – 535.

［31］ LI D, MÜLLER M B, GIJIE S, et al. Processable aqueous dispersions of graphene nanosheets ［J］. Nature Nanotechnology, 2008, 3 （2）: 101 – 105.

［32］ XU J Q, THOMAS H R, FRANCIS R W, et al. A review of processes and technologies for the recycling of lithium – ion secondary batteries ［J］. Journal of Power Sources, 2008, 177 （2）: 512 – 527.

［33］ ZHANG Y, GUO X M, YAO Y, et al. Mg – enriched engineered carbon from lithium – ion battery anode for phosphate removal ［J］. ACS Applied Materials & Interfaces, 2016, 8 （5）: 2905 – 2909.

［34］ ZHANG Y, GUO X M, WU F, et al. Mesocarbon microbead carbon – supported magnesium hydroxide nanoparticles: Turning spent Li – ion battery anode into a highly efficient phosphate adsorbent for wastewater treatment ［J］. ACS Applied Materials & Interfaces, 2016, 8 （33）: 21315 – 21325.

［35］ YAO Y, GAO B, INYANG M, et al. Biochar derived from anaerobically digested sugar beet tailings: Characterization and phosphate removal potential ［J］. Bioresource Technology, 2011, 102 （10）: 6273 – 6278.

［36］ KUMAR P, SUDHA S, CHAND S, et al. Phosphate removal from aqueous solution using coir – pith activated carbon ［J］. Separation Science and

Technology, 2010, 45 (10): 1463 – 1470.

[37] BHARGAVA D S, SHELDARKAR S B. Use of TNSAC in phosphate adsorption studies and relationships – literature, experimental methodology, justification and effects of process variables [J]. Water Research, 1993, 27 (2): 303 – 312.

[38] ZHOU J B, YANG S L, YU J G. Facile fabrication of mesoporous MgO microspheres and their enhanced adsorption performance for phosphate from aqueous solutions [J]. Colloids and Surfaces A: Physicochemical and Engineering Aspects, 2011, 379 (1 – 3): 102 – 108.

[39] ZHANG M, GAO B, YAO Y, et al. Phosphate removal ability of biochar/MgAl – LDH ultra – fine composites prepared by liquid – phase deposition [J]. Chemosphere, 2013, 92 (8): 1042 – 1047.

[40] ZENG Z, ZHANG S D, LI T Q, et al. Sorption of ammonium and phosphate from aqueous solution by biochar derived from phytoremediation plants [J]. Journal of Zhejiang University – Science B, 2013, 14 (12): 1152 – 1161.

[41] YOON S Y, LEE C G, PARK J A, et al. Kinetic, equilibrium and thermodynamic studies for phosphate adsorption to magnetic iron oxide nanoparticles [J]. Chemical Engineering Journal, 2014, 236: 341 – 347.

[42] PENG F, HE P W, LUO Y, et al. Adsorption of phosphate by biomass char deriving from fast pyrolysis of biomass waste [J]. Clean – Soil Air Water, 2012, 40 (5): 493 – 498.

[43] VICENTE I D, MERINO – MARTOS A, CRUZ – PIZARRO L, et al. On the use of magnetic nano and microparticles for lake restoration [J]. Journal of Hazardous Materials, 2010, 181 (1/3): 375 – 381.

[44] KRISHNAN K A, HARIDAS A. Removal of phosphate from aqueous solutions and sewage using natural and surface modified coir pith [J]. Journal of Hazardous Materials, 2008, 152 (2): 527 – 535.

[45] YAO Y, GAO B, CHEN J J, et al. Engineered biochar reclaiming phosphate from aqueous solutions: Mechanisms and potential application as a slow – release fertilizer [J]. Environmental Science & Technology, 2013, 47 (15): 8700 – 8708.

[46] LÜ J B, LIU H J, LIU R P, et al. Adsorptive removal of phosphate by a nanostructured Fe – Al – Mn trimetal oxide adsorbent [J]. Powder Technology, 2013, 233: 146 – 154.

［47］ WANG Z H, GUO H Y, SHEN F, et al. Biochar produced from oak sawdust by lanthanum (La) - involved pyrolysis for adsorption of ammonium (NH_4^+), nitrate (NO_3^-), and phosphate (PO_4^{3-}) ［J］. Chemosphere, 2015, 119: 646 - 653.

［48］ ZHANG M, GAO B. Removal of arsenic, methylene blue, and phosphate by biochar/AlOOH nanocomposite ［J］. Chemical Engineering Journal, 2013, 226: 286 - 292.

［49］ TU Y J, YOU C F. Phosphorus adsorption onto green synthesized nano - bimetal ferrites: Equilibrium, kinetic and thermodynamic investigation ［J］. Chemical Engineering Journal, 2014, 251: 285 - 292.

［50］ ZHANG L, ZHOU Q, LIU J Y, et al. Phosphate adsorption on lanthanum hydroxide - doped activated carbon fiber ［J］. Chemical Engineering Journal, 2012, 185: 160 - 167.

［51］ SU Y, CUI H, LI Q, et al. Strong adsorption of phosphate by amorphous zirconium oxide nanoparticles ［J］. Water Research, 2013, 47 (14): 5018 - 5026.

［52］ CHEN B L, CHEN Z M, LV S F. A novel magnetic biochar efficiently sorbs organic pollutants and phosphate ［J］. Bioresource Technology, 2011, 102 (2): 716 - 723.

［53］ LI G L, GAO S, ZHANG G S, et al. Enhanced adsorption of phosphate from aqueous solution by nanostructured iron (Ⅲ) - copper (Ⅱ) binary oxides ［J］. Chemical Engineering Journal, 2014, 235: 124 - 131.

［54］ OZACAR M. Adsorption of phosphate from aqueous solution onto alunite ［J］. Chemosphere, 2003, 51 (4): 321 - 327.

［55］ JUNG K W, HWANG M J, AHN K H, et al. Kinetic study on phosphate removal from aqueous solution by biochar derived from peanut shell as renewable adsorptive media ［J］. International Journal of Environmental Science and Technology, 2015, 12 (10): 3363 - 3372.

［56］ BISWAS B K, INOUE K, GHIMIRE K N, et al. Removal and recovery of phosphorus from water by means of adsorption onto orange waste gel loaded with zirconium ［J］. Bioresource Technology, 2008, 99 (18): 8685 - 8690.

［57］ HUANG X, LIAO X P, SHI B. Adsorption removal of phosphate in industrial wastewater by using metal - loaded skin split waste ［J］. Journal of Hazardous Materials, 2009, 166 (2/3): 1261 - 1265.

［58］ XUE Y Q, HOU H B, ZHU S L. Characteristics and mechanisms of phosphate adsorption onto basic oxygen furnace slag ［J］. Journal of Hazardous Materials, 2009, 162 （2/3）: 973 – 980.

［59］ YU Y, CHEN P. Key factors for optimum performance in phosphate removal from contaminated water by a Fe – Mg – La tri – metal composite sorbent ［J］. Journal of Colloid and Interface Science, 2015, 445: 303 – 311.

［60］ LONG F, GONG J L, ZENG G M, et al. Removal of phosphate from aqueous solution by magnetic Fe – Zr binary oxide ［J］. Chemical Engineering Journal, 2011, 171 （2）: 448 – 455.

［61］ BISWAS B K, INOUE K, GHIMIRE K N, et al. The adsorption of phosphate from an aquatic environment using metal – loaded orange waste ［J］. Journal of Colloid and Interface Science, 2007, 312 （2）: 214 – 223.

［62］ YAO Y, GAO B, INYANG M, et al. Removal of phosphate from aqueous solution by biochar derived from anaerobically digested sugar beet tailings ［J］. Jounal of Hazardous Materials, 2011, 190 （1 – 3）: 501 – 507.

［63］ ZHAO T, YAO Y, WANG M L, et al. Preparation of MnO_2 – modified graphite sorbents from spent Li – ion batteries for the treatment of water contaminated by lead, cadmium, and silver ［J］. ACS Applied Materials and Interfaces, 2017, 9 （30）: 25369 – 25376.

［64］ WANG H Y, GAO B, WANG S S, et al. Removal of Pb （II）, Cu （II）, and Cd （II） from aqueous solutions by biochar derived from $KMnO_4$ treated hickory wood ［J］. Bioresource Technology, 2015, 197: 356 – 362.

［65］ AKGÜL M, KARABAKAN A, ACAR O, et al. Removal of silver （I） from aqueous solutions with clinoptilolite ［J］. Microporous and Mesoporous Materials, 2006, 94 （1/3）: 99 – 104.

［66］ GHASSABZADEH H, MOHADESPOUR A, TORAB – MOSTAEDI M, et al. Adsorption of Ag, Cu and Hg from aqueous solutions using expanded perlite ［J］. Jounal of Hazardous Materials, 2010, 177 （1 – 3）: 950 – 955.

［67］ CORUH S, ELEVLI S, SENEL G, et al. Adsorption of silver from aqueous solution onto fly ash and phosphogypsum using full factorial design ［J］. Environmental Progress & Sustainable Energy, 2011, 30 （4）: 609 – 619.

［68］ ZAFAR S, KHALID N, MIRZA M L. potential of rice husk for the decontamination of silver ions from aqueous media ［J］. Separation Science And Technology, 2012, 47 （12）: 1793 – 1801.

[69] KIM W K, SHIM T, KIM Y S, et al. Characterization of cadmium removal from aqueous solution by biochar produced from a giant Miscanthus at different pyrolytic temperatures [J]. Bioresource Technology, 2013, 138: 266 – 270.

[70] SÖNMEZAY A, ÖNCEL M S, BEKTAŞ N. Adsorption of lead and cadmium ions from aqueous solutions using manganoxide minerals [J]. Transactions of Nonferrous Metals Society of China, 2012, 22 (12): 3131 – 3139.

[71] HEIDARI A, YOUNESI H, MEHRABAN Z, et al. Selective adsorption of Pb (II), Cd (II), and Ni (II) ions from aqueous solution using chitosan – MAA nanoparticles [J]. International Journal of Biological Macromolecules, 2013, 61: 251 – 263.

[72] RANGEL – MENDEZ J R, MONROY – ZEPEDA R, LEYVA – RAMOS E, et al. Chitosan selectivity for removing cadmium (II), copper (II), and lead (II) from aqueous phase: pH and organic matter effect [J]. Jounal of Hazardous Materials, 2009, 162 (1): 503 – 511.

[73] ZHENG L C, ZHU C F, DANG Z, et al. Preparation of cellulose derived from corn stalk and its application for cadmium ion adsorption from aqueous solution [J]. Carbohydrate Polymers, 2012, 90 (2): 1008 – 1015.

[74] BOUDRAHEM F, SOUALAH A, AISSANI – BENISSAD F. Pb (II) and Cd (II) removal from aqueous solutions using activated carbon developed from coffee residue activated with phosphoric acid and zinc chloride [J]. Journal Of Chemical and Engineering Data, 2011, 56 (5): 1946 – 1955.

[75] RAO R A K, IKRAM S, AHMAD J. Adsorption of Pb (II) on a composite material prepared from polystyrene – alumina and activated carbon: Kinetic and thermodynamic studies [J]. Journal of the Iranian Chemical Society, 2011, 8 (4): 931 – 943.

[76] ZHOU Y M, GAO B, ZIMMERMAN A R, et al. Sorption of heavy metals on chitosan – modified biochars and its biological effects [J]. Chemical Engineering Journal, 2013, 231: 512 – 518.

[77] WANG S S, GAO B, LI Y C, et al. Manganese oxide – modified biochars: Preparation, characterization, and sorption of arsenate and lead [J]. Bioresource Technology, 2015, 181: 13 – 17.

[78] WANG Y, WANG X J, WANG X, et al. Adsorption of Pb (II) in aqueous solutions by bamboo charcoal modified with $KMnO_4$ via microwave irradiation [J]. Colloids and Surfaces A: Physicochemical and Engineering Aspects,

2012, 414: 1 - 8.

[79] CAO Z Q, ZHENG X H, CAO H B, et al. Efficient reuse of anode scrap from lithium - ion batteries as cathode for pollutant degradation in electro - fenton process: Role of different recovery processes [J]. Chemical Engineering Journal, 2018, 337: 256 - 264.

[80] HE K, ZHANG Z Y, ZHANG F S. Synthesis of graphene and recovery of lithium from lithiated graphite of spent Li - ion battery [J]. Waste Management, 2021, 124 (4): 283 - 292.

[81] CHEN X F, ZHU Y Z, PENG W C, et al. Direct exfoliation of the anode graphite of used Li - ion batteries into few - layer graphene sheets: A green and high yield route to high - quality graphene preparation [J]. Journal of Materials Chemistry A, 2017, 5 (12): 5880 - 5885.

[82] MORADI B, BOTTE G G. Recycling of graphite anodes for the next generation of lithium - ion batteries [J]. Journal of Applied Electrochemistry, 2015, 46 (2): 123 - 148.

[83] ZHANG Y, SONG N N, HE J J, et al. Lithiation - aided conversion of end - of - life lithium - ion battery anodes to high - quality graphene and graphene oxide [J]. Nano Letters, 2019, 19 (1): 512 - 519.

废旧铅酸蓄电池和镍基电池
回收及资源化处理技术

| 引言 |

铅酸蓄电池和镍基电池是目前大规模工业化应用最为广泛的电池体系，在目前的化学电池中市场份额最大、使用范围最广。随着实际使用数量的增加，废旧铅酸蓄电池和镍基电池的回收处理问题逐渐凸显出来，若不解决这个问题，极有可能造成难以控制的二次污染。其中，对于废旧铅酸蓄电池进行合理地回收和利用不仅可以实现铅的回收，提高再生铅的产量，缓解铅资源不足的问题，又可以从源头上控制铅酸蓄电池带来的环境污染，具有重要的经济和社会意义。废旧镍基电池是一种"放错了地方的资源"，其中含有大量镍、钴、铁、不锈钢等有用成分，而且某些金属成分在自然界中还是稀缺资源，若是将其随意丢弃，将造成资源的极大浪费。本章以废旧铅酸蓄电池和废旧镍基电池的回收和再生为重点，综述了当前废旧铅酸蓄电池和废旧镍基电池回收和再生技术，并对各个技术的优缺点进行了阐述。

|6.1 废旧铅酸蓄电池回收技术|

铅酸蓄电池（VRLA）由于其低成本和高性能的优势，仍然是汽车起动、照明和点火应用的主要选择。铅酸蓄电池电极主要是由二氧化铅（PbO_2）正极、海绵金属铅 Pb 负极、玻璃纤维垫分离器和硫酸（H_2SO_4）溶液电解质组成。铅酸蓄电池所有这些组件都包含在通常由聚丙烯制成的壳体中。在放电过程中，PbO_2 正极被还原为硫酸铅（$PbSO_4$），而在此过程中，Pb 负极被氧化成 $PbSO_4$。在充电期间，两个反应以相反的方向发生。废旧铅酸蓄电池中含有多种像硫酸、铅、砷之类的有毒物质，这种有毒物质如果任其流入到自然界当中去将会对人们的身体以及周围的自然环境造成危害。自 2008 年起，我国废铅量已经超过美国，成为世界上废铅量最多的国家。对废旧铅酸蓄电池进行回收生产再生铅是保护我国生态环境，实现循环经济的最有效措施。

废旧铅酸蓄电池的结构及失效机制详见第 2 章。其中，废旧铅酸蓄电池中的 $PbSO_4$ 熔点及分解温度较高，性质稳定，难以进行化学转化，PbO_2（一般可认为是原高铅酸或偏高铅酸的酸酐）具有强氧化性，不溶于氧化性酸碱中，因此废旧铅膏的转化处理是废旧铅酸蓄电池回收的关键。废旧铅酸蓄电池铅膏的回收方法主要有：火法、湿法和湿法－火法联合冶炼回收铅。废旧铅酸蓄电池铅膏的回收工作主要是对其中含量最高的硫酸铅进行脱硫处理。根据废旧铅膏脱硫原理的不同，铅回收方法可分为氯盐体系脱硫、碳酸盐体系脱硫、氢氧化钠体系脱硫、有机酸体系脱硫和铵盐体系脱硫[1]。

铅酸蓄电池近年来使用量和报废量逐年增加，采取科学环保的方法回收处理废旧铅酸蓄电池迫在眉睫，本章介绍了铅酸蓄电池回收处理主要工艺技术应用现状。

6.1.1　废旧铅酸蓄电池预处理

废旧铅酸蓄电池的预处理主要包括传统的废旧铅酸蓄电池拆解工艺技术和机械破碎分选工艺技术。

在传统的废旧铅酸蓄电池拆解工艺中，铅极板、铅糊剂、酸液、隔板、PVC 等都是铅酸蓄电池的主要组成部分，而在铅酸蓄电池的再生利用中，因铅板与铅浆中有大量的杂质，需要用高温将其熔融，从而达到再生利用的目的，不过这也会对铅矿的净化和后期处理造成诸多问题。此外，铅酸蓄电池的传统生产流程包括手工拆卸电池、防酸剂、卸下板栅铅泥、平炉高温熔炼、还原铅、铅净化等过程，其中铅废酸含量较高，严重污染了周围的生态。另外，在1 200 ℃高温下，铅发生了严重的燃烧，铅蒸气泄漏，对周边的环境造成了严重的影响。由于常规的分离方式，使废酸、壳体、隔板等无法得到有效的综合利用，而将其排出，不仅会带来资源的浪费，而且会造成环境的二次污染[4]。在发展中国家，大部分公司只采用纯粹的人工拆除废弃的电池，原因是融资困难和回收过程成本高。如图 6 - 1 所示的手工拆解废旧铅酸电池现场，废旧的蓄电池堆放在一处，铅酸污水被就地处理，污水则是直接排到了污水沟里，工作条件十分艰苦，这样的工作模式将铅膏、铅栅等各种原料混合在一起，给工人和附近的居民带来了极大的危害[5]。

图 6 - 1　手工拆解废旧铅酸蓄电池现场[5]

由于我国环保的要求，近年来国内废旧电池领域里传统拆卸工艺已被淘汰，取而代之的是自动化程度较高的机械破碎分选技术[6]，废旧铅酸蓄电池的自动破碎和分选，既能减小劳动强度，又能提高工作效率，同时改善工作环境，使其分离完全，分选效果比手工分选好，且各材料的残留率低、金属的回收率较高。采用破碎、分选、预处理的方法，可以使铅酸蓄电池中的铅栅硬铅材料、铅泥与有机物充分分离[4]。我国现已有不少废旧铅酸蓄电池的破碎和分选设备，现有的预处理工艺有机械粉碎、分选、铅膏冶炼前脱硫等[7]，本节主要介绍俄罗斯重介质分选技术、意大利 CX 粉碎分选技术、美国 M. A 粉碎分选技术和中国自主开发的二级分选技术[8]。

俄罗斯重介质分选技术[9]是采用机械抓斗把多个废旧铅酸蓄电池放到链式传送带，再通过传送带把电池送到锤式破碎机进行破碎，多层振动筛把破碎后的物料进行湿式筛分，筛分的产物有细粒部分（1 mm）、中粗部分（包含塑料与合金铅（1~4 mm）和粗块部分（包含塑料与合金铅（4~60 mm））。其中的一部分经过烘干后进行熔炼，另外一部分用作加重剂，用于重介质中、粗颗粒的分选。中粗、粗粒料中均含有密度差异较大的塑料、合金铅，采用不同的重介质旋流器对其进行分离，并对其进行单独的处理。重介质分选流程图如图 6 - 2 所示。

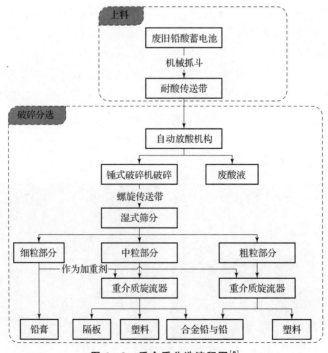

图 6 - 2　重介质分选流程图[9]

图 6 – 3 所示为意大利 CX 破碎分选系统流程图[10]。意大利的 CX 粉碎和分选系统是利用机械抓取器将废旧铅酸蓄电池放在链条输送机上，然后通过链条输送机将电池送至锤式破碎机的进料斗，在起重时，有一个穿孔机将蓄电池外壳打穿，使电解液流入容器。用"钩"形重锤破碎机将放液后的铅酸蓄电池粉碎到直径不超过 20 毫米后排放，并用循环水清洗，因此无尘。一台水平式螺旋运输机，将破碎物料不断送入水力分级箱，并根据物料的密度，调节水压，对碎块进行分级。将合金铅沉于分级槽的底部，通过链条输送机将其取出。"氧化物"和低浓度的有机物质随着水流流向筛网，通过振动筛分离，筛下的颗粒是较小的颗粒，用步进除浆机将其除去。滤网中的有机物质被水流带到另外一个小型的水力分选槽中，把密度较低的塑胶和密度较高的橡胶分开，然后用相应的螺旋机进行分离。图 6 – 4 所示为湖北楚凯冶金有限公司从意大利引进的 CX 破碎分选系统。

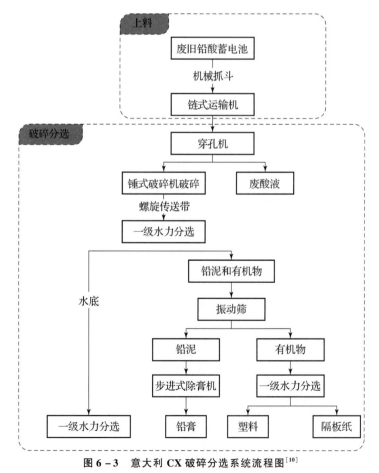

图 6 – 3　意大利 CX 破碎分选系统流程图[10]

图 6 - 4　湖北楚凯冶金有限公司从意大利引进的 CX 破碎分选系统[10]

美国 M. A 破碎分选系统[11]是采用机械抓斗把多个废旧铅酸蓄电池放到链式传送带，再通过传送带把电池运至自动放酸机器上，把废旧铅酸蓄电池的废酸液放入储酸槽中。完成放酸后的废旧铅酸蓄电池使用颚式破碎机破碎成最大尺寸不超过 50 mm 的碎片。在破碎机振动和水的冲洗下先后流入滚筒冲洗筛内，然后经过两级滚筒冲洗筛分。最后，根据物料间的不同密度、颗粒大小差别，使用水的浮力与冲击力将板栅、铅膏、塑料和隔板等分开富集。最后把每一部分分开处理。M. A 破碎分选系统流程图如图 6 - 5 所示。

在对现有的国内外技术总结、分析和研究的基础上，中国研制出一套适合我国工业化的废旧铅酸蓄电池两级破碎分选工艺技术，可以实现破碎、有效分选[12-14]。具体工艺流程如图 6 - 6 所示：①将废旧的中小型铅酸蓄电池送入料仓，再经除铁装置，由传送带送至一级高速旋转的厚刃破碎机；同时，大型铅酸蓄电池的原料经切割、除铁后，再由传送带送至一级高速旋转的厚刃破碎机。②在一级高速旋转的厚刃破碎机之后，材料通过一级传送带进入二级高速旋转薄刃破碎机。③在由两级高速旋转薄板切割机连续粉碎后，通过二级传送带，进入铅板栅、铅件、铅膏分选机；接下来，铅板由铅板栅极输出，进入高压过滤脱硫系统，剩余的各种碎片（如塑料、隔板、橡胶、树脂、纤维、细铅泥等）进入铅膏储存槽中。④经过轻质碎料分选器后的碎片被分离出 PE、PP 隔板等一般固体废物，还有 PE、PP、PPE 塑料。⑤经过重质碎料分选器后的碎片被分离出环氧树脂、橡胶、纤维、PVC 隔板等一般固体废物，还有 ABS、AS 塑料。⑥通过细铅泥储存槽，将重型废渣上的细铅泥微粒用压滤法脱硫二级循环。⑦铅膏储槽内的铅膏以铅泥浆的形式流入第二级脱硫循环池，经脱硫

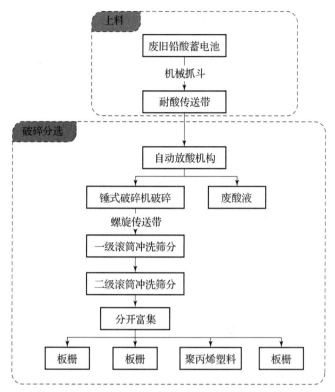

图 6 – 5　M. A 破碎分选系统流程图[11]

反应后，再用压滤机进行压滤，使含水率低于 20% 的铅渣成为中间产物。⑧ 将压滤后的硫酸铵溶液通过后续的硫酸铵储存槽，通过过滤，得到液体硫酸铵的产物或中间产物。

图 6 – 7 为废旧铅酸蓄电池全自动两级破碎分选系统图[15]。在切割加料系统中设有切割机，它可以安装在传送带的前部。该系统能对大规格（长达 80 cm）的废旧铅酸蓄电池进行自动切割，并能在破碎和分选装置上实现对大容量的电池进行自动切割，不需要手工操作，从而提高了生产效率和自动化水平。

采用高强度的磁性设备，将含有铁块的电池牢牢吸附在除铁器中，防止含有铁块的废旧铅酸蓄电池进入到破碎机，从而有效地防止了金属杂质对回收铅合金的伤害。

高速旋转刀片式破碎既不同于国外的锤式破碎，也不同于颚式破碎，这种破碎方法可使破碎率达到 100%，破碎生产效率达到 20 ~ 40 t/h。在破碎子系统中装有一级高速旋转（600 ~ 2 600 r/min）厚刀片和二级高速旋转（800 ~

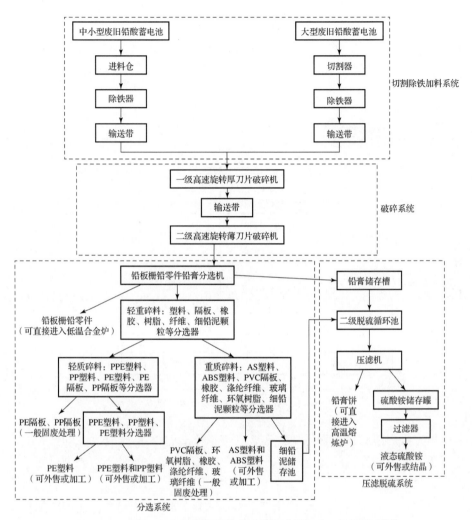

图 6-6 我国工业上废旧铅酸蓄电池两级破碎分选工艺流程图[15]

3 000 r/min）薄刀片，因此一级破碎后物料碎片颗粒直径可以控制在 45～
55 mm 范围内，二级破碎后物料碎片颗粒直径可以控制在 30～45 mm 范围内。
这大大提高了分选效率，既可以有效地实现铅板栅与铅零件的分选，又可以使
铅板栅上的铅膏彻底脱离，还可以使轻重碎料（塑料、隔板、橡胶、树脂、纤
维等）中不会夹有铅板栅或铅零件，同时还有利于塑料、隔板、橡胶、树脂、
纤维等分离效率的提高。二级高速旋转薄刀片由锋利的特种钢制成，既可以将
管式电池中的涤纶排管切断和粉碎，也可以将玻璃纤维隔板（AGM）粉碎，
有效地消除了涤纶纤维和玻璃纤维等物料引起的过滤网堵塞现象，解决了管式
电池和胶体电池等引起的堵塞分选器的问题。

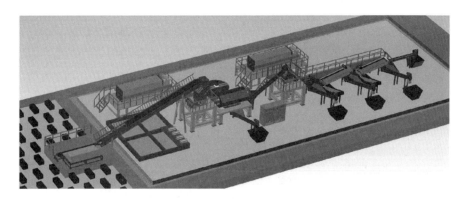

图 6 – 7　废旧铅酸蓄电池全自动两级破碎分选系统[15]

系统总共有 7 个物料分选出口，分别是粗铅泥颗粒出口、细铅泥颗粒出口、铅板栅出口、重质塑料出口、轻质塑料出口、隔板出口、杂质出口。同时，在铅板栅出口、重质塑料出口、轻质塑料出口安装有特制的铅板栅、塑料二次分选装置，保证分选效果，使废旧铅酸蓄电池中每个组成部分都物尽其用。

江苏新春再生资源开发有限公司研究出来一种新型的无污染再生铅技术。它的具体生产工艺为：对废旧铅酸蓄电池进行预处理、脱硫、熔炼、提取铅和其他合金等，废旧铅酸蓄电池回收清洁生产工艺流程详见图 6 – 8。首先将回收的废旧铅酸蓄电池进行机械破碎分选得到其中的含铅物质，然后将分选出的含铅物质先进行脱硫处理后放进合金熔炼炉中进行熔炼配制铅合金，熔炼完成过后即可得到粗铅，再通过精炼工序将粗铅的杂质去除得到精铅和合金铅，最后将其浇铸得到铅锭。

6.1.2　火法冶金技术

就废旧铅酸蓄电池的清洁生产实践而言，最早采用的工艺是火法冶金。采用火法回收铅，其基本原理就是在较高的温度下，利用碳的反应，将铅的氧化物还原成粗铅，再通过提纯过程得到精铅。铅膏中 $PbSO_4$ 含量在 50% 以上，在高温下会释放出 SO_2。另外，铅膏因受温度的影响，容易造成含铅粉尘。采用火法冶金处理废旧铅酸蓄电池，具有流程短、设备投资少、处理能力强等优点，但也有很多弊端，比如能耗高，使用时会产生大量的 SO_2 和铅尘[16]。

直接火法熔炼技术是直接将废旧铅酸蓄电池分离产生的铅膏投到鼓风炉、回转炉、反射炉等炉内再加入还原剂进行高温还原熔炼从而产出再生铅。此技术工艺方法简单，容易操作，但在熔炼过程中，铅膏在强还原性气氛下硫酸铅的分解反应难以进行，只有少部分铅膏分解产出二氧化硫气体，气体浓度低，难以治理易造成环境污染。很大部分硫在直接火法熔炼技术中被还原成硫化

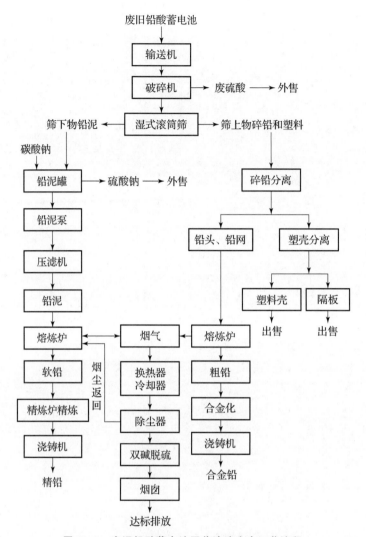

图 6-8　废旧铅酸蓄电池回收清洁生产工艺流程

铅，在高温下生成的硫化铅大量挥发进入烟尘，造成烟尘含硫率高，再生铅的回收率低；少部分的硫化铅进入到残渣中造成残渣含铅率高，从而导致铅的回收率低。

　　预脱硫火法冶金工艺相比于直接火法熔炼技术则是将铅膏经预脱硫后，将高熔点的硫酸铅经湿法热分解成易于还原的碳酸铅。铅膏的转化剂主要是碳酸钠、碳酸铵等，它与铅膏中的硫酸铅反应生成碳酸铅，并产生副产物硫酸钠和硫酸铵。将含铅的脱硫废铅膏还原后再冶炼成回收铅[17]。该技术可有效地解决硫对环境造成的污染，同时也解决了硫酸铅冶炼的难题。但是，转化后的副产品却没有市场，而且价格低廉，导致产品的生产成本难以维持。由于未完成转化反应，铅膏中的硫酸铅未得到充分反应，因此在冶炼过程中仍存在着控制烟气中 SO_2 的问题。

由于我国现有铅酸蓄电池的回收技术存在缺陷，因此采用直接火法冶金工艺，必须使用较强的还原气氛，从而使硫黄的去除和铅的回收都受到了严重的影响，而预脱硫的火法冶金工艺是以湿法进行的，其转化剂的价格高、产量低。这两种工艺的关键问题都是从硫酸铅中去除硫。因此，低温火法脱硫熔炼技术是改善废旧铅酸蓄电池的关键技术。

废旧铅酸蓄电池铅膏低温火法脱硫技术工艺[18]是将铅膏进行火法脱硫后产出高铅渣，高铅渣再进行还原产出再生铅，将铅膏的脱硫和还原熔炼在两个火法熔炼工艺中完成，如图6－9所示的工艺流程。熔炼的主要目标是熔化材料、硫酸铅脱硫、输出部分铅。采用低还原气氛，将硫酸铅还原成硫化铅，与氧化物发生相互作用生成二氧化硫。工艺应确保材料的流动。由于在还原过程中产生的硫化物会进入炉渣或烟灰，因此硫的去除程度直接影响到下一步还原过程中的铅量和烟灰率。

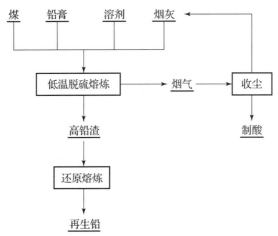

图6－9 铅膏低温火法脱硫技术工艺流程[18]

使用以上技术的第一个前提是，要使废旧铅酸蓄电池铅膏中的硫去除，然后再进行高温还原，这个过程对铅的熔炼比较简单。铅膏的主要成分为硫酸铅、过氧化铅、氧化铅和单质铅。其中，单质铅在高温环境下可以直接熔化；氧化铅在还原气氛下可以与碳反应生成再生铅；过氧化铅会在640 ℃下分解为低价氧化物，低价氧化物与碳进行反应生成再生铅。硫酸铅在氧化还原气氛下发生的反应比较复杂，可能发生的反应如下：

$$PbSO_4 \rightarrow PbO + SO_3\uparrow（1\ 800\ ℃）\tag{6－1}$$

$$PbSO_4 \rightarrow PbO + SO_2 \uparrow + O_2 \uparrow (1\ 300\ ℃) \qquad (6-2)$$

$$PbSO_4 + C \rightarrow PbS + CO \uparrow + O_2 \uparrow (1\ 500\ ℃) \qquad (6-3)$$

$$PbSO_4 + C \rightarrow PbS + CO \uparrow (300\ ℃) \qquad (6-4)$$

$$PbSO_4 + C \rightarrow PbO + CO \uparrow + SO_2 \uparrow (600\ ℃) \qquad (6-5)$$

$$PbSO_4 + PbS \rightarrow PbO + SO_2 \uparrow (900\ ℃) \qquad (6-6)$$

$$PbSO_4 + PbS \rightarrow Pb + SO_2 \uparrow (900\ ℃) \qquad (6-7)$$

由上述结果可知，硫酸铅的直接分解温度在1 300 ℃以上，而硫酸铁还原硫化铁时温度较低，与硫酸铁、氧化铁发生化学反应，生成铅、二氧化硫的温度也相对较低。因此，要从废旧铅酸蓄电池铅膏中去除硫，就必须对其反应温度和环境进行适当的控制。当反应温度较低时，通过调节反应气氛，使产物的熔点不超过反应温度，即可实现火法熔炼。由以上结果可知，调节反应气氛的大小取决于还原剂的添加量，因此只要合理地控制还原剂的比例，就能达到低温火法脱硫的目的。

火法冶金工艺流程短、成本低，但由于冶炼温度较高，且往往会产生大量的铅粉尘和有毒气体，很难达到环境保护的要求。因此，随着环境保护要求的不断提高和技术手段的进步，单纯的火法冶金技术将逐渐被其他回收技术所替代。

6.1.3 湿法冶金技术

由于高温火法回收过程中会造成大量二氧化硫的排放和铅蒸气的挥发，具有高污染、高排放的弊端，无法满足环保要求。新开发的湿法电化学冶金技术同比于火法冶金技术，铅的湿法过程金属回收率较高，环境污染小。

废旧铅酸蓄电池的湿法冶金技术首先需要对废铅膏进行脱硫预处理。硫酸铅约占废铅膏的60 wt%。由于其稳定性，它不与常见的酸反应，如盐酸、硝酸和乙酸等。因此，将硫酸铅脱硫成其他容易与酸反应的铅的化合物是废铅膏常用的预处理工艺。碳酸盐和碱是废铅膏脱硫最常用的试剂。Na_2CO_3、$NaHCO_3$、K_2CO_3、$(NH_4)_2CO_3$和$NaOH$常用作$PbSO_4$的脱硫剂。硫酸铅的脱硫效率可达92.4%～99.7%。目前，许多研究人员将注意力集中在提高脱硫效率上。在柠檬酸和柠檬酸钠浸出体系中，研究了pH对废铅膏脱硫过程的影响。在硫酸铅脱硫过程中，新结晶的柠檬酸铅会覆盖在未转化的硫酸铅芯的表面。高的pH可以促进结晶柠檬酸铅的溶解，硫酸铅芯将暴露且进一步与柠檬酸盐进行反应，从而提出了"表面更新"的概念，以理解使用Na_2CO_3对废铅膏进行脱硫的过程。$PbCO_3$的脱硫产物会阻碍脱硫剂的传质，"表面更新"则是指通过机械力，如碰撞或液压剪切应力，及时从$PbSO_4$颗粒表面去除$PbCO_3$。基于对废铅膏脱硫过程的理解，Ning 等人设计了一种超重力旋转填充床来加速废铅膏的脱硫过程，提出了一种在旋转填充床（PRB）反应器中用 Na_2CO_3 溶液强化铅膏脱硫传质的方法。采用该方法可以在较短的液固接触时间内使 $PbSO_4$ 的脱硫效率达到 99.7%。结果表明，PRB 反应器在废铅膏脱硫工业中具有应用潜力。这些研究表明，在脱硫过程中，脱硫产物附着在未反应的 $PbSO_4$ 颗粒的表面，这促进了对脱硫动力学的理解，并有助于在实际应用中提高脱硫效率。

1. RSR 工艺技术

RSR 技术从工艺流程来说，具体步骤如下：①将铅膏中的 PbO_2 还原；②对 $PbSO_4$ 进行脱硫转化；③对溶液进行电解沉积。在具体的生产工艺中，必须在 290 ℃ 以上的高温环境下，将废旧铅酸蓄电池中的铅膏进行还原、熔化，或将铅膏与水混合而成。接下来，在此反应中，以二氧化硫气体或亚硫酸盐为还原剂，将 PbO_2 还原。最后，使用碳酸盐，比如 $(NH_4)_2CO_3$，作为反应中用的脱硫剂，对铅膏中含有的 $PbSO_4$ 进行处理，获得 $PbCO_3$ 沉淀以及 $(NH_4)_2SO_4$。对生成的 PbO 和 $PbCO_3$ 沉淀，使用 20% 的 HBF_4 溶液或者 H_2SiF_4 溶液浸出，生产电解液。在电解的过程中，使用不溶性石墨或者涂 PbO_2 的钛板，作为阳极，使用铅或不锈钢作为阴极，在阴极能够获得纯度很高的铅粉。这是因为氢的超电压极高，在电解的过程中，阴极上不会有氢离子析出，而金属铅会被优先析出。除此之外，部分的 Pb^{2+} 也会被氧化生成 PbO_2。在运行过程中，添加适当的抑制剂，能够有效减缓阳极 PbO_2 的生成[19]。

2. CX – EW 工艺技术

类似于 RSR 废旧铅酸蓄电池回收再利用技术，CX – EW 技术是使用 $(NH_4)_2CO_3$ 作为反应用的脱硫剂，从而进行脱硫转化，使用过氧化氢或者铅粉，作为该工艺技术的还原剂，对废旧铅酸蓄电池铅膏中含有的 PbO_2 进行还原处理。对生成的 PbO 以及 $PbCO_3$，使用 HBF_4 或者 H_2SiF_6 进行溶解，用以制作电解液。接着使用涂有 PbO_2 的钛板作为阳极，使用铅板作为阴极，能够获得纯度超过 99.99% 的铅粉。但用此工艺技术进行铅的回收利用，具有以下缺点：①阳极析出副产物 PbO_2 不能彻底抑制；②流程多，用时长，电耗高，消耗化学试剂多，成本高；③电解废液中含有较高浓度的铅离子，有着较强的腐蚀性，对环境的危害很大。RSR 技术工艺和 CX – EW 技术工艺都是脱硫转化 – 还原浸出 – 电解沉积的代表性工艺。这两种工艺都是通过脱硫剂将硫酸铅转化为其他不溶物，用还原剂将高价的 PbO_2 还原成 PbO，再用浸出剂将不溶物转化成为可溶性的铅离子，使其通过电解方法沉积到电极上得到金属铅[20]。

对于 CX – EW 工艺技术而言，技术运作的流程为硫化、氧化浸出以及电解。在硫化阶段加入硫酸盐，在硫酸盐还原细菌的作用下，把铅膏中的活性物质，即含铅的化合物转化为 PbS。将生成的 PbS 用三价铁盐氧化浸出，从而将硫离子氧化为单质硫。溶解产生的铅溶液在隔膜电池中进行铅的电沉积，同时可以在阳极室进行三价铁离子的再生，从而有效降低了工艺技术的成本，经济效益较高[21]。

3. 试剂浸出后电沉积工艺技术

自 1980 年以来，人们一直在研究电解沉积法回收废旧铅酸蓄电池。典型的电沉积可分为两种类型，包括固相 – 电沉积和浸出 – 电沉积。在固相 – 电沉积中，$PbSO_4$ 和 PbO_2 分解成 PbO，然后将产生的 PbO 在阴极上还原成金属铅[22]。然而，更多的研究集中在浸出 – 电沉积工艺过程。浸出 – 电沉积工艺包括两种主要类型，基于两种浸出试剂的酸浸 – 电沉积和碱浸 – 电沉积。

关于酸浸 – 电沉积技术，Andrews 提出了基于浸出 – 电沉积的 Placid 工艺[23]。在这个工艺过程中，废铅膏与盐酸和氯化钠反应得到氯化铅。废铅膏首先用稀的 NaCl – HCl 溶液浸出，剩余的酸用石灰中和，然后用生成的脱硫产物 Na_2SO_4 来生产石膏。固液分离后，通过加入铅粉来纯化 $PbCl_2$ 溶液。金属离子的杂质被铅粉还原成金属。最后，将得到的纯 $PbCl_2$ 溶液电解，在阴极上产生金属铅。浸出过程中的反应如下式：

$$2PbSO_4(s) + 2NaCl(aq) \rightarrow 2PbCl_2(aq) + Na_2SO_4(aq) \qquad (6-8)$$

$$PbO(s) + 2HCl(aq) \rightarrow PbCl_2(aq) + H_2O(aq) \qquad (6-9)$$

$$PbO(s) + PbO_2(s) + 4HCl(aq) \rightarrow 2PbCl_2(aq) + 2H_2O(aq) \qquad (6-10)$$

在 Placid 工艺中，电沉积后铅的平均纯度为 99.995%，回收率为 99.5%。然而，Placid 工艺的能耗非常高，最高损耗可达 1 300 kW·h/t，且设备经常会被氯化物腐蚀从而导致维护等问题。

氟硼酸或氟硅酸是浸出 – 电沉积提取技术中另一种常用的浸出酸[24]。Prengaman[25] 开发了 RSR 电沉积提取工艺，该工艺包括碳酸盐脱硫处理、试剂浸出和电沉积提取工艺。在脱硫的过程中，二氧化铅被碱性亚硫酸盐或碱性亚硫酸氢盐还原。然后用 20 wt% 的氟硼酸或氟硅酸溶解铅的化合物。在电沉积提取过程中，将石墨作为阳极。在工作电压为 2.2 V、电流密度为 216 A/m^2、电解时间为 4 h 的条件下，电沉积效率可达 96%。沉积在阴极上的产物是高纯度的金属铅（99.98%）。浸出过程的反应如下式：

$$PbO_2(s) + (NH_4)_2SO_3(aq) \rightarrow PbO(s) + (NH_4)_2SO_4(aq) \qquad (6-11)$$

$$PbCO_3(s) + H_2SiF_6(aq) \rightarrow PbSiF_6(aq) + H_2O(aq) + CO_2\uparrow(g) \qquad (6-12)$$

$$PbO(s) + H_2SiF_6(aq) \rightarrow PbSiF_6(aq) + H_2O(aq) \qquad (6-13)$$

或 $PbCO_3(s) + 2HBF_4(aq) \rightarrow Pb(BF_4)_2(aq) + H_2O(aq) + CO_2\uparrow(g)$

$$(6-14)$$

$$PbO(s) + 2HBF_4(aq) \rightarrow Pb(BF_4)_2(aq) + H_2O(aq) \qquad (6-15)$$

电沉积过程反应如下式:

$$阴极:Pb^{2+}(aq) + 2e^- \rightarrow Pb(s) \qquad (6-16)$$

$$阳极:H_2O(aq) \rightarrow 2H^+(aq) + 1/2O_2(g) + 2e^- \qquad (6-17)$$

Cole 等人研究了从废旧铅酸蓄电池中回收铅的浸出-电沉积提取工艺,这个过程与 RSR 工艺过程非常相似,但也存在以下区别:在使用 H_2SiF_6 浸出 $PbCO_3$ 的过程中,向溶液加入细金属铅粉或 H_2O_2,将 PbO_2 还原成 PbO,这样便容易浸出。Olper 等人提出了一种基于 H_2SiF_6/HBF_4 浸出的 CX-EW 工艺[26]。该工艺用碳酸钠和氢氧化钠作为脱硫剂,金属铅粉和 H_2O_2 作为还原剂将 PbO_2 转化为 PbO。接下来,铅的化合物被 H_2SiF_6/HBF_4 浸出,含铅化合物($PbSiF_6/$ $Pb(BF_4)_2$)溶液用于电沉积提取过程,在阴极上电沉积金属铅。CX-EW 工艺利用了一种特殊设计的复合阳极,这种阳极可以在极高的电流密度下工作,从而阻止了 PbO_2 在阳极上的沉积,且溶液中残留的 H_2O_2 有助于减少 PbO_2。HBF_4 溶液中电流密度可高达 320 A/m^2,提取铅的能耗可达 800 $kW \cdot h/t$。如果回收 Na_2SO_4,该工艺提取铅的运行成本为 210 美元/t。然而,RSR 工艺技术和 CX-EW 工艺技术都不能完全消除 PbO_2 在阳极上的沉积。此外,相对较高的电能消耗和强酸试剂对设备的腐蚀也十分令人担忧,且 H_2SiF_6 在大于 60 ℃ 的温度下容易分解成有毒的气体,如 HF 和 SiF_4。这可能对操作人员和环境造成严重危害[27]。

Xuan 等人[28]提出了用 $HClO_4$ 溶液浸出-电沉积回收金属铅的工艺途径。首先,将脱硫后的废铅膏和废旧铅酸蓄电池的铅栅溶解在 $HClO_4$ 溶液中,形成 $HClO_4 - Pb(ClO_4)_2$ 溶液。然后在该溶液中进行电沉积过程从而获得金属铅,$HClO_4$ 再生从而可以重复使用。该工艺技术提取铅的能耗为 500 $kW \cdot h/t$,远低于其他酸浸-电沉积工艺路线。电沉积提取铅的纯度高达 99.999 1%,铅的回收率超过 98.5%。然而,$HClO_4$ 溶液的使用同样也带来了严重的设备腐蚀问题以及环境问题。

最近提出了一种直接从废铅膏电解回收高纯度金属铅的新方法[29]。其是将废铅膏与炭黑、$BaSO_4$、腐殖酸、木质素磺酸钠和短纤维混合均匀,然后与水混合制成含铅浆料。将得到的浆料涂敷在铅合金板栅上。干燥后用于电解池中,涂有浆料的铅合金板栅用作阴极,$SnO_2 - Sb_2O_5 - MnO_2 - RuO_2$ 涂敷的钛作阳极,高浓度的(NH_4)$_2SO_4$(200 g/L)和 1% 的乙二胺电解质。在电解过程

中，铅膏中的 PbO_2 被电解液中的 H_2SO_4 还原成 $PbSO_4$，$PbSO_4$ 和 PbO 最终在阴极转化为金属铅。在充分电解的情况下，阴极电流效率为 87.63%，铅的回收率为 96.61%。此外，该工艺技术提取铅的能耗为 786 $kW \cdot h/t$。

Wu 等人[30]用甲磺酸（MSA）来浸出白钨矿精矿，通过湿法冶金浸出 – 电沉积的工艺来回收铅，获得了 98.0% 的铅回收效率和 530 $kW \cdot h/t$ 的能耗。虽然这项研究的重点是从锡矿石中提取铅，但他提出了一种有前途的替代溶剂来回收废旧铅酸蓄电池。在这一基础上，还进一步讨论了新的浸出剂浸出技术，而不仅仅是酸浸。离子液体目前被提议用于浸出铅的化合物。据报道，氧化铅可以溶于尿素和氯化 1 – 丁基 – 3 – 甲基咪唑盐共晶溶液（尿素 – BMIC）[31]。氧化铅和硫酸铅可以溶解在疏水的含溴酸性酰胺型离子溶液以及氯化胆碱/尿素共晶溶剂中[32, 33]，从而证明了离子溶液在废旧铅酸蓄电池的回收中电沉积金属铅具有应用前景的。

铅膏中的主要组分包括 $PbSO_4$、PbO_2、PbO 和 Pb，在一定条件下都可以溶解于氢氧化钠体系以铅离子的形式存在，因此研究人员可以通过碱性体系浸出、电解沉积的技术来回收废铅膏中的铅。在碱浸 – 电沉积技术中，Carlos 等人[34]采用动态电位和计时电位滴定的方法，在碱性电解体系中加入甘油或山梨醇，然后将甘油和山梨醇等多元醇对铅溶解行为和阴极沉积机理的影响进行了对比分析。结果表明，山梨醇能够促进铅盐在碱性溶液中的溶解，且山梨醇对阴极树枝状结晶铅的抑制效果要比甘油好。此外，Chen 等人[35]采用NaOH – $NaKC_4H_4O_6$ 体系浸出废铅膏电解回收铅，探索了酒石磺酸钾钠在碱性环境下对阴极铅沉积效率的影响。研究结果表明，$OH^- – C_4H_4O_6^{2-}$ 可以增加铅在碱性溶液中的溶解度，该电解工艺中电流效率可以达到 98%，铅回收率高达 95%。

近年来，Nikoli 等人[36]在碱性体系中探索了铅粉在阴极沉积的形貌和结晶的特点。结果表明，铅在阴极的沉积受欧姆扩散控制，高的过电位导致阴极树枝状结晶铅的形成。在此基础上又研究了铅在铜基片上的成核方式和生长机理，结果表明随着铅离子浓度和电沉积过电位的增加，成核类型会由连续型转变为瞬时型。目前，铅在碱性体系中的电沉积受到了广泛的关注和研究。例如，王维等人[37]在碱性环境下电解铅膏制备高纯铅，探讨了氢氧化钠浓度、电解温度、电流密度等工艺参数对电流效率的影响，结果表明在最佳工艺条件下电流效率达 91%；颜游子[38]采用氢氧化钠浸出电解体系从铅膏中回收制备金属铅，探讨了不同浸出条件和电解工艺参数对制备高纯铅的影响，并获得了电沉积制备金属铅的最佳工艺条件；郭明宜[39]采用碱性木糖醇体系浸出铅膏，探讨了氢氧化钠浓度、木糖醇浓度、浸出温度和时间等对铅膏浸出率的影响，结果表明在最佳条件下铅膏的浸出率可达 96.24%，并且对含铅浸出液电沉积提铅的工艺进行了初步的探索。

碱性浸出体系电沉积回收铅工艺消除了火法熔炼对环境污染性高的问题，而且与酸性浸出电沉积回收工艺相比，该工艺技术步骤更加简单，如下反应式所示。但是在碱性环境条件下硫酸铅和二氧化铅比较难溶解，直接采用氢氧化钠溶液进行浸出会导致浸出率低、碱浸出液消耗量变大等问题，进而会导致铅的回收效率降低。

$$Pb + PbO_2 + 2H_2SO_4 = 2PbSO_4 + 2H_2O \tag{6-18}$$

$$2PbSO_4 + 2NaOH = 2PbO + H_2O + 2NaSO_4 \tag{6-19}$$

$$PbO + NaOH = NaHPbO_2 \tag{6-20}$$

$$HPbO_2^- + H_2O + 2e^- \rightarrow Pb + 3OH^- \tag{6-21}$$

$$2H_2O + 2e^- \rightarrow H_2\uparrow + 2OH^- \tag{6-22}$$

$$2OH^- - 2e^- \rightarrow \frac{1}{2}O_2\uparrow + H_2O \tag{6-23}$$

4. 固相电解还原工艺技术

固相电解 – 还原法是以 NaOH 溶液为电解质，表面有凹槽的不锈钢板为阴极，以 8 mol/L NaOH 溶液浆化后的铅膏，经电解处理后，由含铅化合物将阴极的电子从负极还原成金属铅。其工艺流程为：废铅污泥→固相电解→熔化铸造→金属铅。每生产 1 t 铅耗电约 700 kW·h，回收率可达 95% 以上，回收铅的纯度可达 99.95%，产品成本远远低于直接利用矿石冶炼铅的成本[40]。陆克源[41]的固相电解还原技术可以对铅膏进行电解处理。该工艺使用普通的水溶液电解槽，其中装有 NaOH 的电解质，阴极和阳极都由不锈钢板构成，但是在阴极和阳极处都有不锈钢隔板。用此工艺对电解液进行了分离，得到了 99.95% 的纯度。该工艺占地少，投资少，回收率高，工艺清洁，在国内外已经得到了广泛的应用。

6.1.4　其他回收技术

1. 火法 – 湿法联用回收技术

火法 – 湿法综合利用技术是以火法冶炼技术为基础，但由于全球环保意识日益增强，传统的火法冶金工艺所排放的 SO_2、烟气已成为制约废旧铅酸蓄电池行业发展的主要障碍。火法 – 湿法联用回收技术，是指在对铅酸蓄电池进行粉碎和分离后，将铅膏加到脱硫剂中进行脱硫，即将铅膏中的 $PbSO_4$ 转变成其他形式的铅化合物，然后进行火法熔炼。由于 $PbSO_4$ 的分解温度高达 900 ℃，而转化后的铅化合物具有较低的分解温度，因此脱硫技术在降低 SO_2 产生的同时还能降低熔炼温度，减少铅蒸气以及铅尘的产生，从而减少对环境的污染[42]。

唱鹤鸣等人[43]用 Na_2CO_3 作为脱硫剂，铅膏脱硫过程在 95 ℃、物料配比 1.4 : 1、液固比 4 : 1 下反应 480 min、脱硫率可达 93%；火法还原过程铅膏粉与碳粉的最佳质量比为 16.7 : 1、最佳温度为 850 ℃，反应时间为 60 min，还原产品铅的纯度为 99.59%。

2. 柠檬酸法处理技术

常规废旧铅酸蓄电池的活性材料是以铅为主要原料生产铅。对铅粉经过多个工艺加工，如涂膏剂和涂板，再加工而成。在实际的生产过程中，要进行熔融、氧化处理，这个过程消耗了大量的能量。常规回收过程中产生的铅，都是用在了铅酸蓄电池的生产上，需要消耗更多的能源。采用湿法回收技术，可将铅膏中的微量 PbO 粉末直接用于铅酸蓄电池，以减少能耗。这是由于超细粉末的巨大优点，可以制造出更高的容量和更长的寿命[44]。

采用柠檬酸湿法工艺，在实际使用中，PbO 与柠檬酸的水溶液可以在室温下直接进行反应，得到柠檬酸铅。在反应过程中，添加一定量的 H_2O_2 作还原剂，使 PbO_2 与柠檬酸发生反应，还原 PbO_2，还原成柠檬酸铅，并能放出一定的氧。在此基础上，采用柠檬酸三钠作脱硫剂，使铅膏中的硫酸铅与柠檬酸的水溶液发生反应，经氧化还原，得到柠檬酸铅。最终，通过对滤渣进行清洗、过滤，再经高温焙烧，可得到以 PbO、Pb 为主的粉末。采用柠檬酸水溶液对 PbO 粉末进行低温处理，可得到较好的回收效果。采用柠檬酸工艺对废旧铅酸蓄电池进行处理，其优点是：①该工艺无 SO_2、CO_2、铅尘等污染；②可降低能耗；③采用直接制备 PbO 粉末，可直接作为铅粉用于铅酸蓄电池的制造；④利用超微量 PbO 粉末作为电极板的活性材料，可以生产出高性能的新产品[45]。

3. 真空氯化技术

近年来，真空冶金技术已成为废旧铅酸蓄电池的一种可接受的金属回收方式。与普通的冶金技术相比，真空冶金技术具有能耗低和环境效益显著的优点。由于真空氯化冶金技术可以从废旧铅酸蓄电池中提取金属并资源化利用，正成为一种具有吸引力的回收技术。真空氯化技术使用合适的氯化剂使废铅膏的铅形成高挥发性的金属氯化物，利用金属氯化物的高挥发性确保了金属铅的快速回收，且真空状态下减少了副产物的产生，因此保证了高的产品纯度。

|6.2　废旧二次镍基电池回收技术|

在废弃的二次电池中，镍基电池占了很大的份额。这些电池都包含了一些昂贵的或者是有毒的成分，必须对其进行回收以减轻对环境可能造成的危害。废旧电池不仅对环境造成了严重的污染，而且还是一种宝贵的资源，回收利用不仅能减少环境污染，还能产生更多的价值。以镍氢电池为例，其包含氢氧化镍、稀土储氢合金、氢氧化镍、氢氧化镉等有毒物质[46]，回收利用具有经济效益和社会效益。废旧镍基电池是一种被遗弃的资源，它含有大量的镍、钴、铁、不锈钢等元素，这些元素都是自然界中的珍稀材料，如果被扔掉，那就是一种巨大的浪费[47]。

稀土元素（REEs）是由 15 种镧系金属加上钪和钇组成的一组元素，其独特的理化性质对高科技设备的性能提升至关重要，广泛应用于电子、石油化工、冶金等领域，被公认为"未来的材料"。由于稀土元素在先进技术中的作用是其他材料所不能替代的，所以目前稀土元素被归为关键元素，全球每年需求量以 8.6% 的速度大幅增长。尽管相对丰富，但由于稀土元素地质分布分散，很少有集中出现的稀土矿物，因此提取困难。镍氢电池负极由混合稀土合金组成，含有大量镧、铈、钕等稀土金属，约占镍氢电池总重量的 30%。因此，对废旧镍氢电池稀土元素的回收不仅可以减少污染，还能缓解日益紧张的资源压力。

目前已经有许多关于从废旧镍氢电池中回收稀土元素的研究，特别是湿法冶金和火法冶金。火法冶金处理废镍氢电池具有能耗大、环境污染严重的缺点，回收的稀土元素是混合物，通常在低浓度下还原为矿渣相，需要通过湿法冶金工艺进一步提取来精炼，有时需要进一步的分离步骤，经济回收难度较大。因此，火法冶金通常用于回收镍和其他贱金属，较少用于从废旧镍氢电池中回收稀土元素。

对于废旧镍氢电池，人们采用了各种技术方法对其进行处理回收，并取得了显著的进展。回收废旧镍氢电池的技术主要有机械回收、火法冶金、湿法冶金、生物冶金、正负极分开处理、废旧镍氢电池再生等技术。

6.2.1　机械回收技术

机械回收处理技术也可称为选矿技术，通常作为火法冶金技术和湿法冶金技术的预处理步骤或补充步骤。废旧镍氢电池要按物质的密度、电导率、磁力、韧性等不同进行回收，主要包括分类、磁选、拆解、破碎等。机械处理废旧镍氢电池的工艺流程见图 6 – 10 [48]。

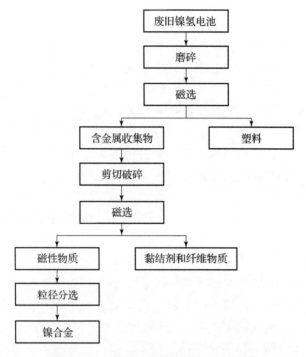

图 6 – 10　机械处理废旧镍氢电池工艺流程

机械回收技术是一种简单的物理工艺，不需要高温煅烧，也不需要化学反应，是一种高效、无污染的工艺。因此，一般采用机械循环和其他工艺相结合，以实现对有价值金属的有效回收。

6.2.2　火法冶金技术

火法，又称为干法或烟法，该方法首先将废旧镍氢电池分类、破碎，然后在高温烘烤中进行焙烧，主要采用控制温度蒸发、再冷却，以镍、铁合金为主要回收对象。目前，火法冶金技术主要有两种：常压冶金法和真空法[49, 50]。具体步骤为：先将废旧镍氢电池磨碎、解体、洗涤，以除去 KOH 电解液。重力分选出有机废弃物，再放入焙烧炉中在 600 ~ 800 ℃下焙烧。从排出的烟气废渣中分离和提纯不同的金属。可获得含镍质量分数 50% ~ 55%，含铁质量分数为 30% ~ 35% 的 Ni – Fe 合金。日本的住友金属、三德金属等多个企业就是利用这种工艺处理废旧镍氢电池。常压火法冶金工艺全部在大气中进行，而真空火法冶金工艺是在封闭、负压的环境中进行的。火法冶金技术处理废旧镍氢电池工艺流程见图 6－11[51]。

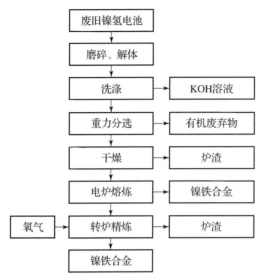

图 6－11　火法冶金技术处理废旧镍氢电池工艺流程

火法冶金工艺简单，材料处理量大，可以将已有的处理废旧镍氢电池的方法直接用于处理。但是这种工艺所产生的产物价值较低，如钴等贵重金属没有被回收，而稀土元素又被转移到了熔炉中，造成了巨大的资源浪费。该工艺不仅需要大量的设备，而且需要大量的能源，而在常压冶金工艺中，由于存在着大量的空气，很容易导致二次污染。真空冶金技术解决了传统的二次污染问题，但由于镍、钴等有价金属的回收效率低，能源消耗大，所以在回收过程中，采用真空技术与其他技术相结合，以实现回收的最佳效果，降低环境污染。

6.2.3　湿法冶金技术

湿法是利用机械粉碎、去碱液、磁选、重力等方法对废旧镍氢电池进行分离的方法。然后用酸浸法，将电极敷料溶解，过滤除去不溶物质，得到包含镍、钴、稀土、锰、铝等金属盐的溶液。通过化学沉淀、萃取、置换等多种回收手段，可以有效地回收废旧金属。主要由以下 4 个步骤组成：①利用溶剂将废品溶解，使金属离子在溶液中得到稳定，即提取；②将所述浸渍溶液从所述残余物中分离出来；③采用离子交换法、溶液提取法或其他化学沉淀法对提取物进行纯化、分离；④将金属或化合物从纯化溶液中萃取。

相对于火法冶金，湿法冶金可以分离出多种不同的金属，具有高纯度、低能耗、排放少、废水易控制等优点。但是，湿法冶金的流程一般都比较复杂，而且处理费用高，很难达到工业化的目的。但是，与传统的火法工艺相比，湿法工艺对废旧镍氢电池的回收利用具有明显的优越性。目前，湿法冶金工艺的主要问题是优选浸出工艺和镍、钴元素的浸出工艺。湿法冶金技术处理废旧镍氢电池工艺流程见图6-12[52]。

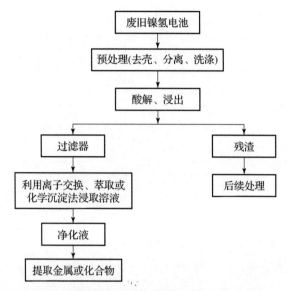

图6-12　湿法冶金技术处理废旧镍氢电池工艺流程

　　湿法冶金工艺处理各种矿物和二次资源具有能耗低、投资成本低等优点。一些研究人员用不同的无机酸（HCl、H_2SO_4、HNO_3）浸出镍氢电池废液，将稀土元素带入溶液中。浸出后，通常采用双盐沉淀法从酸性浸出液中回收分离稀土元素，操作简单，易于工业化。然而，稀土元素的回收率通常在80%~95%，纯度相对较低。

　　Fernandes等人使用PC-88A磷酸萃取剂萃取镍和镧系元素，然后选择性沉淀镧系元素，但铁、钴、锌等杂质需要另外两个萃取系统提前除去，操作复杂，综合利用效果不理想。Zhang等人提出了一种利用D2EHPA联合萃取剂，在pH为2.6的条件下萃取稀土、锌、铝、铁、锰的工艺，然后用草酸选择性沉淀法从条状液中提取稀土元素，再用Cyanex 272分离出废液中的镍和钴。Tzanetakis和Scott还开发了一种在煤油中使用D2EHPA回收稀土元素，然后电化学回收镍钴合金的工艺。但是由于D2EHPA的选择性较差，所以萃取出的混合稀土氧化物的纯度较低。Larsson和Binnemans提出了一种从废旧镍氢电池中回收金属的新分离方案。在萃取的第一阶段，在高氯化物浓度（8 mol/L氯化物）的金属负载液中，从稀土元素和镍中除去钴、锰、铁和锌。用Cyanex

923 从硝酸三甲胺中萃取稀土，在第一次萃取的废渣上进行了回收实验。此外，他们提出了一种利用合成吸附剂分离回收稀土元素的新工艺。用氢氧化钠溶液沉淀法从酸浸液中分离出杂质稀土。用 2 mol/L HCl 对得到的沉淀进行浸出，用吸附剂从 HCl 浸出液中提取铷。该工艺的缺点是稀土元素和镍的损失较大。生物吸附作为一种回收金属的方法也受到了人们的重视。这个过程不产生任何化学污染，它只被用于从非常稀的溶液中提取金属。

夏允等人报道了一种采用 N1923 为主要萃取剂，从废旧镍氢电池的酸浸液中回收稀土元素的溶剂萃取新工艺。N1923 萃取剂广泛用于 Th 和 RE(Ⅲ) 的分离。废旧镍氢电池负极经过硫酸浸出后，其浸出液中含有的稀土元素离子可能与 SO_4^{2-} 反应形成络合阴离子 $RE(SO_4)x3 - 2x$，可由原胺选择性萃取，而铁、镍、钴等金属主要以阳离子形式存在，萃取过程中残留在废液中。从而实现了稀土元素（Ⅲ）与铁、镍、钴的分离。实验选择 N1923 为萃取剂和异辛醇为改性剂，以 1∶1 的比例在 20 ℃下提取稀土元素离子，进料 pH 为 1.5，持续 5 min。将异辛醇作为改性剂加入有机溶液中以改善相分离。结果表明，在萃取剂和改性剂的浓度在 0～10% 的范围内，稀土元素离子的提取率高达 97%。但随着萃取剂浓度从 10% 增加到 30%，相分离时间（PDT）从 3 min 增加到 30 min 时，由于改性剂浓度较低（<4% V/V），导致萃取过程中出现乳液。萃取剂和改性剂浓度对 RE 萃取的影响见表 6 - 1 所示。考虑到快速 PDT 和良好的相分离，选择由磺化煤油中的 10% V/V 的 N1923 和 4% V/V 的异辛醇组成的有机体系用于表征和优化 RE 的萃取。

表 6 - 1　萃取剂和改性剂浓度对 RE 萃取的影响

N1923/vol. %	异辛醇 vol. %	RE 萃取率/%	相分离时间/min	相分离性能
10	10	97.1	3	好
20	10	97.5	10	好
30	10	97.7	30	好
10	8	97.2	5	好
10	6	97.1	5	好
10	4	97.3	4	好
10	2	97.5	—	微乳化
10	0	98.0	—	乳化

图 6 - 13 显示了进料 pH 对金属萃取的影响。在测试的 pH 范围内，稀土元素离子的萃取率超过其他如 Cu、Mn、Ni 和 Fe 等金属元素。此外，稀土元素离子的萃取随着 pH 的增加而增加，但是当进料的 pH 达到 2.5 时，相分离效果变差。这很可能是由高 pH 值下 Fe^{3+} 的水解引起溶液乳化。在 0.5 ~ 2 的 pH 范围内，稀土元素离子的萃取达到最大值，而在 pH 为 1.5 时，Ni、Cu 和 Mn 的萃取可忽略不计，导致分离因子 $\beta RE/Ni$ 达到最大值 229。图 6 - 14 显示在 3 min 内获得萃取平衡，萃取约 70% RE，表明快速萃取动力学。图 6 - 16 显示相分离时间随着温度的升高而减小，但温度越高，有机溶液的挥发、降解等能量消耗越大，损失也越大。因此，环境温度 20 ~ 25 ℃ 被选为最佳。图 6 - 15 可以看出，随着 A/O 比从 4/1 降低到 1/1，RE 的萃取率从 40% 显著增加到 95%，而 Fe 和 Ni 的萃取率保持稳定在 10%。RE 的较高萃取率可显著降低计数电流萃取期间的阶段数。当 A/O 比为 1/1 时，$\beta RE/Ni$ 和 $\beta RE/Fe$ 的两种分离因子均达到 330。此外，还观察到随着 A/O 比的降低，相分离变得更好。

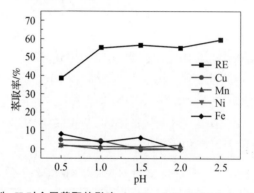

图 6 - 13 进料 pH 对金属萃取的影响（A/O = 2/1，180 r/min，20 ℃，5 min）

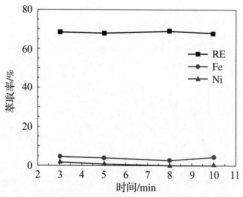

图 6 - 14 反应时间对金属萃取的影响（A/O = 2/1，pH = 1.5，180 r/min，20 ℃）

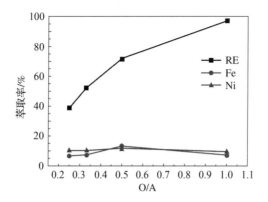

图 6 – 15　相比率对金属萃取的影响（pH = 1.5，180 r/min，20 ℃，5 min）

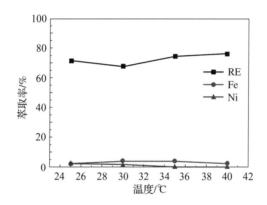

图 6 – 16　温度对金属萃取的影响（A/O = 2/1，pH = 1.5，180 r/min，5 min）

　　用于中试的废旧镍氢电池酸浸溶液中稀土元素萃取流程如图 6 – 17 所示，萃取元素含量如表 6 – 2 所示。该系统包括 5 个萃取阶段，1 个洗涤阶段和 3 个剥离阶段。

　　试验运行超过 30 天。在全连续中试装置试验开始时，观察到含有 15% N1923 和 5% 异辛醇的有机体系比含有 10% N1923 和 4% 异辛醇的有机体系具有更大的稀土元素离子负载能力，它们表现出良好的相分离。同时，A/O 相比从 1/1 调整到 1.5/1，这也可以确保稀土元素离子的完全萃取并减少萃取剂的输入。对于汽提，当使用 2 mol/L HCl 作为汽提剂时，在第一阶段观察到一些沉淀物，这可以解释为在汽提的第一阶段酸度相对较低。但 HCl 浓度增加到 2.5 mol/L 时消除了这个问题。因此，在全连续中试装置试验中测定了 15% 的 N1923 和 5% 异辛醇，在萃取阶段的 A/O 比为 1.5/1，用于汽提的 2.5 mol/L

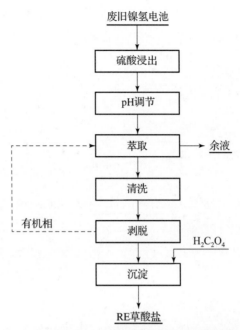

图 6 – 17 废旧镍氢电池酸浸溶液中稀土元素萃取流程图

的 HCl 组成的有机体系。完全连续的中试装置测试表明，该过程非常稳定且易于控制。稳定状态下的典型结果显示在表 6 – 3 中，可以看出，稀土元素离子的萃取达到 99.98%，在余液中留下 0.001 g/L 稀土元素离子。共萃取一些铁和非常少量的镍/钴，其可以在通过草酸沉淀与稀土元素离子分离。除了 95% 的铁外，Ni 和 Co 等杂质的去除率高达 99.9%，表明大部分杂质几乎可以完全去除。条带液中稀土元素离子的浓度几乎达到 17 g/L，是进料中的 3 倍。通过在 70 ℃ 和 pH = 1.5 ~ 2 下加入草酸，将获得的条带液用于沉淀稀土离子。

表 6 – 2 草酸稀土样品的化学成分（wt%）

La	Ce	Pr	Nd	Y	Fe	Mg	Zn	Al
35.22	13.32	0.07	0.43	0.02	0.01	0.01	< 0.01	< 0.01
Ca	Cr	Cu	Pb	Si	Ti	Mo	W	Na
< 0.01	< 0.01	< 0.01	0.01	< 0.01	< 0.01	< 0.01	< 0.01	< 0.01

表 6-3　在 N1923 系统下稀土元素连续萃取结果　　　　单位：g/L

元素	RE	Ni	Co	Fe
原液	5.15	25.99	1.37	13.66
余液	0.001	26.69	1.08	9.78
清洗液	0.450	1.70	0.052	0.74
剥脱液	16.99	0.077	0.003	1.99
萃取率/%	99.98	—	—	—
杂质去除率%	-	99.98	99.97	95.58

（萃取液：15% N1923 + 5% 异辛醇，pH = 1.5，A/O = 1.5/1；清洗液：pH = 1.5 H_2SO_4，AO - 1/10；剥脱液：2.5 mol/L HCl，A/O = 1/3）

由表 6-4 计算，草酸盐中稀土元素离子的纯度达到 99.77%，而除了 0.01% Fe、0.02% Na、0.03% Al 和 0.04% Ca，其他杂质的含量低于 0.001%。

表 6-4　草酸稀土样品的化学成分（wt.%）

La	Ce	Pr	Nd	Y	Cr	Cu	Ca	Fe	Pb	B	Co	K
31.39	14.12	2.039	1.185	0.334	0.000 1	0.000 1	0.04	0.01	0.000 1	0.000 1	0.000 7	0.000 1

V	Zn	Se	Al	Mg	Ba	Ni	Na	Cd	Mn	Li	As	Sr
0.000 1	0.001	0.009	0.03	0.001	0.000 3	0.000 1	0.02	0.000 1	0.000 1	0.000 1	0.000 1	0.000 1

在高温冶金工艺中，废旧镍氢电池首先被粉碎。除去电解质后，所得材料在一定温度下干燥。干燥后将隔膜、黏合剂等有机材料分离，剩下的材料经还原熔炼可生产镍铁基合金。根据不同的目标，可以对所得合金进行再处理。例如，通过氧化去除 Mm、Mn、V 等杂质元素后得到的冶炼产品，可以重新用于合金钢或铸铁的冶炼。机械与冶金相结合的工艺可以反映现有火法冶金加工技术的发展。镍氢电池的钢壳、有机材料和废旧电极材料在破碎过程中会被分离。在电弧炉和专用溶剂的辅助下，可生产镍钴合金，并将稀土金属氧化物转移到炉渣中。镍钴合金经火炼可直接应用于电池工业。

与高温冶金工艺相比，湿法冶金工艺具有明显的优越性。可对各种金属元素进行分离回收，回收率较高。但其缺点可能是其工艺较为复杂，一般先进行机械破碎，除去碱，再进行磁选或重力分离使含铁物料分离。然后用各种酸浸液溶解所有电极材料，过滤掉不溶性材料。其中锰、铝等金属元素可以通过加入相应的试剂从稀土元素、铁、钴的浸出液中析出。过滤析出物后，得到镍钴浓度较高的溶液。因此，该工艺的研究重点和难点可能更集中在浸出条件的优化和镍钴元素的分离问题上。当浸出剂不同时，可获得不同的浸出效果。例如，活性物质在盐酸溶液中的溶解效果比在硫酸或硝酸溶液中要好得多。其原因可能是当金属的相当一部分浸在后两种酸浸液中时，会发生钝化现象。利用现有的金属元素浸出技术研究电极材料回收的浸出条件，发现负极材料中的镍、钴、锰均可在室温下用硫酸浸出。

传统的湿法冶金技术一般需要机械破碎、酸浸、分离各种物质等步骤。它的生产过程十分复杂，难以实现工业化。因此，近年来直接再生加工技术得到了发展。利用镍氢电池正负极材料的活性物质直接再生电池材料是一种新技术。对于镍氢电池用过的负极材料的处理，可以先进行预处理去除有害杂质，加入一些有价值的金属元素，然后直接再生储氢合金。此外，无论是高温冶金还是湿法冶金技术，它们都有其优点和缺点，因此研究者开发了许多联用方法。例如，M. A Rabah 开展了一项关于从废旧镍氢电池中回收纯镍、钴和盐的研究，这正是高温冶金和湿法冶金技术的联用方法。通过用氢还原金属氧化物获得纯镍、钴金属，而通过多次溶剂萃取的选择性分离和纯化操作可以获得金属盐[53]。

6.2.4　生物冶金技术

生物冶金技术又称为"生物沥滤"，其工艺原理来源于矿山的生物湿法工艺。它主要是通过对环境中某些微生物的直接影响或其代谢物的间接影响，产生氧化、还原、络合、吸附或溶解等方法，从废旧电池中分离和提取重金属。目前，这种方法多用于镍镉电池的回收。例如，研究人员利用废水驯化后的嗜酸菌，从镍镉电池中提取镍和镉。在 pH 值为 1.8~2.1，污水停留时间 5 d，浸出时间 50 d，生化反应液中加入铁粉的条件下，镍、镉浸出率达 87.6% 和 86.4%[54]。另一种方法是利用城市污水处理厂的污泥进行酸化细菌，采用二段连续流法对废旧镍镉电池进行处理，废水通过沉淀处理，上清液流入滤池，废旧电池中的重金属通过沥滤池排出[55,56]。考虑到镍镉电池与镍氢电池正极材料的相似性，用于处理废旧镍镉电池的生物冶金方法对废旧镍氢电池的处理同样具有借鉴意义。例如，孙艳等人[57]应用二氧化硫杆菌和氧化亚铁硫杆菌对废旧镍氢电池电极材料中重金属进行了生物淋滤处理可行性及工艺技术研究，发现在初始 pH 值 1.0，电极材料质量分数 1.0%，温度 30 ℃，单质硫浓度为 4.0g/L，沥滤时间 20 d 条件下，镍、钴浸出率为 96.7% 和 72.4%。

生物冶金技术工艺具有简单、环保、费用低廉、不需要高温、压力等优点。它与传统的火、湿法冶金工艺相比较，具有较好的应用前景。生物冶金法处理废旧镍氢电池工艺流程见图 6-18。

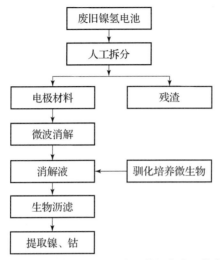

图 6-18　生物冶金法处理废旧镍氢电池工艺流程

6.2.5　正负极分开处理技术

废旧镍氢电池中，正极、负极、隔膜等部件容易分离，因此正负极分开处理工艺已成为研究热点。其工艺流程为：首先将废旧镍氢电池的各个部件分开，再按不同的工艺对不同的材料进行处理。对阳极活性材料，则采用浸入酸性溶液，采用沉淀、电泳等方法，将镍、钴等元素进行有效的回收。阴极材料的处理与湿法冶金工艺相似。通过对废旧镍氢电池的研究，证实了正负极分开处理工艺是最经济的工艺。

正极材料中，以镍、钴为主，占正极总量的 70% 左右。因为二者的特性非常接近，所以二者的分离问题一直是学者们所关注的问题。目前，正极处理技术分离镍、钴的方法主要有：萃取、离子交换、化学沉淀。萃取方法通常是将二价钴氧化为三价钴，与 NH_3 等配合物形成一种稳定的络合物，以防止钴被萃取，从而与镍分离。但其不足之处在于，添加的氧化剂较多，通风时间较长，而且钴不易被彻底氧化。离子交换技术是以镍钴对离子交换树脂的亲和性差为基础，实现镍、钴的分离。由于镍、钴的离子半径很接近，所以这种方法对镍、钴的分离并不完全。化学沉淀是以二价钴易氧化为三价钴，快速水解生成 $Co(OH)_3$ 的沉淀为基础，而不会与镍发生相似的反应，从而使二者相分离。这种方法的缺点是必须严格地控制 pH 值，如果它的数值稍微改变，就会使镍、钴发生共沉淀，使分离效果不佳。廖华等人[58]利用正交实验得出废旧镍氢电池正极材料最佳浸出条件：氧化剂的加入量为 0.38 mL/g 正极物料，浸出时间为 60 min，浸出温度为 80 ℃，硫酸初始浓度为 3.0 mol/L。在此条件下浸出，钴的浸出率达到 99.7%，镍的浸出率达到 99.1%。夏煜等人[59]研究用废旧镍氢电池正极材料制备电子级硫酸镍。其研究得出最佳浸出条件为：浸出时间为 30 min，硫酸用量为 150% 的理论量，搅拌强度为 600 r/min，液固比 5：1。在此条件下，镍的浸出率大于 98%，镍的总回收率大于 93.1%，所得产品 $NiSO_4 \cdot 7H_2O$ 达到电子级硫酸镍的质量标准。夏李斌等人[60]采用氧化 – 硫酸浸出法回收废旧镍氢电池正极材料中的镍和钴。研究确定了较为优化的浸出条件，钴的浸出率为 99.2%，镍的浸出率为 99.3%。

废旧镍氢电池负极材料中除了含有大量的镍、钴有价金属外，还含有大量的镧、铈和钕等稀土元素。这些稀土元素价格昂贵，同样具有巨大的回收价值，回收这些稀土元素的常用方法为负极处理技术。目前常用的负极回收方法是将其进行酸浸，常用的酸有硫酸、盐酸和硝酸，也有利用浓硫酸和浓硝酸混合进行浸取[61]。采用硫酸浸提法，一般在浸出液中添加硫酸钠与稀土硫酸盐的复合盐，以达到将稀土元素、钴等分离出来。然后，采用正极镍钴分离工艺，分别回收镍、钴。采用盐酸溶液浸出时，采用萃取方法对稀土元素、镍、钴进行分离。林才顺[62]用工业浓硫酸、浓硝酸和去离子水按照 1.67：0.13：7.5 的比例在 80 ℃条件下将废旧镍氢电池的负极材料中的储氢合金浸出，然后投加硫酸钠使稀土元素以硫酸复盐的形式沉淀析出。对其他金属元素，以高锰酸钾为氧化剂，工业稀碱为中和剂分离铁、锰和铝等。剩下含钴的硫酸镍溶液直接制备含钴型 $\beta - Ni(OH)_2$。徐丽阳等人[63]利用无水硫酸钠沉淀稀土元素的方法成功从废旧镍氢电池负极板中分离出稀土元素。该方法可以把 92% 以上的稀土元素沉淀下来，从而达到镍钴与稀土元素基本分离。梅光军等人[64]通过正交实验确定了从废旧镍氢电池负极板中回收稀土的最佳浸出条件和稀土复盐沉淀的最佳沉淀条件。在最佳浸出条件下稀土元素浸出率为 92.5%。最佳沉淀条件下稀土元素回收率为 94.6%。玉荣华等人[65]用硫酸从废旧镍氢电池负极板材料中浸出有价金属，在最佳条件下，镍钴浸出率在 98% 以上，稀土元素浸出率在 90% 以上。王大辉等人[66]利用稀硫酸 – 旋流联合法成功实现了镍氢电池负极材料中活性物质与基体的分离。该法最佳酸浸工艺条件为：硫酸物质的量浓度为 0.3 mol/L，液固比为 20：1，温度为 80 ℃，时间为 2 h。

6.2.6　废旧镍氢电池再生技术

电池再生技术主要是指利用废旧镍氢电池活性物质直接再生电池正负极材

料的技术。例如，Wang 等人[67]进行了对废旧镍氢电池再生储氢合金材料的研究，提出工艺只需要经简单的化学处理及冶炼步骤就可以再生得到储氢合金，再生合金与 $CaCu_5$ 有着相同的结构，并且电化学性能完全达到了储氢合金的水平。王荣等人[68]根据镍氢电池储氢合金失效原因，通过分别处理正负极的方法，对负极合金粉使用化学法处理合金表面氧化物，然后调整合金各元素的含量，再冶炼，就得到性能优良的储氢合金；对正极的泡沫镍基片进行处理，即得到性能优异的 $Ni(OH)_2$ 球。日本丰田自行车株式会社利用包含镍离子和钴离子的浓硫酸注入镍氢电池，加热到 60 ℃，并保持 1 h 使得负极表面的氢氧化物彻底清除，恢复负电极容量及隔板的亲水性，在充电方向上冲上电流，提高负极反应活性，排干浓硫酸，补充新的电解质，恢复正极容量，实现对废旧镍氢电池的再利用。

废旧镍氢电池的直接回收工艺具有工艺简单，安全可靠，资源回收最大化的特点。然而，用这种工艺处理废旧金属废料，不仅需要大量的原材料，而且所得到的产物中含有大量的杂质，品质不稳定，与原有的合金相比还有很大的差距，从而制约了该项技术的进一步发展。

|6.3　废旧二次镍镉电池回收技术|

镍镉（Ni - Cd）电池以氢氧化镍为正极活性材料，并添加石墨或镍粉增强其导电性，负极使用海绵状金属镉，电解质为氢氧化钾或氢氧化钠的水溶液，其构造及失效机制详见第 2 章。具有碱性氢氧化钾（KOH）电解质的镍镉（Ni - Cd）电池的能量密度约为铅酸蓄电池的两倍。虽然全球镍镉电池的生产产量在减少但仍有 60 000 t，我国的镍镉电池仍广泛应用于许多领域。废旧镍镉电池中最主要的有害物质是镉，其次是镍和钴。其中，负极中的镉进入环境以后，会在生物体内引起残留，危害身体健康。镍镉电池中的贵重金属含量较高（每千克废旧镍镉电池中含有镍 116 ~ 556 g、镉 11 ~ 173 g、钾 14 ~ 35 g 等），如果可以回收，不仅可以节省有限的能源，还可以防止环境污染。我国是一个贫镉资源的国家，因此发展废旧镍镉电池的再生利用技术显得尤为重要。据估计，回收镉和镍金属所需的一次能源分别比原始金属的提取和精炼少 46% 和 75%。因此，将废旧镍镉电池中的负极材料镉进行资源化回收不仅可以减少资源的开采，还可以获得一定的经济效益和社会效益。镍镉电池的回收工艺已经初步得到很好的建立并且在商业上大规模运行，废旧镍镉电池的处理工艺主要分为火法冶金和湿法冶金。

6.3.1　火法冶金技术

火法冶金是废旧镍镉电池中金属及其化合物的氧化、还原、分解、挥发和冷凝的工艺。火法冶金有两大类：一是常压冶金，二是真空冶金。

常压冶金易于工业化，因此得到了广泛的应用。由于镉的沸点远低于铁、钴、镍的沸点，因此，可以用还原剂（氢气、焦炭等）将废旧镍镉电池加热到900～1 000 ℃，将其转变为镉蒸气，再利用冷凝法回收镉、铁、镍等。日本的关西触媒化学公司[69]是将废旧镍镉电池在900～1 200 ℃的条件下进行氧化焙烧，使之分离为镍烧渣和氧化镉的浓缩液，从而实现镉、镍与铁的资源回收。

真空冶金即真空蒸馏技术，该技术克服了传统的湿法、火法冶金方法的缺点，生产工艺简单易行，对环境的影响较小。朱建新等人[70]在实验室条件下，根据镍、镉及铁在不同温度下的蒸气压不同，对废旧镍镉电池的真空蒸馏基本规律进行了探索，分析了温度、压力和时间等因素对镍镉分离效果的影响，并对废旧镍镉电池的真空蒸馏机理进行了研究。实验证明，在一定温度和压力的条件下，真空蒸馏可以达到回收镉的目的，镉的纯度可达到99.85%。

如表6-5所示，废旧镍镉电池中金属镉的沸点远远低于铁、钴、镍的沸点，因此可以将经过预处理的废旧镍镉电池在还原剂（氢气、焦炭等）存在的条件下，加热至900～1 000 ℃，使金属镉以蒸气的形式存在，然后镉蒸气（在喷淋水浴中、蒸馏器等设备中）经过冷凝来回收镉、铁和镍作为铁镍合金。典型的商业电池回收商如 INMETCO（美国）、ACCUREC（德国）、SABNIFE（瑞典）和 SNAM-SVAM（法国）通过使用碳还原镍和镉的氧化物来回收废旧电池。

表6-5　废旧镍铬电池中金属的熔点和沸点

元素符号	Fe	Co	Ni	Cd
熔点/℃	1 535	1 495	1 453	321
沸点/℃	2 750	2 870	2 732	765

如使用碳质材料作为还原剂通过镉蒸馏回收密封的镍镉电池。将煤添加到电极材料中。还原过程的温度区间为700～1 000 ℃。结果表明，回收后的镉纯度约为99.92%，主要杂质锌约0.2‰。还获得含有0.1‰镉的 Ni-Co 合金。这项工作通过使用碳质材料作为还原剂通过镉蒸馏回收密封的镍镉电池，在碳

质还原剂存在的情况下，通过以下等式对还原系统进行分析[71]：

$$NiO_{(s)} = Ni_{(s)} + 1/2O_2$$

$$\Delta G^\circ = 56\ 310 - 2\ 057T\ (\mathrm{cal}) \tag{6-24}$$

$$CdO_{(s)} = Cd_{(s)} + 1/2O_2$$

$$\Delta G^\circ = 64\ 380 - 22.59T\ (\mathrm{cal}) \tag{6-25}$$

$$CdO_{(s)} = Cd_{(l)} + 1/2O_2$$

$$\Delta G^\circ = 62\ 900 - 25.08T\ (\mathrm{cal}) \tag{6-26}$$

$$CdO_{(s)} = Cd_{(v)} + 1/2O_2$$

$$\Delta G^\circ = 87\ 200 - 48.47T\ (\mathrm{cal}) \tag{6-27}$$

$$C_{(s)} + 1/2O_2 = CO_{(g)}$$

$$\Delta G^\circ = 27\ 340 + 20.50T\ (\mathrm{cal}) \tag{6-28}$$

另外有研究表明，采用热分离工艺（TSP）从废旧镍镉电池中回收含有石灰石和碎渣添加剂的有价值金属，如图 6-19 所示。在 573～873 K 的反应器中在惰性气氛中对废旧镍镉电池进行热处理，随后对热处理后的产物进行筛分以回收电极粉末。回收后的铁-镍合金进一步加工可以生产标准铁-镍不锈钢或镍金属。主要的操作过程为，在热分离工艺（TSP）之后，输出物料被分成炉渣、铸锭和烟道气。炉渣主要由 Ca 和 Si 组成，主要结晶相为 $CaSiO_3$。此炉渣经过浸出程序验证为无害的材料，因此可以再循环。铸锭具有高水平的铁（514 000 mg/kg）和镍（245 000 mg/kg），因此可以精炼以回收镍或直接用作制造钢材中的添加剂[72]。

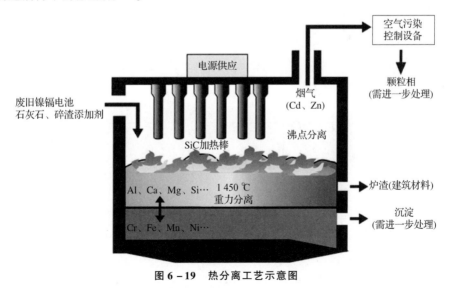

图 6-19　热分离工艺示意图

传统的高温冶金，因为大部分金属蒸气会释放到大气中，对环境极为有害。真空冶金分离是一种具有较高的效率和较好的环境特性的高效冶金手段。其主要的工作原理是在一定温度下，金属气化温度随压力升高而降低，如金属镉常压下沸点为 765 ℃，而在 0.01 Mbar 的沸点为 250 ℃。由于镍的沸点高达 2 920 ℃，所以可以实现镉、镍分离。应用真空冶金分离可以直接获得高纯度金属。

Kui 等人提出了一种回收废旧镍镉电池的综合工艺（包括分选、破碎、真空冶金、分离和磁选）[73]。图 6 - 20 为拆卸废旧镍镉电池原理图。在一定温度下各种金属的蒸气压不同，可以从混合金属材料中分离纯金属。具有高蒸气压和低沸点的金属可以通过蒸馏或升华与混合金属分离，然后可以在一定温度下通过冷凝再循环回收。当饱和压力降低到 1.33 Pa 以下时，镉将在约 538 K 处熔化，如图 6 - 21 所示。在相同温度下，镉的饱和压力远高于铁和镍，这为从铁和镍颗粒中分离镉和其他高蒸气压金属提供了热力学基础。

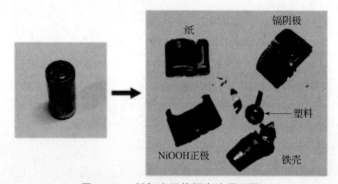

图 6 - 20 拆卸废旧镍镉电池原理图

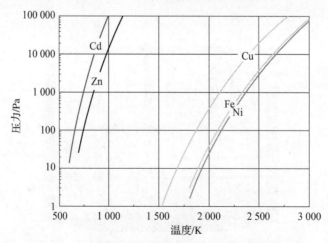

图 6 - 21 金属镉和其他金属的饱和压力与温度的关系图

6.3.2　湿法冶金技术

湿法冶金技术是以废旧镍镉电池中的金属和其化合物在酸性、碱性溶液或某些溶剂中溶解，生成溶液，再经过选择性浸出、化学沉淀、电化学沉淀、溶液萃取、置换等工艺，将有价金属回收，其中包括置换技术、选择性浸出与化学沉淀技术、电化学沉积技术和溶液萃取技术。

置换技术是将废镍镉单独进行酸浸制，得到含镍、镉的母液，再通过添加铝、锌等元素的活性，将镉和镍分离出来，这样的处理工艺简单，但得到的镉的纯度要低一些。

Reinhardt 等人[74]研究了选择性浸出回收镉的方法。废旧镍镉电池首先经过清洗除去 KOH 电解液，然后在 550 ~ 600 ℃下加热约 1 h，金属镉被氧化，镉、镍的盐类也被分解成氧化物。灼烧产物用 4 mol/L 的 NH_4NO_3 在常温下浸出，氧化镉溶解，而镍与铁不溶，浸出液通入二氧化碳气体可使溶解的镉转化为 $CdCO_3$ 沉淀。溶液中含有少量的镍，可以在加入 HNO_3 的情况下萃取回收。回收的 $CdCO_3$ 沉淀物中含有 0.14% 的镍和 0.12% 的钴。此法只有约 94% 的镉被浸出，铁和镍也未分离，为了提高分离效率，对此方法加以改进，将废旧镍镉电池中的镉和镍用 H_2SO_4 溶液加热浸出，所得的溶液在 pH 值为 4.5 ~ 5 的条件下加入过量的 NH_4HCO_3 选择沉淀出 $CdCO_3$，剩余溶液加入 NaOH 和 $NaCO_3$ 使镍以氢氧化镍的形式回收。此方法效果较好，只是 NH_4HCO_3 容易分解，须注意使用。

徐承坤等人[75]除研究了电解法回收镉以外，还对化学沉淀法回收镉进行了研究。实验证明，浸出液中的镍浓度较低，在以碳酸盐作为沉淀剂时不需要再加入 $(NH_4)_2SO_4$ 来防止 $Ni(OH)_2$ 的产生，镉的沉淀率为 99.3%，镍的沉淀率为 2.1%。

张志梅等人[76]将废旧镍镉电池粉碎煅烧后，再与醋酸反应，将铁、镍、镉转化成醋酸盐，除铁之后加入 NaOH 溶液中，制成 $Ni(OH)_2$ 和 $Cd(OH)_2$ 混合物，并由 X 射线衍射实验得到证实。将上述混合物分别添加到密封的镍镉电池的正负极中，检测了正负极活性物质利用率、放电电位、电流和放电容量。结果表明，含有上述混合物质的电极与对比电极具有相同的性能。此种回收方法的特点在于无须分离镉和镍即可实现再利用，从而缩短了电池回收处理的工艺流程。

Xue 等人[77]将粉碎的原料在 600 ~ 700 ℃温度下灼烧，使其中的金属氧化，同时把有机物烧掉。灼烧后的粉末用 H_2SO_4 浸出，浸出液通过加入 MnO_2 以及调节 pH 值至 4 ~ 6，使铁离子沉淀出来。溶液过滤后，加入 $(NH_4)_2SO_4$ 使镍离子以 $(NH_4)_2 \cdot Ni(SO_4)_2 \cdot H_2O$ 晶体的形式沉淀出来，再加入 NH_4HCO_3 并调节温度到 70 ℃以及 pH 值为 6 ~ 6.5，此时镉以 $CdCO_3$ 的形式沉淀出来。进一步的处理包括将$(NH_4)_2 \cdot Ni(SO_4)_2 \cdot H_2O$晶体溶解并使镍离子以$Ni(OH)_2$的形式重新沉淀以及将$CdCO_3$沉淀灼烧分解为CdO。$Ni(OH)_2$和CdO可以直接作为电池原料使用。镍的回收率大于95%，镉的回收率大于99.6%，且通过电解还原回收的镉金属的回收率高达99.52%。尤宏等人[78]利用H_2SO_4溶液来浸取废旧镍镉电池从而得到了含有镍和镉的母液，加入双氧水使其中的铁离子氧化为Fe^{3+}，在温度为70 ℃的情况下，调节pH值使铁离子以氢氧化物的形式沉淀出来，然后使用旋转圆盘电极电解槽来回收镉。在电解后的溶液中加入碳酸钠调节溶液的pH值，从而使得镍以碳酸镍晶体的形式析出，得到的镍的回收率可达99.5%。

孔祥华等人利用氨作为浸出剂，如图6-22所示。当氨水的浓度足够高时，$Ni(OH)_2$、$Cd(OH)_2$均可以和NH_3发生反应，迅速溶于氨水。经过500 ℃的高温处理后，可得到镍和镉的氧化物。其中，NiO几乎不溶于氨水，而CdO通过调节溶液的pH则可以溶出，从而分离金属镍和金属镉。通过此种回收手段，镍和镉的浸出率可达到99.6%和98.5%。

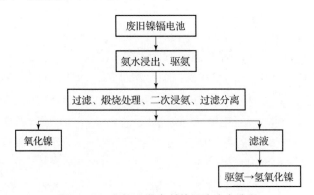

图6-22　氨作为浸出剂的湿法冶金流程

在酸浸剂中浸出粉碎和分离的Ni-Cd电池粉末是湿法冶金开发中的关键步骤。Nogueira和Margarido等人采用硫酸用作浸出和再生试剂，15 min内在约323 K的条件下，镍、钴和镉的氢氧化物可在5.86% V/V的硫酸溶液中得到有效浸出[79,80]。1973年，Hamanasta等人又对硫酸浸取工艺进行了改进，在加热条件下，用H_2SO_4浸出镍和镉后，调节溶液pH为4.5~5，此时在溶液中添加NH_4HCO_3，对镉进行沉淀生成$CdCO_3$，然后在滤液中加入NaOH和Na_2CO_3继续进行沉淀，生成$Ni(OH)_2$。废镍镉电池的酸处理工艺如图6-23所示。其中，为了防止镍的共沉淀，在其中添加了$(NH_4)_2SO_4$，来更好地分类金属镍和金属镉。

Navneet Singh Randhawa等人通过在较低的温度下对镍镉电池改变实验参数，如图6-24、图6-25、图6-26所示。探究了不同硫酸浓度、不同时间、不同温度和过氧化氢的添加量对镍和镉硫酸浸出回收率的影响。最终，从废旧镍镉电池粉末中得到了含有约 69% 镍、15% 镉和 0.94% 铁。此工艺优化了废旧镍镉硫酸浸出的一般工艺流程[81]。

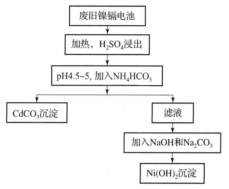

图 6 – 23　废旧镍镉电池的酸处理工艺

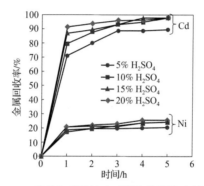

图 6 – 24　时间和硫酸浓度对镉和镍回收率的影响

（条件：矿浆浓度为 50 g/dm³，温度为 298 K，搅拌速度为 300 r/min）（书后附彩插）

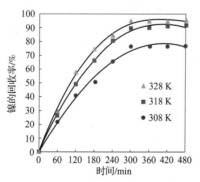

图 6 – 25　浸出时间和温度对镍浸出动力学的影响

（条件：H₂SO₄ 浓度为 10%（V/V），矿浆浓度为 50 g/dm³，温度为 298 K，

搅拌速度为 300 r/min，H₂O₂ 浓度为 12%（V/V））

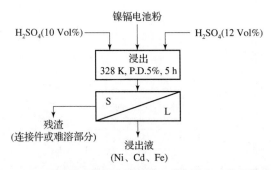

图6-26 硫酸浸出镍镉电池粉的工艺参数和一般工艺流程

电化学沉积技术是利用镍和镉在电势上的不同，直接用电解法将镉和镍分开。采用电化学镀技术，可以得到纯度99%以上的高纯度镉。由于在酸性环境中，镍、镉的电势分别为-0.246 V和-0.403 V，因此在电解工艺中，要将电流密度控制在很小的范围内，从而降低分离效率，提高生产成本。

常用的电化学沉积方法首先是将废旧的镍镉电池粉碎后筛选出活性物质，用 H_2SO_4 溶液进行溶解。将溶液通过电解在阴极回收镉，回收镉的纯度为99.5%，将剩余的电解液浓缩后，形成以 $NiSO_4$ 为主要成分的残渣。将残渣在水中溶解后通入空气或者加入氧化剂将其氧化，再用石灰中和，将 pH 值调节至6后过滤，得到的溶液冷却后会有 $NiSO_4$ 结晶析出。Bartolozzi 等人[82]使用含有 H_2SO_4 和 H_2O_2 的混合溶液来溶解废旧镍镉电池的活性物质，溶液用 NaOH 和氨水来调节 pH 值为5，使铁离子沉淀出来，过滤后将溶液进行电解还原回收镉。剩余的溶液加入 NaOH 调节 pH 值为7，再加入碳酸钠使镍以碳酸镍的形式沉淀出来，进而得以回收。

电化学沉积可以直接从溶液中直接回收金属镍和金属镉单质，常用的电化学沉积法是将镍镉电池粉碎筛选出活性物质，用 H_2SO_4 溶液溶解后，得到的溶液中大约含有40 g/L的镉、70 g/L的镍和7 g/L的铁溶液。通过电解在阴极回收金属镉，回收的镉纯度为99.5%，剩余电解液中还含有3 g/L镉。将剩余的电解液浓缩后，形成 $NiSO_4$ 为主要的残渣。残渣通过水溶解后通入空气中或者通过氧化剂氧化后，再用石灰石中和，调节 pH，过滤除去硫酸和铁的溶液后，将 $NiSO_4$ 重新结晶以后析出[83]。

Freitas 和 Rosalém 采用电化学方法对废旧镍镉电池中的镉金属进行了回收。通过使用恒电流技术从酸性溶液中回收离子镉。研究表明，镉金属电沉积电荷效率和沉积物形态取决于电流密度。如图6-27所示，图6-27（a）为典型的镍镉电池放电负极的扫描电镜；图6-27（b）为酸性溶液汇总电镀镉的电流密度函数的电荷效率图，硫酸浓度为0.5 mol/L，温度298 K，不搅拌。当电

流密度为 $5.0~\text{mA/cm}^2$ 和 $10.0~\text{mA/cm}^2$ 时，充电效率达到 85.0%，同时，随着电流密度的增加而降低，孔径随着电流密度的增加而减小[83,84]。

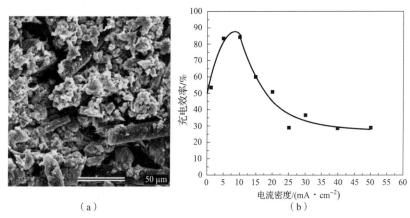

（a）　　　　　　　　　　　　　　　　（b）

图 6-27　镉电极化学沉积后的扫描电镜图、电流密度和充电效率的关系

（a）典型的镍镉电池放电负极的扫描电镜；

（b）酸性溶液汇总电镀镉的电流密度函数的电荷效率图；

溶剂萃取技术常用于从废旧镍镉电池中回收金属，使用的萃取剂包括 TBP（三正丁基膦酸）、Lix64（羟基肟）、Kelex120（羟基喹啉）等。溶剂萃取法的关键是选择合适的萃取剂。Nogueira 等人[85]的研究表明，在控制适当的 pH 值的情况下，DEHPA（二（2-乙基己基）磷酸）可以很好地将镍、镉和钴分离，而 Cyanex272（二（2,4,4-三甲基戊基）磷酸）可以有效地分离镍和钴。

整个分离流程首先是用 H_2SO_4 溶液溶解废旧镍镉电池后，选用 DEHPA 作为萃取剂将镉从溶液中分离出来，随后用 Cyanex272 将溶液中的镍和钴进行分离。这种方法具有较高的选择性以及高的回收效率。镍的回收率高达 99.7%，钴的回收效率为 99.5%。也可以采用 P507（2-乙基己基磷酸单（2-乙基己基）酯）作为萃取剂，将镉和钴同时萃取出来，从而达到了与镍分离的目的[86]。在 pH 值为 4、P507 的体积分数为 25%、皂化率 60% 的条件下，经过一级萃取，镉和钴的萃取率达 93.7%，二级萃取的萃取率可达 99.86% 以上。使用螯合剂 Lix64（羟基肟）或 Kelex120（羟基喹啉）可以将镍从其氨络合物的溶液中萃取出来，剩余溶液将氨驱逐后得到 $CdCO_3$ 沉淀。再在 $100~℃$ 下加热溶液，进而驱逐溶液中剩余的氨，钴会以氢氧化物的形式沉淀出来。

Nogueira 等人[85]提出一种从硫酸盐浸出液中回收镍、镉和钴的溶剂萃取流程。实验所用溶液与预期的硫酸浸出含镍、镉和钴残渣及废旧可充电电池所得浸出液等效。溶剂萃取流程由两个回路组成：一个是镉分离回路，以 $1~\text{mol/L}$ 的有机磷酸 DEHPA 作为萃取剂；另一个是钴分离回路，以 $0.5~\text{mol/L}$

的有机磷酸 Cyanex272 作为萃取剂。在最佳的条件下，镉分离回路中镉的萃取回收效率为 99.7%，用纯镉溶液可以有效地将负载有机相中的镉反萃取到水相中，从这种水溶液中可以回收到纯度较高的金属镉。分离出镉的剩余溶液，在钴的分离回路中，用 0.5 mol/L 的有机磷酸 Cyanex272 作为萃取剂萃取钴，钴的萃取率达 99.5%，用纯的钴溶液洗涤负载有机相，最后通过反萃取回收钴。

6.3.3 其他回收技术

其他回收技术包括直接再生技术和物理富集分离法。关于直接再生技术，张志梅等人[76]将废旧镍镉电池粉碎煅烧后，再与醋酸反应，将铁、镍、镉转化为醋酸盐，除铁之后加入氢氧化钠溶液中，制成 $Ni(OH)_2$ 和 $Cd(OH)_2$ 混合物，并由 X 射线衍射实验得到证实。将上述制备的混合物分别添加到密封的镍镉电池正负极中，检测了正负极活性物质利用率、放电电位、电流以及放电容量。结果表明，含有上述混合物质的电极与对比电极具有相同的性能。此种回收利用废旧镍镉电池方法的特点在于无须分离镍离子和镉离子即可实现再利用，从而缩短了电池回收处理的工艺流程。

与直接再生技术相比，物理富集分离法更加方便快捷。张延霖等人[87]采用乳状液膜法分离富集废旧镍镉电池中的镉离子，乳状液膜主要由溶剂（煤油）、表面活性剂（span80）、载体（二（2-乙基己基）磷酸 P_2O_4）和内水相氨水组成。具体方法：首先除掉废旧镍镉电池的外壳，用水洗去 KOH 和有机物，干燥，加入一定浓度的硫酸和双氧水，在特定的温度下浸渍一段时间，然后过滤得到废旧镍镉电池的浸出液，调节溶液的 pH 值。经原子吸收光谱分析仪对浸出液进行检测，得出 $\rho(Cd) = 37.18$ g/L，$\rho(Ni) = 30.33$ g/L。再分别移取 2 mL 液体石蜡（作膜增强剂）、2 mL 的 P_2O_4、25 mL 的煤油置于烧杯中，用高速搅拌制乳器低速搅拌混匀，然后加入 35 mL 的氨水，高速搅拌约 10 min 的白色乳状液膜。取 25 mL 废旧镍镉电池浸出液置于另一烧杯中，加入 10 mL 配置好的乳状液膜，低速搅拌 10 min，静置，取上清液用分光光度法测定其中镍离子、镉离子的质量浓度。用此乳状液膜进行了反应釜工业放大实验，镉的迁移率可达 93.3%，镍的迁移率仅 14.6%，可较好地实现镉从废旧镍镉电池浸出液中的分离。该方法在乳状液中加入废旧镍镉电池浸出液，成功地从镍镉溶液中分离出镉离子，节能、快速、简便。

总结

随着废旧镍基电池数量的增加，回收利用废旧镍基电池中的贵重金属显得尤为重要。这将带来经济效益之外的环境效益。近年来，人们在这一领域开发了许多方法，主要有火法回收、湿法回收以及正负极分别回收技术。此外，一些新的电池回收利用技术也逐步引起了各国研究人员的重视。随着镍基电池回收技术的日趋成熟，从废旧镍基电池电极材料中综合回收有价金属将成为未来有前途的发展方向，为废旧镍基电池中有价金属的综合回收产业化进程提供理论和实验依据，对我国经济、社会和环境可持续发展及再生资源回收利用具有重要意义。

参 考 文 献

[1] 张松山，柯昌美，杨柯，等．废旧铅酸电池铅回收的研究进展 [J]．电池，2016，46（4）：231-233．

[2] 成海泉．废蓄电池对环境的污染与回收利用 [J]．内蒙古公路与运输，2009（2）：53-55．

[3] 王静雅，杨明，钱靖．废铅蓄电池回收利用现状、问题及对策建议 [J]．农业科技与信息，2016（17）：42-43．

[4] 文静．废旧铅酸蓄电池清洁拆解工艺的分析 [J]．世界有色金属，2018（10）：202，204．

[5] 马永刚．中国废铅蓄电池回收和再生铅生产 [J]．电源技术，2000，24（3）：165-168．

[6] 陈红雨．废铅酸蓄电池自动破碎分选系统及方法：201210103456.1 [P]．2014-08-20．

[7] 胡小芳．铅酸蓄电池的回收利用 [J]．有色冶金设计与研究，2009，30（6）：30-32．

[8] QIU K, ZHANG R. Research on preparation of nanometer antimony trioxide from slag containing antimony by vacuum evaporation method [J]. Vacuum, 2006, 80 (9): 1016-1020.

[9] 陈曦．国外再生铅新技术研究 [J]．资源再生，2009（1）：36-38．

[10] KREUSCH M A, PONTE M, PONTE H A, et al. Technological improvements in automotive battery recycling [J]. Resources, Conservation and Recycling, 2008, 52 (2): 368-380.

[11] CHOONG T, CHUAH TG, ROBIAH Y, et al. Arsenic toxicity, health hazards and removal techniques from water: An overview [J]. Desalination, 2007, 217 (1/3): 139-166.

[12] 詹光，黄草明. 废铅酸蓄电池铅膏回收利用技术的现状与发展 [J]. 有色矿冶，2016，32（1）：48-52.

[13] 潘军青，边亚茹. 铅酸蓄电池回收铅技术的发展现状 [J]. 北京化工大学学报（自然科学版），2014，41（3）：1-14.

[14] 高倩，朱龙冠，舒月红，等. 废旧铅酸蓄电池破碎分选系统研究与探讨 [J]. 蓄电池，2013，50（1）：3-7.

[15] 马成，薛辛，朱龙冠，等. 废铅酸蓄电池工业上再生利用技术及集成设备 [J]. 蓄电池，2017，54（6）：261-265.

[16] 朱忠军，张正洁，陈扬，等. 废铅酸蓄电池铅回收技术评估体系研究 [J]. 蓄电池，2014，51（1）：19-27.

[17] 赵振波，陈选元. 底吹直接脱硫还原废铅膏半工业试验 [J]. 蓄电池，2016（53）：207-209.

[18] 赵振波，卢高杰，陈选远. 废铅酸电池铅膏的火法低温脱硫熔炼技术研究 [J]. 世界有色金属，2019（18）：202，204.

[19] 许文林，聂文，王雅琼. 废铅蓄电池铅资源化回收利用新工艺 [J]. 电池工业，2016，20（1）：30-38.

[20] 王军. 铅酸蓄电池回收再生产业善治路径选择 [J]. 中国环境管理干部学院学报，2015，25（6）：22-28.

[21] DUTRIZAC J E, GONZALEZ J A, HENKE D M, et al. Lead-zinc 2000（dutrizac/lead-zinc）‖ electrowinning of lead battery paste with the production of lead and elemental sulphur using bioprocess technologies [J]. 2000：803-814.

[22] WANG X D, CUI J L, GE X L, et al. Thermodynamic study of K2CrO4-KAlO2-KOH-H2O and Na2CrO4-NaAlO2-NaOH-H2O systems [J]. Journal of University of Science & Technology Beijing, 2004, 11（6）：500-504.）

[23] ANDREWS D, RAYCHAUDHURI A, FRIAS C. Environmentally sound technologies for recycling secondary lead [J]. Journal of Power Sources, 2000, 88（1）：124-129.

[24] FERRACIN L, CHACON-SANHUEZA C, DAVOGLIO A E, et al. Lead recovery from a typical Brazilian sludge of exhausted lead-acid batteries using an electrohydrometallurgical process [J]. Hydrometallurgy Amsterdam, 2002, 65（2）：137-144.

[25] PRENGAMANR D. Recovering lead from batteries [J]. Journal of Metals, 1995, 47（1）：31-33.

[26] OLPER M, FRACCHIA P. Hydrometallurgical process for an overall recovery of the components of exhausted lead – acid batteries：US04769116A ［P］. 1988 – 09 – 06.

[27] DAHLKE T, RUFFINER O, CANT R. Production of HF from H_2SiF_6 ［J］. Procedia Engineering, 2016, 138：231 – 239.

[28] XUAN Z. A clean and highly efficient leaching – electrodeposition lead recovery route in $HClO_4$ solution ［J］. International Journal of Electrochemical Science, 2017, 12（8）：6966 – 6979.

[29] FAN Y, LIUY, NIU L, et al. High purity metal lead recovery from zinc direct leaching residue via chloride leaching and direct electrolysis ［J］. Separation and Purification Technology, 2021（10）：118329.

[30] WU Z, REISINGER D B D, URCH H, et al. Fundamental study of lead recovery from cerussite concentrate with methanesulfonic acid（MSA） ［J］. Hydrometallurgy, 2014, 142：23 – 35.

[31] LIU A M, SHI Z N, REDDY R G. Electrodeposition of Pb from PbO in urea and 1 – butyl – 3 – methylimidazolium chloride deep eutectic solutions ［J］. Electrochimica Acta, 2017, 251：176 – 186.

[32] LIAO Y S, CHEN P Y, SUN I W. Electrochemical study and recovery of Pb using 1：2 choline chloride/urea deep eutectic solvent：A variety of Pb species $PbSO_4$, PbO_2 and PbO exhibits the analogous thermodynamic behavior ［J］. Electrochimica Acta, 2016, 214：265 – 275.

[33] YEH H W, TANG Y H, CHEN P Y. Electrochemical study and extraction of Pb metal from Pb oxides and Pb sulfate using hydrophobic Br&oslash nsted acidic amide – type ionic liquid：A feasibility demonstration ［J］. Journal of electroanalytical chemistry, 2018, 811：68 – 77.

[34] CARLOS I A, MALAQUIAS M A, OIZUMI M M. Study of the influence of glycerol on the cathodic process of lead electrodeposition and on its morphology ［J］. Journal of Power Sources, 2001, 92（1/2）：56 – 64.

[35] CHEN W, CHEN F, PENG Y. Cathode electrodeposition of lead in Pb^{2+} – OH^- – $C_4H_4O_6^{2-}$ system ［J］. Transactions of Nonferrous Metals Society of China, 1997, 7（3）：155 – 158.

[36] NIKOLI N D, POPOV K I, IVKOVI P M, et al. A new insight into the mechanism of lead electrodeposition：Ohmic – diffusion control of the electrodeposition process ［J］. Journal of Electroanalytical Chemistry, 2013, 691：66 – 76.

[37] 王维，郑更银. 直接电解废铅酸电池中铅膏提取铅的工艺研究 [J]. 有色金属（冶炼部分），2013（7）：13 – 16.

[38] 颜游子. NaOH 浸出 – 电解体系从废铅膏中回收铅的研究 [D]. 南宁：广西大学，2018.

[39] 郭明宜. 碱性木糖醇体系回收废铅蓄电池铅膏的研究 [D]. 洛阳：河南科技大学，2017.

[40] 王德义，高书霞. 废旧电池的回收利用与环境保护 [J]. 再生资源研究，2003，6（6）：20 – 24.

[41] 陆克源. 固相电解法——一种再生铅的新技术 [J]. 资源再生，2005（12）：16 – 17.

[42] 韩业斌. 铅酸蓄电池中铅泥回收处理技术研究 [J]. 电池工业，2013，18（1）：90 – 93.

[43] 唱鹤鸣，任德章. 废铅酸电池铅膏处理新工艺 [J]. 南通大学学报（自然科学版），2011（2）：37 – 40.

[44] 王学健，沈海泉. 废铅酸蓄电池回收技术现状及发展趋势 [J]. 科技创新与应用，2015（9）：4 – 6.

[45] SONMEZ M S, KUMAR R V. Leaching of waste battery paste components. Part 1：lead citrate synthesis from PbO and PbO$_2$ [J]. Hydrometallurgy，2009，95（1/2）：53 – 60.

[46] 王颖. 废旧干电池的环境污染防治及回收利用 [J]. 干旱环境监测，2001，16（2）：113 – 115.

[47] LANKEY R, MCMICHAEL F. Rechargeable battery management and recycling：A green design educational module [A]. Green Design Initiative Technical Report，1999.

[48] BERTUOL D A O, BERNARDES A M, TENÓRIO J A S. Spent NiMH batteries：Characterization and metal recovery through mechanical processing [J]. Journal of Power Sources，2006，160（2）：1465 – 1470.

[49] BERNARDES A M, ESPINOSA D C R, TENÓRIO J A S. Recycling of batteries：A review of current processes and technologies [J]. Journal of Power Sources，2004，130（1）：291 – 298.

[50] ESPINOSA D C R, BEMARDES A M, TENÓRIO J A S. An overview on the current processes for the recycling of batteries [J]. Journal of Power Sources，2004，135（1/2）：311 – 319.

[51] 李丽，陈妍卉，吴锋，等. 镍氢动力电池回收与再生研究进展 [J]. 功

能材料，2007，38（12）：1928 – 1932.

[52] 钟燕萍，王大辉，康龙. 从废弃镍基电池中回收有价金属的研究进展 [J]. 新技术新工艺，2009（8）：87 – 92.

[53] MOTALEB A E，RABAH M A，FARGHALY F E. Recovery of nickel，cobalt and some salts from spent Ni – MH batteries [J]. Waste Management，2008，28（7）：1159 – 1167.

[54] 夏良树，傅仕福，陈仲清. 生物浸出回收废弃镍 – 镉电池研究 [J]. 电化学，2006，12（3）：345 – 348.

[55] ZHAO L，ZHU N W，WANG X H. Comparison of bio – dissolution of spent Ni – Cd batteries by sewage sludge using ferrous ions and elemental sulfur as substrate [J]. Chemosphere，2008，70（6）：974 – 981.

[56] ZHAO L，YANG D，ZHU N W. Bioleaching of spent Ni – Cd batteries by continuous flow system：Effect of hydraulic retention time and process load [J]. Journal of Hazardous Materials，2008，160（2/3）：648 – 654.

[57] 孙艳，吴锋，辛宝平，等. 硫杆菌浸出废旧 MH/Ni 电池中重金属研究 [J]. 生态环境，2007，16（6）：1674 – 1678.

[58] 廖华，吴芳，罗爱平. 废旧镍氢电池正极材料中镍和钴的回收 [J]. 五邑大学学报（自然科学版），2003，17（1）：52 – 56.

[59] 夏煜，黄美松，杨小中，等. 用废 Ni – MH 电池正极材料制备电子级硫酸镍的研究 [J]. 矿冶工程，2005，25（4）：46 – 49，53.

[60] 夏李斌，罗俊，田磊. 废旧镍氢电池正极浸出试验研究 [J]. 江西有色金属，2009，23（3）：32 – 33.

[61] 邓斌，王荣，阎杰. 失效 MH – Ni 蓄电池电极材料的回收 [J]. 电池与环保，2002，26（Z1）：233 – 235，249.

[62] 林才顺. 废弃贮氢合金粉的湿法回收工艺 [J]. 电源技术，2004，28（3）：177 – 179.

[63] 徐丽阳，陈志传. 镍氢电池负极板中稀土的回收工艺研究 [J]. 中国稀土学报，2003，21（1）：66 – 70.

[64] 梅光军，夏洋，师伟，等. 从废弃镍氢电池负极板中回收稀土金属 [J]. 化工环保，2008，28（1）：70 – 73.

[65] 玉荣华，高大明，覃祚观. 用硫酸从镍氢电池负极板废料中浸出镍钴 [J]. 广东化工，2011. 38（7）：35 – 35.

[66] 王大辉，张盛强，侯新刚，等. 废镍氢电池负极材料中活性物质与基体的分离 [J]. 兰州理工大学学报，2011（3）：11 – 15.

［67］ WANG R, YAN J, ZHOU Z, et al. Regeneration of hydrogen storage alloy in spent nickel – metal hydride batteries ［J］. Journal of Alloys & Compounds, 2002, 336 (1): 237 – 241.

［68］ 王荣, 阎杰, 周震, 等. 失效 MH/Ni 电池负极合金粉的再生 ［J］. 应用化学, 2001, 18 (12): 979 – 982.

［69］ 郭廷杰. 日本的废电池再生利用简况 ［J］. 资源再生研究, 1999 (2): 36 – 39.

［70］ 朱建新, 李金惠, 聂永丰. 废旧镍镉电池真空蒸馏规律的研究 ［J］. 物理化学学报, 2002 (6): 536 – 539.

［71］ ESPINOSA D C R, TENÓRIO J A S. Recycling of nickel – cadmium batteries using coal as reducing agent ［J］. Journal of Power Sources, 2006, 157 (1): 600 – 604.

［72］ HUNG Y Y, YIN L T, WANG J W, et al. Recycling of spent nickel – cadmium battery using a thermal separation process ［J］. Environmental Progress & Sustainable Energy, 2018, 37 (2): 645 – 654.

［73］ KUI H, JIA L, XU Z M. A novel process for recovering valuable metals from waste nickel – cadmium batteries ［J］. Environmental Science & Technology, 2009, 43 (23): 8974 – 8978.

［74］ REINHARDT H, OTTERTUN H D, RYDBERG J H A. Method for selective recovery of cadmium from cadmium – bearing waste: US04053553A ［P］. 1977 – 10 – 11.

［75］ 徐承坤, 翟玉春, 田彦文. 镉镍废电池湿法回收工艺 ［J］. 电源技术, 2001 (1): 32 – 34.

［76］ 张志梅, 杨春晖. 废旧 Cd/Ni 电池回收利用的研究 ［J］. 电池, 2000 (2): 92 – 94.

［77］ XUE Z, HUA Z, YAO N, et al. Separation and recovery of nickel and cadmium from spent Cd – Ni storage batteries and their process wastes ［J］. Separation Science & Technology, 1992, 27 (2): 213 – 221.

［78］ 尤宏, 姚杰, 孙丽欣, 等. 从废旧镍 – 镉电池中回收镍和镉 ［J］. 哈尔滨工业大学学报, 2002, 34 (6): 861 – 863.

［79］ KIM Y J, KIM J H, THI L D, et al. Recycling of NiCd batteries by hydrometallurgical process on small scale ［J］. Journal – Chemical Society of Pakistan, 2011, 33 (6): 853 – 857.

［80］ NOGUEIRA C A, MARGARIDO F. Leaching behaviour of electrode materials of spent nickel – cadmium batteries in sulphuric acid media [J]. Hydrometallurgy, 2004, 72 (1/2): 111 – 118.

[81] RANDHAWA N S, GHARAMI K, KUMAR M. Leaching kinetics of spent nickel – cadmium battery in sulphuric acid [J]. Hydrometallurgy, 2016, 165 (1): 191 – 198.

[82] BARTOLOZZI M, BRACCINI G, BONVINI S, et al. Hydrometallurgical recovery process for nickel – cadmium spent batteries [J]. Journal of Power Sources, 1995, 55 (2): 247 – 250.

[83] FREITAS M B J G, PENHA T R, SIRTOLI S. Chemical and electrochemical recycling of the negative electrodes from spent Ni – Cd batteries [J]. Journal of Power Sources, 2007, 163 (2): 1114 – 1119.

[84] FREITAS M, ROSALÉM S F. Electrochemical recovery of cadmium from spent Ni – Cd batteries [J]. Journal of Power Sources, 2005, 139 (1): 366 – 370.

[85] NOGUEIRA C A, DELMAS F. New flowsheet for the recovery of cadmium, cobalt and nickel from spent Ni – Cd batteries by solvent extraction [J]. Hydrometallurgy, 1999, 52 (3): 267 – 287.

[86] 江丽, 王卫红, 陆严宏. 溶剂萃取法分离二次电池废泡沫式镍极板中镍、镉、钴的研究 [J]. 湿法冶金, 2000, 19 (1): 46 – 50.

[87] 张延霖, 成文, 李来胜, 等. 乳状液膜法分离富集废旧镍镉电池中的镉 [J]. 精细化工, 2008 (5): 59 – 62.

第 7 章

动力电池全生命周期评价

| 引言 |

随着环保意识的提升，人们逐渐意识到关注产品生产和使用过程中对环境造成的直接或潜在影响的重要性。为更好地量化和理解某一产品从生产到废弃的整个生命周期中对环境产生的影响，评估潜在的环境危害和解决措施，生命周期评价（life cycle assessment，LCA）应运而生。

生命周期评价（LCA）可追溯至 1969 年可口可乐公司对不同饮料容器的资源消耗和环境排放所做的特征分析。历经几十年的发展，许多海外国家具备了较为成熟的生命周期评价方法和数据依据。生命周期评价又被称为"从摇篮到坟墓"的评估，它旨在评估与产品的所有生命阶段相关的潜在环境影响，包括从原材料采购到产品生产、制造、使用、维修和保养、回收、最终处置全部过程中产生的环境污染和能源消耗，从而更加客观全面地评价产品对环境产生的影响，寻找减少环境污染和改善物质能源消耗的途径。

如今，全球能源需求不断增长，化石能源的消耗以及环境污染等问题日渐突出。二次电池作为一种绿色可再生能源和清洁高效的储能手段受到越来越多的关注，包括铅酸、镍氢、镍镉和锂离子电池在内的二次电池正在经历前所未有的快速发展。本章将主要介绍 LCA 法及 LCA 在常见二次电池回收中的应用。

|7.1 生命周期评价（LCA）|

20 世纪 70 年代，石油危机引起人们对能源和资源节约问题的关注，一些研究者提出类似清单分析的"生态衡算"，以生态实验、物料平衡等为基础，对产品生命周期环境中的所有输入、输出进行核算。20 世纪 80 年代中期至 90 年代初，LCA 研究进展迅速。发达国家开始推行环境报告制度，要求对产品形成统一的环境影响评价方法和数据格式。一些环境影响评价技术，如对温室效应和资源消耗等环境影响定量评价方法也不断发展。

最初的 LCA 仅是一种特定的能源、环境诊断和评价工具。自 20 世纪 90 年代后，在国际环境毒理学与环境化学学会（SETAC）以及欧洲生命周期评价开发促进会的推动下，LCA 在全球得到了较广泛的应用。随后国际标准化组织制定了有关 LCA 的相关标准：ISO 14040 和 ISO 14044，对其做出了明确的规定要求。

7.1.1 生命周期评价概述

生命周期评价（LCA）是一种评价产品、工艺过程或活动过程的整个生命周期系统有关的环境负荷的工具，包括原材料的采集、加工、生产、运输、销售、使用、回收、养护、循环利用和最终处理等过程。根据 ISO 14044 与 ISO 14040 的定义，生命周期评价（LCA）是对一个产品系统生命周期中输入、输出及其潜在环境影响的汇编和评价，主要强调了产品生命周期中对环境潜在影响的评价，也是近些年来 LCA 研究中使用最为广泛的定义。

LCA 突出强调产品的"生命周期"，有时也称为"生命周期分析""生命周期方法""摇篮到坟墓分析"等。产品的生命周期有 4 个阶段：生产（包括原料的利用）、销售/运输、使用和后处理。在每个阶段，产品以不同的方式和程度影响着环境。与传统的环境影响评价方式不同，LCA 主要有以下特点：①评价面向产品系统。产品系统包括原材料采掘、原材料生产、产品制造、产品使用和后处理过程；在对每一个过程产生的相关环境负荷进行分析的同时，可以从对应环节找到影响环境的来源和解决措施，从而综合考量排放物的回收与资源利用。②这是一种系统的、定量的评价方法。产品系统中，所有系统内外的物质、能量流都必须量化表达，对生产所需资源（如水、电）不仅要得到其消耗量，更需要针对该地区的资源物质能量流（如水资源的丰富量、电力的发电方式）进行分析，得到对应的固液气废弃物的排放量，根据权重进行综合后再与其他项目清单分析结果汇总，得到整个产品的清单分析结果。③生命周期评价是非常重视环境影响的评价方法。在完成生命周期清单分析的基础上，LCA 注重研究系统在自然资源、非生命生态系统、人类健康和生态毒性等的环境影响，从独立的、分散的清单数据中找出具有明确针对性的环境影响的关联，包括短期人类健康影响、长期人类健康影响、水体富营养化、固体废弃物填埋、全球变暖和臭氧层破坏等，每种影响都是基于清单分析数据以一定的计算模型进行的综合性评价，通过这些指标得到明确的环境影响与产品系统中物质能量流的关联度，从而找到减少环境污染、节约资源的关键。

LCA 作为一种环境影响评价方法，也存在局限性。其只针对生态环境、能源利用和人体健康等方面进行评价，对经济成本、企业生产质量及社会文化等方面涉及较少，且 LCA 往往是针对某一地域、某一阶段的具体情况进行评估，不适用于其他发展程度、各方面生产条件存在差异的区域。从方法上来说，尽管国际标准化组织对 LCA 评价过程进行了规定，但实际操作中，由于一些难以量化的参数、权重因子的确定以及现场检测试验的精度影响，LCA 很难完全避免主观因素的影响。从数据来源的角度出发，尽管国际上建立了 LCA 数据库，但这些数据不一定直接适用于具体情况的分析，且数据来源与时效性等问题依旧突出。

7.1.2　生命周期评价的总体框架

1993 年国际环境毒理学与环境化学学会（SETAC）提出了 LCA 方法论框架，将其基本结构归纳为 4 个有机部分：定义目标与确定范围、清单分析、影响评价、改善评价。ISO 14040 对 SETAC 框架进行了重要改进：去掉了改善评价阶段，增加了生命周期解释环节。最终的框架基本结构为目的与范围确定、清单分析、影响评价、结果解释，并对前 3 个互相联系的步骤进行解释，而这种双向解释需要不断调整。另外，ISO 14040 框架更加细化了 LCA 的步骤，更利于开展生命周期评价研究与成果应用。

7.1.3　目标与范围确定

目标与范围确定是生命周期评价的第一步。根据项目研究的目的、意图和决策者所需信息，确定评价目的的定义，并依据评价目的界定研究范围，包括整个评价系统的定义与边界的确定、有关数据要求和限制条件等。在进行目的和范围确定重点时，主要考虑以下方面：目的、范围、系统边界和功能单元。

不同的需求，评价目的各不相同。例如在设计阶段，主要是对不同方案进行比较；在已完成设计的情况下，则是在不同操作条件下寻找对环境影响和破坏最小的方式。

范围的确定在 LCA 评价过程中占有主要地位。LCA 在评价过程中往往局限于某一地区、某一时段，从而提高 LCA 相关数据的精确性，降低数据处理的难度。若是范围过大，则影响因素过多、数据分析繁杂，加之 LCA 无法完全避免主观影响等因素，会使得评价结果偏差较大而失去意义。常见的产品生命周期范围主要包括 5 个阶段：原材料获取、产品生产阶段、产品包装运输、产品使用或消耗及产品回收处理。

系统边界的确定要根据产品的生产工艺而定。针对生产工艺各个部分收集所需研究数据，数据要求具代表性、准确性，从而保证物质能量流分析的准确性。数据收集时先要确定详细目录流程，确认各单元过程之间的相互关系；详细表述每一个单元过程，列出与之相关的数据类型；再针对每种数据类型，进行数据收集技术和计算技术的表述。

功能单元在实际进行 LCA 相关影响量化时格外重要。功能单元通常是生产单位材料的质量（如每千克或每吨产品产生的环境影响）或单位产品的使用年限等，选好功能单元是进行量化评估与对比的基础。

7.1.4　清单分析与影响因子

清单分析是 LCA 基本数据的一种表达，是进行生命周期影响评价的基础。清单分析是对产品、工艺或活动在其整个生命周期阶段的资源、能源消耗和环境排放（包括废气、废水、固体废物及其他环境释放物）进行数据量化分析，为诊断工艺流程物流、能流和废物流提供详细的数据支持。清单分析开始于原材料的获取，中间过程包括制造/加工、分配/运输、利用/再利用，结束于产品的最终处置。通常系统输入的是原材料和能源，输出的是产品和向空气、水体以及土壤等排放的废弃物（如废气、废水、废渣、噪声等）。根据 LCA 的目的和范围需要，依据上述数据质量要求做出解释。进行清单分析是一个反复的过程，取得一批数据并对系统进一步认识后，可能会发现存在局限性，出现新的数据要求。此时要对数据的收集程序进行适当修改，从而适应研究目的与范围。

清单分析的基本内容主要包括：①产品系统。产品系统是由提供一定功能的产品流联系起来的单元过程的集合，对产品系统的表述包括单元过程、通过系统边界的基本流和产品流以及系统内部的中间商品流。②单元过程。单元过程是组成产品系统的基本单元，各单元过程之间通过中间产品流联系。例如，地表水属于单元过程的基本流输入；向地表水体的排放属于单元过程的基本流输出；原材料、装配组件等属于中间产品流。每个单元过程都遵守物质和能量守恒定律。③数据类型。通过测量、计算等方式收集到的数据。例如，向空气中的排放量（如氮氧化物、一氧化碳等）、对长期人类健康影响等，要在清单分析时确定数据类型，确认其属于测算数据、模拟数据或非测算数据中哪一类，以便于进一步分析，实现单元过程输入与输出的量化。④建立产品系统模型。研究某产品系统中所有单元过程之间的关系难度较大，因此要根据研究的目的和范围确认建立模型中的要素，应对所用的模型予以表述，并对支持这些选择的假定加以识别。

清单分析基本过程主要包括：数据收集的准备→数据的收集→数据的确认→数据与单元过程的关联→数据与功能单位的关联→数据的合并→系统边界的修改→根据修改后的边界再次收集数据。这是一个不断反复的过程，直到完成清单。在数据收集的过程中，有可能遇到数据缺失的情况，可以适当使用代替法（如逻辑替代、平均值替代或推理替代）或权重法补偿缺失的数据，但要预见到数据补偿方法对数据收集结果可能产生的影响。

清单分析是影响评价阶段的基础。在获得初始的数据之后需进行敏感性分析，从而根据数据的重要性决定数据的取舍，确定系统边界是否合适，必要时加以修改。常见的敏感性分析法包括图表分析和比率分析。敏感性分析过程中，要舍去不重要的阶段和过程及其对应的输入、输出，将未纳入的重要过程纳入至清单中，得到最终的生命周期清单（LCI）。

清单分析的方法论已有大量的研究和讨论，美国环保署（EPA）制定了详细的操作指南。相对于其他组成来说，清单分析是目前 LCA 组成部分中发展最完善的一部分。

7.1.5　电池回收全过程生命周期评价技术

影响分析评价是在完成目标界定及清单分析后开展的又一项工作，目的是根据清单分析后所提供的物料、能源消耗数据及各种排放数据对产品所造成的环境影响进行评估，即实质上是对清单分析结果进行定性或定量排序的一个过程。

目前国际上采用的评价方法，基本上可以分为两大类："环境问题法"和"目标距离法"。前者着眼于环境影响因子和影响机理，对各种环境干扰因素采用当量因子转换，从而进行数据标准化和对比分析，如瑞典 EPS 方法、瑞士和荷兰的生态稀缺性方法（生态因子）及丹麦的 EDIP 方法等；后者则着眼于影响后果，用某种环境效应的当前水平与目标水平（标准或容量）之间的距离来表征某种环境效应的严重性，如瑞士的临界体积方法。

1. 生命周期评价的总体框架

ISO、SETAC 和 EPA 倾向于把影响评价定义为"三步走"模型，即分类、特征化和量化。分类是将 LCI 中的输入和输出数据分类划归至不同的环境影响类型的过程。进行分类的首要工作是确定在本次研究关注的环境影响类别后，将 LCI 中会造成该类环境影响的环境负荷或污染排放因子归入该类别影响之下。从分类的方式上，SETAC 建议分为生态健康（全球变暖、臭氧层破坏、酸雨、水体富营养化等）、人体健康（中枢神经系统效应、呼吸系统效应、致癌效应等）和资源消耗（地下水资源、化石资源等）。分类很大程度上取决于分析的项目是输入还是输出，某些项目可能具有多种影响（如化石能源燃烧的资源消耗和温室气体增加），分类时应注意按照各自的基准归入相应类别。

特征化的主要意义是选择一种衡量影响的方式。通过特定评估工具的应用，将不同的负荷或排放因子在各形态环境问题中的潜在影响加以分析，并量化成相同的形态或同单位的数值。研究特征化的计算模型有很多，许多工作集中于不同影响类型的当量系数的开发和使用。SETAC 将特征化的表现分成 5 个层次，特征化的表现会随着影响评估所达到的层次不同而不同。层次一：负荷评估。仅简单罗列清单分析的相关资料，也可根据它们的潜在影响加以分类。特征化的表现方式会根据影响的有无、相对大小或"越少越好"这样的标准来衡量。层次二：当量评估。清单分析的资料是根据某一当量因子作为转换的基础来加总，如临界体积法、环境法规标准关系法、影响潜能法和环境优先策略法等均属此类。层次三：毒性、持续性和生物累积性评估。清单分析的数据应考虑特有的化学属性，如急毒性、慢毒性和生物累积性等。层次四：一般暴露/效应评估。排放物的加总是针对某些特殊物质的排放所导致的暴露和效应作一般性的分析，有些时候会加入背景浓度的考虑。层次五：特定地址暴露/效应评估。排放物的加总是针对某些特殊物质的排放所导致的暴露和效应作特定位置的分析，而考虑到特定位置的背景浓度。随着层次的提高，评估影响所需信息的质与量也都跟着增加。

量化是确定不同环境影响类型的相对贡献大小或权重，以期得到总的环境影响水平的过程。经过特征化之后，得到的是单项环境问题类别的影响加总值，评价则是将这些不同的各类别环境影响问题给予相对的权重，以得到整合性的影响指导，使决策者能够完整地捕捉及衡量所有方面的影响，不会因信息的偏颇、差异或缺乏比较而被蒙蔽。

影响评价目前仍处于发展阶段，尽管许多组织发表了有关影响评价过程的理论指南，包含特征化与量化的方法，但目前尚缺乏一种普遍接受的理论模型。

2. 生命周期影响评价计算模型

根据 EPA 的研究，对以下 12 种影响因子提出了具体的计算方法和模型。

1）资源消耗。

资源消耗分为可再生资源消耗与不可再生资源消耗。可再生资源消耗影响可依据式（7 – 1）计算：

$$(IRrr)_i = [AMTrr_i \times (1 - RC_i)] \tag{7-1}$$

式中，$(IRrr)_i$ 为每功能单位消耗的可再生资源的影响；$AMTrr_i$ 为清单分析中每功能单位的可再生资源的输入量；RC_i 为资源回收或重复利用率。

不可再生资源的消耗，需要在可再生资源消耗的基础上增加资源稀缺系数。由于资源丰富程度不同，因此不能进行简单的汇总计算，稀缺系数能更好地反映资源消耗的情况。资源稀缺系数越大，资源越稀少，消耗的影响也就越大。资源稀缺系数一般用目标距离法表征，即资源的当前丰富水平与目标水平

的比值，即

$$(IRrr)_i = \omega_i \left[AMTrr_i \times (1 - RC_i) \right] \qquad (7-2)$$

式中，$(IRrr)_i$ 为每功能单位消耗的可再生资源的影响；$AMTrr_i$ 为清单分析中每功能单位的可再生资源的输入量；RC_i 为资源回收或重复利用率；ω_i 为资源稀缺系数。

2）能量使用。

能量使用基于燃料能量输入、电力输入的总和。电力输入对环境的影响要进一步结合分析地区的供电方式（如水力发电、火力发电）和占比进一步确认对环境的影响。

3）填埋空间的消耗。

填埋空间影响是计算固体或放射性废弃物进入土地中所占用的空间，而这部分空间也属于自然资源的一部分。通常通过清单分析的废弃物及其平均密度来计算，即

$$(IRSWI)_i = AMTSW/D_i \qquad (7-3)$$

式中，$(IRSWI)_i$ 为每功能单位固体废弃物的填埋影响指标；$AMTSW$ 为清单分析中每功能单位的排放固体废弃物数量；D_i 为废弃物的平均密度。

4）温室效应的影响。

大气中的温室气体会提高全球平均气温，引起气候变化。全球变暖影响潜能（GWP）指某种物质对全球变暖效应的贡献值，该影响评价采用相关性因子方法计算，由排放的相关气体与相关性因子相乘得来。GWP 相关性因子是根据该物质在大气中对温室效应产生影响的辐射强度与 CO_2 相比较而得到。该指标影响的计算公式如下：

$$(ISGW)_i = EFGWP \times AMTGG \qquad (7-4)$$

式中，$(ISGW)_i$ 为每功能单位温室气体的全球变暖影响指标；$EFGWP$ 为 i 物质的 GWP 相关性系数；$AMTGG$ 为每功能单位排放 i 物质的清单分析量。

5）臭氧层破坏影响。

氟利昂（CFC）等化学物质会消耗臭氧层，增加紫外线强度。通过式（7-5）可计算各类化合物对臭氧层破坏的贡献值（以 CFC 为参照物）：

$$(ISOD)_i = (EFODP \times AmtODC)_i \qquad (7-5)$$

式中，$(ISOD)_i$ 为每功能单位与 CFC 相关的物质 i 的臭氧破坏影响；$EFODP$ 为物质 i 的 ODP 相关性系数；$AmtODC$ 为每功能单位 i 物质排放到大气中的量。

6）光化学污染影响。

光化学烟雾是由于碳氢化物、氮氧化物与大气中的自由基发生反应产生的，如果集中发生会导致健康问题。光化学氧化反应潜能因子（POCP）是以

乙烯为参照物得到的对光化学污染影响的贡献度。该指标影响的计算公式如下：

$$(ISPOCP)_i = (EFPOCP \times AmtPOC)_i \qquad (7-6)$$

式中，$(ISPOCP)_i$ 为每功能单位的光化学影响；EFPOCP 为物质 i 的 POCP 相关性系数；AmtPOC 为每功能单位 i 物质排放到大气中的量。

7）酸化影响。

酸化影响是以 SO_2 为参照物，各类物质与之相比得到对应的酸化影响相关性系数。该指标的计算公式如下：

$$(ISAP)_i = (EFAP \times AmtAC)_i \qquad (7-7)$$

式中，$(ISAP)_i$ 为每功能单位的酸化影响指标；EFAP 为物质 i 的 AP 影响相关性系数；AmtAC 为每功能单位 i 物质排放到大气中的量。

8）气溶胶影响。

气溶胶是指直径小于 10 μm 的颗粒物（即 PM10），这种颗粒物会对呼吸系统造成损伤。一般是直接引用清单中的数据。该指标如下：

$$ISPM = AmtPM \qquad (7-8)$$

式中，ISPM 为每功能单位的气溶胶影响指标；AmtPM 为每功能单位排放到大气中 PM10 的量。

9）水体富营养化影响。

水体富营养化往往是由于水体中人为排放的氮、磷元素过量引起的，水体富营养化影响相关性系数是假定氮、磷元素为主要影响因素基础上得到的。该指标的计算公式如下：

$$(ISEUTR)_i = (EFEP \times AmtEC)_i \qquad (7-9)$$

式中，$(ISEUTR)_i$ 为每功能单位的水质富营养化影响指标；EFEP 为物质 i 的 EP 影响相关性系数；AmtEC 为每功能单位 i 物质的排放量。

10）水质影响。

水质影响的特征化是基于地表水被污染而导致溶解氧的消耗。水质影响有两种计算，分别为进入地表水的 COD 和总悬浮物。该指标如下：

$$(ISCOD)_i = (AmtCOD)_i \qquad (7-10)$$

$$(ISTSS)_i = (AmtSS)_i \qquad (7-11)$$

式中，$(ISCOD)_i$ 为每功能单位的地表水 COD 影响指标；$(AmtCOD)_i$ 为每功能单位 i 物质的 COD 排放量；$(ISTSS)_i$ 为每功能单位的地表水总悬浮物影响指标；$(AmtSS)_i$ 为每功能单位 i 物质的总悬浮物排放量。

11）潜在健康影响。

LCA 中对人类健康影响方面主要计算长期性的影响，主要包括致癌性与非致癌性的影响。非致癌性的影响包括各类具有神经毒性、免疫毒性等长期暴露可能会对人体健康造成危害的物质。对于致癌影响分为以下两类计算：

从口进入

$$(HV_{CAoral})_i = \frac{oralSF_i}{oralSF_{mean}} \tag{7-12}$$

从呼吸道进入

$$(HVCAinhalation)_i = \frac{inhalationSF_i}{inhalationSF_{mean}} \tag{7-13}$$

式中，$(HV_{CAoral})_i$ 为化合物 i 的口入致癌影响；$oralSF_i$ 为化合物 i 的口入致癌斜率系数，$mg/(kg \cdot d)$；$oralSF_{mean}$ 为所有口入致癌系数的几何平均数，$0.71\ mg/(kg \cdot d)$；$(HVCAinhalation)_i$ 为化合物 i 的呼吸致癌影响；$inhalationSF_i$ 为化合物 i 的呼吸致癌斜率系数，$mg/(kg \cdot d)$；$inhalationSF_{mean}$ 为所有呼吸致癌系数的几何平均数，$0.71\ mg/(kg \cdot d)$。

对于非致癌影响，指标的计算公式如下：

$$(HV_{NC})_i = \frac{1/NOAEL_i}{1/NOAEL_{mean}} \tag{7-14}$$

式中，$(HV_{NC})_i$ 为化合物 i 的非致癌影响；$1/NOAEL_i$ 为化合物 i 的非致癌 NOAEL（非显性不利影响）；$1/NOAEL_{mean}$ 为所有化合物的非致癌 NOAEL 系数的几何平均数，$11.88\ mg/(kg \cdot d)$。

12）生态毒性影响。

生态毒性指排放的化合物对除人类以外的各种水生生物和陆生生物的影响，其中水生生物受各类污染物排放毒害较为明显，因此主要考虑水生毒性影响。以鱼类为参照，主要参考化合物的半致死计量与所有有害物半致死计量的几何平均数的比值。分为急性影响与慢性影响，结合得到水生毒性影响指标。

急性影响指标计算公式为：

$$(HV_{FA})_i = \frac{1/(LC50)_i}{1/(LC50)_{mean}} \tag{7-15}$$

式中，$(HV_{FA})_i$ 为化合物 i 对鱼类的急性毒性影响；$1/(LC50)_i$ 为化合物 i 对鱼类的半致死计量；$1/(LC50)_{mean}$ 为所有排放化合物对鱼类半致死计量的几何平均数，$16.7\ mg/L$。

慢性影响指标计算公式为：

$$(HV_{FC})_i = \frac{1/NOAEL_i}{1/NOAEL_{mean}} \tag{7-16}$$

式中，$(HV_{FC})_i$ 为化合物 i 对鱼类的慢性毒性影响；$1/NOAEL_i$ 为化合物 i 的 NOAEL 水平；$1/NOAEL_{mean}$ 为所有排放化合物 NOAEL 水平的几何平均数，

2.21 mg/L。

水生毒性影响指标计算公式为：

$$(IS_{AQ})_i = [(HV_{FA} + HV_{FC}) \times Amt_{TCoutput,water}] \qquad (7-17)$$

式中，$(IS_{AQ})_i$ 为每功能单位中化合物 i 的水生毒性影响；$Amt_{TCoutput,water}$ 为每功能单位排放的化合物 i 的清单分析数量。

3. 权重

综合环境影响指标在计算过程中需要各个影响指标的权重系数，在计算权重时多采用层次分析法（AHP）。层次分析法把复杂的环境问题分解为不同的组合因素，并按各因素之间的隶属关系和相互关联程度分组，形成不相交的层次，从而形成自上而下逐步支配的关系。

4. 生命周期解释

生命周期解释的目的是根据 LCA 前几个阶段的研究或清单分析的发现，以透明的方式来分析结果、形成结论、解释局限性、提出建议并报告生命周期解释的结果，提供易于理解的、完整的和一致的研究结果说明。根据 GB/T 24044—2008 的要求，生命周期解释主要包含三部分：识别、评估和报告。

对重大问题的识别，旨在根据所确定的目的范围以及与评价要素的相互作用，对生命周期清单（LCI）或生命周期影响评价（LCIA）阶段得出的结果进行组织，以便确定重大问题。通常由两步组成：①信息的识别与组织；②问题确定，即在清单分析和影响评价阶段取得的结果满足了研究目的和范围的要求后，确定这些结果的重要性。

评估主要是对生命周期评价的整个步骤进行检查，通常包括 3 个方面的检查：①完整性检查。确保解释所需的所有信息和数据都已获得，若有部分信息缺失，则要考虑这些信息或数据对该目的和范围的必要性，适当地代替或调整目的与范围。②敏感性检查。目的是通过确定最终结果和结论是否受到数据、分配方法或类型参数结果计算等不确定性的影响，来评价其可靠性。③一致性检查。旨在确定假定、方法、模型和数据产品的生命期进程中或几种方案之间是否始终一致。

得出结论、提出建议是生命周期评价的最终步骤，旨在根据解释阶段的结果，提出符合研究目的和范围要求的初步结论及合理建议，是整个 LCA 评价过程中最终研究成果的体现，通常建议要面向应用层面。

5. 动力电池全生命周期评价研究现状

LCA 在二次电池领域的研究中，由于各地研究者数据来源、研究背景等不同，目标范围与系统边界的确定存在差异，如有的研究中主要参考某一地域二次电池回收的过程，有的研究则侧重于比较不同的回收方法。功能单元的定义取决于研究和使用阶段的目标，只有在功能单元一致的情况下，才能比较不同研究的结果。在电池或回收过程的具体分析中，常用的功能单位是每千克电池质量、每瓦容量和每千米车辆行驶里程。

对于 LCA 在电池回收领域的研究现状，主要存在以下亟待解决的问题：首先是电池回收作为电池整个生命周期的一部分的相对重要性，尤其是回收对电池生产的积极影响不可忽视；其次，对于不同的电池回收技术，其产生的不同环境影响的比较；最后，则是电池回收过程中每道工序步骤的影响分析。

对于二次电池的 LCA 研究，许多研究主要集中于从电池的原材料生产、电池加工到使用这一范围，由于早期研究中关于回收过程中的数据相对较少，许多二次电池的 LCA 研究中没有包含电池回收这一环节。一般 LCA 的研究范围可概括为"从摇篮到坟墓（cradle to grave）"，而对于电池的全生命周期评价，初期的研究则往往仅分析"从摇篮到门（cradle to gate）"这一区间。尽管一部分二次电池的 LCA 研究中提到了电池使用结束后的后处理环节，但仅是简单的废弃物填埋或是焚烧处理，导致得出后处理环节的评估相对于二次电池整个生命周期而言，对能源消耗和环境影响的贡献较小的结论。但如果将二次电池的回收环节纳入整个二次电池生命周期中，可以大大降低二次电池对环境的影响。

根据 2025 年中国区域电动汽车产量预测，相关学者对电动汽车的能源消耗和温室气体排放进行了 LCA 评估。整个过程分为 3 个阶段：①回收过程，包括车辆拆解、车辆回收、电池回收和轮胎回收；②材料回收；③车辆生产。如果使用湿法冶金工艺来回收三元锂电池，研究结果表明，通过回收利用，电动汽车生产的温室气体排放量可降低 34%。再如，回收工艺较为成熟的铅酸蓄电池，由于铅的回收率较高，其全生命周期内的资源消耗相对较低。

电池回收作为一种废弃资源再利用的过程，通常认为是对环境有利的。但电池回收中的能源消耗、新的污染排放与不回收直接填埋相比，是否对环境保护更加有利，还需要进行 LCA 评估。目前，许多 LCA 软件工具和数据源已经商业化适用。例如，美国阿贡国家实验室（ANL）开发的 GREET（主要研究温室气体、受管制的排放和运输中的能源使用）软件可用于研究车辆和不同种类的二次电池在生产、使用和废弃过程中的能源消耗和污染物排放。例如，铅酸蓄电池，尽管其主要材料铅回收率较高，但在回收这一环节中释放到环境中的铅占到了整个生命周期中的 95%。铅作为一种有毒重金属，释放到环境中对人体健康具有一定的危害性。因此全面评估电池回收环节，对其产生环境影响较大的操作工序进行管理是极为必要的。

不同的锂离子动力电池回收方法，产生的环境影响各不相同。美国环保署（EPA）为确定锂离子动力电池的整个生命周期过程对公共健康和环境的影响，用 LCA 进行了全面评估。在回收环节的影响评估中，EPA 基于湿法冶金、火法冶金和物理直接回收过程的最佳情况进行了评估。尽管该研究中没有提到 3 种回收方法各自的优劣，但其证明了原材料提取和加工在大多数环境影响中占主导地位，而电池的回收利用降低了整个生命周期的环境影响，特别是在臭氧层破坏影响、人类癌症和非致癌影响方面。该研究通过 LCA 证明了电池回收可以有效地抵消电池生产过程中产生的环境影响，通过回收得到的产品可以再用于电池生产，形成闭环材料流动。此外，有学者研究表明：以温室气体排放量（GHG）和硫氧化物排放量为主要环境影响指标，在锂离子动力电池回收过程中，物理直接回收工艺能降低 81% ~ 98% 的温室气体排放量和 72% ~ 100% 的硫氧化物排放量；火法冶金的方法则几乎可以将硫氧化物的释放量降低为零。

对电池回收技术的评估取决于所有单元过程的累积影响。由于可用于 LCA 分析的数据有限，迄今为止只有少数研究涉及对锂离子动力电池回收过程的详细评估。

上述所列各类研究中，由于参考的电池成分组分、数据来源、目标范围与系统边界，以及所使用的假设等主观因素差异，得出的结论均各有不同。对于生命周期影响评价，目前大多采用的标准是温室气体排放和能源消耗，其余环境影响指标涉及较少。为进一步完善电池回收各方面的环境影响评价，需要收集锂离子动力电池回收技术的相关数据、规范相关行业标准，尽快建立相关产业的完整 LCA 数据库。

|7.2　生命周期评价在电池回收领域的实际应用|

7.2.1　锰酸锂电池回收工艺 LCA 分析

1. 目标与范围确定

混合动力汽车（HEV）、插电式混合动力汽车（PHEV）和纯电池电动汽车（BEV）的核心部件均为车载二次电池。为评估上述几类车辆相关的环境负担（即能源、材料的消耗和排放），需研究其回收过程产生的环境影响。在本节的 LCA 分析中，以正极材料为锰酸锂的锂离子动力电池（LIB）作为研究对象，使用美国阿贡国家实验室的电池性能与成本模型（BatPaC），对电池的总体组成进行详细的清单描述，并将其作为回收技术评价的依据[2]。

进行研究时，需考虑回收环节产品的流向，分为开环和闭环。对于开环回收，产品会流向市场用作各种用途；对于闭环回收，这些材料将直接重新整合到电池中。在本节的 LCA 分析中，我们选择闭环的情况。以能源消耗与温室气体排放量作为环境影响评价指标，在此基础上总结比较各类回收方法的优势与不足。

2. 电池组分清单

在建立电池组分清单时，首先要确定使用的电池模型，本节的 LCA 分析中使用 BatPaC 模型。BatPaC 模型预估了 2020 年 LIB 的制造成本与技术，以便研究 HEV、PHEV 和 BEV。该模型允许用户研究不同电池设计和材料特性对电池组成本的影响。该模型以现有技术为参考基础，设定 2020 年电池将达到该技术水平，但不排除技术进一步发展，生产出能量密度更高的电池。

BatPaC 采用棱柱形袋状电池结构，电池外壳由 3 层聚合物/铝材料制成。铝箔和铜箔分别为正极和负极的集流体，负极的两面涂有石墨。正极材料可以是锰酸锂、三元材料、磷酸铁锂、钴酸锂等。聚合物黏合剂材料将活性材料颗粒黏结在集流体上，多孔隔膜将两个电极分开。隔膜和活性材料之间填充有电解液，电解液的组分选择 $LiPF_6$（六氟磷酸锂）溶解在碳酸酯类有机溶剂中（DEC、DMC）。在放电期间，锂离子从负极移动到正极，而电子通过集流体到达外电路，产生外电流。在 BatPac 模型里，这些组成成分封装在一起形成一个模块，每块电池包含 6 个模块。

在 BatPac 模型中，活性材料可以根据需求选择。在下述电池组分清单中，均将锰酸锂（$LiMn_2O_4$）作为正极活性物质材料。原因在于锰酸锂成本相对较低，是取代价格相对较高的钴基正极材料的优良选择之一[3]。除了选择活性材料外，在 BatPaC 还可以设定电池电量、电池容量或车辆行驶里程，得出相应的电池能量和组件质量。根据 2015 年美国阿贡国家实验室的 Autonomie 模型针对中型车辆的数据对表 7-1 中所示的动力电池参数进行建模，BatPaC 可对各项参数进行编辑。在本节的 LCA 分析中，我们选定 6×16 的电池模型，即每块电池中包含 6 个模块，每个模块中有 16 个（节）电池组成。

表 7 - 1　动力电池参数

	HEV	PHEV	BEV
功率/kW	30	150	160
能量/kW · h	2	9	28
质量/kg	19	89	210
单位功率/(W · kg^{-1})	1 500	1 715	762
能量密度（kW · h · kg^{-1}）	0. 10	0. 11	0. 13
续航里程/km	N/A	48	160

针对表 7 - 1 所提到的动力电池参数，对电池各组分的质量进行计算。

1）金属

这部分主要计算电池中所用铝、铜和钢铁的质量。

除了作为正极集流体之外，铝在电池结构中许多地方都有应用，包括正极端子组件、电池容器、模块壁、电池护套、电池互连、模块导体和电池导体等。使用式（7 - 18）计算每个电池的铝箔质量，再将结果乘以每块电池的电池数（96），即

$$M_{\text{Al\_foil}} = A_{\text{Al\_foil}} \times \delta_{\text{Al\_foil}} \times \rho_{\text{Al}} \qquad (7-18)$$

式中，$M_{\text{Al\_foil}}$ 为铝箔的质量；$A_{\text{Al\_foil}}$ 为铝箔的面积；$\delta_{\text{Al\_foil}}$ 为铝箔的厚度；ρ_{Al} 为铝的密度，2. 7 g/cm^3。

电池壳包括 3 层结构：30 μm 的聚对苯二甲酸乙二醇酯（PET）层、100 μm 的铝层和 20 μm 的聚丙烯（PP）层。电池尺寸随电池类型和设计而变化。使用式（7 - 19）计算电池壳中铝层的质量；结果乘以每个电池的电池数（96）。模块壁中的铝质量直接由 BatPaC 模型输出。电池壳中铝的质量计算公式为：

$$M_{\text{C\_Al}} = \delta_{\text{C\_Al}} \times L_{\text{cell}} \times W_{\text{cell}} \times \rho_{\text{Al}} \qquad (7-19)$$

式中，$M_{\text{C\_Al}}$ 为电池壳中铝的质量；$\delta_{\text{C\_Al}}$ 为电池壳中铝的厚度；L_{cell} 为电池壳的长度；W_{cell} 为电池壳的宽度。

容纳模块的电池护套也由 3 层材料制成。通常外层为铝，厚度为 1～2 mm，此处在设计上取外层铝厚度为平均值 1. 5 mm。当每块电池所含模块数量与体积变化时，厚度也会有所不同。内层为 10 mm 轻质、高效隔热的材料，在此处设计中我们取用玻璃纤维材料。BatPaC 模型自动导出总电池护套质量，用式（7 - 20）计算电池护套中铝的质量，即

$$M_{\text{J\_Al}} = \frac{M_{\text{J}}}{\tau} \delta_{\text{J\_Al}} \times \rho_{\text{Al}} \qquad (7-20)$$

式中，M_{J_Al} 为电池护套中铝的质量；M_J 为电池护套的质量；τ 为电池护套的重量参数（g/cm^3）；δ_{J_Al} 为电池护套中铝层的厚度。

电池护套重量参数 τ 用式（7 - 21）计算：

$$\tau = \delta_{J\_ins} \times \rho_{ins} + \delta_{J\_Al} \times \rho_{Al} \tag{7 - 21}$$

式中，δ_{J_ins} 为电池护套中隔离层的厚度；ρ_{ins} 为隔离层的密度。

金属铜电池的主要成分，在电池结构和功能方面与铝的作用类似，铜在电池中作为负极的集流体。铜箔的质量用式（7 - 22）计算，与铝箔计算方法类似，结果乘以每个电池的电池数（96），即

$$M_{Cu\_foil} = A_{Cu\_foil} \times \delta_{Cu\_foil} \times \rho_{Cu} \tag{7 - 22}$$

式中，M_{Cu_foil} 为铜箔的质量；A_{Cu_foil} 为铜箔的面积；δ_{Cu_foil} 为铜箔的厚度；ρ_{Cu} 为铜的密度，8.92 g/cm^3。

加压钢板和金属带由钢铁制成，质量由 BatPaC 模型直接输出。

由于铝、铜、钢铁均属于工业生产技术较为成熟的原料，因此不单独计算其材料与能量流，从 GREET 中直接得到其相关生产锻造数据。

2）活性物质、黏结剂与电解质

电池的主要核心组分包括活性材料、黏结剂以及电解质。正极的质量决定了电池容量和活性材料容量；负极为石墨，它也作为导体存在于正极中。BatPaC 模型也允许对负极材料进行替代，如尖晶石型钛酸锂等。黏结剂采用最为常见的聚偏二氟乙烯（PVDF）。电解质是 1.2 mol/L 六氟磷酸锂（$LiPF_6$）在碳酸亚乙酯（EC）和碳酸二甲酯（DMC）的溶液，BatPaC 模型计算得出每个电池的总电解质体积。根据以上参数，得出 $LiPF_6$ 的质量。设定 EC 和 DMC 质量比为 1:1，平均密度为 1.2 g/mL。

3）塑料

电池包含 3 种类型的塑料：PET、PP 和 PE。电池壳包括一层 30 μm 厚 PET 外层和一个 20 μm 厚的 PP 外层。该层中的 PET 和 PP 的质量用式（7 - 23）计算：

$$M_{C\_pla} = \delta_{C\_pla} \times L_{cell} \times W_{cell} \times \rho_{pla} \tag{7 - 23}$$

式中，M_{C_pla} 为电池壳中塑料（PET 或 PP）的质量；δ_{C_Al} 为电池壳中塑料（PET 或 PP）的厚度；ρ_{pla} 为塑料的密度（PET 为 1.4 g/cm^3；PP 为 0.9 g/cm^3）。

PP 是隔膜的主要成分，隔膜的厚度为 20 μm，中间还包含一层薄的 PE 层。用式（7 - 24）可计算隔膜的总质量，再用结果乘以每块电池 96 个电池数。由于 PP 是主要的隔板材料，因此我们假设 PP 和 PE 分别占总隔板质量的 80% 和 20%。

$$M_{Sep} = \delta_{Sep} \times A_{Sep} \times \rho_{Sep} \tag{7 - 24}$$

式中，M_{Sep} 为隔膜的质量；δ_{Sep} 为隔膜的厚度；A_{Sep} 为隔膜的面积；ρ_{Sep} 为隔膜的

密度（按 PP 与 PE 质量比 8：2），0.46 g/cm³。

与金属部分类似，塑料的相关数据取自 GREET。

4）温度控制与电子元件

在电池组分清单中主要关注两种电子元件：一是充电状态调节器组件，是每个电池模板必不可少的组件。它由电路板组成，通过绝缘电线连接到每个电池。二是电池控制系统。电池控制系统包括测量装置，可以控制电池组电流和电压，维持模块间电压平衡、电池热管理等参数。BMS 质量是以电池总质量的百分比计算的。

电池的温度是通过电池温度管理和隔离系统来控制的。电池的热管理系统（TMS）由 1：1 比例（质量）的乙二醇和水溶液组成的冷却液组成。TMS 中乙二醇的总质量为每电池 1 260 g，TMS 质量本身暂时不纳入计算。电池护套包含 10 mm 厚的内隔离层，隔离层的总质量可以用式（7-25）计算：

$$M_{J\_ins} = \frac{M_J}{\tau} \delta_{J\_ins} \times \rho_{ins} \qquad (7-25)$$

式中，M_{J_ins} 为电池护套中隔离层的质量；M_J 为电池护套的质量；τ 为电池护套的重量参数，g/cm³；δ_{J_ins} 为电池护套中隔离层的厚度。

5）电池组分清单概述

表 7-2 电池组分清单列出了 BatPaC 模型下的每种电池组件的质量占比，电池组件大约是电池质量的 80%～90%。在大多数情况下，可以合理地假设电池组成在各种类型的车辆中是近乎一致的。

表 7-2 电池组分清单

组成成分	质量占比/%		
	HEV	PHEV	BEV
锰酸锂	27	28	33
石墨	12	12	15
黏结剂	2.1	2.1	2.5
铜	13	15	11
铝	24	23	19
六氟磷酸锂	1.5	1.7	1.8
EC	4.4	4.9	5.3
DMC	4.4	4.9	5.3

续表

组成成分	质量占比/%		
	HEV	PHEV	BEV
PP	2.0	2.2	1.7
PE	0.26	0.4	0.29
PET	2.2	1.7	1.2
钢铁	2.8	1.9	1.4
隔热层	0.43	0.33	0.34
乙二醇	2.3	1.3	1.0
电子元件	1.5	0.9	1.1

3. 不同回收方法的环境影响比较

在本节的 LCA 分析中，我们探讨 4 种回收方法：湿法冶金、火法冶金、间接物理法和直接物理法。针对回收电池中不同化学组分，根据各自的特点研究其材料和能量流。间接物理法是指回收得到的产品需要进一步处理才能继续应用在电池生产中，而直接物理法的输出产物则几乎可以直接重新作为电池正极活性材料使用。

由于现有锂离子动力电池的正极材料回收技术仍以处理钴基材料为主，没有系统研究用于处理锰酸锂（$LiMn_2O_4$）正极材料，因此本节对于电池的 LCA 分析中，探讨的 4 种工艺均是基于回收钴基正极材料的技术。其中，火法冶金工艺可以回收锂离子动力电池中的钴和镍，但不能回收锂；湿法冶金、间接物理和直接物理回收过程可以回收含锂材料，但是须经过进一步处理以再生得到可用的活性材料。

如目标与范围确定中所述，LCA 分析中选择闭环材料流，即锂离子动力电池回收得到的材料再度用于生产锂离子动力电池。初步分析表明，如果我们使用回收得到的锂、铜和铝，用以生产锂离子动力电池，可以将其生产过程的能量消耗降低大约 40%~50%。能量消耗的减少主要是由于省去了许多金属铝生产的工序。

本节的 LCA 分析中主要依据 GREET 与 BatPaC 模型，鉴于市场上电池化学成分的变化以及回收技术的不成熟，电池回收的技术会有进一步的提升。因此本节所述的工艺开发的材料和能量流，以及得到许多不同电池回收技术对整体环境负担的影响，仅供作为参考。

1）湿法冶金

湿法冶金处理是一种用于回收电池正极与负极活性材料中所含金属的技术。现有湿法冶金回收技术主要针对钴和锂，而本节 LCA 分析中模型建立使用的是锰酸锂（$LiMn_2O_4$）作为活性材料，因此我们假设锂的回收率在不同的正极材料下均相同，进行进一步数据分析。电池的组成组分如上述电池组分清单分析中表 7-2 所示。

湿法冶金处理锂离子动力电池的第一步是先将锂离子动力电池拆解为单节电池，将电池放电后，通过物理方法将正极、负极和电池外壳分离开。放电过程中消耗的能量属于回收过程中消耗能量的一部分，使用式（7-26）计算：

$$EI_{Li,R} = \frac{a_{cathode} EI_{discharge}}{f_{cell} f_{Am} f_{Am,Li} f_{R}}$$ （7-26）

式中，$EI_{Li,R}$ 为放电过程消耗的能量；$a_{cathode}$ 为电池活性材料的分配系数；$EI_{discharge}$ 为电池循环工作的能量密度；f_{cell} 为所有节电池质量之和占单块蓄电池的质量分数；f_{Am} 为电池中活性材料所占的质量分数；$f_{Am,Li}$ 为电池活性材料中锂所占的质量分数；f_{R} 为锂的回收率。

本节分析中，电池活性材料的分配系数取 0.52，电池循环的能量密度取 0.034 mmBtu/t（1 mmBtu ＝ 1.054×10^9 J），所有节电池质量之和占单块蓄电池的质量分数取 67%，电池中活性材料所占质量分数取 38%，锂所占质量分数取 7%，锂的回收率取 95%。

电池包括壳体、正极活性材料与铝、铜、石墨、电解质和隔膜，正极与电池的质量比用 BatPaC 模型参数确定。

在放电之后，负极的铜箔和石墨与正极和壳体通过物理方法分离，将正极浸泡在 100 ℃ 的氮甲基吡咯烷酮（NMP）中，使正极材料与铝箔分离。此步骤的能量强度使用式（7-27）计算：

$$EI_{Soak} = \frac{a_{Am} \Delta T}{m_{Am} f_{Am,Li} \eta} \sum C_{p,i} m_i$$ （7-27）

式中，EI_{Soak} 为 NMP 浸泡过程中消耗的能量；a_{Am} 为电池活性材料的分配系数；ΔT 为电池循环工作的能量密度；η 为天然气锅炉的加热效率；m_{Am} 为活性物质的质量；$C_{p,i}$ 为各项物质的比热容，包括 NMP、活性物质和铝；m_i 为各项物质的质量。

活性材料的分配系数取 0.87，取室温 25 ℃，温度的变化值为 75 ℃，天然气的加热效率取 80%，m_i 的值根据 NMP 与活性材料的质量比为 1：1，活性材料与铝箔的质量比 1 : 5 进行计算，活性材料的热容量基于固体化合物热容数据。此外，因为从活性材料中过滤的残留 NMP 可以重复使用，NMP 的消耗为 0.05% 左右，可忽略不计。

浸泡后，活性材料在行星式球磨机中进行破碎。由于破碎这一步骤没有直接的能耗参数，我们平均了 12 个工业生产中的破碎研磨步骤的能量消耗，并取其平均值 1.28 MJ/kg。单位质量锂回收在破碎步骤消耗的能量，要再除以活性材料中的锂分数（7%）和锂的回收效率（95%）。对于后续的第二步研磨的能量消耗，参照锂在 $LiCoO_2$ 中的化学计量比（0.07 kg Li/kg $LiCoO_2$）和锂的回收效率，从而将单位质量的锂回收消耗的能量转化为单位活性物质回收所消耗的能量。

后续处理步骤，我们根据最终产出锂的质量占所有回收得到金属质量的 11%，分配了锂在总能量消耗中所占的份额。

然后 700 ℃ 下煅烧，目的是除去负极的石墨和黏结剂。煅烧步骤的能量消耗，参照了 6 个工业生产过程。通常，煅烧的温度越高，消耗的能量越大，参考平均得到煅烧步骤消耗能量为 2.0 mmBtu/t。煅烧的过程还需要消耗电力，取电力消耗为 0.08 mmBtu/t。

在湿法冶金回收钴基正极材料锂离子动力电池时，常用过氧化氢将钴还原成二价钴增加其可溶性，锂变成可溶锂离子。然后加入有机酸作为配体，与金属离子形成螯合物，本分析中采用柠檬酸作为配体进行螯合作用。本节 LCA 分析中电池模型采用的正极材料为锰酸锂，并假设锰在浸出步骤中的反应与钴相似，浸出步骤的能量消耗同样参考其他工业生产过程中的浸出步骤，取平均值为 0.12 mmBtu/t。

除了工艺步骤消耗的能源外，在回收过程中需要消耗的原材料的生产与排放也要纳入整个回收过程的能源消耗评价之中。参与回收过程的原材料包括 NMP、过氧化氢和柠檬酸。由于 NMP 可重复使用消耗量较低，因此主要计算过氧化氢和柠檬酸生产、排放所消耗的能源。

过氧化氢的消耗量由实验室数据测定而得。测试结果表示，浸出过程中每回收 1 g 锂需要消耗 2.5 g 过氧化氢。

过氧化氢由氢气制备而来，过氧化氢原料生产所需的固有能量纳入本节 LCA 分析中。我们获得的过氧化氢生产的材料和能量流数据由 GREET 所得，如表 7 - 3 所示的由氢气制备过氧化氢消耗能量表。能量分析中蒸汽是通过天然气燃烧产生的，能量提供并入到天然气之中，我们通过工艺条件确定蒸汽焓为 189 kJ/kg，天然气在工业锅炉中燃烧效率取 80%。

表 7 - 3 由氢气制备过氧化氢消耗能量表

能源组成	能量/(mmBtu · t⁻¹)
电	1.7
渣油	0.21
天然气	11
氢	6.8

为了评估柠檬酸生产消耗的能量值，采用 GREET 模型中玉米生产的能量消耗值，参照玉米发酵制备乙醇的过程，得出柠檬酸生产的能量消耗为 30 mmBtu/t。

回收过程消耗的柠檬酸量通过化学计量来计算。在最终浸出的溶液中，有两种金属离子可以从活性物质释放出来，而柠檬酸具有 3 个羧基基团，如果酸的 3 个羧酸基团中的每一个基团都可以与金属离子（锂或钴）形成螯合物，那么柠檬酸与活性物质的摩尔比为 2 : 3。我们假设柠檬酸以 10% 摩尔过量进料，那么每回收 1 t 锂对应消耗的柠檬酸为 21.4 t。假设 90% 的柠檬酸可被回收并重复使用，不考虑处理废酸。

煅烧阶段 PVDF 和石墨的煅烧会产生 CO_2，产生 CO_2 排放量由式（7 - 28）计算：

$$E_{CO_2} = \frac{f_t R_t MW_{CO_2}}{MW_t R_{CO_2} f_{Am} f_{Am,Li} f_R} \qquad (7 - 28)$$

式中，E_{CO_2} 为二氧化碳的释放量；MW_{CO_2} 为二氧化碳的摩尔质量；MW_t 为 PVDF 及石墨中碳的摩尔质量；R_{CO_2} 为二氧化碳摩尔数。

锂可以通过用碳酸钠沉淀分离来回收。随后的 Li_2CO_3 可以与 Mn_3O_4 一起焙烧，以产生可用于电池的 $LiMn_2O_4$，根据锂的能量消耗和铝与活性材料的质量比（0.2）计算每质量铝的能量消耗。回收的铝也可以在闭环材料流中再加工并重新利用在新电池的生产中。

表 7 - 4 列出了湿法冶金回收锂各工艺步骤消耗能量，其中消耗能量最高的是煅烧阶段。

表 7 - 4 湿法冶金回收锂各工艺步骤消耗能量

工艺步骤	消耗能量/(mmBtu · t⁻¹)
放电	1.02
NMP 浸泡	2.91

工艺步骤	消耗能量/(mmBtu · t^{-1})
破碎	1. 74
煅烧	3. 25
研磨	0. 2
浸出	0. 2

2）火法冶金

本节 LCA 分析中的火法冶金工艺参照比利时优美科公司开发的电池回收工艺：电池被拆卸至模块级别后，和炉渣形成剂共同进入高温竖炉进行煅烧。炉渣形成剂包括石灰石、沙子和炉渣。高温竖炉共分为 3 个加热区：第一个加热区为预热区。电池进入预热区后，为防止温度过高电池发生爆炸，控制在 300 ℃以下进行加热。在此温度下，电解液会逐渐蒸发，从而降低后续更高温度区域的爆炸危险。第二个加热区为塑料热解区，加热温度在 700 ℃左右。在此温度下电池中的塑料逐渐燃烧，保持较高的加热温度并为降低材料熔炼的总能耗。第三个加热区是熔炼与还原区。该区域使用电浆炬加热，温度可达 1 200 ~ 1 450 ℃。在该区域中剩余的金属材料中铜、铁、镍、钴等会形成合金，而锂则富集在炉渣之中。加入含钙的石灰石的主要目的是为了捕捉电解质中的卤素，但该过程会产生一定量的二噁英、呋喃等物质，需要对尾气进行净化处理。

对经过熔炼得到的合金，经两步浸出后可分别得到铁和铜，再进一步溶剂萃取得到氯化钴和氢氧化镍。氯化钴进一步氧化得到氧化钴，与碳酸锂焙烧之后就可以得到钴酸锂；氢氧化镍也可以通过其他加工步骤回收镍。在这一过程中，铝并没有被回收；夹带在炉渣中的锂元素，由于回收成本和能量消耗过高，往往也不会加以回收。

由于火法冶金工艺中不回收锂，因此在评价回收步骤的能量消耗时，不能使用回收每吨锂作为功能单元，此处的功能单元为回收每吨钴的能量消耗值。

熔炼步骤中钴的能量消耗用公式（7 - 29）计算可得：

$$EI_{smelt, Co} = \frac{Q_{smelt}}{f_{Co, batt}} \times m_{Co} \qquad (7 - 29)$$

式中，$EI_{smelt, Co}$ 为每回收 1 t 钴熔炼过程中的能量消耗；Q_{smelt} 为每单位质量电池在熔炼过程中的能量消耗，取 1. 45 mmBtu/t；$f_{Co, batt}$ 为钴在电池中所占质量分数，取 0. 14；m_{Co} 为钴在熔炼合金中所占的质量分数，取 0. 29。

浸出步骤的能量消耗由式（7 - 30）计算可得：

$$EI_{\text{leach,Co}} = \frac{EI_{\text{leach}}}{m_{\text{Co}}} \times (a_{L1} + a_{L2}) \qquad (7-30)$$

式中，$EI_{\text{leach,Co}}$ 为每回收 1 t 钴浸出过程中的能量消耗；EI_{leach} 为一般工业浸出步骤的能量消耗，取 0.12 mmBtu/t 合金；a_{L1} 为钴在第一步浸出时所占的质量分数，取 0.86；a_{L2} 为钴在第二步浸出时所占的质量分数，取 0.49。

溶剂萃取步骤消耗的能量可忽略不计，但溶剂萃取步骤需要消耗一定量的 HCl。根据化学计量式，回收得到 1 t 钴酸锂需消耗 0.74 t 的 HCl。同理，氯化钴氧化过程中所需的能量消耗可以忽略不计，但氧化过程需要使用一定量的氧化剂，在本节 LCA 分析中将氧化剂设定为过氧化氢，并按照化学计量计算所需氧化剂数量。最后的焙烧过程中，也需要对应化学计量的碳酸锂。表 7-5 总结了该火法冶金回收钴基正极材料锂离子动力电池材料与能量消耗。其中，浸出和燃烧步骤的效率均取 80%，燃料均设为天然气。

表 7-5　火法冶金回收钴基正极材料锂离子动力电池材料与能量消耗

工序	每吨钴消耗能量/mmBtu	每吨钴酸锂消耗能量/mmBtu	材料消耗
熔炼	1.45	0.41	0.86 t 石灰石/1 t 钴
浸出	0.52	0.15	
溶剂萃取	0	0	0.74 t HCl/1t LiCoO$_2$
氧化	0	0	0.23 t H$_2$O$_2$/1 t LiCoO$_2$
焙烧	8.0	2.4	0.38 t Li$_2$CO$_3$/1 t LiCoO$_2$
总计	9.7	3.0	

在评价温室气体排放影响上，把电池中所有的含碳材料（PT、PP、PE、石墨、PVDF、EC 和 DMC）均看做充分燃烧生产二氧化碳，通过式（7-31）计算可得

$$E_{\text{CO}_2} = \frac{m_{\text{battery}} R_{\text{CO}_2}}{m_{\text{cobalt,out}}} \times \sum m_i R_{\text{C},i} \qquad (7-31)$$

式中，m_{battery} 为进入熔炼过程的电池质量；$m_{\text{cobalt,out}}$ 为熔炼得到的钴的质量；m_i 为电池中其余含碳组分对应的质量（参考表 7-2）；$R_{\text{C},i}$ 为碳元素在各自含碳组分中所占的质量分数。

通过式（7-31）可计算出电池组分燃烧释放出的二氧化碳量为 1 400 kg/t 钴。加上熔炼过程中石灰石分解产生的 342 kg/t 钴二氧化碳，共计 1 742 kg/t 钴。

3）间接物理法

间接物理法回收技术主要包含以下步骤：首先，电池通过粉碎机和锤磨机分离成较小的结构单元；然后用振动台将混合塑料和金属分离开，包括金属氧化物和石墨在内的电池正负极的材料则进入滤槽中；经过滤槽过滤，压滤机将金属氧化物和石墨分离出来，锂仍保留在滤液中，经过蒸发富集后，加入碳酸钠沉淀得到碳酸锂，再经一步压滤机除去废水后得到碳酸锂产品。表 7 - 6 显示了间接物理法回收锂离子动力电池的材料流输入与输出，数据来源于提供以上工艺的企业。

表 7 - 6　间接物理法回收锂离子动力电池的材料流输入与输出

输入/输出物质		质量/（吨/吨回收碳酸锂）
废旧电池	输入	33.2
碳酸钠		2
混合塑料	输出	1.33
铜		8.33
铝		7.00
金属氧化物与石墨		1.67

在计算各个步骤的能量消耗时，我们由企业给出的单位质量材料的能量消耗，转换为回收单位质量碳酸锂或单位质量铝的能量消耗。粉碎机和锤磨机的能量消耗为 0.54 mmBtu/t 材料，用式（7 - 32）计算得到回收每吨碳酸锂消耗的能量。本节 LCA 分析中的电池模型正极材料为锰酸锂，所以相应系数根据正极材料为锰酸锂确定。

$$EI_{\text{Shred,Li}_2\text{CO}_3} = \frac{EI_{\text{Shred}}}{f_{\text{Li}}} \times r_{\text{Li}} \qquad (7 - 32)$$

式中，$EI_{\text{Shred,Li}_2\text{CO}_3}$ 为回收每吨碳酸锂过程中粉碎机与锤磨机消耗的能量；EI_{Shred} 为单位质量的材料粉碎与锤磨消耗的能量，取 0.54 mmBtu/t；f_{Li} 为锰酸锂中锂的质量分数，取 0.04；r_{Li} 为碳酸锂中锂的质量分数，取 0.18。

振动台将铝与塑料、铜、阳极和阴极材料以及钴分离，其能耗主要为材料回收设施中使用的带式输送机的能耗，约为 0.003 mmBtu/t，此处忽略了振动台本身消耗的能量。

在制备得到碳酸锂的过程中，过滤槽过滤的能量消耗可忽略不计，重点关注两次压滤机过滤的能量消耗。对于压滤机的能量消耗，参考其他工业生产过程中的压滤机能量消耗，取 0.3 mmBtu/t。进入第一次压滤机的物料包括锂在内的金属氧化物和石墨材料，因此 0.3 mmBtu/t 的能量消耗，需按照材料中所含锂的质量与碳酸锂中所含锂的质量进行转化，得出第一步压滤机处理的能量消耗为 6.9×10^{-4} mmBtu/t 碳酸锂；第二步压滤机是将碳酸锂与废液分离，因此能量消耗即为 0.3 mmBtu/t 碳酸锂。

表 7-7 显示了间接物理法回收锂离子动力电池的各工序机械消耗的能量。回收得到的碳酸锂可经进一步加工用于生产锰酸锂或钴酸锂等锂离子电池正极材料。

表 7-7　间接物理法回收锂离子动力电池的各工序机械消耗的能量

耗能机械	消耗能量/（mmBtu/t 碳酸锂）
粉碎机与锤磨机	2.6
振动台	0.03
压滤机	6.9×10^{-4}
二次压滤机（分离碳酸锂）	0.03
总计	2.7

4）直接物理法

现有的直接物理法回收的锂离子动力电池同样针对钴基正极材料，在本节 LCA 分析中认为锰酸锂电池同样适用于该方法。

直接物理法的回收工艺主要包括：首先将电池放电并拆卸到单节电池水平；然后将外壳破裂的放入带有 CO_2 的萃取室中，通过调节萃取室内的温度与压力，使容器内的 CO_2 达到超临界水平，将电池中的电解质（EMC、DC 与 $LiPF_6$）分离，在此过程中还可加入烷基酯和路易斯碱（如氨气）辅助增强电解质的分离；最后从萃取室中除去超临界 CO_2，当温度和压力降低至正常水平时，CO_2 与电解质分离，即可得到分离出的电解质。

在无氧、无水的环境下，除去电解质的电池经过破碎和物理分选处理后，利用电子传导性、密度或其他性质将电池中组分分离。对铝、铜、铁、负极的石墨以及塑料进行回收，加工处理后可继续用于电池生产，锰酸锂正极材料也可直接或处理后用于电池生产。该方法可以回收所有电池组件（包括铝），并且进一步加工后大多数可重复使用；但回收得到的正极材料容量和循环寿命往往会有一定程度的下降，且缺乏分离黏结剂（PVDF）的过程。

材料与能量流的数据确定由企业的生产数据提供。在直接物理法回收的第一步，所消耗的能量与材料取决于超临界 CO_2 对于电解质中的有机成分（EC 与 DMC）的溶解度，而有机成分的溶解度与超临界 CO_2 的压力和温度有关。

由于没有 EC 和 DMC 的溶解度直接数据，此处参照结构较为相似的环己酮溶解数据。在 136 ℃ 和 120 bar（1 bar = 0.1 MPa）压力的条件下，气相中的环己酮的摩尔分数为 0.019 7，由式（7 - 33）计算得到超临界 CO_2 的用量：

$$r_{SCCO_2} = \frac{1}{98.16/44y} \qquad (7-33)$$

式中，r_{SCCO_2} 为溶解每吨有机物质所需要的超临界 CO_2 的量；y 为气相中有机物质的摩尔分数，依上文所述为 0.019 7。

根据式（7 - 33）的计算结果，每溶解 1 t 有机物质需要消耗超临界 CO_2 23 t 左右。

根据表 7 - 2 的电池组分清单，DMC 与 EC 在电池中的含量约占 9%，则消耗的超临界 CO_2 的量为 2.2 t/t 回收电池。超临界 CO_2 的压缩和加热过程消耗的能量根据 GREET 数据库得出，其电能消耗为 0.5 mmBtu/t 超临界 CO_2。尽管在循环超临界 CO_2 的过程中会有一定的损耗，鉴于 CO_2 的来源广泛，因此对其损耗消耗的能量忽略不计。根据以上数据，我们以单位质量锰酸锂为功能单位计算超临界 CO_2 萃取过程中需要消耗的能量，即

$$EI_{extract,i} = \frac{R_{SCCO_2} \times EI_{compress} \times m_{EC,DMC}}{f_i} \times m_i \qquad (7-34)$$

式中，$EI_{extract,i}$ 为回收每吨锰酸锂在超临界 CO_2 萃取过程中消耗的能量；R_{SCCO_2} 为溶解有机物质所需要的超临界 CO_2 的量，取 23 t/t 有机物质；$EI_{compress}$ 为超临界 CO_2 的量压缩过程消耗的能量，取 0.05 mmBtu/t；$m_{EC,DMC}$ 为单节电池中 EC 与 DMC 所占的质量分数，取 0.14；f_i 为含有电解质的电池中锰酸锂所占的质量分数，取 0.39；m_i 为不含电解质的电池中锰酸锂所占的质量分数，取 0.56。

破碎和物理分选步骤的能量消耗分别为 0.22 mmBtu/t 和 0.02 mmBtu/t 电池，通过乘以系数 m_i/f_i，这些数值均转化为回收单位质量锰酸锂所消耗的能量，电池的放电处理采用前述模型数据。表 7 - 8 总结了直接物理法各步骤消耗的能量。

表 7 - 8 直接物理法各步骤消耗的能量

工序	消耗能量/（mmBtu/t 锰酸锂）
放电	0.12
超临界 CO_2 萃取	1.95
破碎	0.25
物理分选	0.02
总计	2.34

4. 评价总结

本节的 LCA 分析中主要针对各类锂离子动力电池回收方法各步骤的能量消耗进行了计算和总结。由于不同回收方法工序上的差异、回收主要产品的不同，环境影响的指标也均有不同，因此全面的横向对比较为困难。湿法冶金工艺中，主要的耗能源于 NMP 浸泡和煅烧工序，主要的材料消耗源于浸出过程中过氧化氢和有机酸的消耗；火法冶金工艺中主要的耗能源于氯化钴与碳酸锂焙烧得到钴酸锂的过程，主要的材料消耗源于溶剂萃取过程中消耗的 HCl、氧化过程中消耗的过氧化氢与焙烧过程中消耗的碳酸锂，主要的温室气体排放源于熔炼过程中电池内塑料、石墨和电解质等材料的燃烧，为了捕捉卤素而加入的石灰石在高温分解时释放的温室气体含量亦占有一定比例；间接物理法的主要耗能来源于破碎机与锤磨机的能量消耗；直接物理法的主要耗能来源于超临界 CO_2 的压缩过程。

以上结论可为今后的生产工作中节能减排和减少污染排放方面提供借鉴。例如，用氧化锌替代石灰石作为火法冶金工艺中的捕捉剂，可以有效减少温室气体的产生和二噁英等有害气体的排放。

本节 LCA 评价中得出的相关结论仅局限于文中提及的各类回收方法的对应工序和操作步骤。随着电池回收工艺的不断发展，各地域工业水平的差异性，主要环境影响评价指标的改变，不同的 LCA 案例很可能会得出与此不同的结论，本节相关结论仅作为参考。

7.2.2　三元锂电池回收工艺 LCA 分析

我国新能源产业发展迅速，随之而来的电池回收产业也迅速增长，但涉及三元材料的 LCA 研究相对较少。本节针对三元材料回收方法的比较主要包括传统湿法、传统火法与定向循环法[4]。本节对三元材料进行 LCA 分析，采用荷兰的 Eco – indicator 99 评价体系，材料与工艺能耗等数据采用 ebalance 软件提供的 CLCD Public 数据库，分析得到各种回收方法的能量消耗、气体排放等环境影响指标，进行分析比较。

1. 目标与范围定义

对定向循环法、传统湿法回收、传统火法回收得到锂离子动力电池正极材料——镍钴锰酸锂（三元材料）的工艺步骤与原矿冶炼得到的三元正极材料相比较，进行生命周期评价，分析各方法对环境造成的影响，并横向对比各个回收方法，得出环境影响最小的回收方法。由于回收工艺最终得到的主要产物是三元材料，本节 LCA 分析中的功能单元均选取回收 1 000 kg 三元材料所需要的材料与能量消耗，为材料和能量流清单的输入和输出提供参照基准。

2. 清单分析

清单分析主要包括电池回收所需原材料、消耗的能源、排放的废弃物和除 1 000 kg 三元材料之外回收得到的其他物质。

1）定向循环

废旧动力电池定向循环回收工艺主要包括预处理、浸出、除杂、沉淀和烧结工序。首先，废旧动力电池在破碎机中破碎后，进入热解炉，通过热解除去电解液和黏结剂（PVDF），使得正负极材料与铜箔、铝箔集流体分离，经物理分选后（风选、磁选、振荡筛分等），将铝、铜、铁等金属和石墨负极材料、三元正极活性材料分离，分离得到的金属材料直接以金属的形式进行回收。分离出来的正极材料用酸性溶剂浸出（一般为硫酸）后，使用萃取剂除去其中的杂质，加入沉淀剂（氢氧化钠、苏打等）将材料从溶液中分离出来，最后加入锂源（碳酸锂）烧结，得到回收的三元正极材料。

根据来源于企业的生产数据，定向循环法回收得到 1 t 三元正极材料对应的输入与输出清单如表 7 - 9 所示。

表 7 - 9　定向循环法回收得到 1 t 三元正极材料对应的输入与输出清单[4]

类别	名称	数量
原材料	废旧动力电池	3 330 kg
	硫酸（98%）	3 660 kg
	盐酸（30%）	133.08 kg
	氢氧化钠（30%）	6 230 kg
	碳酸钠	69.86 kg
	氨水（28%）	373.35 kg
	P507 萃取剂	6.66 kg
	煤油	16.27 kg
	过氧化氢	1 220 kg
	工业用水	46.58 t
	碳酸锂	402.51 kg

续表

类别	名称	数量
能源	电能	7 756.68 kW·h
	天然气	931.57 m³
排放	废水	33.27 t
	氨氮	199.62 g
	金属镍	13.308 g
	废气（CO_2）	224 kg
	残渣和灰烬	1.17 t
回收物质	塑料 PP	133.08 kg
	铜	332.70 kg
	铝	199.62 kg
	钢铁	598.86 kg

原材料中主要的消耗是硫酸和氢氧化钠。由于本节 LCA 分析中使用的中国生命周期核心数据库（CLCD）缺少 P507 萃取剂相应环境影响数据，且 P507 萃取剂整个生产过程中可以循环再使用，损耗较少，故在评价过程中忽略不计 P507 萃取剂的影响。能源消耗中，电能的消耗主要源于烧结工序（烧结工序在推板窑内进行，功率较大）。其余工序的耗电总计为 190.05 kW·h，其中包括沉淀工序耗电 74.31 kW·h，相较于烧结工序的近 7 600 kW·h 耗电，占比重较小。排放的废弃物主要包括含钴、锰、镍离子的废水、氨氮及二氧化碳温室气体，限于本小节分析使用的 Eco - indicator 99 评价体系对环境影响评估方面未包含镍、钴、锰金属离子的影响，因此也在评价过程中忽略。

2）湿法回收

湿法回收与定向循环回收的主要区别在于传统湿法是将破碎后的三元正极材料锂离子动力电池用强碱处理除去电池中的铝。定向循环工艺则是通过热解的方式，将正极上的活性材料与铝箔分离开，通过物理分选等方式回收铝。湿法回收过程中，电池中的金属铝没有得到充分回收，且需要消耗更多的强碱。

在湿法回收的清单数据中，氢氧化钠的用量根据定向循环法中回收到的铝计算而得。由于回收过程不可能 100% 回收某种材料，因此实际消耗的氢氧化钠可能略高于计算值。整个湿法回收过程中，只有沉淀工序需要消耗天然气，其天然气消耗量相对较小，取 465.79 m³。得出湿法回收得到 1 t 三元正极材料对应的输入和输出清单（表 7 - 10）。

表 7-10　湿法回收得到 1 t 三元正极材料对应的输入与输出清单[4]

类别	名称	数量
原材料	废旧动力电池	3 330 kg
	硫酸（98%）	3 660 kg
	盐酸（30%）	133.08 kg
	氢氧化钠（30%）	7 260 kg
	碳酸钠	69.86 kg
	氨水（28%）	373.35 kg
	P507 萃取剂	6.66 kg
	煤油	16.27 kg
	过氧化氢	1 220 kg
	工业用水	46.58 t
	碳酸锂	402.51 kg
能源	电能	7 756.68 kW·h
	天然气	465.79 m³
排放	废水	33.27 t
	氨氮	199.62 g
	金属镍	13.308 g
	废气（CO_2）	224 kg
	残渣和灰烬	1.17 t
回收物质	塑料 PP	133.08 kg
	铜	332.70 kg
	钢铁	598.86 kg

3）火法回收

火法回收工艺的最大特点是需要加热的工序较多，熔炼、吹炼、磨浮、熔铸阳极和电解精炼步骤均需要消耗化石燃料燃烧供能，在这个过程中会产生大量温室气体。相对于上述两种回收方法，火法回收产生的温室气体含量明显增多。在本节 LCA 分析中，只取沉淀工序的燃料能源供给为天然气，其余步骤均设为原煤作为燃料提供能源。

根据 GB 21251—2014《镍冶炼企业单位产品能源消耗限额》，以新建镍企业为基础，单位产品能耗限额准入值为（镍精矿 - 电解镍）综合能耗不大于 3 920 kg 标准煤/t。火法回收中回收三元正极材料废旧电池得到的物质为含镍基合金，三元材料中镍、钴、锰的总质量分数占三元材料的 59.59%。假设钴、锰金属的能耗与镍相等，则传统火法回收生产三元材料的能耗为 2 335.93 kg 标准煤/t。根据 GB 21251—2014 附录查得平均低位发热量为 20 908 kJ/kg，原煤折合标准煤的比例为 0.714 3 kg 标准煤/kg 原煤，则可得原煤的消耗量为 3 270.23 kg。电能主要用于烧结和沉淀工序，根据定向循环法数据确定的计算可知耗电量为 7 640.94 kW·h，烧结工序与湿法烧结工序相近，取相同的天然气消耗量为 465.79 m³。废水的主要来源是由沉淀工序产生，废水排放浓度按照 GB 25467—2010《铜、镍、钴工业污染物排放标准》执行，镍排放限值为 1.0 mg/L，氨氮排放限值为 8.0 mg/L。火法回收得到 1 t 三元正极材料对应的输入和输出清单结果如表 7 - 11 所示。

表 7 - 11　火法回收得到 1 t 三元正极材料对应的输入与输出清单[4]

类别	名称	数量
原材料	废旧动力电池	3 330 kg
	硫酸（98%）	3 080 kg
	氢氧化钠（30%）	6 230 kg
	碳酸钠	69.86 kg
	氨水（28%）	373.35 kg
	工业用水	46.58 t
	碳酸锂	402.51 kg
能源	电能	7 640.94 kW·h
	天然气	465.79 m³
	原煤	3 270.23 kg
排放	废水	33.27 t
	氨氮	266.16 g
	金属镍	33.27 g
	废气（CO_2）	224 kg
	残渣和灰烬	1.658 t

4）原矿冶炼

原矿冶炼制备三元材料的材料与能耗清单，从熔炼、磨浮、熔铸、电解精炼到酸溶解、沉淀、烧结的各步骤能量与物质消耗数据均来自相关生产工厂的实际数据。原矿冶炼得到 1 t 三元正极材料对应的输入和输出清单如表 7 – 12 所示。

表 7 – 12　原矿冶炼得到 1 t 三元正极材料对应的输入与输出清单[4]

类别	名称	数量
原材料	镍	202.69 kg
	钴	203.52 kg
	锰	189.74 kg
	硫酸（98%）	1 128 kg
	氢氧化钠（30%）	6 230 kg
	碳酸钠	69.86 kg
	氨水（28%）	373.35 kg
	工业用水	30.30 t
	碳酸锂	402.51 kg
能源	电能	7 640.94 kW·h
	天然气	465.79 m^3
	原煤	3 837.77 kg
排放	废水	33.27 t
	氨氮	266.16 g
	金属镍	33.27 g
	废气（CO_2）	224 kg
	残渣和灰烬	0.234 t

3. 环境影响评价

环境影响的评价标准主要包括 9 种影响类型：生态毒性、致癌物质、温室效应、臭氧层破坏、酸化与富营养化、大气有机污染、大气无机污染、矿产资源耗竭和化石燃料耗竭。根据 Eco – indicator 99 体系的实施方法，将各种影响类型分别归属于三大方面的影响：人类健康损害、生态系统损害及资源消耗。据此得到三元正极材料的方法对应的清单数据，进行环境影响评估，其影响评估特征化结果如表 7 - 13 所示。

表 7 - 13　4 种不同方法制备三元材料的环境影响评价特征化结果[4]

影响类型	环境影响因素	定向循环	湿法回收	火法回收	原矿冶炼
人类健康损害	致癌物	- 0.51	- 0.49	2.15×10^{-5}	3.80×10^{-2}
	大气有机污染物	$- 1.71 \times 10^{-4}$	$- 2.10 \times 10^{-5}$	8.23×10^{-7}	3.66×10^{-4}
	大气无机污染物	- 2.69	- 3.0	9.47×10^{-3}	16.9
	温室效应	- 0.30	$- 4.35 \times 10^{-2}$	7.97×10^{-4}	0.513
	臭氧层破坏	$- 1.68 \times 10^{-2}$	- 20.8	0.81	360
生态系统损害	生态毒性	$- 4.23 \times 10^5$	$- 3.95 \times 10^5$	2.41×10^3	7.79×10^5
	酸化与富营养化	$- 7.63 \times 10^4$	$- 5.93 \times 10^3$	2.87×10^2	4.35×10^5
资源消耗	矿产资源耗竭	$- 5.96 \times 10^5$	$- 1.5 \times 10^5$	22.1	1.31×10^5
	化石燃料耗竭	$- 3.36 \times 10^6$	$- 2.95 \times 10^5$	1.88×10^4	7.07×10^6

从表 7 - 13 中数据可以看出，由于使用废旧电池作为原料，且回收工艺中消耗能源相对较少，定向循环法与湿法回收的各环境影响评价特征化结果均为负值，表明两种方法均属于环境友好型的回收方法，可有效降低三元材料作正极材料的锂离子动力电池在全生命周期的环境影响。火法回收由于在回收工艺过程中使用大量的原煤燃烧提供能量，因此相较于前两种回收方法，火法回收会产生一定的环境影响。其中火法回收对于人类健康损害方面的影响相对较小，但原煤的燃烧使得其在生态系统损害（如燃烧过程中产生的含硫气体造成的酸雨危害）和资源消耗方面产生的影响较大，尤其是原煤燃烧导致化石燃料耗竭影响显著。通过原矿冶炼的方式，由于其金属冶炼工序烦琐能耗较大，产生的环境影响明显高于通过电池回收的方式得到三元正极材料，金属冶炼过程中排出的各类有害气体对人类健康和生态系统都会造成较大的损害，且原矿冶炼需要消耗各贵重金属的原矿石，冶炼过程中的各高温过程使得其能耗巨大，因此原矿冶炼对资源消耗方面的影响最为显著。

将 9 种环境影响类型分为 3 类后，根据 SimaPro7.1 中各类型影响的权重值，加权计算了 4 种不同工艺制备得到三元材料的环境指标分数（图 7 - 1）。定向循环、湿法回收、火法回收与原矿冶炼的环境指标分数分别为 - 11 883、- 1 552、

57、25 896。由数据可知，环境影响友好度最高的是定向循环法，而原矿冶炼由于其大量的资源、能源消耗与废弃物排放，造成的环境危害程度最为严重。

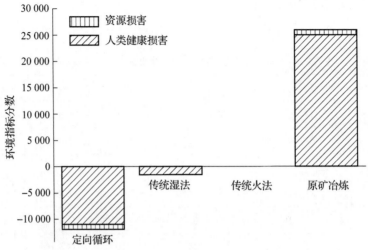

图 7 - 1　4 种不同工艺制备得到三元材料的环境指标分数[4]

4. 结论总结

　　尽管定向循环工艺与湿法回收工艺均属于环境友好型的回收方式，但定向循环法的环境指标分数高出湿法回收近 8 倍，原因在于湿法工艺处理铝的方式有所不同，导致了相对定量循环法消耗了更多的材料，而且没有充分回收废旧电池中的铝。在无须较大地改动原有设备的前提下，建议采用定向循环工艺来替代湿法回收工艺。

　　原矿冶炼造成的环境影响比电池回收的方式制备三元正极材料要远为显著，其环境指标分数为火法冶金的 454 倍，主要源于原矿冶炼的过程中产生的矿石资源消耗和能源消耗。但由于电池回收的回收率仍未达到较高水平，回收过程制备得到的材料相对于原矿冶炼的材料性能较差等原因，原矿冶炼暂不能被完全取代。从企业清洁生产和电池行业可持续发展的角度出发，一方面需加快电池回收领域的发展，完善电池回收工艺技术和相关标准，建立电池回收网络，从而提高电池的回收率及电池中回收所得材料的利用率；另一方面可减少原矿冶炼的制备过程，从而减少产生的环境影响。

7.2.3　磷酸铁锂电池回收工艺 LCA 分析

　　磷酸铁锂由于其独特的晶体结构，比钴酸锂、三元材料等正极活性材料更加稳定，在较高温度下仍可表现出较高的热力学稳定性，且在各种严苛的电池工作条件下具有较高的安全性能。尽管由于磷酸铁锂作为锂离子正极材料，容量较三元材料有所不足，但磷酸铁锂中铁元素在自然界分布广泛、来源充足，成本更低，因此仍是锂离子动力电池正极材料的选择方向之一[5]。

本节 LCA 分析中，主要评价对象为磷酸铁锂电池，建立相应的电池模型，汇总计算得出磷酸铁锂离子动力电池回收阶段能量与材料清单数据，通过对清单的数据分析、评价和对比得出相应的环境影响评价。

1. 确定研究目标与范围

1）电池模型的确立

本节 LCA 分析中采用的动力电池为国产某型号锂离子动力电池，正极材料为磷酸铁锂。电池的主要组分包括以下成分：正极活性物质为磷酸铁锂，负极活性物质为中间相炭微球石墨（MCMB），电解质由六氟磷酸锂与碳酸乙烯酯（EC）和二甲基碳酸酯（DMC）组成，隔膜由聚乙烯（PP）和聚丙烯（PE）组成，并假设 PP 与 PE 所占比例相同。回收的锂离子动力电池放电深度（DOD）为 80%，设定其充放电效率为 70%。在本模型中，设定锂离子动力电池中各组分的质量分布为：电池总质量的 18% 为模块和电池包壳体以及其他附件，2% 为电池管理系统，80% 为电池组的质量。假设锂离子动力电池回收的主要回收物质为铁、铝和碳酸锂，各回收物质的再利用率分别为铁 90%、铝 70%、碳酸锂 80%。

2）系统边界与功能单位的确定

对于电动汽车，车辆的行驶距离是动力电池常见的功能单位，本节 LCA 分析中假设车辆的行驶距离为 100 000 km，以此作为评价的基本单元。评价边界包括环境影响因素、地理和时间边界及生命周期评价阶段。动力电池的生命周期阶段选取为回收利用阶段，地理边界为我国大陆境内，环境影响评价因子设为温室气体（GHGs）排放和回收利用阶段的总能耗，GHGs 的排放包括二氧化碳、甲烷、氮氧化物，其他温室气体不包含在数据统计范围之内。除上述温室气体排放之外，本节 LCA 分析还计算了整个回收阶段的挥发性有机化合物（VOCs）、一氧化碳、硫氧化物和颗粒物的排放，VOCs 和一氧化碳的排放按照碳元素所占比例按式（7-35）换算为二氧化碳排放量，按式（7-36）计入温室气体排放量中。

$$M_{CO_2} = M_{CO_2}^* + M_{VOC} \times \frac{ROC_{VOC}}{ROC_{CO_2}} + M_{CO} \times \frac{ROC_{CO}}{ROC_{CO_2}} \qquad (7-35)$$

式中，M_{CO_2} 为二氧化碳的总排放量；$M_{CO_2}^*$ 为回收过程中直接排放二氧化碳的排放量；M_{VOC} 为回收过程中直接排放 VOC 的排放量；ROC_{VOC} 为 VOC 中碳元素所占的质量分数，取 0.85；ROC_{CO_2} 为二氧化碳中碳元素所占质量分数，取 0.227；M_{CO} 为回收过程中直接排放一氧化碳的排放量；ROC_{CO} 为一氧化碳中碳元素所占质量分数，取 0.43。

$$GHGs = M_{CO_2} \times GWP_{CO_2} + M_{CH_4} \times GWP_{CH_4} + M_{N_2O} \times GWP_{N_2O} \qquad (7-36)$$

式中，$GHGs$ 为温室气体总排放量；M_{CO_2} 为回收过程中二氧化碳的排放量；GWP_{CO_2} 为二氧化碳的当量温室效应影响因子，取 1；M_{CH_4} 为回收过程中甲烷的排放量；GWP_{CH_4} 为甲烷的当量温室效应影响因子，取 25；M_{N_2O} 为回收过程中一氧化二氮的排放量；GWP_{N_2O} 为一氧化二氮的当量温室效应影响因子，取 298。

一次能源消耗和二次能源生产链消耗共同组成回收环节的总能量消耗。环境排放包括锂离子动力电池生命周期所涉及的直接排放与间接排放之和。

3）环境影响评价因子的计算方法

回收动力电池带来的能源效应计算公式为：

$$R_E = E_0 - E_R \qquad (7-37)$$

式中，R_E 为单位质量动力电池回收节约的能源量；E_0 为单位质量动力电池使用原生材料生产所消耗的能量；E_R 为单位质量动力电池使用再生材料生产所消耗的能量。

回收动力电池带来的环境效应计算公式为：

$$R_M = M_0 - M_R \qquad (7-38)$$

式中，R_M 为单位质量动力电池回收污染物减排量；M_0 为单位质量动力电池在原生材料生产过程中的污染物排放量；M_R 为单位质量动力电池在再生材料生产过程中的污染物排放量。

根据以上公式，确定回收动力电池减少的能源消耗与污染物排放，得出其相应的节能与环境效应。

2. 锂离子动力电池 LCA 清单分析

本节 LCA 分析中，锂离子动力电池组分里金属及化合物的能耗和排放数据取自 GREET 数据库和美国环保署（EPA）的相关研究数据。锂离子动力电池的回收部分包括电池活性物质、壳体和电池管理系统相关组件。根据上述数据源中提供的数据，锂离子动力电池使用原生材料和再生材料的能耗和污染物排放因子清单经过统计、计算得出后，按功能单位换算出所有的能耗和排放清单，按照功能单位为汽车行驶里程数，换算的结果以 MJ/km 和 kg/km 单位表示。计算所得结果分为 3 部分：锂离子动力电池的生产能耗（表 7-14）、锂离子动力电池生产的 GHGs 排放（表 7-15）与锂离子动力电池生产的主要污染物排放（表 7-16）。

表 7-14　**锂离子动力电池的生产能耗**[5]　　　　　单位: 0.1 MJ/kg

回收部件	原生材料	再生材料
正极	0.30	0.22
壳体	1.34	0.49
电池管理系统	0.16	0.01

表 7-15　**锂离子动力电池的 GHGs 排放**[5]　　　单位: 等效于 1g CO_2/km

回收部件	原生材料	再生材料
正极	3.32	3.14
壳体	12.80	4.30
电池管理系统	1.34	0.08

表 7-16　**锂离子动力电池生产的主要污染物排放**[5]　　单位: 0.1 g/km

污染物	原生材料	再生材料
氮氧化物	0.48	0.18
PM10	0.78	0.21
PM2.5	0.34	0.12
硫氧化物	1.32	0.55

3. 锂离子动力电池 LCA 环境影响评价

依据上述清单中的数据,对锂离子动力电池 LCA 环境影响进行分析评价,评价内容由能耗评价和排放评价两部分组成,并对评价的结果进行解释。

1) 能耗评价

通过对锂离子动力电池能耗的清单分析,可以看出使用原生材料生产锂离子动力电池的能耗与使用再生材料生产锂离子动力电池的能耗存在明显差异,锂离子动力电池能耗对比如图 7-2 所示。

从图 7-2 数据可以得出,使用再生材料可以使锂离子动力电池生产阶段的能耗下降 61%,其节能效应可从各部分材料分别比较分析。对于正极材料来说,能耗下降程度为 37%,主要原因是采用磷酸铁锂作为正极活性物质的

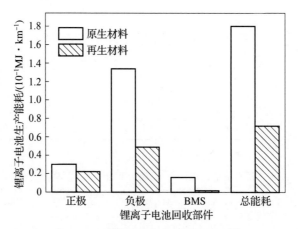

图 7 - 2 锂离子动力电池能耗对比[5]

锂离子动力电池，其正极活性物质生产工艺较为简单，因此能耗相对较小，使用回收得到的正极材料，仅是省去了部分加工步骤，对整体的能耗减少影响相对有限。对于三元材料在内的各类钴基正极材料而言，回收的能耗减少效应更为明显，如前一节讨论中所提到，三元材料中的镍、钴、锰金属相对成本较高，由原矿石冶炼而得的过程中耗能也相对较高，因此使用再生材料与三元正极材料相比能耗下降会更加显著。对于壳体材料，回收利用的节能效果明显，能耗下降可达到 63%，主要是因为壳体材料中含有大量的金属铝，金属铝的冶炼成型过程耗能相对较高，而使用回收金属铝可大大减少加工步骤，从而减少耗能。铝的回收再利用率可达 70%，因此回收壳体中的金属铝可有效降低电池生产过程中的能耗。电池管理系统（BMS）组件回收利用节能效果明显，可将耗能下降 94%，但对电池生产总能耗的影响不大，主要原因是电池管理系统组件在电池内所占质量分数较小，电池管理系统组件的加工过程也较为简易，因此在电池整体中所占生产耗能相对较小，回收得到的电池管理系统组件可不经任何加工处理直接继续利用，省去了加工的耗能，仅在回收的相应物理步骤消耗一定能量，因此回收的节能效率很高。

总体来看，电池生产的过程中壳体生产的能量消耗最大，主要是由于壳体中的金属铝会消耗大量的能量。金属铝的回收再利用率较高，使用回收铝可以大幅降低生产壳体的耗能，因此对于磷酸铁锂为正极活性的锂离子动力电池回收工艺改进方面，应注意提高壳体中铝的回收率，进一步提高其再利用率。

2）温室气体（GHGs）和污染物排放评价

温室气体（GHGs）、氮氧化物、硫氧化物、PM10 与 PM2.5 是锂离子动力电池生产阶段排放物的主要组成。与能耗评价相似，在温室气体与污染物排放评价中，使用再生材料也可以不同程度上减少以上物质的排放，从而减少相应的环境影响。

图 7-3 显示了锂离子动力电池生产过程中的温室气体（GHGs）排放对比，其总体分布与能耗评价较为相似。对于温室气体的总排放量，使用再生材料可以使锂离子动力电池生产阶段下降 56.9%。在各部件使用原生材料生产过程中排放的温室气体量，最高的仍为壳体部分，即大量的金属铝消耗是排放温室气体的主要构成部分，温室气体排放量位居其次的是正极材料，而电池管理系统（BMS）组件由于其所占质量相对较小，占有的温室气体的排放量也最少。以上三类部件的温室气体排放量分别为正极 0.013 kg 等效二氧化碳/km、壳体 0.033 kg 等效二氧化碳/km，电池管理系统组件 0.001 3 kg 等效二氧化碳/km。如果使用再生材料，正极材料的温室气体排放量可减少 5.4%。正如能耗分析中所提到的，由于磷酸铁锂制备工艺相对简单，回收正极材料相比于直接生产磷酸铁锂在减少温室气体排放上的效益较为有限，且回收正极材料的过程中，正极材料中的黏结剂（PVDF）往往不能再利用，而 PVDF 的处理又会产生一定的温室气体释放，因此就正极材料来说使用回收材料与使用原生材料在温室气体影响上差异不大；壳体部分使用回收金属铝，能大大降低温室气体的排放量，与使用原生材料相比可下降 66.4%；如上述能耗分析中所提到，电池管理系统组件在回收后可直接用于电池的生产过程，几乎不需要任何额外加工步骤，因此相比于使用原生材料可大大降低温室气体排放（94%），但由于电池管理系统组件自身占电池总重量很小（2%），所以对总体温室气体排放的影响不大。综合来看，回收材料对降低温室气体的排放的贡献仍主要是壳体回收的金属铝。

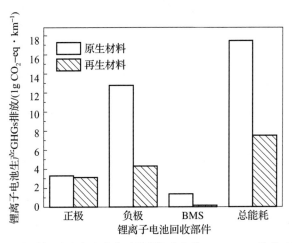

图 7-3　锂离子动力电池生产过程的温室气体（GHGs）排放对比[5]

使用再生材料可大大降低锂离子动力电池生产过程中的污染物排放。如图 7 - 4 所示的锂离子动力电池生产过程的污染物排放对比图。相比于使用原生材料生产锂离子动力电池，使用碳酸锂、铝和铁等回收材料可以使氮氧化物的排放量下降 62.5%，硫氧化物的排放量下降 58.3%，PM10 的排放量下降 73%，PM2.5 的排放量下降 61.8%。从各项指标来看，使用再生材料对降低污染物排放的环境影响效果显著。

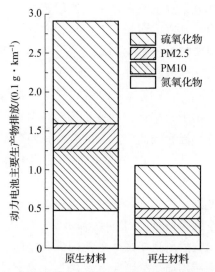

图 7 - 4　锂离子动力电池生产过程的污染物排放对比[5]

4. 结论与总结

本节的 LCA 分析中，以国产的磷酸铁锂动力电池为研究对象，参考 ISO 14040 与 ISO 14044 中的生命周期评价的步骤，选取锂离子动力电池车辆的行驶里程为基本功能单元，以生产过程中的能量消耗、温室气体排放（GHGs）与污染物排放作为环境影响评价因子。在建立锂离子动力电池回收模型，明确相应环境评价因子的计算公式之后，根据相关 GREET 数据库与美国环保署（EPA）相关数据，列出原生材料与回收得到再生材料的能量消耗与排放清单，根据清单的结果进一步分析其环境影响评价，得出对应结论。

在电池总体层面上，使用锂离子回收得到的再生材料可以有效地减少生产所需的能耗、温室气体和污染物的排放。具体数值为：使用再生材料能使锂离子动力电池生产过程能耗下降 61%，温室气体排放下降 56.9%，氮氧化物、硫氧化物、PM10 与 PM2.5 分别下降 62.5%、58.3%、73% 和 61.8%。

将锂离子动力电池中各部分的材料回收对环境的影响进一步细化，可以发现壳体材料的金属铝对于降低能耗、温室气体的排放贡献最大，加大生产过程中使用再生铝的比例能够有效地减少锂离子动力电池整个生命周期的能耗与温室气体排放，在保证达到原有使用要求的基础之上，可适当地寻找合适的材料替代电池壳体中的金属铝，适当降低其应用比例。正极材料磷酸铁锂的回收能在一定程度上达到降低能耗的目的，但对降低温室气体排放量相对贡献较小。由于磷酸铁锂本身来源广泛、制备较为简单，且回收得到的正极材料在理化性质上可能会有一定程度的下降，影响使用过程中锂离子动力电池的性能，因此总体而言正极材料回收产生环境效益较为有限。电池管理系统组件尽管在电池中所占质量很小，但是其回收的环境效益最为显著，可使能耗与温室气体排放下降94%，因此在回收过程中要注意电池管理系统部件的有效回收和再利用。

|7.3　动力电池回收过程 LCA 评价案例分享与解析|

由于现有的 LCA 分析大多集中于电池从生产到使用、废弃过程的全生命周期评价，涉及回收过程，尤其专门将回收过程单独进行 LCA 分析的相关资料较少，因此本节中所列举的锂离子动力电池回收 LCA 实例在完整性和全面性上难免有欠缺。尽管有些 LCA 分析案例中只将锂离子回收过程作为 LCA 分析中的一部分，但仍有可以借鉴之处。在本节中针对上述内容稍加补充和完善，以供借鉴。

Unterreiner 等人[6]以家庭用电蓄电池为研究对象，设定功能单元为电池供电量达 1 kW·h，对锂离子动力电池和铅酸蓄电池包括回收过程在内的全生命周期进行了生命周期评价。根据相关文献中提供的各阶段数据，通过建立相应的电池模型，对其环境影响进行评价。结果表明，通过回收过程，铅酸蓄电池的环境影响可下降50%，而锂离子动力电池的环境影响可下降23%，这是由于两种电池回收技术的差异造成的。铅酸蓄电池的回收技术成熟，电池中对各环境影响评价指标影响较为明显的重金属铅的回收率在95%以上，有些铅酸蓄电池回收企业的铅回收技术甚至可以达到99%的回收率。相比之下，锂离子动力电池的回收技术尚处于发展阶段，不同企业之间的回收工艺存在差异，缺乏相应的标准化过程，不同锂离子动力电池的电池组成，诸如正极材料选用等不同，使得锂离子动力电池本身的性质也存在一定的差异性，因此进行回收处理的环境效益较铅酸蓄电池相比还存在一定的差距。这也从另一层面为电池回收工艺的发展和改进提供了指导，降低回收过程中的耗能，对回收的工艺技术进行标准化、规范化的推广，是今后发展的方向。

Hendrickson 等人[7]使用生命周期评价方法对美国加利福尼亚州电动车动力电池的生产和回收进行了分析。其数据主要来源于 GREET 数据库，主要评价指标为能耗与温室气体排放。锂离子动力电池正极材料包括三元材料、磷酸铁锂、锰酸锂等。在其模型建立的过程中，除了电池生产回收相关数据外，还提到了有关回收运输网络相关的地理模型建立。该研究为了建立相应的供应链模型，在 ArcGIS 软件环境中创建了一个电池网络数据集，该数据集用于计算运输距离和相应的成本。与运输相关的加利福尼亚州公路网、铁路网和其他所需的数据，如主要城市和火车站的位置等数据均来自与美国政府统计的相关数据。对 LCA 环境影响的评价分析中，该地理模型也通过加利福尼亚州各地区内受污染影响情况等，对地域环境影响进行了图像化的表征。这一 LCA 分析案例有助于我们更全面地分析电池回收过程带来的环境影响。目前，电池回收网络与回收模式在国内已经有了一定程度的研究，但主要偏向于商科领域的分析，对相关能耗等环境影响因素的评价涉及相对较少。上述各节提及的电池回收案例分析中，对其能耗与温室气体排放的分析主要集中在电池的工业回收环节，对电池回收的运输过程则均未提及。在锂离子动力电池回收网络尚处于发展阶段的今天，由于数据的缺失难免会造成相应的空白。今后相关领域的研究中，可以参考上述案例，考虑电池回收网络与运输的相应环境影响，进一步完善电池回收过程的环境影响评价。

Boyden 等人[8]在统计了大量锂离子动力电池回收企业的详细数据后，对锂离子动力电池回收企业按工艺方法（湿法、火法、火法与湿法结合、物理法）进行了分类，并对其环境影响与直接填埋过程进行了比较，选取的环境影响因子包括温室效应、人体健康危害与生态毒性。其中，电池的填埋处理并不是将电池的整体进行填埋，而是在除去一些电池中的组分后再进行填埋。环境影响评价分析的结果表明，相较于填埋处理，电池回收的工艺处理可有效减少锂离子动力电池对人类健康危害和生态毒性方面的影响。由于填埋的过程会将一些有毒有害的电池组分（如锂离子动力电池正极材料中的金属离子、电解液等）埋入地下进入土壤和大气中，因此会产生较明显的人类健康危害和生态毒性影响。与电池填埋相比会引起较为明显的温室效应，尽管有的企业通过物理方式分离电池中含有的塑料材料，以火法回收等工艺为主的企业在处理过程中往往会将电池中的塑料材料和黏结剂进行燃烧处理，产生更严重的温室效应。尽管电池回收总体上属于环境友好型的工业过程，但也不可一概而论，在进行 LCA 分析时，要注意电池回收可能会产生新的环境影响，不可认为回收过程必然不会加剧环境影响。

参 考 文 献

［1］邓南圣. 生命周期评价［M］. 北京：化学工业出版社，2003.

［2］DUNN J B, JAMES C, GAINES L, et al. Material and energy flows in the production of cathode and anode materials for lithium ion batteries［J］. Acta Chemica Scandinavica, 2015, 49（24）：44－52.

［3］YOSHIO M, BRODD R J, KOZAWA A. Lithium－ion batteries［M］. New York：Springer, 2009：435－443.

［4］谢英豪，余海军，欧彦楠，等. 废旧动力电池回收的环境影响评价研究［J］. 无机盐工业，2015，47（4）：43－46.

［5］陈坤，李君，曲大为，等. 基于 LCA 评价模型的动力电池回收阶段环境性研究［J］. 材料导报，2019，33（Z1）：53－56.

［6］UNTERREINER L, JÜLCH V, REITH S. Recycling of battery technologies － ecological impact analysis using life cycle assessment（LCA）［J］. Energy Procedia, 2016, 99：229－234.

［7］HENDRICKSON T P, KAVVADA O, SHAH N. Life－cycle implications and supply chain logistics of electric vehicle battery recycling in California［J］. Environmental Research Letter, 2015, 10（1）：014011.

［8］BOYDEN A, SOO V K, DOOLAN M. The environmental impacts of recycling portable lithium－ion batteries［J］. Procedia CIRP, 2016, 48：188－193.

第 8 章

动力电池回收效益成本与市场可行性分析

|8.1 电池回收的经济性分析|

锂离子电池均存在一定的使用寿命，经过多次充放电后，容量会逐渐损失直至报废。相较于常见的锂离子电池，动力锂离子电池寿命相对要长一些。随着电动汽车中动力电池使用量的增加，未来数年将会产生大量的废旧锂离子电池，后续如何处理已成为各国普遍关注的问题。我国每年产生的废旧锂离子电池多达几十亿只，而其中多数的锂离子电池没有得到系统的回收利用。

我国锂离子电池产量巨大，是世界锂离子电池生产第一大国。根据调查统计数据，2018 年我国的锂离子电池产量接近 140 亿只，占全球总产量的一半以上。锂离子电池行业的快速发展得益于智能手机、笔记本电脑等数码产品及电动汽车为主的动力电池需求。随着锂离子电池生产量的不断增大，锂离子电池在市场中所占的份额逐渐增加，锂离子电池的生产原料价格也在不断攀升，尤其是金属锂及三元材料中的贵重金属材料所占成本逐渐升高。因此，锂离子电池回收的重要性逐渐凸显，从废旧电池中回收得到的材料如果能再度进入锂离子电池的生产环节，不仅能够减轻对环境的影响，更能带来可观的经济效益，进一步促进锂离子电池产业的发展。

本节将从锂离子回收环节的经济性分析出发，结合现有的锂离子电池回收工艺，对锂离子回收过程中的成本与经济收益进行数据统计，综合评价锂离子电池回收环节的经济效益。

8.1.1 废旧锂离子电池的种类与构成

电动汽车行业迅速发展，使得动力电池销量在快速增长的同时，每年也产生了大量的报废电池。截至 2017 年年底，我国的电动汽车持有量达到 180 万辆，早期投入使用的电动汽车中的动力电池即将面临报废。根据相关统计数据，2020 年我国锂离子动力电池的报废量达 23 万 t。

由于我国电动汽车和动力电池行业尚处于发展阶段，因此在不同的阶段使用的电池种类不尽相同。在动力电池发展的初期，我国推广的动力电池主要是采用正极活性材料为磷酸铁锂的锂离子电池，近两年主要发展的动力电池则是三元材料为正极活性材料的锂离子电池。根据 2016 年与 2017 年的数据统计，2016 年磷酸铁锂锂离子电池（LIB）与三元材料 LIB 的占比分别为 70% 和 26%，而 2017 年占比则分别为 49% 和 45%，可见三元材料正在快速发展，逐步呈现取代磷酸铁锂的趋势。磷酸铁锂 LIB 由于推广相对较早，有相当数量已接近报废期，而三元材料推广较晚，且三元材料具有更高容量，使用寿命相对较长，因此在报废的锂离子电池中所占比例略低。

锂离子动力电池的主要构成包括壳体、正极活性材料、正极集流体（铝箔）、负极活性材料（一般为石墨）、负极集流体（铜箔）、电解液、隔膜以及黏结剂。从现有的回收技术及经济性分析的角度出发，具有较高回收价值的主要是电池中包含的金属材料（表 8 - 1），包括壳体与正极集流体中的金属铝，负极集流体中的铜，正极活性材料中的锂、镍、钴、锰等。电解液中的碳酸酯及六氟磷酸锂具有较高的经济价值，然而回收相对较为困难。负极的石墨材料相对价格较为便宜，目前回收较少。

表 8 - 1　锂离子电池中的金属材料含量[1]

电池类型	金属含量/%			
	Ni	Co	Mn	Li
磷酸铁锂 LIB	—	—	—	1.1
三元材料 LIB	12.1	2.3	7.0	1.9

动力电池在容量低于初始容量 80% 后，将无法满足电动汽车的使用标准。这部分电池由于尚具有一定的容量，仍可用作储能系统等其他应用方面，这称为电池的梯次利用。梯次利用的电池在容量降至 50% 后再进行回收，以达到对废旧动力电池的充分利用。梯次利用的方式可以从另一个方面增加锂离子电池的使用价值，降低其回收成本。

8.1.2　锂离子电池回收的经济性分析

本节的电池回收经济性分析，主要针对磷酸铁锂 LIB 和三元材料 LIB，回收工艺选取工业生产中常见的火法回收工艺与湿法回收工艺，进行成本核算与利润的评估。

1. 火法回收工艺

火法回收三元材料典型的工艺过程主要是在拆除电池外壳获得电极材料后，在高温环境下加入石灰石进行焙烧，焙烧后的锂和铝形成炉渣，不被回收；形成合金的铜、镍、钴、锰通过进一步处理分离提取出来。

对于磷酸铁锂 LIB 来说，由于电极材料中不含镍、钴、锰等贵重金属，该火法回收工艺并不适用。有学者根据传统的火法回收，开发了针对磷酸铁锂

LIB 的回收技术。

图 8 – 1 所示为磷酸铁锂 LIB 火法回收的工艺流程图。在拆解外壳分离出正极电极粉末后，将磷酸铁锂氧化为 $Li_3Fe_2(PO_4)_3$ 及氧化铁，并将其作为再生反应的原料，用还原剂在高温条件下还原为磷酸铁锂。尽管该过程无法回收镍、钴、锰等贵重金属，但壳体及集流体中的金属铝可以进行有效地回收。

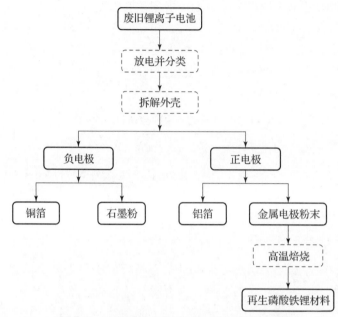

图 8 – 1　磷酸铁锂 LIB 火法回收的工艺流程图

2. 火法回收工艺的经济性分析

由于火法回收过程中没有酸碱等溶液参与反应，减少了回收过程中废液的产生和化学试剂的成本，但高温过程需要消耗大量的能量，会增加废气、废渣等废弃物排放及供能所需的相应成本。综合回收过程中的各项成本及回收得到各项产品之后，计算得到回收锂离子电池的利润：

$$E = R - C \qquad (8-1)$$

式中，E 为回收总利润；R 为回收总收入；C 为回收电池处理成本。

回收电池的处理成本主要包括：①原材料成本。动力电池回收及运输过程中的成本，采用收购公司的相应报价。②辅助材料成本。报废的动力电池在处理过程中应用到酸或有机溶剂、沉淀剂等，不同的工艺使用的辅助材料也会有所差异。③能源消耗成本。处理过程中用到天然气燃烧或电力动能等消耗的费用。④环境治理成本。回收过程中产生的废气、废液等排放物，在进行无害化处理后才能进行排放，此过程中消耗的费用为环境治理成本。⑤拆解成本。废旧电池需要通过物理方式进行拆解后再进行后续处理，使用的拆解工序不同，成本也有所差异。⑥人工成本。根据所需的工位和劳动水平消耗相应的人工成本。⑦设备成本。设备的费用包括维护费和折旧费两部分，维护费是设备正常运行定期消耗的费用，折旧费按照式（8-2）计算。⑧其他费用。包括场地费、税费，等等。

$$D = C_0(1 - r)/n \qquad (8-2)$$

式中，D 为设备折旧费；C_0 为总固定资产值，包括厂房的建设、设备购买与安装；r 为固定资产残值率，一般取 5%；n 为设备使用年数，取 10 年。

计算过程中，以回收 1t 废旧电池为基本单元，计算回收过程的成本与利润。在火法回收的经济性分析计算过程中，三元材料按照传统的火法回收工艺计算，成本与利润记为 $C_{三元火法}$ 与 $E_{三元火法}$，磷酸铁锂的电池计算分为传统工艺与改进工艺两类，成本与利润分别记为 $C_{LFP火法1}$、$C_{LFP火法2}$ 与 $E_{LFP火法1}$、$E_{LFP火法2}$。

废旧电池中，单体电池重量约为 60%，正极活性材料占单体电池重量约 30%、铝箔占 6%、铜箔占 9%。按照回收率 90% 计算，每吨电池中共可回收正极活性材料 162 kg、铜 48.6 kg、铝 32.4 kg。传统火法中金属铝在炉渣内，回收价格相对较低。根据各类金属材料的市场价格，表 8-2 给出了废旧锂离子电池火法回收成本，表 8-3 给出了废旧锂离子电池火法回收总收入[1]。

根据表 8-2 与表 8-3 可以计算得到每回收 1 t 废旧锂离子电池，传统火法回收磷酸铁锂 LIB 会亏损 993.2 元，回收三元材料 LIB 可营利 918.8 元，而使用改进的火法回收磷酸铁锂 LIB 营利可达 2 314.8 元。鉴于我国即将有大量磷酸铁锂 LIB 进入报废回收阶段，使用改进的火法回收磷酸铁锂 LIB 具有更高的经济效益。

表 8-2　废旧锂离子电池火法回收成本[1]　　　　单位：元/t

项目名称	成本消耗相关	$C_{LFP火法1}$	$C_{LFP火法2}$	$C_{三元火法}$
原材料	购买废旧电池	1 000	1 000	8 000
辅助材料	各类化学试剂	0	2 000	0
能源消耗	电力、天然气	900	1 500	1 000
环境治理	废弃物处理	1 200	1 000	1 200
拆解成本	电池拆解	500	800	500
人工成本	工人工资	700	900	700

续表

项目名称	成本消耗相关	$C_{LFP火法1}$	$C_{LFP火法2}$	$C_{三元火法}$
设备成本	维护费	100	100	100
	折旧费	500	600	500
其他费用	场地费、税费	2 000	2 000	2 000
合计		6 900	9 900	14 000

表 8 – 3 废旧锂离子电池火法回收总收入[1]

电池回收方法	回收所得产品	价格/(元·kg^{-1})	质量/kg	回收收入/元
LFP 火法 1	铁铜化合物	23	140	5 906.8
	氢氧化锂	100	24.6	
	铝渣	7.0	32.4	
LFP 火法 2	废铜	25.0	48.6	12 214.8
	铝渣	7.0	32.4	
	再生磷酸铁锂	66.5	162	
三元材料 火法回收	镍钴锰铜合金	58.0	184.0	14 918.8
	氢氧化锂	100.0	40.2	
	铝渣	7.0	32.4	

3. 湿法回收工艺的经济性评估

湿法回收工艺主要通过酸浸取后加入双氧水等还原剂将金属转化为离子形式使其进入溶液中。湿法回收的主要优点是回收得到的材料纯度较高。磷酸铁锂 LIB 的湿法回收是利用强酸将正极极片溶解后，加入碱使溶液中的锂、铁离子和磷酸根离子形成沉淀分离出来，再按照回收的比例进行调节，高温焙烧后得到再生的磷酸铁锂；三元材料的湿法回收则是在金属以离子形式溶于溶液后，根据要合成的三元材料中镍、钴、锰元素的比例适当加入对应的金属盐，再加碱沉淀出金属共沉淀物，得到的沉淀物与碳酸锂按比例混合烧结成再生三元材料。

与火法回收相比，湿法回收需要消耗较多的酸、碱等化学试剂，因此辅助材料项目的成本明显高于火法回收。由于湿法回收过程中金属铝多以离子的形式出现在溶液中，因此回收的产品中往往不包含铝，回收得到的物质主要是铜与正极材料。

由表 8 - 4 和表 8 - 5 数据可见[1]，湿法回收 1 t 废旧锂离子电池，磷酸铁锂 LIB 会亏损 312 元，而三元材料可以盈利 6 355 元。这主要是三元材料与磷酸铁锂的价格差异造成的。磷酸铁锂中不含有贵重金属元素，制备工艺较为简单，因此相对价格较低。湿法回收过程中没有充分利用电池中的金属铝，造成磷酸铁锂 LIB 回收的经济效益较差。三元材料中含有较多的贵重金属（镍、钴、锰），占据了三元材料 LIB 生产成本中相当大的一部分，因此湿法回收三元材料 LIB 的经济效应更为优秀。

表 8 - 4　废旧锂离子电池湿法回收成本[1]　　　　单位：元/t

项目名称	成本消耗相关	$C_{LFP湿法}$	$C_{三元湿法}$
原材料	购买废旧电池	1 000	8 000
辅助材料	各类化学试剂	3 500	6 000
能源消耗	电力、天然气	1 500	1 500
环境治理	废弃物处理	1 500	1 800
拆解成本	电池拆解	1 000	1 000
人工成本	工人工资	900	1 000
设备成本	维护费	200	200
	折旧费	700	900
其他费用	场地费、税费	2 000	2 000
合计		12 300	22 400

表 8 - 5　废旧锂离子电池湿法回收总收入[1]

电池回收方法	回收所得物质	价格/(元·kg⁻¹)	质量/kg	回收收入/元
LFP 湿法回收	废铜	25.0	48.6	11 988.0
	再生磷酸铁锂	66.5	162.0	
三元材料湿法回收	废铜	25.0	48.6	28 755.0
	再生三元材料	170.0	162.0	

8.1.3 锂离子电池回收经济性分析的总结与补充

从上一节对磷酸铁锂和三元材料 LIB 的不同回收方式的经济性评估中可以看出，由于三元材料中贵重金属含量高，其回收经济价值较高；磷酸铁锂作为正极活性材料本身具有廉价性，回收的经济性相对较差。但结合我国动力电池行业发展情况来看，短期内磷酸铁锂 LIB 的废弃量要明显高于三元材料 LIB，因此采取回收工艺改进措施，完善磷酸铁锂 LIB 的回收相关工艺尤为重要。

本节经济性分析中介绍的回收工艺不包括物理回收等其他回收方式。随着工艺的不断进步，电池中可回收再利用的产物可能进一步增多，回收率将进一步提高，回收产业仍具有较大的发展潜力，潜在的经济效益亟待开发。动力电池除磷酸铁锂与三元材料 LIB 以外，还有锰酸锂、钛酸锂、钴酸锂为正极活性材料的 LIB，限于相关资料没有进行讨论。

|8.2 电池回收的工业可行性分析 |

电池回收的主要环节在于工业化。废旧电池能否又快又好地集中于工厂、工厂是否具有性价比较高的技术来处理废旧电池、处理完的废旧电池能给工厂带来多大收益、工厂获得的收益能否持续并且进一步发展？电池回收技术能否在我国全面普及应用的关键，在于工业上能否突破以上这些障碍。

8.2.1 动力电池回收现状分析

1. 美国动力电池回收利用经验

作为废旧电池回收管理方面法律最多的国家，美国不仅拥有完善的法律框架，而且在回收利用网络方面也构建了较为完善的回收体系和技术规范等。早在 10 年之前，美国蓄电池的回收率就已接近 100%[2]。美国主要有 3 个电池回收渠道：电池制造商借助销售渠道进行废旧电池回收；政府环保部门、工业部门等专门收集废旧电池中特定物质（如废旧铅蓄电池中的废铅）的强制联盟以及指定废旧电池回收公司进行废旧电池回收；一些零散的废旧电池回收公司进行废旧电池回收。上述这 3 个回收渠道收集上来的废旧电池都交给具有处理资质的专业公司进行回收处理，以避免回收处理的"二次污染"。针对可充电电池回收，美国在 1994 年成立了一家由可充电电池生产商和销售商组成的非营利性公司——美国可充电电池回收公司（RBRC）。该公司凭借零售店构建了庞大的废旧电池收集网络。RBRC 的回收方案主要包括零售回收方案和社区回收方案，并且 RBRC 资助废旧电池运送和回收。

在废旧电池的回收工作上，美国确立了以生产者责任延伸为原则的回收体系。首先，电池生产者在生产电池的时候要建立统一标识，便于回收再利用。其次，基于自身零售网络，美国蓄电池生产商负责组织回收这些废旧蓄电池，对此承担相关责任。此外，美国借助消费者购买电池所支付的手续费和电池企业缴纳的回收费用作为废旧电池处理的资金来源，并在废旧电池回收企业和电池制造企业间构建经济协作关系，通过协议价格引导电池生产企业履行生产商的责任，并确保废旧电池回收企业获得利润。

在美国，梯次利用和回收技术与工艺研究得到美国先进电池联合会（U. S. Advanced Battery Consortium，USABC）和能源部的大力支持，使美国在动力电池基础研究方面位于世界前列，并进一步促使车用动力电池的研发与产业化列入国家战略。同时，美国也较早地开展了针对车用动力电池的梯次利用的系统性研究，包括电池经济效益、技术方面等，开展了示范项目和商业运作项目。1996 年，USABC 就已资助关于车用动力电池的二次技术研究，美国能源部也于 2002 年开始资助动力电池回收技术研究。2011 年，通用汽车参与了车用动力电池组采集电能回馈电网的实验，实现了家用和小规模商用供电。此外，美国很早就将废旧电池回收利用的教育纳入立法：1995 年制定的《普通废物垃圾的管理办法（UWR）》提出要加大宣传教育，使民众了解废旧电池的环境危害性，发挥民众在废旧电池回收利用中的作用，从小培养儿童的废旧电池回收意识。

2. 我国动力电池回收现状

由于我国动力电池回收利用的具体法案规范相对滞后，各车企、电池生产商也没有建立起一套完备的动力电池回收利用体系，因此人们对动力电池是否会造成环境污染十分担忧，动力电池回收利用迫在眉睫，应引起社会高度关注。党中央、国务院高度重视新能源汽车动力电池回收利用，国务院召开专题会议进行研究部署。推动新能源汽车动力电池回收利用，有利于保护环境和保障社会安全，推进资源循环利用，有利于促进我国新能源汽车产业健康持续发展，对加快绿色发展、建设生态文明和美丽中国也具有重要意义。

动力电池回收利用作为一个新兴领域，目前处于起步阶段，面临着一些突出的问题和困难。一是回收利用体系尚未形成。目前绝大部分动力电池尚未退役，汽车生产、蓄电池生产、综合利用等企业之间未建立有效的合作机制。同时，在落实生产者责任延伸制度方面，还需要进一步细化完善相关法律支撑。二是回收利用技术能力不足。目前企业技术储备不足，动力电池生态设计、梯次利用、有价金属高效提取等关键共性技术和装备有待突破。退役动力电池放电、存储及梯次利用产品等标准缺乏。三是激励政策措施保障少。受技术和规模影响，目前市场上回收有价金属收益不高，经济性较差。相关财税激励政策不够完善，市场化的回收利用机制尚未完全建立[3]。

8.2.2　动力电池回收的可行性分析

1. 我国在工业上建立电池回收网络的可行性

废旧动力电池的回收过程实际上就是一个逆向物流的过程，国内外已有大量聚焦在逆向物流评价指标和回收模式选择方面的研究。王国志和刘春梅[4]、任鸣鸣和全好林[5]基于模糊综合评价方法分别选择了制造业和家电企业的逆向物流模式；Abdulrahgman等人[6]讨论了阻碍中国制造业逆向物流发展的关键因素；Ravi等人[7]将经济、法律、企业形象和环境作为废旧计算机回收方案的选择依据；Gotebiewski等人[8]从成本上考虑回收网络的建立，以优化汽车回收拆解设备的定位。在废旧电池的逆向物流研究方面，姚海琳等人[9]借鉴国外经验，建立了包含报废汽车回收拆解企业、4S店、汽车维修店、电池经销商和电池生产企业等利益相关方的废旧动力电池回收网络；谢英豪等人[10]根据电池的来源和组成，将动力电池回收商业模式划分为生产者责任制、整车回收和强制回收的回收模式；黎宇科等人[11]讨论了整车销售模式和电池租赁模式下动力电池的回收网络设想。

朱凌云等人[12]结合实例与计算模型，对上海汽车集团股份有限公司（简称上汽集团）废旧动力电池回收行业上下游利益相关企业进行了分析，考察了逆向物流各环节的具体流程，建立了适合于上汽集团发展的逆向物流回收网络。高层模糊评价的结果显示在废旧动力电池回收模式中自营模式更加适合上汽集团，低层模糊评价结果也证实了自营模式在经济和管理方面的优势。然而，在技术方面，自营模式远不及外包模式得分高。因此，考虑建立一种以自营模式为基础的复合型回收网络，即将废旧动力电池逆向物流中的回收收集以及预处理环节交给企业自营，而将废旧动力电池处理和资源回收利用环节外包给专业的电池回收企业进行处理，这样一来，上汽集团既能发挥自身在经济上和管理上的优势，又能将处置电池的最终工作交给更加专业的电池回收企业来处理。既能保证效率、降低成本和保障信息安全（在预处理阶段解决），又实现了自身对生产者延伸责任制度的履行，同时还能促进废旧电池的资源回收利用及循环经济的发展。

废旧动力电池回收网络中的利益相关者主要包括电池制造商、汽车制造商、汽车销售商、消费者、报废汽车拆解企业、废旧电池处理中心和下游的废物回收企业以及电池材料回收企业。其中，电池制造商由上汽集团和宁德时代新能源科技股份有限公司（简称宁德时代）合资建立，也属于汽车制造商范畴。电动汽车制造商有上汽荣威、上汽名爵和上汽大通以及合资运营的上汽通用和上汽大众。报废汽车拆解企业可以将电动汽车整车进行拆解，分离出废旧动力电池。上汽集团自营处理中心主要负责对废旧电池安全回收收集、运输和储存管理，对电池包的安全拆解，对报废电芯进行信息安全处理以及安全包装与运输。废物回收处理企业处理废旧动力电池拆解产生的固体废物，回收其中的金属、塑料等材料，对没有回收价值的材料进行无害化处置。电池材料回收企业对来自废旧电池处理中心的电芯进行有价值材料的回收再利用和无价值材料的无害化处理。

上汽集团废旧动力电池回收网络如图 8 - 2 所示。在正向物流过程中，由上汽集团与宁德时代合资的电池生产企业，提供动力电池给上汽乘用车和上汽大众生产的电动汽车，然后经由汽车经销商到达消费者手中。在逆向物流过程中，消费者在使用电动汽车一定的时间后，会到 4S 店更换性能不足或者完全报废的动力电池，或者参加由汽车制造商授权的"以旧换新"或电池召回等商业活动。废旧电池从消费者手中流向汽车经销商，并最终流向自营的废旧电池处理中心。同时，消费者也可以将电动汽车以整车报废的方式交由汽车拆解企业来处理，废旧电池被分离后，最终也将流向自营的废旧电池处理中心。另外，电池生产商在电池生产以及电动汽车制造商的整车测试过程中，均可能产生不合格的动力电池，也将交由废旧电池处理中心处置。最终，废旧动力电池经由上汽集团处理中心预处理后，对由拆解产生的固废交由下游的废物回收处理企业处置，对经预处理后的报废电芯交由下游的电池回收企业来处理，处理方式主要包括梯次利用、资源回收利用和无害化处置。

理论上来讲，废旧动力电池的逆向物流应该包括对电池回收处理，但是就目前上汽集团的发展现状而言，以自营逆向物流模式开展彻底的电池回收处理，在技术方面尚存在不小的困难。因此，短期内可行的方法如上所述，自营

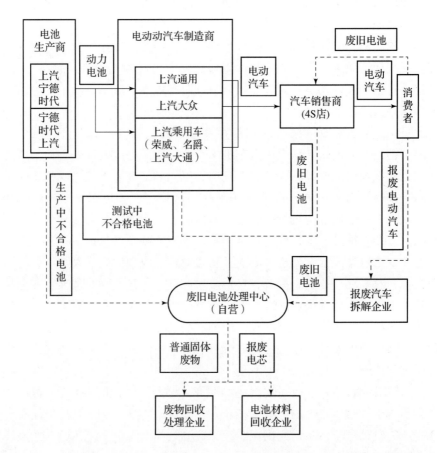

图 8-2 上汽集团废旧动力电池回收网络（虚线表示逆向物流，实现表示正向物流）[11]

的废旧电池处理中心对废旧动力电池开展电池包的拆解与电芯的信息安全处理，并将报废电芯交由专业化水平较高的废旧电池回收企业来处理。这样，不仅体现了上汽集团对生产者延伸责任制度的遵守和对企业社会责任的承担，也能够发挥出回收网络中上下游企业的最大潜能。

未来在上汽集团电池回收的逆向物流建设中，除了加大对回收处理中心基础建设的投入外，还要规范废旧动力电池包的回收收集以及储存过程，这对企业逆向物流的专业化水平和电池的处理技术提出了要求。对此，一方面，企业可以借鉴国家退役动力电池和危险废弃物处理的相关标准和规范，如《车用动力电池回收利用拆解规范》《车用动力电池回收利用余能检测》和《危险废物收集、储存、运输技术规范》，以及行业和地方颁布的废旧动力电池处理规范文件；另一方面，企业应与电池回收企业加强技术交流与合作，提高自身的逆向物流专业化水平，完善逆向物流的回收网络体系建设。例如，邦普循环科技有限公司（简称邦普公司）在废旧电池回收技术与 NCM 三元材料前驱体的回收再利用方面达到了国内领先水平。邦普公司除了独立建设动力电池回收站点外，也在和主机厂、电池厂探索共建回收网络。同时，企业应该与高校科研院所等机构开展产学研项目合作交流，推进和突破废旧动力电池的回收处理技术。电动汽车生产企业还应该积极加入报废汽车和动力电池回收相关的行业协会中（如汽车产品回收利用产业技术创新战略联盟、中国汽车动力电池产业联盟和中国再生资源产业技术创新战略联盟等组织），与行业内同性质企业及下游相关企业加强交流与学习，以实现更高水平和更加深入的废旧动力电池逆向物流管理。

2. 工业上的电池处理技术可行性

国内外工业上的动力电池处理技术分为若干类，包括火法、湿法、物理法等，前述章节中已有较多介绍，此处不再赘述。从现有技术层面来看，动力电池的回收方法仍处于发展时期，动力电池的种类、回收原料的用途不同，采用的回收处理方式各有不同，对环境的影响大小也存在一定差异[13]。现有的回收技术已经可以满足工业化的需求，但仍有待进一步发展与完善。

8.2.3　电池回收工业处理现状

本节参照国内外电池处理厂家，对工业上的电池处理现状进行简要说明。

1. 国内现状

河北易县东华鑫馨废旧电池再生处理厂成立于 2000 年，是中国第一家规模化废旧电池处理厂。其回收方式工艺流程为：物理分解→化学提纯→废水处理，最终回收各种金属物质，通过电解加工获得高质量的金属产品。处理后的废水可达到国家环保标准，而且能循环使用。

格林美股份有限公司（简称格林美）主要处理废旧电池、报废电子电器、报废汽车，其年处理废弃物总量可达 100 万 t。处理废旧电池方面，格林美研发了由废旧电池、含钴废料循环再造超细钴粉和镍粉的关键技术，攻克了废弃资源再利用的原生化和高技术材料再制备的技术难关，废旧电池的含钴废料可以直接生产类球状钴粉。

广东邦普循环科技有限公司创立于 2005 年，电池循环产业的主要回收处理对象是车用动力电池和废旧数码产品电池，主要回收电池中镍、钴、锰、锂等元素，再通过"定向循环"模式、"逆向产品定位设计"工艺和配方还原技术，调节多元素成分配比，调控合成溶液的热力和动力 pH，进而生产高端锂动力电池前驱材料，实现从废旧电池到电池材料的"定向循环"，将电池的生产、消费、回收处理整个环节有机结合在一起。

深圳市泰力废旧电池回收技术有限公司于 2007 年在深圳市成立，以能源循环再利用和低碳环保为主导，对废旧锂离子电池、镍电池、一次性干电池进行回收，分离提取电池中各种金属，通过深加工将其变成原材料。同时采用全封闭式自动回收设备，将电池中重金属、电解液和其他有害物质造成的污染降到最低，最大限度地进行安全的无害化处理及循环再利用。

杭州赐翔环保科技有限公司成立于 2013 年，公司按照环保部门相关法律法规的要求，开展废旧铅酸蓄电池、废旧锂电池回收、储存工作。建设符合环保规范的储存场所、应急安全系统、环保治理设施，配备专用回收运输车，为规范回收、储存废旧铅酸蓄电池和废旧锂电池提供各项环保安全保障。

与此同时，一些省市的"作坊式"拆解处理和翻新方式已经形成产业链。这些方法虽然也对废旧电池进行了回收和再利用，但流程工艺大都没有按照危险废物和科学规范来进行管理和实施，回收和处理环节充满安全隐患并以牺牲环境利益为代价，不利于中国的长远发展。

2. 国外现状

日本北海道山区的野村兴产株式会社（简称野村兴产）主要进行一次性废旧电池和废荧光灯的处理，每年从全国收购的废旧电池占全国废旧电池的 20%，其中 93% 的废旧电池收集于民间组织。野村兴产能够正常运转的关键在于日本的电池工业协会，协会通过与各大厂家协调，获取资金对野村兴产进行补偿和帮助。现在由于日本国内生产的电池已经基本不含汞，回收的重点变为铁和电池中的"黑原料"，并且开发制造二次产品，企业的利润主要是处理前收取的费用和处理后二次产品的价值。

美国有很多家废旧电池回收公司，其中规模最大的是 RBRC 公司，这家公司得到很多家生产电池厂商的赞助，是一家非营利性企业。RBRC 公司设计制作了专用的电池回收箱、带拉链的塑料回收袋以及专门的电池回收标志，将它们分发给各地的电池零售商和社区的垃圾收集站。

8.2.4　电池回收工业的成本分析

废旧电池资源的再生利用不仅能够缓解资源紧张，减少一次资源的开采，还能通过回收利用过程中所得材料的销售收入带来一定的经济效益。东风汽车集团有限公司所建立的经济性评估模型针对动力电池回收过程中投入成本和回收材料产出的收益，以数学模型的形式表达出来，便于经济性地定量化分析[14]。

按成本分析法建立废旧动力电池的收益数学模型可用下式进行表示：

$$B_{Pro} = C_{Total} - C_{Depreciation} - C_{Use} - C_{Tax} \tag{8-3}$$

式中，B_{Pro} 为废旧动力电池回收的利润；C_{Total} 为废旧动力电池回收的总收益；$C_{Depreciation}$ 为废旧动力电池设备的折旧成本；C_{Use} 为废旧动力电池回收过程的使用成本；C_{Tax} 为废旧动力电池回收企业的税收。

设备的折旧费用采用（美国）财务会计准则（FAS）方法进行计算。FAS方法可以由式（8-4）计算，还贷方式为由最初成本（总固定资产）决定的等额还贷。

$$R = C_0 \frac{1}{1 - (1 + I)^{-n}} \tag{8-4}$$

式中，C_0 为总固定资产；I 为利率，定为 10%；n 为有效寿命，一般定为10 年。

总固定资产通常可以分为直接固定资产和间接固定资产。其中，购买设备、机器、厂房建设、设备安装等成本属于直接固定资产，设计费属于间接固定资产。

废旧动力电池回收和再生资源化过程的使用成本主要包括以下几项：

①原材料成本，是指动力电池回收企业从众多消费者手中或回收点收购废旧动力电池的费用。

②辅助材料成本，是指废旧动力电池回收过程中，使用辅助材料的成本，如酸、碱、萃取剂、沉淀剂和自来水等。辅助材料成本根据废旧动力电池的类型和回收工艺的不同而不同。

③燃料动力成本，是指回收过程中设备运行所需的电力、天然气、燃油、水等费用。

④设备维护成本，是指保证废旧动力电池回收设备正常运行所投入的维护成本。

⑤环境处理成本，是指为了防止废旧电池回收过程中产生二次污染，实现废旧电池的无害化处置要求，对回收过程中产生的废气、废液和残渣进行处理的费用。

⑥人工成本，用于支付工人的工资。

废旧锂离子和镍氢电池回收处理成本见表 8-6 和表 8-7。

表 8 - 6 废旧锂离子电池回收处理成本[14]

物料名称		成本/元
原材料	废旧锂离子电池	25 000
辅助材料成本	酸碱溶液、萃取剂等	3 600
燃料动力成本	电能、天然气等	600
预处理费用	破碎分选	700
废水处理费用	废水排放	370
废弃物处理费用	残渣和灰烬	100
设备费用	设备维护费用	80
	设备折旧费用	1 200
人工费用	人工费用	450
缴纳税收费用	缴纳国家税收	1 200
再生材料收益		
再生材料	铜、铝、钢等	35 000
	镍钴锰氢氧化物 $Ni_{0.5}Co_{0.2}Mn_{0.3}(OH)_2$	

注：表中的锂离子电池不含磷酸铁锂电池

表 8 - 7 废旧镍氢电池回收处理成本[14]

物料名称		成本/元
原材料	废旧镍氢电池	25 000
辅助材料成本	酸碱溶液、萃取剂等	32 300
燃料动力成本	电能、天然气等	570
预处理费用	破碎分选	700
废水处理费用	废水排放	400
废弃物处理费用	残渣和灰烬	100

物料名称		成本/元
设备费用	设备维护费用	80
	设备折旧费用	1 200
人工费用	人工费用	450
缴纳税收费用	缴纳国家税收	2 800
再生材料收益		
再生材料	铜、铝、钢等	64 900
	镍钴锰氢氧化物 $Ni_{0.5}Co_{0.2}Mn_{0.3}(OH)_2$	

综上所述，废旧动力电池回收的投入成本的数学表达式如下：

$$C_{Use} = C_{Battery} + C_{Environment} + C_{Material} + C_{Power} + C_{Labor} + C_{Maintenance} \qquad (8-5)$$

式中，$C_{Battery}$ 为原材料成本（收购废旧动力电池的成本）；$C_{Environment}$ 为环境处理成本；$C_{Material}$ 为辅助材料成本；C_{Power} 为燃料动力成本；C_{Labor} 为人工成本；$C_{Maintenance}$ 为设备维护成本。

根据 FAS 方法，可以由以下公式计算设备维护费：

$$C_{Maintenance} = C_{Equipment} \times 0.5 \qquad (8-6)$$

式中，$C_{Equipment}$ 为设备购买费。

当前，动力锂电池的回收流程主要是：动力电池生产商利用电动汽车生产商完善的销售网络，以逆向物流的方式回收废旧电池。消费者将报废的动力电池交回附近的新能源汽车销售服务网点，依据电池生产商和新能源汽车生产商的合作协议，新能源汽车生产商以协议价格转运给电池生产企业，再由电池生产企业进行专业化的回收处理。通常来说，废旧动力电池的回收利用可以分为两个走向：①梯次利用，主要针对容量降低（至 80% 以下）且无法为电动车提供动力的电池。这种电池本身没有报废，仍可以在别的途径继续使用，如用于电力储能。②拆解回收，对那些电池容量损耗严重，无法继续使用的废旧电池进行拆解后，回收有利用价值的再生资源。

在政策、利益、责任等多重动力下，已经有越来越多的企业开始着手布局动力电池市场的回收网络。除深圳格林美、赣锋锂业等成立专业动力电池回收公司外，包括比亚迪、沃特玛、国轩高科、CATL、中航锂电、比克等在内的动力电池企业，均在动力电池回收领域展开了积极的市场布局。除了这种动力电池企业主导的回收方式外，也有企业成立专业的电池回收平台。例如，邦普公司在湖南长沙宁乡投资 12 亿元，设立专业的电池回收工厂。邦普公司副总裁余海军认为，大部分整车厂和电池厂在回收领域存在 3 方面的问题：首先是不具备电池回收的经验和专业能力；其次是不具备电池回收处理的专业技术装备；最后是回收处理领域与汽车和电池行业相比仅是个很小的微利行业。因此，大多数整车和电池生产企业会选择同邦普公司这样的第三方专业的回收处理机构进行合作，对废旧电池进行专业回收。尽管市场前景不错，但涉足电池回收业务的企业并不多，而涉足其间的企业也多出于责任的考虑，真正能够实现营利的少之又少。

通常新能源汽车 5 年左右会面临更换电池的问题，对于高频使用车型，如出租车、公交车等，其更换电池的需求可能会缩短至 3 年。除此之外，电池回收的责任主体并不明确。虽然工业和信息化部及国家发展和改革委员会等五部委已联合发布了《电动汽车动力蓄电池回收利用技术政策（2015 年版）》，首次明确了大致的责任主体（可以理解为：谁产出谁负责，谁污染谁治理），但这也意味着动力生产企业和汽车制造商，在动力电池回收的问题上都有着不可推卸的责任。对动力电池企业来说，它们认为动力电池已经销售给车企，那么回收的费用应当由车企来负责。车企则认为，电池是动力电池企业生产的，车企不过是使用方，即便回收也应由双方共同承担这笔费用。然而，在当前动力电池回收前期投入大，技术不成熟的情况下，电池企业和新能源车企均不愿担起电池回收的责任。因此，不少车企表示将退役的动力电池交给第三方回收利用机构处理。他们具有技术优势和经验，不失为处理退役电池的好归处。

据了解，目前市场上具备回收和利用资质的企业为数不多，且由于各个动力电池企业产品各异，暂时还没有一个可对所有动力电池均行之有效的检测方式，给检测过程也带来了一定的难度。对于动力电池行业来说，虽然回收利用工程有诸多复杂性，短期内营利比较困难，但是随着越来越多的电池即将退役，电池回收也将形成 100 亿元人民币级的市场规模。提前布局动力电池回收，不仅是为了延长电池使用寿命，也是为企业创造新的利润增长极。不可否认，动力电池回收将迎来快速的成长期。

因此，工业上建立电池回收体系是可行的。我国完全可以借鉴他国经验，结合自身国情，健全电池回收网络，同时进一步改进工业上可行的电池处理技术，在国家的调控与补助下，率先发展一批电池处理企业，使其发挥领头作用，让电池回收这个行业逐步发展壮大，以解决废旧电池污染的问题，为我国的可持续发展、绿色发展、又好又快发展打下坚固的基础。

|8.3　锂离子电池回收的市场可行性分析|

锂离子电池的回收是否能够做到成熟化、产业化，不仅取决于技术层面的支持、工业方面的可行性，还取决于市场可行性。对锂离子电池回收行业市场可行性的分析，可以判断其在经济上是否合理，在财务上是否营利，为投资决策提供科学依据，这对项目具有十分重要的作用。对锂离子电池回收过程的市场可行性分析主要包括 4 部分：动力电池回收供给与需求平衡、动力电池回收市场规模与空间、动力电池回收市场宏观政策支持、未来动力电池回收市场趋势。

相关机构预计，到 2020 年将会有超过 20 万 t 动力电池报废，然而从废旧动力锂电池中回收钴、镍、锰、锂、铁和铝等金属所创造的回收市场的规模也将超过 100 亿元，形成新的利润市场[15]。2017 年 1 月底，由工业和信息化部、商务部、科学技术部联合印发的《关于加快推进再生资源产业发展的指导意见》（简称《指导意见》）中，将新能源动力电池回收利用问题列入重大试点示范工程，重点围绕京津冀、长三角、珠三角等新能源汽车发展集聚区域，选择若干城市开展新能源汽车动力蓄电池回收利用试点示范。据了解，这也是国家首次针对动力电池回收所进行的试点工作。《指导意见》还提到，动力电池回收利用需要通过物联网、大数据等信息化手段，建立可追溯管理系统，支持建立普适性强、经济性好的回收利用模式，开展梯次利用和再利用技术研究、产品开发及示范应用。尽管政策指向明确，企业踊跃参与，有关动力电池的回收利用的体系却没有很好地建立起来。研究数据表明，2016 年内实际进入拆解回收的动力电池不足 1 万 t，超过 80% 的废旧电池仍然滞留在车企手上。业内人士分析，动力电池回收利用的技术细则以及相应的经济问题尚未得到解决，导致动力电池回收利用的进展相当缓慢。国内从事废旧电池回收处理的典型企业主要有：深圳市格林美股份有限公司、江门市长优实业有限公司、广东邦普循环科技有限公司，其再生产品主要以电池正极前驱体材料为主，实现了从废旧电池到新电池产品的循环再生。

8.3.1　动力电池回收供给与需求平衡

对日益增长的废旧锂离子电池回收最主要的原因有两点：一是废旧电池中含有大量有价值成分，特别是正极材料中包含高纯度的金属和金属氧化物，若是将其随意弃置，将造成资源的极大浪费；二是废旧锂离子电池的不当处理将造成环境污染[16]。大量的退役电池将对环境带来潜在威胁，尤其是动力电池中的重金属、电解质、溶剂以及各类有机物辅料，如果不经合理处置而废弃，将会对土壤、水源等造成巨大危害，且修复过程时间长、成本高昂。回收和恢复废旧锂离子电池的主要组成成分是一种防止环境污染和资源消耗的有益方法[17]。如今世界各国对环境保护的重视程度越来越高，环境处理刻不容缓，回收电池作为环境友好的一大行业，更是肩负着重大的责任。因此，我国的环境压力和回收动力电池的巨大需求量使动力电池回收迫在眉睫。

2000 年，世界范围内生产的锂离子电池大约是 5 亿只，而在此基础上，锂离子电池每年报废 200 ~ 500t，其中包括 5% ~ 15% 的钴和 2% ~ 7% 的锂。2000—2010 年全球锂离子电池的增长率为 800%，到 2020 年由于动力电池与储能电池的大力发展，锂离子电池的产量规模可达万亿元。电动汽车产业的大力推进，将有更大量的废旧锂离子电池产生，2020 年超过 250 亿只，质量超过 50 万 t[18]。

中国作为一个人口众多的发展中国家，锂离子电池的产量占比极大。2014 年，中国锂离子电池的产量为 52.87 亿只，约占全球总产量的 70%；2015 年达到 56 亿只，同比增长 3.13%，动力锂离子电池总产量增加到 15.7 GW·h，是 2014 年产量的 3 倍；2016 年，锂离子电池产业延续了此前快速发展的势头，增长部分主要为动力锂离子电池。近年来，我国新能源汽车行业发展迅速，电动汽车产销量快速增长。据统计，2016 年我国新能源汽车产量达 51.7 万辆，销售量达 50.7 万辆；2017 年全年新能源汽车产量 77.6 万辆，销售量达到 77.9 万辆[19]。截至 2018 年 8 月，我国新能源汽车累计产量超过 234 万辆，累计装配动力电池超过 106 GW·h，其中锂离子电池的预计报废量及市场空间在动力电池中占比极大。对装机量排在前列的磷酸铁锂、三元锂电池进行测算，结果显示：2018 年，磷酸铁锂电池安装量为 21.6 GW·h，三元锂电池安装量为 30.7 GW·h；预计到 2025 年，磷酸铁锂电池安装量为 24.2 GW·h，三元锂电池安装量为 448.4 GW·h。图 8 – 3 显示了 2013—2020 年中国主要动力电池安装量情况。

世界各国纷纷出台政策推动新能源汽车的发展，电动汽车替代燃油汽车已经成为全球共识，发展电动汽车将是大势所趋。受电池使用寿命的限制，未来几年将有大量动力电池报废。根据相关标准，电池能量应在衰减至原值的 70% ~ 80% 时更换。磷酸铁锂电池循环寿命可达到 2 000 次左右。由于磷酸铁锂电池目前多用于商用车及客车，其日行驶里程通常较多，因此其使用寿命一般在 5 年左右。三元锂电池循环使用寿命约 1 500 次，实际使用时完全充放电循环在 800 次以上，按照 1 次完整循环可以行驶 180 km 计算，800 次循环能够

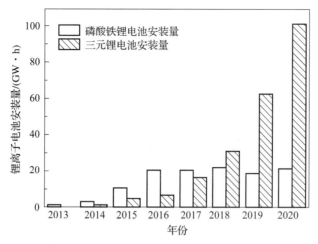

图 8-3 2013—2020 年中国主要动力电池安装量情况[19]

行驶 14.4 万 km，保守估计可达 9 万 ~ 10 万 km。以我国私家车年平均行驶里程约 1.6 万 km 计算，三元锂电池组的使用寿命约在 6 年，而私人乘用车平均报废年限在 12 ~ 15 年，因此三元锂电池在汽车使用寿命周期内至少报废 1 次。

早期投入市场的新能源汽车动力电池已开始陆续进入退役期，2012—2014 年生产的动力电池在 2018 年大范围失效，从 2018 年起首轮大规模的动力电池报废期已经到来。到 2020 年年底，报废量将达到 20 万 t，累计报废量 50 万 t，2024 年前后，动力电池报废量将达到 34 万 t，累计报废量将达到 116 万 t。预计到 2025 年，电池报废量为 111.70 GW·h，其中磷酸铁锂电池报废量为 10.3 GW·h，三元锂电池报废量 101.40 GW·h。表 8-8 显示了 2013—2025 年中国动力电池产品报废预计情况。

表 8-8 2013—2025 年中国动力电池产品报废预计情况[19]

年份	磷酸铁锂电池报废量 /(GW·h)	三元锂电池报废量 /(GW·h)	电池报废量 /(GW·h)
2013	0.003	0.00	0.003
2014	0.22	0.00	0.22
2015	0.31	0.00	0.31
2016	0.42	0.00	0.42
2017	0.54	0.00	0.54
2018	1.2	0.00	1.2

年份	磷酸铁锂电池报废量 /(GW·h)	三元锂电池报废量 /(GW·h)	电池报废量 /(GW·h)
2019	4.4	0.90	5.3
2020	8.5	4.4	12.9
2021	8.4	6.3	14.7
2022	8.1	16.2	24.3
2023	7.8	30.7	38.5
2024	9	62.6	71.6
2025	10.3	101.4	111.7

从2008年我国首批纯电动客车在北京奥运会上投入使用以来，国内电动汽车行业就得到了快速发展。据统计，2009—2016年我国生产新能源汽车数量累计达到100万辆，到2016年年底动力电池报废量为2万~4万t，除去2012年以前生产的电池没有专业的生产线，电池一致性较差，不具有梯次利用价值，以及梯次利用价值较低的三元锂电池外，也将有1.5万~3.2万t的退役电池可梯次利用于其他领域。统计数据显示[20]，2016年我国梯次利用电池量不到0.15万t，即大部分废旧电池的电能未能得到充分利用。随着电网储能、低速电动车、移动电源等领域的快速发展，我国市场对退役电池的需求量逐步增大。动力锂离子电池报废市场已经开始形成，回收市场的规模将进一步增长。

8.3.2　动力电池回收市场规模与空间

2018年，动力电池回收市场规模为4.32亿元。随着新能源汽车行业的不断扩大，动力电池回收市场空间巨大。据估算，若将2020年退役的动力电池得到充分利用，回收市场将达到80亿~100亿元收入。预计到2025年，动力电池回收市场规模将达到203.71亿元，其中磷酸铁锂梯次利用价值将达到25.75亿元，三元锂电池回收拆解价值将达到177.96亿元。梯次利用未来将以基站通信与储能应用为主，从磷酸铁锂与三元电池的属性看，磷酸铁锂更适合梯次利用。假设梯次利用市场均使用磷酸铁锂废旧电池，按照70%的退役容量及60%的梯次利用成组率，2019—2025年预计合计可用磷酸铁锂梯次电池容量58 GW·h。梯次利用电池回购价格约为新电池的30%，2018年磷酸铁

锂电池组价格在 1.1~1.2 元/(W·h)，计算梯次利用电池回购价格在 0.33 ~
0.36 元/(W·h) 左右，考虑车企补贴退坡及电池行业产能释放，动力电池存
在降价趋势，梯次利用电池回购价格也有望相应下降。假设回购价格每年下降
5%，2019—2020 年梯次利用市场空间共计 47 亿元，到 2025 年累计市场空间
将达到 171 亿元[19]。

　　三元锂电池回收有价金属主要是镍、钴、锰、锂等，质量占比分别为
12%、5%、7%、1.2%。根据《新能源汽车废旧动力蓄电池综合利用行业规
范条件》，湿法冶炼条件下，镍、钴、锰的综合回收率应不低于 98%；火法冶
炼条件下，镍、稀土元素的综合回收率应不低于 97%。测算湿法回收下，假
设金属价格不变，2019—2025 年镍、钴、锰、锂等金属回收市场空间约 436
亿元。随着近几年钴、镍、锰、锂等材料价格的上涨，在未来电池单体成本
中，三元材料电池正极材料占比呈现急剧上升状态，而废旧动力电池内含
有大量贵重金属，若将有价值金属提取出来应用于电池再制造，将会获得较
大收益。本节主要对物理回收工艺、湿法回收工艺及火法回收工艺的市场空
间进行分析。

1. 物理回收工艺

　　陶志军和贾晓峰[21]通过对北京赛德美资源再利用研究院有限公司动力电
池回收产业的调研，发现动力电池回收过程中，成本主要集中在原材料回收、
电池拆解预处理、废水废弃物处理、人工费用等阶段，表 8 - 9 为每吨废旧电
池回收处理成本。其中，废旧三元锂电池平均回收费用为 8 900 元/t，经过梯
次利用之后且质量较差的磷酸铁锂电池平均回收费用为 4 000 元/t。从调研数
据可以看出，回收及拆解每吨三元锂电池的平均成本为 13 264 元，回收及拆
解每吨磷酸铁锂电池的平均成本为 8 364 元，动力电池内富含的大量有价值金
属是电池回收主要的收益来源，特别是近年来镍、钴、锰、锂等金属材料价格
的上涨对动力电池拆解回收领域起到了巨大了促进作用。表 8 - 10 为三元材料
电池拆解回收效率及收益。每吨三元材料电池经拆解后回收有价值金属和材料
的平均收益为 16 728 元。此外，经过调研，对磷酸铁锂电池拆解收益情况也
进行了分析，磷酸铁锂电池拆解回收效率及收益如表 8 - 11 所示。拆解每吨磷
酸铁锂电池回收有价金属和材料的收益约为 7 703 元。从前面分析数据可以看
出，采用物理法回收每吨三元材料电池的拆解成本为 13 264 元，通过销售拆
解后得到的有价值材料获得的收益为 16 728 元。因此，拆解回收每吨三元锂
电池可盈利 3 464 元；每吨磷酸铁锂电池拆解成本为 8 364 元，收益为 7 703 元，
拆解回收每吨磷酸铁锂电池将亏损 661 元。

表 8-9　每吨废旧电池回收处理成本[21]

项目	物料名称	成本/(元·t⁻¹)
原材料回收价格	废旧磷酸铁锂电池	4 000
	废旧三元锂电池	8 900
辅助材料成本	酸碱溶液、萃取剂、修复材料等	200
单体电池拆解费用	破解分选	1 000
副产品回收费用	残渣废弃物	500
电解液回收费用	电解液、废水	200
设备费用	设备维护及折旧费用	400
运输费用	平均运输费用	500
平均人工费用		1 564

表 8-10　三元材料电池拆解回收效率及收益[21]

材料名称	回收率/%	每吨废旧电池可回收质量/kg	收益价值/元
正极材料（镍、钴、锰、锂等）	90	333.9	13 189
负极材料	90	188.7	151
正极铝箔	90	45.8	321
负极铜箔	90	83.3	2 083
正极导电柱	95	28	280
负极导电柱	95	12.4	372
隔膜	95	40.6	81
铝合金外壳	98	36	252

表 8-11　磷酸铁锂电池拆解回收效率及收益[21]

材料名称	回收率/%	每吨废旧电池可回收质量/kg	收益价值/元
正极材料	90	212	5 000

续表

材料名称	回收率/%	每吨废旧电池可回收质量/kg	收益价值/元
负极材料	90	160	120
正极铝箔	90	45.8	300
负极铜箔	90	83.3	1 450
正、负极导电柱	95	51	500
隔膜	95	40	81
铝合金外壳	98	36	252

2. 湿法回收工艺

湿法回收工艺的成本主要来源于原材料回收成本、废水废弃物处理等方面，表 8-12 为每吨废旧电池湿法回收工艺处理成本。湿法回收工艺每处理 1 t 三元锂电池的平均成本为 14 815 元，每处理 1 t 磷酸铁锂电池的平均成本为 9 915 元。此外，采用湿法回收工艺对电池有价值材料回收的效率较高，因此收益情况也更明显。表 8-13 和表 8-14 为三元材料电池和磷酸铁锂电池湿法回收工艺回收效率及收益。通过以上数据，得到采用湿法回收工艺回收每吨三元锂电池的平均收益为 18 073 元，回收每吨磷酸铁锂电池的平均收益为 8 220 元。因此，采用湿法回收工艺每回收 1 t 三元锂电池将盈利 3 258 元，每回收 1 t 磷酸铁锂电池将亏损 1 695 元。

表 8-12 每吨废旧电池湿法回收工艺处理成本[21]

项目	物料名称	成本/元
原材料回收价格	废旧磷酸铁锂电池	4 000
	废旧三元锂电池	8 900
辅助材料成本	酸碱溶液、萃取剂等	1 060
单体电池拆解费用	破解分选	850
电解液回收费用	废弃物、电解液、废水处理等	990
设备费用	设备维护及折旧费用	365
运输费用	平均运输费用	500
平均人工费用		2 150

表 8 – 13　三元材料电池湿法回收工艺回收效率及收益[21]

材料名称	回收率/%	每吨废旧电池可回收质量/kg	收益价值/元
正极材料（镍、钴、锰、锂等）	94	348.74	13 775
负极材料	94	197	158
正极铝箔	93	47.33	331
负极铜箔	93	86.1	2 152
正极导电柱	96	28.2	282
负极导电柱	96	12.53	376
隔膜	93	38.75	79
铝合金外壳	98	36	252

表 8 – 14　磷酸铁锂电池湿法回收工艺回收效率及收益[21]

材料名称	回收率/%	每吨废旧电池可回收质量/kg	收益价值/元
正极材料	98	230.8	5 444
负极材料	95	168.9	127
正极铝箔	93	47.3	310
负极铜箔	93	86	1 498
正、负极导电柱	97	52	510
隔膜	93	39	79
铝合金外壳	98	36	252

3. 火法回收工艺

火法回收工艺需要将预处理之后的电极材料在电弧炉内高温处理，且处理过程中会产生大量的废气及废渣[22]。因此，火法回收工艺的成本主要来源于原材料回收、燃料动力及废气废渣处理等方面，表 8 – 15 为每吨废旧电池回收工艺处理成本。从调研数据可以看出，火法回收工艺每处理 1 t 三元锂电池的平均成本为 14 390 元，每处理 1 t 磷酸铁锂电池的平均成本为 9 490 元。此外，

三元材料电池和磷酸铁锂电池火法回收工艺回收效率及收益如表 8 – 16 和
表 8 – 17 所示。从以上数据可以得知采用火法回收工艺回收每吨三元锂电池的
平均收益为 17 405 元，回收每吨磷酸铁锂电池的平均收益为 7 994 元。因此，
采用火法回收工艺每回收 1 t 三元锂电池将盈利 3 015 元，每回收 1 t 磷酸铁锂
电池将亏损 1 496 元。

表 8 – 15　每吨废旧电池火法回收工艺处理成本[21]

项目	物料名称	成本/元
原材料回收价格	废旧磷酸铁锂电池	4 000
	废旧三元锂电池	8 900
辅助材料成本	燃料动力电源等	900
单体电池拆解费用	破解分选	900
环境处理费用	电解液、废气废渣处理等	800
设备费用	设备维护及折旧费用	390
运输费用	平均运输费用	500
平均人工费用		2 000

表 8 – 16　三元材料电池火法回收工艺回收效率及收益[21]

材料名称	回收率/%	每吨废旧电池可回收质量/kg	收益价值/元
正极材料（镍、钴、锰、锂等）	94	348.74	13 775
负极材料	94	197	158
正极铝箔	93	47.33	331
负极铜箔	93	86.1	2 152
正极导电柱	96	28.2	282
负极导电柱	96	12.53	376
隔膜	93	38.75	79
铝合金外壳	98	36	252

表 8 – 17　磷酸铁锂电池火法回收工艺回收效率及收益[21]

材料名称	回收率/%	每吨废旧电池可回收质量/kg	收益价值/元
正极材料	94	230.8	5 222
负极材料	94	167.1	125
正极铝箔	93	47.3	310
负极铜箔	93	86	1 498
正、负极导电柱	96	51.5	505
隔膜	96	40.4	82
铝合金外壳	98	36	252

从电池材料回收效率来看，化学回收工艺对材料的回收效率较高，其中湿法回收工艺的回收效率要高于其他两种回收工艺。此外，目前电池正极材料的成本呈现逐年上涨的趋势，特别是三元材料电池内的钴金属，由于我国产量较少，大部分依赖于进口[23]，因此动力电池对这类材料的需求量增多，势必会造成电池材料成本大幅上涨。此时，动力电池回收将产生更大的盈利空间，而湿法回收工艺对于各材料回收效率高，将具有更强的竞争力，呈现出广阔的盈利前景。通过分析，提高动力电池拆解回收利润，可通过提高回收电池材料的效率来获取。此外，采用全自动生产线的方法，降低人工成本支出，也可以减少拆解电池的成本支出。在各地合理地布置电池回收点，将废旧电池集中运输到拆解工厂，可以大大降低运输成本，从而提高动力电池回收的盈利状况。

8.3.3　动力电池回收市场宏观政策支持

中国动力电池回收体系不断完善，且明确了动力电池回收责任主体，各城市对电池回收利用政策也进行了积极探索，但在落实方面仍有差距。

2012 年，国务院在《节能与新能源汽车产业发展规划（2012—2020）》中明确规定，要加强动力电池梯次利用和回收管理。制定动力电池回收利用管理办法，建立动力电池梯次利用和回收管理体系，明确各相关方的责任、权利和义务。2014 年 7 月，国务院办公厅在《关于加快新能源汽车推广应用的指导意见》中提出要研究制定动力电池回收利用政策，探索利用基金、押金、强制回收等方式促进废旧动力电池回收，建立健全废旧动力电池循环利用体系。

2016 年以来，工业和信息化部相继出台了《电动汽车动力蓄电池回收利用技术政策（2015 年版）》、《新能源汽车废旧动力蓄电池综合利用行业规范条件》和《新能源汽车废旧动力蓄电池综合利用行业规范公告管理暂行办法》3 项文件，明确废旧电池回收责任主体，加强行业管理与回收监管。

为鼓励生产企业回收动力电池，不少地方政府也在积极探索。2014 年，上海市发布《上海市鼓励购买和使用新能源汽车暂行办法》，要求车企回收动力电池，政府给予 1 000 元/套的奖励。

2015 年深圳发布《深圳市新能源汽车推广应用若干政策措施的通知》，要求制定动力电池回收利用政策，由整车制造企业负责新能源汽车动力电池强制回收，并由整车制造企业按照 20 元/（kW·h）专项计提动力电池回收处理资金，地方财政按照经审计的计提资金额给予不超过 50% 比例的补贴，建立健全废旧动力电池循环利用体系。

2018 年 2 月 26 日，工业和信息化部、科学技术部等部门印发《新能源汽车动力蓄电池回收利用管理暂行办法》的通知，旨在加强新能源汽车动力蓄电池回收利用管理，规范行业发展。该办法自 2018 年 8 月 1 日实施。《新能源汽车动力蓄电池回收利用管理暂行办法》鼓励汽车生产企业、电池生产企业、报废汽车回收拆解企业与综合利用企业等通过多种形式，合作共建、共用废旧动力蓄电池回收渠道。动力电池目前的回收来源主要是汽车维修企业、电池生产企业以及报废汽车拆解企业，电池企业与整车厂一般只针对自己生产的电池类型建立回收渠道，而专业第三方回收企业在回收渠道的布局更为全面。

8.3.4　未来动力电池回收市场趋势

1. 中国动力电池回收行业价格走势

动力电池回收利用技术的进步给电池厂和主机厂提供了新的原料供应渠道，成为促使电池成本下降的重要途径。当前包括宝马、大众、本田、丰田、日产、优美科、Fortum 等企业都在积极布局电池回收利用，从中获取有价值的钴、锂等电池原料。随着动力电池回收技术的不断进步，动力电池回收价格将会逐渐降低（图 8-4）。预计到 2025 年，磷酸铁锂电池梯次利用价格将下降到 0.25 元/（W·h），三元锂电池梯次利用价格将下降到 0.18 元/（W·h）。

在退役动力电池梯次利用领域，退役磷酸铁锂电池作为梯次利用电池的主要来源，当电池循环寿命高于 400 次时开始产生盈利。随着未来电池技术的成熟，动力电池的退役循环寿命必将呈现增长态势。因此，磷酸铁锂电池的梯次利用将有更广阔的盈利前景。在报废动力电池拆解回收方面，目前三元锂电池的物理回收工艺具有较高的收益，而磷酸铁锂的拆解回收仍处于亏损状态。

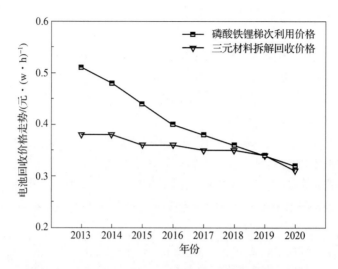

图 8 – 4　2013—2020 年中国动力电池回收行业价格走势[19]

2020 年年底市场上累计报废动力电池量达到 50 万 t，按三元锂电池占 35%，磷酸铁锂电池占 65% 来计算，在回收效率及成本基本不变的情况下，通过拆解回收这两类动力电池，也将产生 4 亿元的纯利润。目前，主流锂电池回收工艺以湿法工艺和高温热解为主，且很大一部分已经投入了工业生产阶段，当前回收效率更高也相对成熟的湿法回收工艺正日渐成为专业化处理阶段的主流技术。随着电池正极材料价格的上涨，湿法回收工艺具有较大的材料回收效率，因此湿法回收工艺在三元锂电池回收方面呈现出较大盈利潜力，而对于磷酸铁锂电池的回收，选择物理回收工艺更为合适。此外，将磷酸铁锂电池退役后梯次利用和拆解回收结合起来看，不难发现，磷酸铁锂电池退役后的再循环利用也处于盈利状态。随着我国新能源汽车行业的快速发展，未来将有大量动力电池退役和报废，若将这些电池得到充分循环利用，动力电池回收市场将具有更广阔的经济前景。

2. 退役动力电池梯次利用未来发展领域

1) 退役动力电池在通信基站领域的梯次利用

随着我国通信技术的快速发展，通信基站对电池的需求量也逐年上升，而通信基站对电池寿命和安全性又有较高要求。考虑铅酸蓄电池成本低，目前我国通信基站多采用铅酸蓄电池作为备用电源，而锂离子电池在循环寿命、能量密度、高温性能等方面具有比铅酸蓄电池更大的优势。此外，退役动力电池在成本上又大幅度下降，特别是磷酸铁锂电池退役后仍在各方面表现出很强优势，因此将退役磷酸铁锂电池应用在通信基站领域具有很大优势。

目前，铅酸蓄电池的循环寿命为 400~600 次，能量密度 40~45 W·h/kg，市场价格约为 10 000 元/t。磷酸铁锂电池的循环寿命可达 4 000~5 000 次，成组之后循环寿命虽有一定下降，但也可以达到 1 000~2 000 次，即使在汽车上退役下来的动力电池，容量低于 80%，但再重组之后的循环次数也在 400~1 000 次。此外，随着技术的成熟，电池循环次数也将不断提升。根据调研数据，目前市场上回收的磷酸铁锂电池价格随电池的性能差别很大，在 4 000~10 000 元/t 不等。以剩余能量密度 60~90 W·h/kg 且具有较高使用价值的磷酸铁锂电池为例，此类电池若要得到梯次利用，必须对回收的电池进行拆包、检测及重组处理，最终得到一致性较好的梯次电池，将电池回收费用、预处理费用、检测重组费用及人工费用加起来为 10 000~16 000 元/t，此类梯次电池再循环寿命约为 400 次。若将循环寿命为 500 次、能量密度为 40 W·h/kg、市场价格为 10 000 元/t 的铅酸蓄电池的性价比视为 1，则具有 400 次循环寿命、能量密度为 60 W·h/kg 的梯次重组磷酸铁锂电池的性价比约为 1.2。梯次利用电池随着循环寿命的增加，性价比将得到快速增长，当梯次利用电池循环寿命大于 400 次时，开始产生较大盈利。就我国铁塔基站而言，单座基站约需要备用电池容量 30 kW·h，按照车用动力电池容量低于 80% 退役及低于 60% 报废来算，需要约 60 kW·h 的退役动力电池，相当于一辆纯电动乘用车的动力电池容量。为保证重组电池的一致性，可将同一辆纯电动汽车退役下来的动力电池模组进行单个或多个重组，重组后的电池模块即可满足铁塔基站的供电需求。若检测到一个模组出现问题，对此模组进行单独替换即可解决电池模块一致性的问题，有效地避免了退役动力电池一致性差的难题。

2）退役动力电池在低速电动车领域的梯次利用

近年来，我国低速车领域也发展迅速，2016 年低速车新增 150 万辆，保有量达到 300 万辆；三轮车新增 900 万辆，保有量达到 6 000 万辆。面对前景广阔的低速车市场，若将电动汽车上退役下来的动力电池用于低速车领域，将获得较快发展。

北京萝卜科技有限公司从 2016 年开始将退役电池应用于低速车领域，目前主要在快递车上得到较大应用。截至 2017 年 9 月共在余杭等地的 210 个快递点投放了 1 300 台低速快递车。据统计，将退役电池应用于低速车每千瓦时成本约 650 元，收入在 350 元左右，收益远远大于铅酸蓄电池在低速车上的应用。由数据分析，若将退役电池合理地梯次应用于低速电动车领域，也将产生巨大利润，有很好的经济性。

3. 动力电池梯次利用商业模式发展情况举例

在政策、利益、责任等多重动力下，越来越多的动力电池生产及回收处理企业开始与汽车厂商合作着手布局动力电池回收体系建设。2017 年以来，多家新能源汽车产业链企业开始布局电池回收利用领域。目前，中国铁塔、重庆长安、比亚迪、银隆新能源、沃特玛、国轩高科、桑顿新能源等 16 家企业已签订了新能源汽车动力电池回收利用战略合作伙伴协议，有效推动了产业链上下游一体化合作，加强了协同创新，共谋发展。此外，骆驼股份、比亚迪、宁德时代、华友钴业、国轩高科、中航锂电等锂电材料企业和电池生产企业，均在动力电池回收领域中展开了布局。

据工业和信息化部介绍，现阶段新能源汽车动力电池回收体系建设存在两种模式：一种是以汽车生产企业为主导，由其利用销售渠道建设退役电池回收体系，回收退役电池移交综合利用企业处理或与其合作共同利用电池剩余价值；另一种是在回收的战略布局上，车企单打独斗者非常少，普遍趋势是选择与第三方回收企业或者电池企业"抱团"合作。当前从新能源汽车上退役下来的动力电池量还较少，对其梯次利用大部分处于试验示范阶段，主要集中在备电、储能等领域，其中不少企业已经摸索出一些商业模式，同时技术创新方面也有所进展[24]。

1）北汽新能源

北京汽车股份有限公司（简称北汽）是国内率先提出电池置换业务的企业，2016 年开始至 2017 年年底，回收置换车辆已超过 1 000 辆。同时，北汽已经投资一家公司，在河北建设了电池梯次利用及电池无害化处理和稀贵金属提炼工厂，将锂电池通过物理和化学方法对其中的主要成分重新提纯、回收利用等。

2017 年 11 月，北汽新能源还发布了"擎天柱计划"：到 2022 年，"擎天柱计划"预计将投资 100 亿元人民币，在全国范围内建成 3 000 座光储换电站，累计投放换电车辆 50 万台，梯次储能电池利用超过 5 GW·h。目前的换电站采用"换电 + 储能 + 光伏"的智能微网系统，由退役电池回收而来的储能设备，利用光伏发电、国家电网峰谷电等为车辆供电。

2018 年 5 月 8 日，北汽鹏龙与格林美签署了《关于退役动力电池回收利用等领域的战略合作框架协议》。双方将在共建新能源汽车动力电池回收体系、退役动力电池梯次利用、废旧电池资源化处理、报废汽车回收拆解及再生利用等循环经济领域以及新能源汽车销售及售后服务等领域展开深度合作。2018 年 11 月 12 日，北汽鹏龙与光华科技签订合作协议，双方将在退役动力电池梯次利用和废旧电池回收处理体系等业务上开展合作，发挥各自优势，共建面向社会公众的废旧动力电池回收网络体系。北汽鹏龙将分别入资光华科技旗下全资子公司——珠海中力新能源科技有限公司和珠海中力新能源材料有限公司。

2）威马汽车

威马汽车是全国第一批进行回收服务网点信息申报的整车企业，第一批次（合计 26 个）回收服务网点信息申报工作已完成，并纳入回收利用体系建设工作中。目前"威马汽车电池溯源上传系统"已经建立，完成了国家平台联调对接并已投入使用。2018 年 11 月初，威马汽车与中国铁塔股份有限公司（简称中国铁塔）签署了战略合作协议，双方将在电池梯度利用、电池回收等方面展开合作。2019 年年初，威马汽车与科陆电子科技股份有限公司签署动力电池回收利用战略合作协议，双方约定在全国范围内推动梯次电池储能系统应用，并将于后期开展储能项目运营。

3）奇瑞万达

2019 年 2 月，奇瑞万达贵州客车股份有限公司与光华科技签署合作协议，双方将在废旧电池回收处理以及循环再造动力电池材料等业务上开展合作：奇瑞万达将其符合光华科技回收标准的废旧电芯、模组、极片、退役动力电池包交由光华科技处置，共同建立废旧动力电池回收网络，保证废旧动力电池有序回收与规范处理。

4）广西华奥汽车

2018 年 11 月 20 日，广西华奥汽车制造有限公司（简称广西华奥）与光华科技股份有限公司（简称光华科技）签署了"关于废旧动力电池回收处理战略合作协议"。根据协议，双方将在废旧动力电池回收领域开展合作，广西华奥将其符合相关回收标准的废旧电芯、模组、极片、退役动力电池包交由光华科技处置，共同建立废旧动力电池回收网络，保证废旧动力电池有序回收与规范处理。

5）比亚迪

比亚迪股份有限公司（简称比亚迪）与格林美在 2015 年 9 月达成合作，共同构建"材料再造–电池再造–新能源汽车制造–动力电池回收"的循环体系。2018 年 1 月与中国铁塔签订新能源动力电池回收利用战略合作伙伴协议。此外，比亚迪自身也早就开始了动力电池回收工作。在回收过程中，比亚迪主要采用委托授权经销商来回收废旧动力电池。当有客户要求或报废车辆需要更换动力电池时，经销商会将更换的动力电池运送到比亚迪宝龙工厂进行初步检测。如果废旧电池可以继续使用，这些电池可能会继续应用在家庭储能或基站备用电源等领域。另外，比亚迪也会对动力电池电解液进行回收。

6）上汽集团

2018 年 3 月，上汽集团与宁德时代签署战略合作谅解备忘录，探讨共同推进新能源汽车动力电池回收再利用。2019 年 1 月 10 日，上汽通用五菱汽车股份有限公司（简称上海通用）与鹏辉能源签署战略合作协议，双方将在新能源汽车电池动力领域开展深度合作。根据协议，双方将发挥自身资源优势，共同开发及生产相关梯次利用产品。上汽通用还和格林美、赛德美动力科技有限公司、上海华东拆车股份有限公司、河南沐桐环保产业有限公司等企业合作共建回收网点。

7）长安汽车

2018 年 1 月，重庆长安、比亚迪、银隆新能源等 16 家整车及电池企业与中国铁塔，就新能源汽车动力电池回收利用签署战略合作伙伴协议。

8）广汽新能源

广汽新能源智能生态工厂自建的动力电池储能场可将动力电池回收后梯次利用，存储富余电能，一期储能能力达 1 000 kW·h，真正实现了可持续发展。

9）天际汽车

2019 年 1 月 16 日，天际汽车与华友循环科技有限公司签署战略合作协议，双方今后将结为长期战略合作伙伴，在新能源汽车动力电池梯次利用和材料回收领域不断深化合作。

10）南京金龙

2018 年 11 月 19 日，南京金龙客车制造有限公司与光华科技签署了"关于废旧动力电池回收处理战略合作协议"。双方将在废旧电池回收以及循环再造动力电池材料等业务上开展合作，打造"报废电池与电池废料 – 电池原料再造 – 动力电池材料再造"的供应链合作模式。

|8.4 锂离子电池回收技术的效益成本核算分析|

本章从电池回收的经济性、工业可行性和市场可行性 3 个方面，对锂离子动力电池回收理论研究和产业现状进行了简要说明。

从经济性分析过程可见对于新兴的三元材料为主的锂离子动力电池，由于其含有的贵重金属含量较多，回收的经济价值较大，而磷酸铁锂的锂离子动力电池由于其原料制备价格相对低廉，正极材料回收经济价值不高。我国的动力电池回收仍处于起步阶段，相较于美国完善的政策体系和企业规模仍存在一定的差距。许多学者针对我国动力电池回收工业的规模化、产业化，对动力电池的收集、运输过程及回收处理过程中产生的问题提出了多种解决方案，推动着动力电池回收产业整体向前发展。尽管我国动力电池回收相关政策还有待落实，但从动力电池回收的需求情况、动力电池回收具有的潜在市场规模与市场空间，以及现有的回收动力电池用作储备能源的营利模式来看，动力电池回收市场规模在未来一定时期仍将呈现上升趋势。

参 考 文 献

[1] 黎华玲，陈永珍，宋文吉. 锂离子动力电池的电极材料回收模式及经济性分析 [J]. 新能源进展，2018，6（6）：47 – 53.

[2] 丁辉. 美国动力电池回收管理经验及启示 [J]. 环境保护，2016，44（22）：69 – 72.

[3] 李雪早. 新能源汽车动力电池回收利用浅析 [J]. 汽车维护与修理，2018，335（19）：7 – 15.

[4] 王国志，刘春梅. 基于模糊评价法的制造型企业逆向物流模式选择研究 [J]. 物流工程与管理，2014（7）：104 – 107.

[5] 任鸣鸣，仝好林. 基于模糊综合评价的 EPR 回收模式选择 [J]. 统计与决策，2009（15）：44 – 46.

[6] ABDULRAHMAN M D, GUNASEKARAN A, SUBRAMANIAN N. Critical barriers in implementing reverse logistics in the Chinese manufacturing sectors [J]. International Journal of Production Economics, 2014, 147：460 – 471.

[7] RAVI V, SHANKAR R, TIWARI M K. Analyzing alternatives in reverse logistics for end – of – life computers：ANP and balanced scorecard approach [J]. Computers & Industrial Engineering, 2005, 48（2）：327 – 356.

[8] GOLEBIEWSKI B, TRAJER J, JAROS M, et al. Modelling of the location of vehicle recycling facilities：A case study in Poland [J]. Resources, Conservation and Recycling, 2013, 80：10 – 20.

[9] 姚海琳，王昶，黄健柏，等. EPR 下我国新能源汽车动力电池回收利用模式研究 [J]. 科技管理研究，2015，35（18）：84 – 89.

[10] 谢英豪，余海军，欧彦楠，等. 回收动力电池商业模式研究 [J]. 电源技术，2017，41（4）：644 – 646.

［11］黎宇科，周玮，黄永和. 建立我国新能源汽车动力电池回收利用体系的设想［J］. 资源再生，2012（1）：28－30.

［12］朱凌云，陈铭. 废旧动力电池逆向物流模式及回收网络研究［J］. 中国机械工程，2019，30（15）：1828－1836.

［13］唐艳芬，高虹. 国内外废旧电池回收处理现状研究［J］. 有色矿冶，2007，23（4）：50－52.

［14］黎宇科，郭淼，严傲. 车用动力电池回收利用经济性研究［J］. 汽车与配件，2014（24）：48－51.

［15］陈琦. 零碳图景：2050年，电动汽车动力电池回收市场规模达1 145亿元［J］. 汽车与配件，2021（15）：1.

［16］MESHRAM P，ABHILA S H，PANDEY B D，et al. Acid baking of spent lithium ion batteries for selective recovery of major metals：A two－step process［J］. Journal of Industrial and Engineering Chemistry，2016，43：117－126.

［17］NAYAKA G P，PAI K V，SANTHOSH G，et al. Dissolution of cathode active material of spent Li－ion batteries using tartaric acid and ascorbic acid mixture to recover Co［J］. Hydrometallurgy，2016，161：54－57.

［18］郑茹娟. 废旧磷酸盐类及混合锂离子电池回收再利用研究［D］. 哈尔滨：哈尔滨工业大学，2017.

［19］智妍咨询.2019年动力电池回收行业需求情况、回收市场规模分析与预测［EB/OL］.（2019－04－09）［2022－05－23］. http://www.chyxx.com/industry/201904/727903.html.

［20］刘颖琦，李苏秀，张雷，等. 梯次利用动力电池储能的特点及应用展望［J］. 科技管理研究，2017，37（1）：59－65.

［21］陶志军，贾晓峰. 中国动力电池回收利用产业商业模式研究［J］. 汽车工业研究，2018，293（10）：35－44.

［22］乔菲. 基于博弈论纯电动汽车废旧动力电池回收模式的选择［D］. 北京：北京交通大学，2015.

［23］王昶，魏美芹，姚海琳，等. 我国HEV废旧镍氢电池包中稀贵金属资源化利用环境效益分析［J］. 生态学报，2016，36（22）：7346－7353.

［24］电池中国网. 电池回收势在必行，看十大车企布局动力回收市场［EB/OL］.（2019－02－26）［2022－05－23］. http://www.cbea.com/xnyqc/201902/418983.html.

第 9 章

动力电池工业回收、管理政策及总结展望

|9.1 国内外电池回收的工业应用与现状|

截至 2021 年 1 月，工信部等相关部委已陆续公布了《新能源汽车动力蓄电池回收利用管理暂行办法》等一系列电池工业回收管理条例，针对包括锂离子电池、镍基电池在内的动力电池，规定了工业梯次利用要求和拆解回收规范[1]。2018 年和 2021 年，工信部分别发布了《新能源汽车废旧动力蓄电池综合利用行业规范条件》第一批和第二批企业名单。截至 2021 年 9 月，已经有共 171 家新能源汽车生产、综合利用企业，在 31 个省市区设立了回收服务网点，总计 9 985 个[2]。

退役的动力电池主要集中分布在新能源汽车推广力度较大的城市，包括北京、合肥、深圳等京津冀、长三角及珠三角城市。处理回收废旧电池的工厂，大多由废弃电器电子产品处理企业和有色金属冶炼企业发展而来，如湖北格林美、湖南邦普、广东光华、浙江华友钴业、江西豪鹏等代表企业，已具备对废旧电池的规模化再生能力，因此电池回收企业大部分分布在京津冀、长三角、珠三角以及华中地区，尤其是具有一定工业基础的中小城市[3]。从企业回收电池的来源来看，截至 2019 年，回收的主要来源是研发试验和生产制造过程中产生的废旧动力电池，来自新能源汽车的退役电池较少[4]。目前，各地区已初步探索并建立了自己的区域回收体系。京津冀地区的汽车、电池和综合利用企业建立了回收联盟，共建共用回收网络。长三角地区以上海带动地区周边企业，建立统一标准的回收服务网点。珠三角地区以深圳为重点，按照"互联网＋监管"的思路，创新押金回收机制，构建动力电池信息管理体系。中部地区通过区域内的骨干汽车企业、电池生产企业及综合利用企业合作，依托当地产业基础优势建立区域化的回收处理中心。其他地区也逐步对企业试点进行扶持和组织[5]。

本节将从工业回收利用角度，主要介绍两种回收体系模式：一种是由生产者主导，汽车生产企业利用销售渠道来建设回收通道，将退役电池移交给综合利用企业处理；另一种是以第三方为主体，由梯次、再生利用企业与汽车、电池生产企业合作，共建共用回收服务网点，集中回收合作企业退役电池[6]。

9.1.1 国内铅酸蓄电池工业回收现状与应用

废旧铅酸蓄电池中的二次铅源有两种，分别是铅栅和电池浆料铅膏。由于

铅膏中大量存在 $PbSO_4$，直接进行高温熔炼十分困难，且污染巨大，因此往往需要在预处理步骤中进行脱硫，将 $PbSO_4$ 转化为易于分解回收的含铅化合物，再用火法或湿法冶金技术进行回收，以避免 SO_2 和含铅粉尘（如 PbS 和 PbO）的产生。

目前我国正在建立基于生产者责任延伸制度（EPR）的回收体系，针对铅酸蓄电池的回收制定了《废铅酸蓄电池回收技术规范》（GB/T 37281—2019）等一系列标准和政策。政策鼓励电池生产企业履行生产者延伸责任，引导生产企业及再生铅企业采取自主回收、联合回收或委托回收模式，通过生产者自有的销售渠道或专业回收企业在消费末端建立的网络回收废旧电池，回收时采用以旧换新、销一售一等方式[1,5]。

我国早期回收废旧铅酸蓄电池的工艺主要为火法冶金，年产弃渣高达 6 万 t，其中重金属铅就有 6 000 t。由于硫酸铅的熔点高，火法须达到 1 000 ℃的熔炼温度，而这会引起大量铅尘和二氧化硫的排放，同时也导致了高能耗，并且铅的回收率只有 80% ~ 85%。随着回收技术的研发，湿法预脱硫 – 火法联合、湿法 – 电解法等高效率、低能耗的方法逐渐被国内企业采用。

1. 骆驼集团华南公司与铅膏铵法预脱硫技术

起动电池龙头骆驼集团的两大主营业务是汽车电池生产和再生铅生产，铅酸起动电池产品在大众、福特、本田、长安、吉利等主流主机厂中保持主要供货地位。2021 年，受益于公司"铅酸蓄电池循环产业链"，即生产、销售、回收、再生、生产再利用环节的循环，2021 年骆驼集团国内外主营业务实现良性发展，整体盈利能力提升。此外，骆驼股份也开始进军锂电产品，与铅酸蓄电池业务齐头并进。

骆驼集团利用已有的物流网络，实现了铅酸蓄电池的逆向回收运输。首先，各经销商作为废旧电池回收网点，从客户手里回收废旧电池后暂存保管，累计一定数量后由经销商运输至骆驼物流废旧电池回收中转仓库，然后由骆驼物流从中转仓库运至对应的废旧电池处理中心。

骆驼集团再生铅业务名下有多个子公司，其中最大的是华南再生资源有限公司和湖北楚凯冶金有限公司。华南公司在梧州进口再生资源加工园区，建成年处理 15 万 t 废旧铅酸蓄电池的项目。该项目占地面积 114.25 亩，每年可处理废旧铅酸蓄电池 15 万 t，年产还原铅 7.5 万 t，再生聚丙烯塑料颗粒 1.05 万 t。项目建成后，约 7 万 t 再生铅、大部分再生聚丙烯塑料颗粒及废酸可以重新运用于蓄电池生产制造，蓄电池制造过程中的含铅废物作为回收项目原料，形成循环生产链。企业处理废旧铅酸蓄电池的大概流程为：储坑储存废旧电池—→

破碎分选——→铅膏脱硫——→粗炼——→精炼——→废酸处理和塑料再生。

该项目原计划用碳酸钠为脱硫剂，但副产品硫酸钠附加值低，市场供大于求，因此经济效益低，容易造成厂区内大量堆积，形成二次污染，且硫酸钠的溶解度受温度影响大，易产生硫酸钠结晶，进而造成管道设备堵塞，增加生产运行难度和设备维护成本。华南公司的周边地区分布有化肥生产企业，可提供大量廉价碳酸氢铵。华南公司根据厂区周围原材料环境，采用湖南江冶机电科技股份有限公司和湘潭大学联合开发的铅膏铵法预脱硫技术和设备，改用碳酸氢铵为脱硫剂，通过增加反应罐数量、反应时间、强制脱硫器等改进方法，使碳酸氢铵的脱硫效率达到钠法脱硫的效率，脱硫后铅膏含硫率低于 0.5%，副产品硫酸铵可达到国家标准一等品品质。其间产生的氨气通过密闭玻璃罩、储坑封闭、后续喷淋塔等措施后外排。此方法产生的副产品硫酸铵可广泛用作肥料、纺织、皮革等，可以对口周边肥料公司的需求。此方法的项目运行成本仅200 余元/t 铅膏，且能够产生约 140 元/t 铅膏的副产品销售收入，综合成本可降低 30%~50%。

废铅膏铵法预脱硫技术工艺流程如图 9-1 所示。废旧铅酸蓄电池在经过破碎分选后，铅膏进入预脱硫系统，铅栅则在较低的温度 400 ℃下熔化和再加工，用以生产铅锑合金。铅膏铅栅分离处理可以避免高温环境下，铅栅产生含铅烟尘。随后，在预脱硫过程中，向副产物硫酸铵溶液蒸发产生的冷凝水中加入废铅膏，配成铅泥浆液（固体含量为 40%~60%）。随后，再向铅泥浆液中投入脱硫剂碳酸氢铵，对铅泥进行脱硫。脱硫反应完成后，进行固液分离，分别得到硫酸铵溶液和脱硫铅膏。将脱硫铅膏送至低温熔炼单元，硫酸铵溶液则进入净化单元，净化产生的沉淀物质也送至低温熔炼单元。净化后的硫酸铵溶液通过 MVR（Mechanical Vapor Recompression）蒸发结晶，得到硫酸铵晶体并将其干燥后包装，出售成品。在整个工序中，蒸发过程产生的冷凝水会重新流回初始的脱硫反应池，循环使用。在低温熔炼环节中，为了减少冶炼渣产生量、SO_2 排放量，并保证物料顺利输送，脱硫铅膏和滤渣的含硫率须在 1% 以下，含水率须小于 13%。

2. 楚凯冶金与柠檬酸法脱硫技术

湖北楚凯冶金有限公司位于湖北省老河口市，厂区占地 250 余亩，年产值14 亿元，专注废旧铅酸蓄电池回收综合利用，其公司年均废旧铅酸蓄电池处理量达 10 万 t，产品涵盖全部铅制品，包括再生铅、电解铅、合金铅、硫酸试剂、再生塑料等。楚凯冶金公司全套引进了意大利"自动化、智能化、环保无污染"的废旧铅酸蓄电池处理设备，废旧铅酸蓄电池回收循环综合利用技

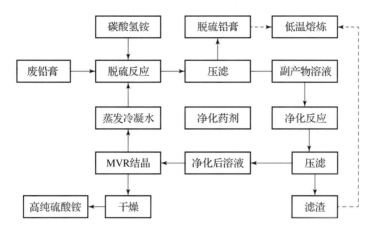

图9－1　废铅膏铵法预脱硫技术工艺流程

术达到了国际先进水平。楚凯冶金重点解决废旧铅酸蓄电池冶炼再生铅过程的高能耗、高污染、低效率问题，其回收利用技术被国务院、环保部列入了《国家先进污染防治示范技术名录》和《国家鼓励发展的环境环保技术目录》。

　　楚凯冶金利用的是柠檬酸法脱硫技术，采用火法－湿法联用方法对废旧铅酸蓄电池的铅膏进行回收利用。铅膏中含量最高的是硫酸铅，若直接采用火法冶炼，会产生大量 SO_2。为避免 SO_2 及铅尘的污染，楚凯冶金采用柠檬酸－柠檬酸钠浸出体系，可以在较低温度条件下浸取铅膏，得到类似柠檬酸铅的前驱体。反应原理如下式所示：

$$PbO + C_6H_8O_7 \cdot H_2O = Pb(C_6H_6O_7) \cdot H_2O + H_2O \tag{9－1}$$

$$PbO_2 + C_6H_8O_7 \cdot H_2O + H_2O_2 = 2H_2O + O_2 + Pb(C_6H_6O_7) \cdot H_2O \tag{9－2}$$

$$3PbSO_4 + 2[Na_3C_6H_5O_7 \cdot 2H_2O] = H_2O + 3Na_2SO_4 + [3Pb \cdot 2(C_6H_5O_7)] \cdot 3H_2O$$

$$\tag{9－3}$$

　　在技术研发实验中，铅膏中 $PbSO_4$ 约占 50%，PbO_2 约占 28%，PbO 约占 9%，Pb 约占 4%。浸取过程的柠檬酸及柠檬酸钠相比铅膏过量，系数为 0.5，铅膏与溶液的固液比为 5∶1，反应时间 2 h。反应结束后，将过滤后的滤饼烘干研磨成粉末后，在管式炉中于 400 ℃下煅烧 1 h，得到样品。铅膏自身呈红褐色，加入双氧水后很快变为灰白色，并伴随着气泡冒出。

3. 超威集团与原子经济法回收氧化铅

　　超威集团是全球领先的新能源制造商、运营商和服务商，拥有集铅酸蓄电池、新型电池、能源存储与管理、循环经济等于一体的新能源产业集群[7]。

超威集团旗下子公司之一的超威梯次，主营废旧铅酸蓄电池回收与梯次利用业务，是超威集团为响应生产者责任延伸制度，于 2017 年专门成立的废旧铅酸蓄电池回收及梯次利用公司。

超威梯次公司利用其代理商、基层销售网点，通过"以旧换新、逆向物流"的方式回收废旧铅酸蓄电池，并与河北松赫、安阳岷山、江苏新春兴等国内大中型再生铅厂签订了合作协议，根据不同地区的市场和政策特点建立回收体系。2018 年，超威梯次与其他京津冀地区主要的蓄电池生产、回收、处置和再生资源利用企业，以及科研机构、行业协会携手，联合成立了京津冀蓄电池环保产业联盟，共同构筑废旧蓄电池绿色循环利用产业链。图 9 - 2 为超威梯次公司回收废旧铅酸蓄电池产业链示意图。

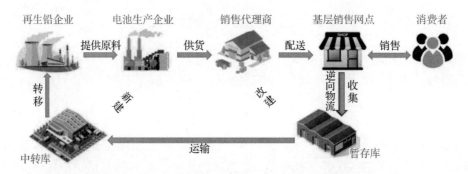

图 9 - 2　超威梯次公司回收废旧铅酸蓄电池产业链示意图[8]

超威梯次在 2014 年就采用了原子经济法，从废旧铅酸蓄电池中回收氧化铅。原子经济法改善了传统的预脱硫 - 火法 - 电解回收氧化铅的方法，有效减少了焙烧后氧化铅中的硫酸钡含量，并且减少了试剂消耗。与传统火法相比，回收利用率达 99%，具有高效率、低能耗、低成本、清洁生产回收等优势。

原子经济法最初由北京化工大学潘军青团队提出，突破了传统的铅是碱性金属的认识，发现了氧化铅是一种偏碱性的两性金属且在碱性溶液（如 NaOH）中具有可逆的溶解 - 结晶规律。其工艺流程如下：首先，加入脱硫剂脱硫并固液分离后，将滤渣在 350～750 ℃ 的温度下进行转化，将含铅化合物转化为 PbO。随后将产物投入碱液中，以溶解 PbO，然后固液分离，得到 PbO - 碱溶液。将碱溶液进行重结晶，得到 PbO 晶体和碱滤液。为满足铅酸蓄电池对 PbO 的要求，得到的 PbO 晶体还要进一步球磨转晶为 α - PbO，最后得到的氧化铅，纯度可达 99.999 2%。原子经济法通过零原料消耗的可逆结晶过程得到高纯氧化铅，改变了国内外需要硝酸溶解、硫酸沉淀、碳酸钠转化和碳酸铅焙烧再得到氧化铅的高能耗、高排放的传统工艺[9]。

原子经济法可以根据废料的组成，从各种含氧化铅的废料中回收氧化铅。以 12 V、12 A·h 规格的废旧电动车电池的废铅膏为例，其主要成分及其大致重量百分含量分别为：20% PbO、11% Pb、35% $PbSO_4$、30% PbO_2、0.35% $BaSO_4$ 和 0.2% SiO_2，其余为 20 wt% 浓度的硫酸水溶液。每 10 kg 的铅膏与 15 L 的脱硫剂 8.5 wt% NaOH 溶液在 20 ℃ 下混合，用湿法球磨进行混合。随后，将滤渣与 0.1 kg 粒度为 160 目的原子经济反应促进剂（铅粉和 β – PbO_2 重量比为 1∶0.5）混合均匀后，升温至 460 ℃，持续反应 20 min，实现由 Pb、PbO_2 以及脱硫所得 PbO – $Pb(OH)_2$ 向 PbO 的转化。最后 PbO 回收率为 99.7%。在这个工艺中，如果使用 NaOH 或 KOH 溶液为脱硫剂，则用量需要达到废料中硫酸铅化学计量的 101%~150%，以保证硫酸铅的脱硫反应完全，同时也避免由于过多脱硫剂稀释母液中的硫酸盐含量而导致后续工艺中硫酸钠或硫酸钾的回收率减少。在这项技术中使用的原子经济反应促进剂为铅粉和 β – PbO_2 的混合物，铅粉和 β – PbO_2 的重量比为 1∶(0.05~2)。采用这种优选的原子经济反应促进剂可以保证反应快速进行，同时又保证较低的经济成本。

与其他二次电池相比，我国对铅酸蓄电池回收的研究和应用均较早，经过近 20 年的发展，我国的铅酸蓄电池回收产业正在逐渐从传统低端产业向新型的中高端产业转型发展。改进铅酸蓄电池回收工艺的主要方向在于湿法冶金中脱硫剂等化学试剂的选择，更高效、绿色、低廉的脱硫剂能够有效提升产业的废旧电池处理能力，大大提升铅酸蓄电池回收的经济效益。

9.1.2　国外铅酸蓄电池工业回收现状与应用

目前为止，许多发达国家均已建立了较为完善的铅酸蓄电池回收体系，主要为以下 3 种途径：

①蓄电池制造商负责通过其零售网络组织回收；

②由再生铅企业建立特定的废旧铅酸蓄电池回收公司；

③依照政府法规批准的专门收集铅酸蓄电池和含铅废物回收的强制联盟（包括政府工业部门、环保部门和电池生产、销售、回收和铅的二次生产循环每个阶段）和专业的回收公司[10]。

通过以上 3 种途径回收的废旧铅酸蓄电池，统一交由正规再生铅企业处理，同时再由政府给予再生铅企业处理废旧电池的补贴。从全球市场来看，欧美、日本等国家和地区早已建立了较为规范的政策及回收体系，对电池相关的经销商、零售商、消费者均有明确约束，这些国家的废旧铅酸蓄电池的规范回收率已经超过了 97%。发达国家的电池回收模式多采取押金制、政府补贴，或者由消费者支付环境税等方式，以推动废旧铅酸蓄电池的回收利用。美国是废电池管理方面立法最多、最完善的国家之一，从联邦、州级和地方 3 个层次构建完善的电池回收管理法律制度体系，对象包括小型密封铅酸蓄电池、含汞电池、镍镉电池和其他所有类型的电池。同时，为配合废旧电池回收体系，还建立了多家废旧电池回收厂。在市场管理方面，美国实行押金制，使用者在购买铅酸蓄电池时需加收高额回收押金，把铅酸蓄电池交到指定回收点回收后，才能退还押金。2009 年，美国的铅酸蓄电池回收率达到了 97%，原生铅的开采率大大下降。2013 年，美国的原生铅企业全部关闭，铅产业完全由再生铅企业提供铅原料。

20 世纪 80 年代之后，欧美的铅产业多使用火法冶炼废旧铅酸蓄电池。意大利萨丁岛维斯麦港冶金公司研发的 Kivcet 法，采用闪熔速炼工艺，对铅膏进行熔炼。该工艺过程连续稳定，且对炉料组成要求较低，设备寿命长，但是这种工艺也存在原料成本高、熔炼流程较长且仪器维护工作量大等问题。Ausmelt 和 ISA 研发的顶吹熔池炼铅工艺包括 5 种工艺流程，使用顶吹熔池熔炼炉可进行熔炼脱硫、喷油还原、烟化等，对入炉物料要求较低，且成本比 Kivcet 法低。芬兰奥托昆普公司研发的 Kaldo 炼铅工艺在铅精矿处理过程中要求深度干燥，氧化还原过程需交替完成，过程为阶段性作业，烟尘排放高、直收率低、生产成本高，且对入炉物料含水量要求严格[11]。

火法炼铅尽管工艺简单、投资少、处理量大，但能耗高、铅损失大、污染大，而湿法冶金能够将冶炼过程中的单纯烧结环节转移到液相中，利用化学方法对铅膏进行处理，因此具有更高的精确性和可控制性。目前常用的湿法冶金工艺主要分为 3 类：固相电解、直接浸出 - 电解沉积和脱硫转化 - 还原浸出 - 电解沉积。第一类的代表工艺由中国科学院化工冶金研究所提出，直接将铅膏置于电解槽中电解回收。第二类方法的代表工艺为西班牙研发的 Placid 工艺。第三类方法是研究最多的技术，代表性工艺有美国的 RSR 工艺、CX - EW 工艺和 Kumar 的柠檬酸铅法等，回收的铅或氧化铅可以继续用于铅酸蓄电池的生产。

RSR 工艺由位于美国得克萨斯州达拉斯的 RSR 公司 Prengaman 和 Mc Donald 发明，以 $(NH_4)_2CO_3$ 为脱硫剂，再使用 SO_2 或亚硫酸盐将 PbO_2 还原为 PbO，再以 20 wt% 的 H_2SiF_6 或 HBF_4 溶液浸出铅离子，最后进行电积，在阴极析出高纯度铅粉。该工艺可归纳为 $(NH_4)_2CO_3 - SO_2/Na_2SO_3 - H_2SiF_6/HBF_4$ 三段式湿法电积工艺。RSR 工艺流程示意图如图 9 - 3 所示。通过 RSR 工艺回收金属铅，电积产出的金属铅纯度高于 99.99%。

CX - EW 工艺由意大利 Engitec Technologies 公司开发，是国际应用最广泛的废旧铅酸蓄电池回收处理的机械技术，平均每年为世界范围内多家客户提供

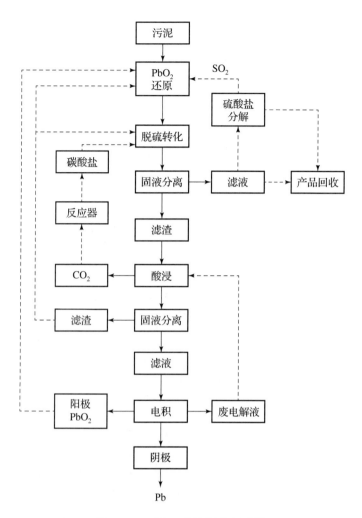

图 9 – 3 RSR 工艺流程示意图[13]

年处理量 300 万 t 以上的服务，几乎占世界范围内各类铅产品总量的 20%。CX – EW 工艺在 CX 破碎分选系统的基础上，对废旧铅酸蓄电池进行破拆和分类回收，对铅膏进行湿法处理并用电积法回收，以 Na_2CO_3 为脱硫剂，以 H_2O_2 和铅粉为还原剂还原 PbO_2。铅膏的回收处理过程可以归纳为 Na_2CO_3 – H_2O_2 – H_2SiF_6/HBF_4 三段式湿法电积工艺。然而 RSR 工艺和 CX – EW 工艺都存在流程繁杂、耗时、能耗高、消耗化学试剂多、阳极析出副产物 PbO_2 的问题，导致回收成本高、回收率降低。

欧美国家还使用湿法 – 火法联合工艺，结合了火法和湿法工艺的优点，工艺步骤简单、能耗降低。英国不列颠金属精炼公司采用 CX 破碎分选系统预处理废旧铅酸蓄电池后，用 NaOH 对铅膏进行脱硫，滤渣压成滤饼，与板栅一起采用艾萨法冶炼。德国布劳巴赫厂也采用湿法 - 火法联合工艺，先对废旧铅酸蓄电池进行预分选，得到的铅片送入回转窑熔炼成硬铅，铅膏用 Na_2CO_3 进行脱硫处理，滤液经蒸发结晶后，得到产品 Na_2SO_4。用这种工艺得到的铅，直收率达 97%，总回收率在 98.5% 以上。

总体来说，国外主要注重对铅金属废弃物的管理、再生铅回收利用与宏观经济之间的关系。国外主要通过垃圾收费政策、原生材料征税、再生材料补贴、预收处理费用或征收消费税、押金返还制度、生产者责任延伸制度、循环材料含量标准等规制政策，规范废旧铅酸蓄电池的处理，从源头增加铅酸蓄电池的回收率，使再生铅产量满足生产需求。欧洲是国际上最早关注电池回收的地区，对生产者责任延伸制度的执行最为严格，对于 3 C 电池铅酸蓄电池的回收工作经验丰富，对于国内铅酸蓄电池等电池的回收模式和路线来说，具有一定借鉴价值。

9.1.3　国内镍基电池工业回收现状与应用

用火法处理废旧镍镉电池，主要是利用镉金属的沸点远低于镍、铁的沸点这一特性，在还原剂（氢气或焦炭）的存在下，加热到 900 ~ 1 000 ℃，使金属镉以蒸气形式存在，随后将镉蒸气冷凝以回收镉，剩下的铁和镍作为合金另行回收。尽管这种方法处理工艺简单，镉的回收率高，废水环境危害小，但是对设备的要求高，并且能耗巨大，镍制品附加值低。对镍镉电池进行火法冶金回收，具有相当大的环境危害。废电池的镉、锌等金属在焚烧时易挥发，焚烧后部分带入底灰，部分被烟气带走，遇冷空气会凝结成为均匀小颗粒，而焚烧炉中的部分金属物质经过反应后，会产生氯化物、硫化物或氧化物，比金属单质更容易挥发。这些物质最终多转化为底灰残留物，增加灰渣中的重金属含量，增大废渣的处理难度[13]。因此，简单地焚烧含镉等金属的废电池会造成严重的空气污染，富集了重金属的灰渣也会成为重金属污染源。湿法冶金技术尽管会产生大量含镉废水，工艺流程长，但产品纯度高，分离效果好。

我国在 2003 年就发布了《废电池污染防治技术政策》，对废电池的分类、收集、运输、综合利用、储存和处理处置等电池回收的全过程污染防治进行技术指导和选择。近年来，随着回收工艺的不断改进，国内的回收方法逐步从火法向湿法混合转化，再生产品多为硫酸镍、硫酸钴、碳酸镉等。

1. 比亚迪湿法 - 电解联合法回收镍镉电池

比亚迪从 1995 年成立至今，已在全球设立 30 多个工业园，业务布局涵盖电子、汽车、新能源和轨道交通等领域，致力于全方位构建零排放的新能源整体解决方案。比亚迪早期业务以镍镉电池为主，主要用于"大哥大"手提电话等便携小型电子设备。之后使用锂离子电池的手机出现在市场中，比亚迪开始将研发重心放在锂离子电池上。

2007 年，比亚迪深圳分公司研发了一种回收镍镉电池中金属的方法，将电池机械拆分和破碎后，将废渣金属溶解，并对滤液进行电解以得到金属镉。用这种"湿法 + 电解法"得到的镉纯度高，回收率高。这种方法中，为溶解废渣金属，采用 20% ~ 40% 过氧化氢和 3 ~ 5 mol/L 的硫酸水溶液，溶液与废渣的重量比为 (5 ~ 30)∶1，溶液与废渣的接触时间为 3 ~ 10 h，温度为 40 ~ 80 ℃。溶解金属后过滤，将滤液在电流密度为 80 ~ 120 A/m² 、pH 在 2 以下的条件下进行电解，在阴极得到金属镉。电解后，将电解液 pH 值调节至 3 ~ 4，得到铁离子沉淀。将再次过滤后的滤液在同样的电流密度和 pH 为 8 ~ 10 的条件下进行电解，可以在阴极得到金属镍，实现镉、铁、镍金属的分离。采用电解法得到的金属镉，纯度在 98.5% 以上，回收率在 93% 以上，且回收得到的铁和镍纯度和回收率均较高。

用湿法回收废旧镍镉电池中的金属及其化合物，主要原理是金属能溶于酸、碱或溶剂，并将溶解后的溶液进行分离提纯。湿法技术的关键环节在于溶解和溶解后滤液的处理，这直接影响到废旧镍镉电池金属元素的回收率和产物的纯度。一般用于溶解镍镉电池金属的溶液多为酸或铵盐。对含金属离子的滤液，一般采取选择性浸取、化学沉淀、电解、溶剂萃取、置换等方法回收其中的金属元素。

2. 邦普公司与火法 – 溶剂萃取法回收镍镉电池

广东邦普循环科技有限公司成立于 2005 年，是宁德时代的子公司，立足电池全产业链循环体系，自主研发了动力电池全自动回收技术及装备，成了中国动力电池回收处理全流程的技术标杆，将回收的产品再应用到原生制造领域，推动电池循环技术产业的发展。

邦普公司 2008 年提出一种回收镍镉电池的方法，将回收的镍、镉制备成超细镍粉和金属镉锭，工艺流程如图 9 – 4 所示。首先，用拆解机把废旧镍镉电池的盖帽去掉，然后用密封的高温炉，用氮气作保护气，在 950 ℃ 左右还原蒸馏，反应 2 h，并将金属镉冷凝回收，制成镉锭。随后，用硫酸和双氧水体系浸出余料，浸出温度为 90 ℃，浸出时间为 40 min，H_2O_2 用量为 0.20 mL/g 余料，硫酸浓度为 3.0 ~ 3.2 mol/L。得到含镍、铁、钾、钴等金属离子的溶液。采用比之前的双氧水多 2 倍的用量，并调节 pH 值在 3.4 ~ 3.6，反应温度

90 ℃，以除去溶液中的铁离子。然后用 P507 萃取剂，有机相为 25% P507 + 75% 磺化煤油，相比为 1.0，平衡 pH 值为 3.5，萃取分离镍和钴，得到含镍萃余液。最后，采用水合肼还原含镍余液，水合肼用量为理论值的 4.0 倍，pH 值调节为 11 ~ 11.5，反应温度为 80 ℃，制备超细镍粉。用这种方法回收 D – AA600 型镍镉电池，其中镉含量为 21.1 wt%、镍含量为 19.8 wt%、铁含量为 23.4 wt%、钴含量为 1.12 wt%、钾含量为 2.97 wt%，还有少量锰、锌、镁元素，最后镉的回收率为 99.6%，剩余物中镉的残留量约为 0.01%，产品镉锭的纯度为 99.95%，镍粉中单质镍的含量约为 99.8%。这种方法结合了传统火法和湿法工艺，将废旧镍镉电池直接变成终端产品金属镉锭与超细镍粉，反应流程短，解决了火法产品附加值低和湿法工艺中含镉废水难处理的问题。

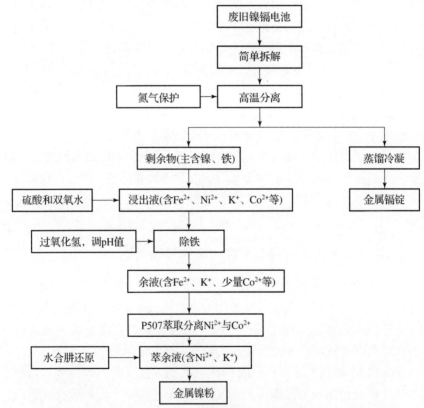

图 9 – 4　邦普公司回收镍镉电池制备金属镉锭和超细镍粉的工艺流程图[14]

3. 金川集团与镍氢电池稀土元素回收

镍氢电池通常采用正负极分开的方式进行回收。镍氢电池的正极成分与镍镉电池正极相近，因此回收方法也与镍镉电池相近，一般先将其溶解在酸溶液中，然后再采用沉淀的方式将镍钴等金属进行有效回收。镍氢电池的负极通常由不同材料构成，因此需要根据不同负极的种类和回收目标，选择不同的回收方法，一般联合湿法冶金的技术进行回收处理。

金川集团采用了湿法冶金的方法，从废旧镍氢电池中回收稀土并转型。首先，将电池进行拆解破碎，随后进行酸浸，对滤液进行多次沉淀、固液分离，最后得到碳酸稀土复盐沉淀，以改变稀土硫酸盐溶解度小、热稳定性高、不易加工的特性，转而得到易重复利用和重返稀土生产系统的稀土产品。具体过程为，在 15 ℃ 的环境下对镍氢电池进行破碎处理，以减少有害物质的挥发，且能让废旧镍氢电池更容易破碎。将碎渣按固液比为（8～12）：1 的比例，用 1.5 mol/L 的硫酸进行浆化，再加入 30% 的双氧水加热反应至废渣不再溶解，随后进行第一次固液分离，得到富含稀土、钴、铁、锰等元素的硫酸镍溶液。再向滤液中加入理论用量 1～5 倍的硫酸钠，反应温度 50～95 ℃，反应持续 5～60 min，直至溶液中无新的沉淀产生，且 pH 值达到 1～3，随后进行第二次固液分离，滤液中富含镍、钴，可通过其他方法进一步回收。而滤渣的主要成分为硫酸稀土复盐，向滤渣中加入理论用量 1～5 倍的硫酸钠溶液，反应温度 70～95 ℃，反应持续 5～120 min，直至溶液中再无新的沉淀物产生且 pH 值达到 1～3 即可，进行第三次固液分离，得到碳酸稀土沉淀。碳酸稀土沉淀易于溶解，有利于进一步的深加工，且能够在常压下进行反应，能耗低。

4. 科力远与火法回收镍氢电池

湖南科力远新能源股份有限公司创建于 1998 年，专注混合动力，公司业务产业链囊括了先进电池、汽车动力电池到电池回收系统和绿色出行服务。2017 年，科力远公司采用了一种火法直接回收镍氢电池的处理工艺，将废旧镍氢电池、还原剂、硫化剂和造渣剂按一定比例加入石墨坩埚中混合均匀，放入焙烧炉中，逐步升温至 1 450～1 600 ℃ 并保温，直至电池中的金属镍、钴、铁形成硫化物或复合硫化物，稀土元素形成化合物。用这种火法回收镍氢电池，工艺简单，无须对电池进行破碎分解，能够以复盐的形式回收炉渣中的稀土金属。

具体的工艺流程是，采用活性炭为还原剂，单质硫为硫化剂，氧化钙和二氧化硅以质量比（5～7）：（8～10）比例混合的混合物为造渣剂，还原剂用量为废电池用量的 10%～15%，硫化剂用量为废电池用量的 20%～25%，造渣剂用量为废电池量的 25%～30%。将用料混合后放入石墨坩埚中，放入焙烧炉（电阻炉、熔炼炉或电弧炉），进行高温熔炼。最后得到 Ni_3S_2、Ni_2S_4、NiO、CoS 以及 Fe、Ni、Ca、La 等金属的合金。科力远公司采用的这种火法回收工艺，焙烧条件简单，无须气体保护，在常压即可进行。回收得到的混合产品易破碎、易回收，可以直接用硫酸浸出，便于后续使用硫酸钠或碳酸钠沉淀提纯稀土元素。除去稀土元素的滤液可以使用常规工艺，如经黄钠铁矾除铁后，萃取净化、分离回收镍和钴金属。

我国对镍基电池的回收研究较早，在 2010 年左右已经有成熟的工艺和应用实例了。但由于镍镉电池的市场逐渐压缩，关于镍镉电池的回收研究逐渐冷淡。今后对镍基电池的回收重点，应放在闭环回收再生工艺上，寻找更加简便绿色的途径，将回收的产物直接转化为电池原料。

9.1.4　国外镍基电池工业回收现状与应用

在电池回收工艺的发展过程中，全球常用的废旧电池处理方式有：固化深埋、存放于废矿井和回收利用。最早开展电池回收、体制较完善的是日本、美国和欧洲的发达国家。1991 年，欧盟公布了有关电池回收的法令，号召欧盟各国禁止销售汞含量高的电池，并对含镉、铅的电池进行分类回收。1995 年荷兰首先开展全国性的电池回收[15]。1998 年比利时制定了电池回收法律，同年，德国也从法律层面规范电池回收行业。美国佛罗里达州在 1997 年就下达了限制镉、铅排放的条令。20 世纪 90 年代初，美国开始禁止销售含汞量高的电池，并倡导回收铅酸蓄电池和镍镉电池，为此专门成立了电池回收公司（RBRC），初期以镍镉电池为回收对象，在美国全国范围内开展电池回收活动。1993 年，日本制定了以镍镉电池为回收对象的《促进再生资源利用法》，并以此为契机，成立了电池工业会，积极推进镍镉电池的回收进程。1998 年，日本开始对锂离子电池、镍氢电池等其他类型电池进行回收。

镍镉电池的普及较早，日本、欧美等发达国家和地区在 20 世纪 90 年代就基本建立了专业的回收公司，利用回收的镉制造镍镉电池或作为再生镉资源。废旧镍镉电池通常包含 6%~20% 的镉（工业电池约含镉 6%，商业电池约含镉 18%），以及 15%~60% 的镍。镍氢电池的普及较晚，而且负极种类较多，因此镍氢电池的回收再生体系也较复杂。美国进行系统的计算和分析后发现，无论镍氢电池的负极是 AB_2 型还是 AB_5 型储氢合金电极，以正负极分开技术进行回收的方法投资最少，效益也最高。对于以 AB_2 型储氢合金为负极的镍氢电池而言，以湿法冶金技术进行回收的方法效益最低，投资回报率不足 30%。对于以 AB_5 型储氢合金为负极的镍氢电池而言，湿法冶金技术的投资高于火法冶金技术，但其回收效益比火法冶金技术高至少一倍[16]。

国外工业上处理废旧镍镉电池一般采用火法冶金处理，如美国 Inmetco、德国 Accurec、瑞典 SabNife 和法国 Snam – Svam。也有一些企业采用湿法冶金进行回收，如德国 Batenus、荷兰 TNO 工艺等，主要利用溶剂萃取进行分离提取，并通过电化学沉积、离子交换或膜技术获得产品。采用火法冶金提炼镉时，一般在开放式回转炉中回收 CdO，或在受控氛围下在封闭炉中回收金属镉和高镍合金。

镍氢电池中不仅含有镍元素，还含有大量稀土元素。稀土金属主要存在于镍氢电池的负极中。因此，将镍氢电池的正极和负极共同回收，具有更大的经济效益。目前，国际上更多的是一些回收传统电池的工业体系，缺少针对镍氢电池和锂离子电池的回收体系，对新型电池的分离和回收方法仍旧处于早期阶段。美国国际金属回收公司（INMETCO）一直致力于回收含镍、铬和铁的废弃物，1970 年在美国宾夕法尼亚州匹兹堡附近建设了一个废物处理设施，用于处理各种废弃物，包括废旧电池、废催化剂、特种钢材、电镀行业废弃物等。其中，工厂涉及废旧电池的处理包括锂离子电池、镍镉电池和镍氢电池的回收，以及含钴量在 2% 以下的固体废弃物和钴含量在 1.8 g/L 以下的液体废弃物。对于镍镉电池，先在镉回收炉中进行，将镉与镍、铁进行分离，随后将剩余固体废弃物与碳混合，再加入废催化剂、碎镍和碎铁等其他废弃物，在转底炉中进行还原，并在电弧炉中进行熔炼，得到最终产品重熔合金，其中主要成分是铁，还有铬 9%～19%，镍 8%～16% 和钴 0.8%，钴的回收率达到 97%。回收产品铁镍合金可以用作不锈钢生产的原料，但镍镉和镍氢电池中含有的稀土元素则无法有效回收。

日本本田与 Japan Metals and Chemicals 签订了回收镍氢电池的协议，以提高镍氢电池中稀土元素的回收率。日本的三德金属、住友金属等几家公司曾经采用关西触媒化学公司提出的火法冶金技术，从废镍氢电池回收 Fe－Ni－Co 合金。这种方法首先通过机械粉碎废旧镍氢电池，随后将电极材料渣与其他电池成分分离，在 900～1 200 ℃ 的条件下进行还原熔炼，使正极材料中的氢氧化物转化为氧化物。将熔炼产物置于转炉中再次进行精炼，来除去产物中的稀土元素、锰等杂质，最终将产物进行冷凝，获得 Fe－Ni－Co 合金。这种方法的回收效率较高，合金中 Ni 约占 53%，Fe 约占 33%，其余为 Co 和少量杂质，因此成了最流行的工业化回收方法之一。法国的 SNAM 公司在处理废旧镍镉电池时，也选择用火法冶金进行回收。

瑞士的巴特列克公司专门加工回收废旧电池，采用将回收的废旧电池统一磨碎，然后送往回转炉加热的方法。在回转炉中熔炼时，可提取挥发出的汞，温度更高时可提取锌。熔炼剩下的铁和锰在熔合后，可以成为炼钢所需的锰铁合金。采用这种方法，工厂每年可加工 2 000 t 废旧电池，获得 780 t 锰铁合金，400 t 锌合金及 3 t 汞[16]。

此外，也有一些公司选择湿法冶金或者火法－湿法冶金联合的工艺，回收镍镉电池或镍氢电池。德国利用 BATNUS 技术建成了处理废旧镍镉电池以及其他多种电池的回收设备，可以实现镉等元素的零排放。比利时优美科（Umicore）于 2014 年宣布了从镍氢电池中额外回收稀土元素的计划，与索尔维达成协议，由索尔维处理矿渣并回收稀土元素。该电池回收公司采用专利 Umicore 工艺，将火法冶金和湿法冶金联合，同时回收废旧锂离子电池和镍氢电池。这种方法首先是通过竖炉熔炼，得到含有少量 Fe 的 Cu－Co－Ni 合金，大量的 Fe、Mn 等元素则进入炉渣中。随后通过酸液浸出、溶剂萃取等湿法工艺回收钴。剩下的炉渣主要用作建筑材料添加剂。

国外对镍镉电池和镍镉电池的回收技术主要是火法冶金，也有部分公司采用火法－湿法联合冶金的工艺。由于锂离子电池的能量密度优势及其对镍元素的需求，将镍氢电池回收并高效整合到锂离子电池的生产中，是镍氢电池回收重要的发展方向之一。

9.1.5　国内锂离子电池工业回收现状与应用

2018 年至今，工信部已陆续发布 3 批满足新能源汽车废旧动力电池综合利用资质的企业名单，包括梯次利用和再生利用共 46 家企业，如表 9－1 所示[19]。目前，国内动力电池回收市场主要存在三大主体：以比亚迪、宁德时代等为代表的整车及电池厂商，以格林美、天奇等公司为代表的第三方回收机构，以及以华友钴业、赣锋锂业等为代表的电池原材料供应商。一些企业正在探索新的商业模式，尝试梯次利用"以租代售"，对于不具备梯次利用价值的废旧电池，则进行放电、拆解、破碎，回收其中的金属材料。在拆解方面，湖北格林美、湖南邦普等开发了一套完整的自动化拆解工艺，北京赛德美开发了电解液和隔膜拆解回收工艺。在金属回收方面，锂离子电池主要依靠湿法冶金和物理修复法进行回收，此外还有物理化学法和火法冶金。湖北格林美开发了"液相合成和高温合成"工艺，而赛德美则采用物理修复的方式，对电芯进行自动化拆解、粉碎、分选，然后通过材料修复工艺得到正负极材料。

国内已有多家新能源汽车和电池生产企业、电池回收企业和电池原料供应企业相互合作，建立废旧锂离子电池回收处理生产线。以格林美为例，公司拥有自主研发的专利技术 30 余项，其中发明专利 5 项，动力电池循环利用专利 9 项。2015 年 9 月，格林美与比亚迪开展合作，打造废旧电池产品回收产业链，并以此共同推动"材料再造－电池再造－新能源汽车制造－动力锂电池回收"

的循环体系构建。2016 年 4 月，格林美与东风襄旅、三星环新签署新能源汽车绿色供应链战略合作协议，共同成立新能源汽车供应价值链联盟，打造"材料 – 电池 – 新能源整车制造 – 供应链金融及动力锂电池回收"全产业链闭路循环体系。2017 年 3 月，格林美子公司福建格林美再生资源有限公司创立，主营动力电池回收业务。目前，格林美已建成国内最大规模的废旧电池及报废电池材料生产线，年均回收钴资源 4 000 多 t，占中国战略钴资源供应的 30% 以上[20]。

表 9 – 1　符合《新能源汽车废旧动力蓄电池综合利用行业规范条件》46 家企业[20 – 22]

序号	所属地区	企业名称	申报类型	批次
1	北京	蓝谷智慧（北京）能源科技有限公司	梯次利用	第二批
2	天津	天津银隆新能源有限公司	梯次利用	第二批
3		天津赛德美新能源科技有限公司	再生利用	第二批
4	上海	上海比亚迪有限公司	梯次利用	第二批
5	江苏	格林美（无锡）能源材料有限公司	梯次利用	第二批
6		蜂巢能源科技有限公司	梯次利用	第三批
7		江苏欧力特能源科技有限公司	梯次利用	第三批
8		南通北新新能源科技有限公司	再生利用	第三批
9	浙江	衢州华友钴新材料有限公司		第一批
10		衢州华友资源再生科技有限公司	梯次利用 再生利用	第二批
11		杭州安影科技有限公司	梯次利用	第三批
12		浙江新时代中能循环科技有限公司	梯次利用	第三批
13		浙江天能新材料有限公司	再生利用	第二批
			梯次利用	第三批
14	安徽	安徽绿沃循环能源科技有限公司	梯次利用	第二批
15		安徽巡鹰动力能源有限公司	梯次利用	第三批
16		合肥国轩高科动力能源有限公司	梯次利用	第三批
17		池州西恩新材料科技有限公司	再生利用	第三批

序号	所属地区	企业名称	申报类型	批次
18	江西	中天鸿锂清源股份有限公司	梯次利用	第二批
19		江西赣锋循环科技有限公司	再生利用	第二批
20		赣州市豪鹏科技有限公司	梯次利用	第一批 第二批
21		江西天奇金泰阁钴业有限公司	再生利用	第三批
22		江西睿达新能源科技有限公司	再生利用	第三批
23	河南	河南利威新能源科技有限公司	梯次利用	第二批
24	湖北	荆门市格林美新材料有限公司		第一批
25		格林美（武汉）城市矿产循环产业园开发有限公司	梯次利用	第二批
26	湖南	湖南邦普循环科技有限公司		第一批
27		湖南金源新材料股份有限公司	再生利用	第二批
28		长沙矿冶研究院有限责任公司	梯次利用	第三批
29		湖南凯地众能科技有限公司	再生利用	第三批
30		金驰能源材料有限公司	再生利用	第三批
31		湖南金凯循环科技有限公司	再生利用	第三批
32	广东	广东光华科技股份有限公司		第一批
33		深圳深汕特别合作区乾泰技术有限公司	梯次利用	第二批
34		珠海中力新能源科技有限公司	梯次利用	第二批
35		惠州市恒创睿能环保科技有限公司	梯次利用	第二批
36		江门市恒创睿能环保科技有限公司	再生利用	第二批
37		广东佳纳能源科技有限公司	再生利用	第二批
38		江门市朗达锂电池有限公司	梯次利用	第三批
39		广东迪度新能源有限公司	梯次利用	第三批
40	四川	四川长虹润天能源科技有限公司	梯次利用	第二批

序号	所属地区	企业名称	申报类型	批次
41	贵州	贵州中伟资源循环产业发展有限公司	再生利用	第二批
42	厦门	厦门钨业股份有限公司	再生利用	第二批
43	河北	河北中化锂电科技有限公司	再生利用	第三批
44	福建	福建常青新能源科技有限公司	再生利用	第三批
45	陕西	派尔森环保科技有限公司	梯次利用 再生利用	第三批

注：由于浙江天能新材料有限公司在第二批和第三批中申报类型不同，在工信部发布的名单中计算为 2 家企业，因而该表实际为 45 家企业。

其他一些企业也先后建立了自己的动力电池回收线。比亚迪作为布局电子、汽车、新能源和轨道交通等领域的高新技术企业，其电池回收的主要渠道是通过委托授权经销商回收。当客户需要更换动力电池时，经销商会从车体中取出电池包，并运送到比亚迪工厂进行预检。工厂将可以梯次利用的电池继续用于家庭储能或基站后备电源等领域，不能再使用的电池则进行拆解回收。中航锂电自 2014 年起，倾斜大量资源建设了一条动力电池回收示范线，从技术和工艺上较好地解决了回收问题。公司的自动化锂离子动力电池拆解回收示范线可以最大限度地地回收锂离子动力电池中有价值的材料，其中铜、铝金属回收率达到 98％，正极材料回收率超过 90％。北汽新能源也拥有了自己的废旧锂离子电池回收示范线，日均储锂量可达 100 多颗电芯，利用再生法回收的正极材料利用率达 85％以上，锂元素回收率达 80％以上，极片上的集流体铜箔、铝箔的回收率均达 99％以上。下面介绍一些典型锂离子电池回收企业的具体回收技术和回收情况。

1. 国轩高科

国轩高科成立于 2006 年，是中国能源电池行业首家进入资本市场的民族企业，拥有新能源汽车动力电池、储能、输配电设备等业务线。2021 年，国轩高科与肥东县政府签署投资合作协议，计划投资 120 亿元在肥东县境内的合肥循环经济示范园，建设动力电池产业链系列项目，包括动力锂离子电池的上游原材料以及电池回收等，项目规划占地 2 280 亩，预计 24 个月内竣工投产。项目建成后，将保证国轩高科 2025 年动力电池产能达到 100 GW·h 的原材料供应，并切实解决锂离子电池回收和梯次利用问题。此外，宜春市人民政府和国轩高科也签订了战略合作框架协议，投资 115 亿元在宜春经开区落户锂电新能源产业项目。后期将根据新能源产业发展战略规划，结合宜春的锂矿资源优势，推进产业链的上下游整合[23]。

国轩高科提出了用盐酸浸出锂离子电池中的金属元素，以回收正极为磷酸铁锂的电池。使用 2 mol/L 的盐酸，搅拌速度为 200 r/min，盐酸用量为原料的 1.1 倍，温度保持在 80 ℃，反应时间 90 min。此时磷酸铁锂废料金属离子的浸出效率最高，达 99% 以上。

2018 年，国轩高科提出了一种回收利用磷酸铁锂 – 钛酸锂废旧电池的方法。废旧电池放电和破碎分选后，正负极混合物经过高温氧化、制浆、过滤、浓缩、水解、沉淀，得到偏钛酸和硫酸锂溶液，从而实现正负极粉料的同时回收，降低了电池破碎分选过程中正负极混合物分离的难度，减少了正负极粉料同时回收过程中无机酸的消耗，简化了回收工艺，提高了溶液中锂离子的浓度。工艺的具体步骤如下：将废旧的磷酸铁锂 – 钛酸锂电池放电、破碎分选后，分别得到外壳、铜箔、铝箔和正负极混料。将正负极混料在空气中进行 300~900 ℃ 的热处理，时间约 1~6 h，目的是将混料中的二价铁离子转化为三价铁离子。将高温热处理后的混料加入水中，进行打浆处理，然后加入无机酸，在 60~95 ℃ 的温度下搅拌 0.5~3 h，然后进行固液分离，去除不溶物。调节滤液的 pH 值至 2~3，加入适量铁粉，以去除铜杂质。再使用铁铝矾法去除溶液中的铁铝杂质，进行第二次固液分离。将第二次过滤得到的滤液进行浓缩、水解、沉淀，得到偏钛酸和硫酸锂溶液，其中锂离子的浓度为 10~20 g/L。

国轩高科还采用了一种回收废旧三元锂电池正极材料的方法。通过放电、破碎分选后，以二氯甲烷、乙酸乙酯、硫脲溶液、乙醇的一种或两种以上的混合液为分离剂，浸泡镍钴锰或镍钴铝三元正极极片，通过超声加热，分离出集流体和正极浆料。将正极浆料压滤得到滤饼，并真空干燥后风选，分离出正极材料和导电剂。将其中的正极材料进行机械破碎和筛分，得到颗径范围合适的正极颗粒。对正极颗粒进行补锂后煅烧，得到三元单晶正极材料，可以重新应用于锂离子电池中。这种方法可以成功从废旧三元锂电池的正极极片中回收正极材料，利用失效后材料镍存在大量裂纹的特性，通过机械粉碎，将其制备成适合合成三元单晶正极材料的颗粒粒径，最后利用补锂、高温高压烧结的方法制得三元单晶正极材料。用回收的正极材料组装的锂离子电池，50 周循环的容量保持率高达 98.5%，材料性能优异。

2. 格林美

格林美（GEM）由许开华教授于 2001 年在深圳成立，立足开采城市矿山资源，构建了新能源全生命周期价值链、钴钨稀有金属资源循环再生价值链、电子废弃物与废塑料循环再生价值链等资源循环模式和新能源循环模式。格林美拥有 7 个电池材料再制造中心、3 个动力电池综合利用中心、3 个固体危废处理中心和 7 个报废汽车回收处理中心，年均回收处理废旧电池（铅酸蓄电池除外）占中国报废总量的 10% 以上，回收处理报废汽车占中国报废总量的 4% 以上，再生钴资源量超过中国原生钴开采量，再生镍资源占中国原生镍开采量的 6% 以上[19]。

格林美采用高温氢还原和湿法冶金联用工艺回收镍钴锰酸锂三元正极。镍钴锰酸锂采用湿法可以分离成 4 种金属盐，但分离步骤长，会导致这 4 种金属特别是锂金属的回收率和产品纯度低，且产生的废水量大。这种方法是将废旧锂电池正极的镍钴锰酸锂粉末通过高温氢气还原为 Co、Ni、MnO 和 LiOH 或 $LiOH \cdot H_2O$，然后采用纯水选择性浸出锂离子，再用少量草酸溶液洗涤滤渣，随后向滤液中添加碳酸钠，得到碳酸锂沉淀产品，以达到分离锂与镍、锰、钴金属的目的。最后，用高锰酸钾沉淀锰，用 P507 萃取剂萃取剩余的镍、钴、锰元素，对镍、锰、钴金属进行进一步的分离回收，确保完全分离回收废旧锂电池中的有价金属。经过水浸和酸洗后，锂的浸出率可达 97.5%，最终的碳酸锂产品纯度达到 99.5%。镍、锰、钴的浸出率分别为 96.88%、97.23% 和 99.78%。这种方法改善了镍钴锰三元正极材料的 Co^{3+} 和 Mn^{4+} 难以被硫酸、盐酸、草酸、柠檬酸、氨基磺酸、磷酸等完全溶解的问题。Co^{3+} 和 Mn^{4+} 还原成低价后，可以被酸完全溶解。

总体来看，随着锂离子电池的改进和发展，其种类也越来越多。在提升关键性技术研发力度的同时，进一步加强电池分类回收，在电池回收的源头，就将钴酸锂、磷酸铁锂、三元锂电池进行分类回收，最大限度降低不同材料的混合度，用最大程度简化的工艺程序，实现锂离子电池的高效综合回收，是未来锂离子电池回收的重要发展方向。

9.1.6 国外锂离子电池工业回收现状与应用

相比于国内，国外的技术路线多以火法为主。考虑到拆解过程中的安全性和二次污染问题，Batrec 公司为动力电池回收专门建立了机械厂，在 CO_2 气体的保护下进行破碎分离，同时对破碎后的电池中挥发出的电解液有机溶剂进行冷凝收集。Retriev Technologies（前身为 Toxco）公司为了安全拆解，利用自有的低温专利技术，将拆解过程的环境温度控制在 −200 ℃，保证安全性。Accurec 公司采用在 250 ℃ 以下热处理的方式，加热破碎后的电池，使电解液中的有机溶剂挥发并冷凝收集，让电池完全失活，以保证后续处理的安全。此外，热处理还可以有效去除电极中的黏结剂，使电极材料和集流体分开，方便后续进一步粉碎正极材料。此外，还有涡流分离、浮选、磁选等手段，对破碎后的电极材料进行物理分选，以便后续的湿法工艺处理[24]。

国外较领先的废旧锂离子动力电池回收企业主要有英国 AEA、法国 Recupyl、日本 Mitsubishi（三菱）、德国 Accurec GmbH、芬兰 Akkuser OY、瑞士 Batrec、美国 Retriev Technologies 等。英国 AEA 公司的处理方法，是先将废旧锂离子电池在低温下破碎后，分离出钢材后加入乙腈，作为有机溶剂提取电解液，再以 N - 甲基吡咯烷酮（NMP）为溶剂，提取黏结剂 PVDF。除去有机电解液后，对剩余部分进行固体分选，得到 Cu、Al 和塑料。最后，在 LiOH 溶液中，利用电沉积法回收溶液中的 Co，得到最终产物 CoO。法国的 Recupyl 公司采用 Valibat 湿法冶金工艺，废旧动力电池的年处理量达 8 000 t。公司先使用机械破碎工艺，对废旧锂离子动力电池的不同部分进行缩小和分离。其中，通过物理过程去除 Cu、Al 和塑料，随后用湿法冶金方法回收 Li 和 Co。美国的 Retriev Technologies 利用机械和湿法冶金联合的工艺，先将电池机械破碎分选，再依次回收锂离子电池中的金属 Cu、Al、Fe、Co、Ni 等。公司采用这种方法，累计回收废旧锂离子电池超过 1.1 万 t。

Umicore（优美科）公司，采用火法 - 湿法联合法，将动力电池直接进行高温还原，回收锂离子电池和镍氢电池。首先通过自己专用的竖炉熔炼，其中，电池外壳、电池负极材料、隔膜等组件分别提供还原剂和能量，最终得到含有少量 Li、Fe 的 Cu - Co - Ni 合金，大量的 Al、Fe、Si、Li、Mn 则进入炉渣中。回收过程中产生的气体需要进行净化再排放。之后通过酸液浸出、溶剂萃取等湿法工艺回收 $LiCoO_2$、$Ni(OH)_2$ 和 $CoCl_2$。炉渣则成为建筑材料的添加剂，有机材料和炭分别被烧掉和当作还原剂使用。这种工艺流程简单，不需要将电池拆解破碎就可以回收，避免了拆解过程的安全问题，且回收得到的钴产品纯度较高，能够作为原材料直接生产锂离子电池。采用这种方法，Umicore 公司在比利时的霍博肯工厂年处理量可达到 7 000 t 左右。

美国的 Retriev Technologies 公司在 1993 年就实现了锂离子电池回收的商业化运作。公司主要利用 Toxco 工艺和低温球磨工艺，先用液氮冷却技术释放锂离子电池的剩余电量，然后进行破碎球磨，用湿法冶金工艺回收电池中的 Cu、Al、Fe、Co 等金属。Retriev 公司用物理拆解 - 湿法冶金的方法，先在氮气保护下，通过球磨、筛分，将不锈钢、铝、塑料、电极材料分离，对粒径小于 10 μm 的物料进行高温处理，以去除黏结剂。最后通过浮选将碳和正极材料分离，用湿法冶金对正极材料中的有价金属镍、钴、锰等进行回收。这种工艺流程能够回收 60% 的工艺材料。

日本的 Mitsubishi（三菱）公司，则是采用液氮冷冻废旧动力电池的方法，拆解动力电池。分选出塑料后，将剩余部分进行破碎、磁选和水洗，得到钢铁。再进行振动分离，经过分选筛水洗后，得到铜箔，剩余的颗粒则进行燃烧，得到 $LiCoO_2$。工艺中排出的气体使用 $Ca(OH)_2$ 进行吸收，可以得到 CaF_2 和 $Ca_3(PO_4)_2$。日本的 On To 公司，采用 EcoBat 工艺，利用超临界流体 CO_2 作为载体，回收镍氢电池或锂离子电池中的电解液。首先将电池放在一定压力和温度以及干燥的环境下，用液态 CO_2 溶解电池内的电解液，并运输到回收容器中。之后，通过改变温度、压力使 CO_2 气化，让电解液析出。这种工艺不需要高温，耗能小。

德国 Accurec GmbH 的废旧电池年储锂量可达 1 500～2 000 t。公司在预处理步骤中，使用机械处理和真空热解的方法，除去废旧动力电池中的塑料、电解质和溶剂。随后通过进一步的机械处理，去除 Al、Cu 和钢铁。最后，采用火法冶金工艺，生产钴锰合金。最后剩下的余渣中含有锂，用湿法冶金来回收，得到产品 $LiCO_3$。芬兰和瑞士也都采用机械和火法结合的方法。芬兰 Akkuser OY 先对废旧动力电池进行破碎和研磨，然后用机械方式分离出金属材料、塑料等。瑞士 Batrec 采用将废旧动力电池先机械压碎，再分选出 Ni、Co、MnO_2 和其他有色金属、塑料等。

目前，国外对废旧锂离子动力电池回收利用的研究主要集中在正极活性材料的金属回收和利用，以及其他成分的分离上。国外主流的电池回收工艺主要是针对回收有价金属锂、镍和钴而设计的，预处理过程多在低温或保护气条件下进行机械拆分和破碎，虽然能减少二次污染，但工艺操作难度大，运行和处理成本都较高。此外，国外对动力电池的梯次利用较为重视，起步早，经验丰富，动力电池的回收体系整体较为完善。

目前，锂离子电池的发展正处于变革的中间期，随着锂离子电池材料的发展演进，电极、电解质等电池材料会发生变化，废旧锂离子电池的回收利用会迎来新的挑战。低成本、综合多元和绿色回收，是锂离子电池回收乃至其他电池回收未来的主要发展方向。

|9.2　国内外废旧电池管理政策及办法|

废旧电池作为具有高度资源化利用价值、同时又具有较强潜在污染性的一类废弃物，相比一般废弃物需要更加具体、严格和标准化的报废、回收与处理方式，从电池生命周期管理的角度出发制定相关的规章制度至关重要。目前除欧盟外，世界各国尚未在国家层面制定颁布针对废旧电池回收的专门法律。现如今世界主要国家和地区在废旧电池管理领域主要依靠相关部门、地方政府和行业协会制定的标准、法规和政策等进行管理。

传统发达国家，如美国、欧盟、日本等，电池产业发展历史较为悠久，经过长期的产业发展实践，通过相关法规政策的立法与修订，以及相关政府部门与行业协会的合作，已经在废旧电池回收领域制定了较为完善且有效的管理办法，其中欧盟是最早在政府层面上制定针对电池管理法规的主要经济体。

中国作为一个电池产业规模庞大，同时产业发展起步相对较晚的国家，废旧电池回收和处理方面的压力日益增加，且相关历史实践经验相对缺乏。目前我国废旧电池回收领域相关法律法规和政策标准主要通过学习和借鉴其他国家电池回收领域政策制定的经验，同时结合本国产业的实际发展需求综合考虑进行修订与完善。本节主要介绍和总结目前世界主要国家和地区以及国内废旧电池回收管理相关政策的发展历程，并通过对一般规律的总结，展望未来相关政策办法的发展方向和趋势。

9.2.1 国外政策

1. 美国

美国作为现代电池产业发展最早的国家之一，在废旧电池回收方面的工作起步也比较早。美国通过联邦、州、地方3个层级的立法，在针对废旧电池的回收利用管理方面形成了较为完善的法律体系。1976年，美国国会通过了《资源保护和回收法》（Resources Conservation & Recovery Act，RCRA），并分别于1984年、1986年进行了两次修订，这项法规将废弃镍镉电池、铅酸蓄电池、氧化银电池与氧化汞电池等列为有害废弃物，而将锂离子电池等列为非有害废弃物，对于有害废弃物须实行"从摇篮到坟墓"的全生命周期跟踪，相关企业必须申请许可证取得相关资质才能进行有害废弃物的回收、运输、储存、处理等。20世纪80年代以来，美国与欧洲开始关注一次性和可充电电池的回收利用，在这个过程中产生了最早针对电池回收领域的相关法规政策。1991年美国5家电池企业发起成立便携式充电电池协会（Portable Rechargeable Battery Association，PRBA），负责构建电池回收渠道。1994年，由可充电电池生产商和销售商组成的非营利性组织——美国可充电电池回收公司（Rechargeable Battery Recycling Corporation，RBRC）成立，旨在帮助和促进可充电电池的回收及循环使用，并制定了电池认证标识（图9-5）。1996年，美国《含汞电池与可充电电池管理法》(U. S. Mercury Containing and Rechargeable Battery Management Act) 颁布，这项法规制定了统一的电池回收标识（图 9-6），并支持对含有重金属（如铅和镉）的可充电电池进行回收。但该法规制定时并未包含有关一次性电池的回收管理。

图 9-5 RBRC 认证标识

Ni–Cd   Pb

图 9-6 美国《含汞电池与可充电电池管理法》规定的电池回收标识

在州级别层面，美国大部分州均采用了由美国国际电池协会（Battery Council International，BCI）建议的电池回收法规，要求电池生产商与产业链主体之间签署协议，通过价格机制引导零售商、消费者等参与废旧电池回收工作，并设立惩罚机制。例如，纽约州 1989 年制定的《纽约州回收法》（New York State Recycling Act）、加利福尼亚州 2005 年制定的《加利福尼亚州可充电电池回收与再利用法案》（California Recharge Battery Recycling and Recycling Act）都强制要求电池零售商回收消费者的废旧电池。在地方层面，县、市议会也会根据本地实际情况，制定废旧电池回收利用的相关地方法规，以避免废旧电池处理不当造成的生态环境危害。此外，BCI 还制定了《电池产品管理法》（Battery Product Management Act），建立起一套电池回收押金制度，即消费者在购买电池产品时，除价款以外，还需向出售方支付一笔押金，待电池报废归还后，出售方归还押金[25]。

过去，美国电池行业曾坚持认为，不含汞等有毒重金属元素的一次性电池可以安全地随着城市废物流一同处置，而无须进行回收利用。但进入 21 世纪以来，受加拿大等国相关法规政策的影响，美国多个州陆续考虑并探索将相关政策进一步扩大到包括所有一次性电池的回收，包括明尼苏达州、加利福尼亚州和佛蒙特州等均颁布了一次性电池强制回收的相关政策（Minnesota 2013 SF 639；California 2014 Bill AB2284；Vermont 2014 Act H 695 No.0139），使得美国行业利益相关者改变了立场。2006 年，美国根据危险废物相关法规将电池指定为"普遍废物"，并禁止在生活垃圾中处理电池，这促使联邦政府开始制定支持一次性电池环境保护责任的国家级政策（CEPA 2006）。2010 年，美国国家电气制造商协会（National Electrical Manufacturers Association，NEMA）委托麻省理工学院的研究人员对电池回收和再循环的前景进行了生命周期评价（Life Cycle Assessment，LCA）。2011 年，美国头部电池制造商成立了电池回收公司（Corporation for Battery Recycling，CBR），旨在达成全国性的、自愿的一次性电池回收目标。自 2014 年以来，CBR 一直与专营报废手机及电池的非营利组织 Call2Recycle 和产品管理研究所（Product Management Institute，PSI）合作，提出一项示范的全电池生产者责任延伸制度（Extended Producer Responsibility，EPR）立法，要求生产商确保在经济和技术上可行的范围内，对废旧电池的部件进行回收或以其他方式进行负责任的管理，即所谓的《消费者电池管理示范法案》（Model Consumer Battery Stewardship Act），以协调各州的政策[26]。

此外，美国也较早地开展了针对车用动力电池的梯次利用的系统性研究，包括电池经济效益、技术方面等，并开展了相关的示范项目和商业运作项目。例如，1996 年，美国先进电池联合会（U. S. Advanced Battery Consortium，USABC）就已资助关于车用动力电池的二次技术研究，美国能源部也于 2002 年开始资助动力电池回收技术研究。2011 年，通用汽车参与了车用动力电池组采集电能回馈电网的实验，实现了家用和小规模商用供电。2019 年以来，美国环保署（Environmental Protection Agency，EPA）开展了电动汽车电池生命周期评价工作，通过与企业建立合作关系审查动力电池材料的生产、使用和处置的所有阶段，包括重复使用和回收。

同时，美国很早就将废旧电池回收利用的教育纳入立法。1995 年美国环境保护协会制定的《普通废物垃圾的管理办法》（Universal Waste Rule，UWR）提出要加大宣传教育，使民众了解废旧电池的环境危害性，发挥民众在废旧电池回收利用中的作用，培养民众对应废旧电池的回收意识。

美国在废旧电池回收管理领域的立法探索起步较早，目前已经制定了从联邦到地方各个层级的电池回收管理相关法规条例。同时，行业协会和高校等科研单位在相关政策与标准的研究和制定上具有较高的话语权，联邦和各州电池颁布的回收管理方面相关政策主要来源于相关行业协会提出的建议，这与中国、欧盟等以政府为中心进行法规政策的研究与制定有显著区别。此外，美国对于电池回收管理政策的宣传工作十分重视，注重培养民众电池回收意识，从而有利于相关政策的贯彻落实。

2. 欧盟

欧盟也是世界上最早开始对废旧电池回收的管理进行立法的地区之一。

1991 年，欧盟第一部关于废旧电池管理的条例欧盟电池指令（91/157/EEC）颁布，对废旧电池进行分类标记和收集并确保以受控方式回收和处置，支持设立押金制度，鼓励分开收集和回收废旧电池，禁止含汞等有害物质电池的销售，以及确保消费者充分了解废旧电池造成的环境污染及正确的回收方法。然而，该条例在措辞上只是表达出对各成员国的建议，并未对成员国法律的整合作出规定，亦缺少相关的强制措施保证条例的执行，同时各成员国并没有就各自的完成情况形成统一的检测与上报机制。1991 年该项条例的通过促进了欧盟国家废旧电池回收政策机制的完善，大多数欧盟成员国在之后通过了电池管理的相关法律，开始重视并推广废旧电池的有序回收，个别国家的电池回收率甚至可达到 60%。

2006 年，新的欧盟电池指令（2006/66/EC）颁布，替代了旧有的 1991 年颁布的条例。该条例致力于统一各成员国有关废旧电池回收利用的相关法律，适用于电池产品从生产到报废的整个生命周期过程，同时确立了强制性的电池行业生产者责任延伸制度（EPR），且将管理范围从含有害物质的电池扩大到联盟内市场上的所有电池。该指令按照使用场合将需要进行管理的电池分为 3 类：便携式电池（portable batteries），用于各种便携式设备；汽车电池（automotive batteries），用于车辆的起动、照明与点火；工业电池（industrial batteries），用于工业设备和车辆的动力牵引。该指令同时设置了成员国最低收集和回收目标以及时间表：到 2012 年达到 25%；到 2016 年 9 月 26 日达到 45%，并对废旧电池收集和循环利用有了更具体和详细的规定，要求废旧电池实行分开收集，并规定了电池分开收集标识（图 9 - 7），鼓励开发环保和具有成本效益的新的电池回收处理技术，促进改善电池整个生命周期环境性能的技术发展[27]。之后，在 2008 年修订的废弃物框架指令（2008/98/EC）中，进一步细化了废旧电池类别及回收等级。2013 年的电池修订指令（2013/56/EU），将镉的禁止使用范围扩大到用于无线电动工具的便携式电池，以及将汞的禁止使用范围延伸至纽扣电池，并进一步明确了电池生产厂商的注册要求及注册程序[28]。

图 9 - 7　欧盟电池指令（2006/66/EC）规定的电池分开收集标识

2020 年 12 月 10 日，欧盟提出了新的关于废旧电池法规的提案（2020/0353（COD），下文简称新提案），拟废除欧盟现行电池指令（2006/66/EC），并将"指令（Directive）"升级成为"法规（Regulation）"，从而实现欧盟范围内废旧电池回收管理政策措施的一致性，避免因各成员国制定政策的差异导致的监管框架冲突。新提案拟于 2022 年 1 月 1 日起实施，现行电池指令除部分条款外将从 2023 年 7 月 1 日起失效。新提案在继续适用于所有电池的基础上，根据电池的具体应用范围及用途，将电池从原指令的 3 类进一步细分为 4 类：便携式电池、汽车电池、工业电池、电动汽车电池。新提案中首次将电动汽车电池（electric vehicle batteries）从工业电池中分离出来，以独立类别进行管理。新提案还从电池的可持续性和安全性要求、标签和信息要求、电池废弃物管理要求、电子信息交换 4 个方面进行了强制性要求。另外，新提案中还制定了到 2025 年与 2030 年有关便携式电池收集率、各类电池回收效率和材料回收水平的一系列回收目标（表 9 - 2）[29]。

表 9 - 2　2020 欧盟新电池法草案强制性要求细则

可持续性和安全性要求	有害物质要求：在保持现行电池指令中对电池中的汞、镉等有害物质进行限制的前提下，对限制条件和豁免条件进行了更新； 碳足迹要求：对容量大于 2 kW·h 电动汽车电池和可充电工业电池新增加了全生命周期的碳足迹要求； 再生原材料要求：对容量大于 2 kW·h 的含钴、铅、锂、镍工业电池、电动汽车电池和汽车电池增加了再生原材料的要求； 电化学性能和耐用性要求：要求一般用途的电池符合授权法案中规定的电化学性能和耐用性参数值； 可拆卸性和可替换性要求； 安全要求
标签和信息要求	新标签要求包括以下几点：电池基本信息、容量信息、分开收集符号、超限物质化学符、二维码、CE 标签； 对容量 2 kW·h 以上的可充电工业电池和电动汽车电池，应建立电池管理系统，包括电池的剩余容量、剩余功率容量、实际散热需求、欧姆电阻和/或电化学阻抗、电池生产和投入使用的日期等参数
电池废弃物管理要求	完善了生产者责任延伸制度（EPR），延伸的生产者责任包括：组织废旧电池的收集、运输、再利用、再制造、处理和回收等工作，报告投放市场的电池，促进电池的分开收集，提供包括报废信息在内的电池信息以及履行以上责任的费用； 规定了新的便携式电池收集率要求，即到 2023 年达到 45%，到 2025 年达到 65%，到 2030 年达到 70%； 制定了到 2030 年之前各类电池回收效率和材料回收水平目标

电子信息交换	拟在 2026 年之前建立一个将包含内部存储及容量大于 2 kW·h 的可充电工业电池和电动汽车电池信息的通用的电池信息的电子交换系统，对于投放市场或投入使用的容量在 2 kW·h 以上的工业电池和电动汽车电池应具有电子记录，即电池护照

欧盟新电池法草案从各方面进一步完善了对电池从生产、使用到回收全生命周期中各个阶段的管理政策，确保电池产品全生命周期的可持续、高性能、高安全。新电池法草案完善了生产者责任延伸制度（EPR），规范废旧电池回收处理的相关制度，减少电池产品全生命周期的所有阶段对环境和社会的影响，持续推动电池行业的健康和快速发展。同时新电池法草案通过一套共同的规则，确保欧盟市场框架内公平的竞争环境，加强欧洲内部市场的运作，对其他国家制定和完善电池管理相关政策以及未来制定电池管理相关的国际标准具有很大的借鉴意义。

3. 日本与韩国

日本最早于 20 世纪 80 年代开始实行对废旧电池的回收工作。早在 1984 年，日本旭川市便制定了废旧电池回收条例，要求居民将废旧电池作为有害垃圾实行分类收集。1985 年，日本厚生省发布咨询文件，提出指导意见要求电池实现无汞化，并在 1986 年开始要求电池生产企业降低含汞电池产量和一次电池的汞含量。1990 年，日本各厂商生产的高功率锌锰电池实现无汞化，到 1993 年日本生产的锌锰电池全面实现无汞化[30]。1993 年，日本修订了《节能法》，同时颁布了《再生资源法》，具体明确了镉镍电池和干电池由消费者回收至再生处理企业的渠道。2000 年日本政府颁布的《推进循环型社会形成基本法》，制定了废弃物 "3R" 计划，即 Reduce（减量化）、Reuse（再利用）、Recycle（再循环），把建设循环型社会上升为国家战略[31]。2001 年日本颁布《资源回收利用法》，规定了二次电池必须进行回收，但未规定一次电池的回收。2005 年颁布的《汽车循环再利用法》和 2012 年颁布的《小型电子产品回收再利用促进法》中，规定了政府、生产商、零售商、消费者、加工企业和移动电话运营商等在开展废旧电池的回收过程中的责任义务。

在政府层面制定电池管理相关法律体系的同时，日本主要的生产企业也深度参与到废旧电池收集管理体系的建设。从 1994 年开始，日本主要电池生产厂商开始推行废旧电池回收计划，建立起 "电池生产－销售－回收" 体系，利用零售商、汽车销售商和加油站等构成的服务网络体系，从消费者处收集废旧电池，并交由电池回收公司进行处理，实现高效的电池回收利用体系。日本电池协会（Battery Association of Japan，BAJ）的分支机构日本便携式可充电电池回收中心（Japan Portable Rechargeable Battery Recycling Center，JBRC）负责收集和处置废旧可充电电池，并实行生产者责任延伸制度（EPR）。电池生产商为回收工作提供资金支持，而电池零售商则作为收集回收网点发挥作用，回收到的废旧可充电电池将送至与 JBRC 签约的相关回收企业进行处置，而对于非充电电池的回收处置工作与费用承担则完全由地方政府进行负责。

除电池生产和回收企业及相关行业协会之外，日本其他工业企业也积极参与到电池回收体系的构建，如日产汽车、住友商事株式会社于 2010 年合资成立的 4R Energy 公司，专注于退役车用锂离子动力电池的梯次利用，提出了废旧车用锂离子动力电池"4R"技术模式：再制造（Refabricate）、再循环（Recycle）、再销售（Resell）和再利用（Reuse）。此外，日本民众也广泛参与到废旧电子产品回收的各个环节，自发成立了众多民间组织，进行废旧电池回收相关行动及宣传。

在韩国，废旧电池受到生产者责任延伸制度（EPR）的管理。2003 年，韩国环境部（Ministry of Environment，MOE）开始针对 4 类电池（锂电池、含汞电池、镍镉电池和氧化银电池）回收采用 EPR 制度。到 2008 年，锰铝电池、碱锰电池和镍氢电池也被纳入 EPR 管理项目，同时禁止了含汞电池的制造与使用。在具体管理实施方面，韩国环境部负责统筹包括政策立法与修订、回收计划制定以及对利益相关方进行协调；韩国环境公司（Korea Environment Corporation，KECO）负责评估电池生产和回收企业对于废旧电池收集和处置的情况，具体回收途径主要通过地方政府和韩国电池回收协会（Korea Battery Recycling Association，KBRA）安装的收集箱收集废旧电池并送往电池回收设施或 KBRA[32]。

在车用动力电池回收领域，近年来随着韩国电动汽车市场的扩张和电动汽车保有量的增加，废旧车用动力电池的回收处置在韩国日益得到重视，韩国贸易、工业和能源部（Ministry of Trade，Industry and Energy，MOTIE）和环境部以及一些研究机构已经展开了对报废车用动力电池回收处置的研究工作。2015 年，韩国贸易、工业和能源部推动了将报废车用动力电池作为储能系统（Energy Storage System，ESS）的再利用。2016 年，韩国能源部进行了一次中试规模的废旧电池放电和拆解试验，用以探索报废车用动力电池的预处理方法。2017 年，韩国环境研究所（Korea Environment Institute，KEI）根据韩国电动汽车的年供应量对未来每年产生的报废车用动力电池数量进行了估算。此外，根据 2017 年制定的《清洁空气保护法》，所有以补贴方式购买电动汽车的用户必须将用完的电动汽车电池返还给地方政府进行集中收集处理[33]。

相较于美国和欧盟，日本和韩国目前尚未拥有针对废旧电池收集处理的专门法律条例，但在成熟且完善的相关环保法规框架、各地方政府出台的相关条例以及与相关企业和行业协会开展合作的共同作用之下，也成功搭建起一套较为成熟的电池回收政策法规体系。除政府部门外，电池生产和回收企业、相关行业协会以及民间组织通过参与电池回收与处置网点的建设、向民众进行电池回收相关知识的宣传等方式，有效提高了废旧电池回收的效率，也在废旧电池回收管理方面起到了巨大的作用。

9.2.2 国内政策

近年来，随着社会经济的不断发展，我国电池产业也取得了长足发展。目前，我国已经成为世界上最大的电池生产国，且电池总产量依然保持快速增长。根据工业和信息化部统计数据，2020 年我国电池制造业主要产品中，锂离子电池产量 188.5 亿只，同比增长 14.4%；铅酸蓄电池产量 22 735.6 万 kW·h，同比增长 16.1%；原电池及原电池组（非扣式）产量 408.4 亿只，同比增长 0.6%。每年巨量的电池产量伴随着带来每年产生的巨量报废电池，给相关部门和回收行业带来了巨大的压力。得不到及时回收处理的废旧电池一旦进入自然界将会造成严重的环境污染，导致一系列次生问题，使得废旧电池的回收管理成为一个社会问题。因此，伴随着经济发展带来的电池产业的迅速发展，有关废旧电池回收管理的政策办法及相关法律法规的完善逐渐成为全社会关注的焦点。

相比美、欧、日等发达经济体，我国在电池回收领域的相关法律法规仍然不够健全，政策管理体系仍待完善，同时在政策的具体落实方面仍有较大提升空间。而与其他主要经济体和广大发展中国家相比，中国的电池回收相关管理政策又相对完善，且发展起步较早。未来，我国废旧电池回收管理政策体系的建设和发展，除了继续完善电池生产与再生行业的相关政策法规、推进电池管理领域专项立法之外，还包括完善相关基础设施建设、建立健全司法体制、加强对具体政策执行的监管以及做好相关政策的宣传普及工作等。另外国家还应当大力支持有关高校、研究所和企业对废旧电池电极材料再生相关技术的研究开发，促进电池生产企业进一步落实生产者责任延伸制度（EPR），完善电池回收渠道。最终目标为实现电池生产与再生行业的可持续发展和高质量发展。

1. 废旧干电池及铅酸蓄电池管理政策发展历史

我国针对电池行业的相关管理政策制定始于 20 世纪 90 年代，其原则为对于电池中所含有害物质，实行控制总量、减少用量、分步实施、逐步禁止，注重从源头抓起，逐步促进电池行业更加绿色环保，实现我国电池相关产业的可持续发展。

1995 年颁布的《中华人民共和国固体废物污染环境防治法》，将废旧电池列为危险固废，需要进行单独收集和处理。同年制定的标准 HJB Z009—1995《无汞干电池》，规定了电池制品中汞含量的最低标准。之后 1998 年的《国家危险废物名单》，又将铅酸蓄电池列为危险固废加以管制[38]。

1997 年 12 月，由原中国轻工总会、国家经贸委、国内贸易部、外贸部、国家工商总局、国家环保总局、海关总署、国家技监局、国家商检局等九个国务院部委联合发文《关于限制电池产品汞含量的规定》，规定了各类含汞电池销售禁令的时间表，并要求进入市场销售的所有电池产品均需标明汞含量。

2000 年，有关部门先后下发《关于对进出口电池产品汞含量实施强制检验的通知》《关于印发〈进出口电池产品汞含量检验监督办法〉的通知》《关于对进出口电池产品汞含量实施强制检验有关问题的补充通知》《关于召开全国进出口电池产品汞含量开验工作会议的通知》，落实对进出口电池产品的汞含量监督管理的措施，自 2001 年 1 月起，进出口电池汞含量由检验检疫机构实施强制检验。

2001 年 12 月，国家环保总局、国家经贸委、科学部联合发布《危险废物污染防治技术政策》，其中有关废旧电池管理的条款规定了政府和生产企业按期淘汰含汞、镉的电池，同时提倡对含汞、镉、铅的废旧电池进行分类收集和处理。

2003 年 10 月，国家环保总局和国家发改会、建设部、科技部、商务部联合发布了《废电池污染防治技术政策》。该技术政策作为指导性文件，适用于废旧电池的分类、收集、运输、综合利用、储存和处置等全回收过程污染防治的技术选择，指导回收设施的规划、立项、选址、施工、运营和管理，从而引导相关环保产业的发展。

2011 年 4 月，国家发改委发布《产业结构调整指导目录（2011 年本）》，鼓励发展动力电池，发展关键电池材料，发展废旧电池回收技术与装备，限制糊式锌锰电池和镉镍电池，明确淘汰含汞圆柱型碱性锌锰电池、开口式铅蓄电池、含镉铅蓄电池、含汞扣式碱锰电池。2011 年 12 月，工信部节能司委托中国轻工业联合会，组织制定《电池行业清洁生产实施方案》，加强电池行业重金属污染防治工作，加快清洁生产技术的示范应用和推广，提升电池行业清洁生产水平，重点推广无汞扣式碱锰电池技术，普通锌锰电池实现无汞、无铅、无镉化，采用氢镍电池和锂离子电池替代镉镍电池[35]。

2016年2月，环保部发布新版的《废电池污染防治技术政策》（征求意见稿），主要包括废旧电池收集、运输、储存、利用与处置过程的污染防治技术和鼓励研发的新技术等内容，为废旧电池的环境管理与污染防治提供技术指导，促进和引导相关产业的可持续发展。该政策适用于电池在生产、运输、销售、储存、使用、维修、利用和再制造的生命周期中产生的混合废料、不合格产品、报废产品和过期产品的污染防治，具体涉及的电池种类包括废旧铅酸蓄电池、锂离子电池、氢镍电池、镉镍电池和含汞扣式电池。政策还规定了废旧电池的污染防治应当遵循闭环与绿色回收、资源利用优先、合理安全处置的综合防治原则，鼓励通过信息化技术逐步建立废旧电池的全过程监管体系。

近年来，国家对于废旧铅酸蓄电池的回收管理逐步重视，出台了一系列铅酸蓄电池管理相关的政策文件和国家标准（表9-3）。2003年颁布的《废电池污染防治技术政策》中，首次对铅酸蓄电池的生产与回收管理做出规定。2009年11月，环保部颁布《清洁生产标准——废铅酸蓄电池回收业》。对废旧铅酸蓄电池的收集、运输、综合利用等方面提出了具体和明确的要求。2012年11月，环保部科技标准司委托中国科学院高能物理研究所、中国环境科学研究院和中国轻工业清洁生产中心，联合编制了《铅酸蓄电池生产及再生行业污染防治技术政策》，提出铅酸蓄电池生产及再生行业在清洁生产、污染防治、废弃物综合利用等方面的有关要求。2019年1月，生态环境部等九部委联合发布了《废铅蓄电池污染防治行动方案》。3月，国家市场监督管理总局、中国国家标准化管理委员会发布《废铅酸蓄电池回收技术规范》。8月，国家发改委印发《铅蓄电池回收利用管理暂行办法》（征求意见稿）。这一系列政策的制定进一步规范了废旧铅酸蓄电池回收管理的具体工作，体现国家对铅酸蓄电池行业健康可持续发展的重视，使得铅酸蓄电池行业走向高质量发展之路。

表9-3　我国铅酸蓄电池管理相关的政策文件与国家标准

相关文件	发布时间	发布部门	主要内容
《废电池污染防治技术政策》	2003年10月	国家环保总局和国家发改委等四部委	首次明确了对于铅酸蓄电池从生产、回收、处置的要求，规定废旧铅酸蓄电池按照危险废物进行管理，并对拆解产物分别回收处理
《清洁生产标准——废铅酸蓄电池回收业》	2009年11月	环保部	对废旧铅酸蓄电池的收集、运输、综合利用等方面提出了具体和明确的要求，规定了废旧铅酸蓄电池铅回收业清洁生产的一般要求

相关文件	发布时间	发布部门	主要内容
《铅酸蓄电池生产及再生行业污染防治技术政策》（征求意见稿）	2012 年 11 月	环保部	提出铅酸蓄电池生产及再生行业在清洁生产及综合利用、鼓励研发的新技术等方面的有关要求；鼓励生产企业履行生产者责任延伸制度，利用销售渠道或委托有相关资质的企业建立废旧铅酸蓄电池回收系统
《废铅蓄电池污染防治行动方案》	2019 年 1 月	生态环境部等九部委	要求整治废旧铅酸蓄电池非法收集处理环境污染，落实生产者责任延伸制度，提高废旧铅酸蓄电池规范收集处理率；规范收集的废旧铅酸蓄电池全部安全利用处置
《铅蓄电池生产企业集中收集和跨区域转运制度试点工作方案》	2019 年 1 月	生态环境部、交通运输部	开展废旧铅酸蓄电池集中收集和跨区域转运制度试点，推动铅酸蓄电池生产企业落实生产者责任延伸制度，建立规范有序的废旧铅酸蓄电池收集处理体系
《废铅酸蓄电池回收技术规范》	2019 年 3 月	国家市场监督管理总局、中国国家标准化管理委员会	规定了社会流通领域废旧铅酸蓄电池回收各个环节的运行技术和管理要求的相关标准，强调生产者责任延伸制度的落实，建立和完善废旧电池闭环逆向回收体系的架构
《铅蓄电池回收利用管理暂行办法》（征求意见稿）	2019 年 8 月	国家发改委	建立铅酸蓄电池全生命周期统一编码制度和全生命周期关键节点电子台账制度，落实生产者责任延伸制度情况纳入企业信用评价；实行铅酸蓄电池回收目标责任制

目前，在铅酸蓄电池回收管理领域，我国已经初步建立起一整套从生产到回收处置再到综合利用的覆盖铅酸蓄电池全生命周期的法规政策和行业技术规范。我国铅酸蓄电池管理政策具有以下特点：①以中央政府和各部委为核心，并向社会各界广泛征求意见，制定符合相关产业发展情况的政策法规与技术标准；②对涉及铅酸蓄电池生产回收各个环节，包括生产、收集、储存、运输、综合利用等过程提出具体和明确的要求，强调清洁生产对相关行业发展的重要性，注重环境保护和可持续发展；③对生产者责任延伸制度的落实提出明确要

求，建立铅酸蓄电池全生命周期管理信息系统，推动构建更加规范有序的废旧铅酸蓄电池收集处理体系；④实行铅酸蓄电池回收目标责任制，制定废旧铅酸蓄电池规范回收率的相关目标，提出到 2020 年年底试点地区规范回收达到 40%以上，到 2025 年年底规范回收率达到 60% 以上，并根据行业发展适时调整目标。

9.2.3　废旧车用动力电池回收管理政策的发展现状

　　废旧车用动力电池的回收管理将是未来一段时间内较受重视的一项工作。进入 21 世纪以来，由于我国的燃油供需矛盾和环境污染问题愈发严重，为了缓解矛盾，促进经济高质量发展，我国将新能源汽车产业列为国家战略性新兴产业，这造成了近年来新能源汽车行业的井喷式发展，进而在不久的未来也必将迎来车用动力电池报废的高峰。我国在新能源汽车产业的发展初期，便意识到废旧车用动力电池报废的相关问题，政府相关部门对此高度重视，并开始提早布局，在制定发布新能源汽车推广政策的同时，接连出台了有关动力电池回收管理的相关政策。这为我国动力电池长期的健康稳定发展，以及环境保护工作提供了强有力的政策支持。

　　目前，我国尚未形成针对车用动力电池管理的专项法律法规，现有的废旧车用动力电池回收管理法律体系以《中华人民共和国宪法》《环境保护法》《固体废物污染环境防治法》《循环经济促进法》《清洁生产促进法》等现有法律（表 9－4）、国务院办公厅颁布的行政法规（表 9－5）为依据，以相关行政规章和其他规范性文件为主体[35]。

表 9－4　我国现有与车用动力电池回收管理相关的法律

法律名称	颁布（修订）时间	相关内容
《中华人民共和国宪法》	2018 年 3 月	对于保护环境、合理利用资源作出原则性规定
《清洁生产促进法》	2012 年 7 月	保护环境是所有公民皆应履行的义务，企事业单位应承担清洁生产和防治污染等公害的责任
《环境保护法》	2015 年 1 月	明确规定各主体的污染防治责任，对废弃电器产品和危险品的拆解、利用、处置的规定指导新能源汽车动力电池回收工作
《固体废物污染环境防治法》	2016 年 11 月	明确政府监管责任和环境违法行为处罚规定，对于国家、企事业单位、公民等主体作出支持和发展循环经济的指示和引导

法律名称	颁布（修订）时间	相关内容
《循环经济促进法》	2018年10月	规定企业生产或销售强制回收目录内的产品需承担产品责任并强制回收产品或包装物，以税收补贴形式鼓励废物利用企业

表9-5　我国现有与车用动力电池回收管理相关的国务院办公厅颁布的行政法规

法规名称	实施时间	主要内容
《节能与新能源汽车产业发展规划（2012—2020年)》	2012年6月	提出在新能源汽车产业发展过程中制定车用动力电池回收利用管理办法，加强动力电池梯次利用建设，明确相关主体责任，鼓励发展专业电池回收企业，严格设定动力电池回收企业准入条件，并对监管部门提出要求
《关于加快新能源汽车推广应用的指导意见》	2014年7月	鼓励社会资本进入废旧动力电池回收领域，探索利用基金、押金、强制回收等有效方式促进废旧动力电池回收，建立健全电池循环利用体系
《生产者责任延伸制度推行方案》	2017年1月	明确界定了生产企业承担产品整个生命周期的延伸责任，电动汽车及动力电池生产企业应负责建立废旧电池回收网络；动力电池生产企业应实行产品编码，建立全生命周期追溯系统

早在2006年，工信部、科技部和国家环保总局联合出台的《汽车产品回收利用技术政策》中便规定了电动汽车生产企业须负责对其销售电动汽车（包括混合动力汽车等）的蓄电池进行回收，并将废旧蓄电池交由具有资质的企业进行处理，这是我国出台较早的有关废旧车用动力电池的相关政策法规。2011年10月，财政部、科技部、工信部和国家发改委四部委联合发布了《关于进一步做好节能与新能源汽车示范推广试点工作的通知》，首次提及了车用动力电池回收处理工作，指出相关企业要建立健全报废动力电池回收处理体系，落实动力电池回收责任，并建立起相应的处理能力。2012年6月，国务院发布《节能与新能源汽车产业发展规划（2012—2020年)》，提出在2012—2020年期间，在新能源汽车产业发展过程的同时制定动力电池回收管理办法。此后，国家发改委、工信部等部门又陆续发布了若干车用动力电池报废与回收相关的行政规章和规范性文件，逐步完善了新能源汽车电池管理的相关政策体

系（表9－6）。

表9－6 我国车用动力电池回收管理政策相关规范性文件

相关文件	发布时间	发布部门	主要内容
《汽车动力蓄电池行业规范条件》	2015年3月	工信部	对动力电池生产企业提出生产条件、技术能力、产品要求、售后要求等；已于2019年6月21日起废止
《电动汽车动力蓄电池回收利用技术政策（2015年版）》	2016年1月	国家发改委、工信部等五部门	指导企业合理开展车用动力电池的设计、生产及回收利用工作；建立上下游企业联动的动力电池回收利用体系；明确生产者责任延伸制及相关责任主体
《废电池污染防治技术政策》	2016年12月	环保部	发展废旧电池回收、处理、利用等技术，从电池生产到退役全生命周期作出规范，防止环境污染
《关于加快推进再生资源产业发展的指导意见》	2016年12月	工信部、商务部、科技部	要求建立完善废旧动力电池资源化利用标准体系，推进废旧动力电池梯次利用
《新能源汽车生产企业及产品准入管理规定》	2017年1月	工信部	实施新能源汽车动力电池溯源信息管理，跟踪记录动力电池回收利用情况
《促进汽车动力蓄电池产业发展行动方案》	2017年2月	工信部、国家发改委等四部门	推进动力电池回收利用体系建设，包括相关标准建立、装备研发、提高回收资源利用率等
《电动汽车用动力蓄电池产品规格尺寸》《汽车动力蓄电池编码规则》《车用动力蓄电池回收利用余能检测》	2017年7月	国标委	统一动力电池产品规格尺寸、编码规则和回收利用余能检测标准等
《新能源汽车动力蓄电池回收利用管理暂行办法》	2018年1月	工信部、科技部等七部门	落实生产者责任延伸制度，汽车生产企业承担动力蓄电池回收的主体责任，进一步规范行业发展

相关文件	发布时间	发布部门	主要内容
《新能源汽车动力蓄电池回收利用试点实施方案》	2018 年 2 月	工信部	探索动力电池回收利用的新型市场化运作模式，完善相关标准，突破动力电池梯次利用技术，推进建立完善的车用动力电池回收利用体系
《新能源汽车动力蓄电池回收利用溯源管理暂行规定》	2018 年 7 月	工信部	建立"新能源汽车国家监测与动力蓄电池回收利用溯源综合管理平台"，对动力电池生产、销售、使用、报废、回收、利用全过程进行监测和溯源管理
《关于做好新能源汽车动力蓄电池回收利用试点工作的通知》	2018 年 7 月	工信部、科技部等七部门	确定新能源汽车动力蓄电池回收利用试点地区、企业以及具体工作指导和安排，明确政府监管机制和企业回收责任
《新能源汽车动力蓄电池回收服务网点建设和运营指南》	2019 年 10 月	工信部	提出建立新能源汽车废旧动力电池和报废的梯次利用电池的回收服务网点，并对提供服务的网点作出具体工作要求
《新能源汽车废旧动力蓄电池综合利用行业规范条件》《新能源汽车废旧动力蓄电池综合利用行业规范公告管理暂行办法》	2020 年 1 月	工信部	对废旧动力电池资源回收效率提出了要求，进一步明确了废旧动力电池回收管理要求，提高废旧动力电池管理水平
《新能源汽车动力蓄电池梯次利用管理办法》	2021 年 8 月	工信部、科技部等五部门	进一步规范和引导行业高质量发展，明确梯次产品生产、使用、回收利用全过程相关要求，完善梯次利用管理机制

除相关法律、法规、规章、政策等规范性文件外，国家还先后出台了一系列动力电池回收产业技术标准（表 9 – 7），用以规范和约束废旧动力电池回收过程中的生产指标。然而，目前制定的一系列国家标准仍面临可操作性不强、

脱离生产实际等问题。目前，退役动力电池梯次利用安全评价规范、再生利用动力电池放电规范、回收服务网点建设规范等仍亟须建立。此外，还需要从企业工厂的生产管理角度，提出更加详细的工艺技术、生产线装备、资源回收率、环境保护指标等各个方面的技术标准和要求[36]。

表 9 - 7　我国动力电池回收产业技术标准

标准名称	实施时间	主要内容
GB/T 33059—2016《锂离子电池材料废弃物回收利用的处理方法》	2017 年 5 月	适用于报废锂离子电池中 Mn、Co、Mn、Cu、Al 的湿法回收处理方法；规定了湿法回收工艺流程及控制条件要求
GB/T 33060—2016《废电池处理中废液的处理处置方法》	2017 年 5 月	适用于废旧电池回收利用中废液的处理处置；规定了废旧电池中电解液的处理处置工艺流程和工艺控制要求；规定了金属离子再利用过程中产生废液的处理处置工艺流程和工艺控制要求
GB/T 33598—2017《车用动力电池回收利用拆解规范》	2017 年 12 月	适用于车用废旧锂离子动力电池、金属氢化物镍动力电池的蓄电池包（组）、模块的拆解，不适用于车用废旧动力电池单体的拆解；回收、拆解企业应具有国家法律法规规定的相关资质；对预处理、拆解工具、拆解方式作明确要求
GB/T 34015—2017《车用动力电池回收利用余能检测》	2018 年 2 月	适用于车用废旧锂离子动力蓄电池和金属氢化物镍动力蓄电池单体、模块的余能检测；规定了动力电池余能检测的标准要求、流程及方法

综合国内目前的相关法律法规及相关部门出台的政策文件，目前国内有关车用动力电池回收管理政策体系的特点主要包括：①以中央政府为核心，在国家层面上制定相关规章政策，进行长远规划和发展路线的制定，探索建立更加完善的动力电池回收处置管理体系；②明确相关主体责任，强调生产者责任延伸制度，建立动力电池全生命周期追溯系统，推动建设覆盖范围更广的废旧动力电池和报废的梯次利用电池的回收服务网点；③规范行业运行，建立健全的行业准入政策和产业技术标准体系，发挥政府的监督管理作用，不断提高废旧动力电池回收处置管理水平，促进相关行业的高质量发展；④提高综合利用效率，推进并完善动力电池梯次利用管理机制，提高资源回收利用效率。

9.2.4 我国废旧电池管理政策现状总结及未来展望

我国于 20 世纪末逐步开始研究和制定废旧电池管理的相关政策法规。随着近年来国内新能源汽车产业的飞速发展和电子设备的更广泛普及，在可预见的未来将会产生巨量的废旧电池，完善废旧电池管理政策体系的急迫性日益凸显[37]。目前，国内已经颁布了若干部涉及废旧电池管理的政策法规和国家标准，主要包括国家层面颁布的法律法规和各部委制定的各种规范性文件及技术标准。相较于欧美等发达国家，国内现有的废旧电池回收管理相关的政策体系建设依然存在诸多亟待完善的地方，具体如下：

①目前国内电池管理的法律法规框架依旧不完善，涉及电池回收管理的法律主要以如《中华人民共和国固体废物污染环境防治法》等通用性法律为主，内容较为宽泛基础、缺乏针对性，相关政策仍然以法律效力较低的行政法规与各部委颁布的规范性文件为主，缺少统一的专项立法。

②废旧电池回收管理涉及工信部、科技部、生态环境部、国家发改委等多个部门，现有的规范性文件分别由各个部门颁布，内容庞杂繁复，且互相之间多有交叉，政策体系性不强，导致各部门之间协调困难、相关职能部门权责不清、具体政策的执行与监管难以落实。

③现有政策文件中对电池生产及回收相关企业的责任义务已有了较全面的规定，但对消费者的责任义务尚无明确的要求，另外普法宣传工作的滞后使得民众对我国电池回收政策的了解较为缺乏、电池回收意识不强，导致目前废旧电池的实际收集率仍然较低[38]。

我们应当客观看待目前我国在电池回收领域的发展现状，既要肯定已经取得的阶段性成果，在已取得成果的基础上不断向前迈进，又要认识到目前发展的不充分与局限之处。未来，我国废旧电池回收处置管理政策的发展方向主要包括：

①在政府层面上，加强顶层设计，探索针对电池回收管理方面的专项法律，统一目前由不同部门分别颁布制定的较为复杂混乱的管理政策。统筹各有关部门之间的协调合作，明确具体职能部门的具体职责，落实监管责任，完善废旧电池回收与处置的相关规章制度与工作安排，确保各项政策落到实处。

②在行业应用层面上，政府与企业和行业协会等开展深度合作，基于电池的全生命周期评价，制定更加广泛、全面、具体、适用的行业技术标准和管理规范，针对不同类别的电池分别执行不同的回收处置管理方式。明确各主体责

任，落实生产者责任延伸制度，树立以市场为导向、企业为主体、政府监管兜底的废旧电池回收管理体系。此外，结合发展实际设立废旧电池收集率和再生率目标，促进废旧电池回收管理工作高效运行。

③在社会层面上，加强电池回收相关政策的宣传教育工作，明确生产商和消费者自身的权利义务，提高全社会对废旧电池的回收意识与环境保护意识。实行废旧电池回收奖励办法，加大对违规处置废旧电池行为的曝光力度，积极引导生产商和消费者参与到电池回收中来。同时探索构建从政府到企业再到公众的覆盖全社会的电池回收网络体系，提高电池回收处理效率。

④在政策研究层面上，积极从美欧日等发达经济体尤其是欧盟吸取政策制定和发展经验，结合国内的实际情况积极探索构建满足我国现阶段和未来发展要求的废旧电池管理政策体系，同时鼓励各高校、研究所等研究机构开展对废旧电池回收与再生相关技术的研究，探索适合的电池梯次利用机制和回收再生循环途径，推动我国电池产业迈向高质量发展的道路。

|9.3　总结和展望|

近年来，出于环境保护和绿色发展战略需要，我国大力发展新能源汽车产业作为新兴的支柱性产业之一。截至 2020 年底，我国新能源汽车保有量达 492 万辆，其中纯电动汽车保有量 400 万辆。根据工信部相关数据，我国早期装机动力电池的使用寿命一般为 4－6 年，从 2020 年开始，我国动力电池已经进入规模化报废期。新能源汽车逐步报废，动力电池退役高峰来临。但退役动力电池如何处置，是全球面临的难题。目前，在全球锂离子电池工业化回收市场中，东亚地区的回收能力占比近三分之二，其中，大部分已建成的锂离子电池回收设施在中国。虽然目前锂离子电池回收设施正逐渐建立，但仍需研究更多的先进回收技术手段，持续完善回收过程及相关产业链条。理想的动力电池回收应兼具环保与经济价值，先进回收技术不仅是锂离子电池回收行业快速扩张的基础保障，更重要的是为保护环境、缓解资源紧张、推动可持续发展提供更多可能。本书将具体从政策、模式、研发三方面进行总结与展望。

1. 政策先行

做好动力电池的回收利用，已引起广泛重视。2021 年的《政府工作报告》提出，加快建设动力电池回收利用体系。2021 年年初，工信部发布了符合《新能源汽车废旧动力蓄电池综合利用行业规范条件》的第二批企业名单，增加正规回收企业数量，为解决动力电池回收再生利用问题持续扩充专业阵容。早在 2018 年，新能源汽车国家监测与动力蓄电池回收利用溯源综合管理平台已启动，各地统一的溯源监管平台也在建立并接入国家平台，以实现动力蓄电池全生命周期监管。相关政策措施的陆续出台，为解决这一问题搭建了制度框架。可以通过推动动力电池行业标准化生产，进一步落实可追溯体系。建立健全动力电池回收再利用机制。通过制定和实施动力电池回收奖惩措施，建立针对动力电池回收利用的专项立法。对废旧动力电池的回收、运输和储存应制定法律法规和标准，对动力电池的结构设计、连接方法、工艺技术、集成安装等方面进行系统的简化和规定，以保证动力电池的一致性、安全性和经济性。充分利用物联网、大数据等信息技术，构建规模化、高效化、可追溯的废旧动力电池回收管理体系。

2. 完善回收模式

蓄电池梯次利用的产业链涉及用户、新能源汽车企业、蓄电池企业、综合回收拆解企业、梯次利用企业等，需要全行业共同参与。要实现资源利用、经济效益和环境效益的最大化，必须加快建立全国新能源汽车监控系统和可回收利用追溯系统，实现动力电池生产、销售、使用、报废、回收和再利用等环节的全信息采集。鼓励以新能源汽车为主，与电池梯次利用公司合作，以梯次回收为原则，进行拆解、重组和梯次利用。大力发展废旧动力电池中有价金属、负电极的回收与再生。首先，开发电池电芯、电池模组、Pack 的自动拆解工艺，实现低损耗、低投入、高效、智能拆解，并提高低品位金属的物理回收率。其次，大力发展正负极再生技术，显著提高镍、钴、锰、石墨的回收率，重点发展高附加值的化学原料回收技术，如镍、钴、锰，以实现可持续的循环经济发展。再次，要做好电池的循环再利用技术的研发，为生产过程中的安全、环保、设备提供保障。最后，提出一种具有较高准确度和广泛应用的动态电池健康评价方法，准确评估动力电池的使用寿命。

3. 企研合作

要想进一步破解我国动力电池的再生问题，需要多方合力，从制度、管理、技术等方面进行针对性的、精准的处理。首先，要构建一个更加广泛的回收系统，将所有的动力电池回收企业都纳入回收管理体系。同时，与高校、科研院所加强合作，针对电池领域的技术难关，加强研发投入力度和智力支持，实现研发方向与需求相匹配，不断提升我国新能源汽车电池回收拆解能力和再利用水平。宁德时代、国轩高科、特斯拉、三星 SDI、LG 等企业也都在积极地进行着和高校等科研院所的研究合作。通过国家科技计划（专项、基金等）统筹资金，加大科研支持力度，攻克一批动力蓄电池回收利用关键技术与成套装备，将有助于推动我国在动力蓄电池回收利用技术方面的发展。

最后，作者认为，实现我国动力电池再生利用稳定发展的核心是提升企业和消费者的环境保护意识，在买卖双方都有更科学的认识和做法的前提下，才能更好破解"退役动力电池去哪儿"的难题。具体举措可以从以下几方面入手。第一，明确二次电池的循环再利用规范，并建立清晰的奖励和惩罚机制。例如，按照回收电池组的数量和容量，给予相应的补贴和税收，以保证回收企业的经济效益。第二，进行创新的商业模式试点和示范，发展价值型循环经济。培养交叉学科人才，通过评价电池再生效率，分析再生装配工艺成本等手段发展高经济、社会效益的回收模式。第三，大力发展新能源、新材料，扩大再生能源的应用途径。要积极探讨退役动力电池在智能电网调峰、偏远地区分布式供电、通信基站备用电源、家庭供电调节等领域的应用潜力。第四，构建多方合作生态，打破电池产业链上下游壁垒。依托 APP、小程序等线上平台，建立"互联网＋电池回收"、O2O 等新型合作生态，以最大限度地发挥废旧电池回收的价值，实现资源的集约利用。只要相关从业人员立足行业需求，加快推进技术创新和产业变革，使得相关产业更好顺应新要求，就能为建设资源节约型、环境友好型社会作出重要贡献。

参 考 文 献

［1］王红梅，夏月富，席春青，等 . 铅酸蓄电池企业生产者责任延伸制度实施"瓶颈"分析［J］. 环境保护，2018，46（Z1）：56 - 59.

［2］工业和信息化部 . 工信部：加快推动新能源汽车动力电池回收利用立法［EB/OL］.（2021 - 10 - 19）［2022 - 05 - 23］. https://www.chinanews.com.cn/auto/2021/10 - 19/9589962.shtml.

［3］工业和信息化部．新能源汽车动力蓄电池回收利用调研报告（简介）
　　［J］．资源再生，2019（2）：47－49．

［4］王洁，徐洋，张西华，等．基于生产者责任延伸的中国电子废物环境管理
　　政策研究［J］．环境工程，2021，39（12）：141－147．

［5］工业和信息化部，科技部，生态环境部，交通运输部，商务部，市场监管
　　总局，能源局．七部门关于组织开展新能源汽车动力蓄电池回收利用试点
　　工作的通知［EB/OL］.（2018－07－26）［2022－05－23］. http://
　　www. gov. cn/xinwen/2018－07/26/content_5309433. html.

［6］廖从银，张行祥，黄妍，等．废铅膏铵法预脱硫技术的工业应用［J］．绿
　　色科技，2020（14）：173－175．

［7］超威集团．产品与服务——超威集团［EB/OL］.［2022－05－23］. http://
　　www. chilwee. com/Product/ProductInner/id/31.

［8］潘军青，刘孝伟，孙艳芝，等．一种含氧化铅废料的回收利用方法：
　　201480001973.5［P］．2015－05－13．

［9］潘军青，边亚茹．铅酸蓄电池回收铅技术的发展现状［J］．北京化工大学
　　学报（自然科学版），2014，41（3）：1－14．

［10］赵娜，苏艳蓉，尤翔宇．奥斯麦特富氧顶吹炼铅工艺技术改造及烟气净
　　　化除尘［J］．有色金属科学与工程，2019，10（1）：92－97．

［11］PRENGAMAN R D, MCDONALD H B. Method of recovering lead values from
　　　battery sludge：US04229271A［P］．1980－10－21．

［12］刘婉蓉，王玉晶，王海峰，等．涉重金属电池环境管理现状及对策［J］．
　　　电池，2020，50（6）：597－599．

［13］祝学远．一种废镍镉电池中的金属的回收方法：200710196572.1［P］．
　　　2009－06－10．

［14］叶为辉，于金刚．钴镍金属二次资源回收利用现状及发展［J］．化工管
　　　理，2016（29）：312．

［15］徐艳辉，陈长聘，王晓林．废旧MH－Ni电池金属材料的再利用［J］．
　　　电源技术，2002（3）：154－157．

［16］杨晓占，冯文林，冉秀芝．新能源与可持续发展概论［M］．重庆：重庆
　　　大学出版社，2019：25－30．

［17］FAN E S, LI L, WANG Z P et al. Sustainable recycling technology for Li－ion
　　　batteries and beyond：Challenges and future prospects［J］．Chemical
　　　Reviews，2020，120（14）：7020－7063．

［18］中国工业节能与清洁生产协会，新能源电池回收利用专业委员会．中国

新能源电池回收利用产业发展报告（2021）［M］．北京：机械工业出版社，2022：27．

［19］格林美股份有限公司．走近格林美——集团简介［EB/OL］．［2022－05－23］．http：//www．gemchina．com/AboutTheGroup/index．html．

［20］工业和信息化部．符合《新能源汽车废旧动力蓄电池综合利用行业规范条件》企业名单（第一批）［EB/OL］．（2018－09－03）［2022－05－23］．http：//www．gov．cn/zhengce/zhengceku/2018－12/31/content_5438758．html．

［21］工业和信息化部．拟公告的废钢铁、废塑料、废旧轮胎、新能源汽车废旧动力蓄电池综合利用行业规范企业名单公示［EB/OL］．（2020－12－16）［2022－05－23］．https：//www．miit．gov．cn/jgsj/jns/xydt/art/2020/art_5fc60dea2ea641bf92e5f2b232072e98．html．

［22］工业和信息化部．拟公告的废钢铁、废塑料、废旧轮胎、新能源汽车废旧动力蓄电池综合利用行业规范企业名单公开征求意见［EB/OL］．（2021－11－23）［2022－05－23］．https：//www．miit．gov．cn/gzcy/yjzj/art/2021/art_18c15e6773b0485aad8bed9e4b7ba3db．html．

［23］国轩高科股份有限公司．国轩高科-企业简介［EB/OL］．（2022－05－23）［2022－05－23］．https：//www．gotion．com．cn/about．html．

［24］李棉，程琍琍，杨幼明，等．锂离子电池回收利用技术研究进展［J］．稀有金属，2022，46（3）：349－366．

［25］丁辉．美国动力电池回收管理经验及启示［J］．环境保护，2016，44（22）：69－72．

［26］TURNER J M，NUGENT L M．Charging up battery recycling policies：Extended producer responsibility for single－use batteries in the European Union，Canada and the United States［J］．Journal of Industrial Ecology，2016，20（5）：1148－1158．

［27］EU/EC－European Union/Commission Legislative Documents．2006/66/EC［S］．EU/EC－European Union/Commission Legislative Documents，2006．

［28］EU/EC－European Union/Commission Legislative Documents．2013/56/EU［S］．EU/EC－European Union/Commission Legislative Documents，2013．

［29］瑞旭．欧盟新电池法重大变革：欧盟发布新电池法草案［EB/OL］．（2021－03－16）［2022－05－23］．http：//www．gdtbt．org．cn/html/note－286538．html．

［30］电池环保中心网．日本废电池回收管理［EB/OL］．（2017－03－02）［2022－05－23］．https：//www．batterycenter．org．cn/article/1013134．html．

［31］ 胡澎. 日本建设循环型社会的经验与启示［J］. 人民论坛，2020（34）：94 – 96.

［32］ KIM H，JANG Y – C，HWANG Y，et al. End – of – life batteries management and material flow analysis in South Korea［J］. Frontiers of Environmental Science & Engineering，2018，12（3）：54 – 66.

［33］ CHOI Y，RHEE S W. Current status and perspectives on recycling of end – of – life battery of electric vehicle in Korea（Republic of）［J］. Waste Manag，2020，106：261 – 270.

［34］ 孙明星. 中国废旧电池回收路径与管理体系研究［D］. 济南：山东大学，2016.

［35］ 电池环保中心网. 中国废电池回收政策法规概述［EB/OL］.（2017 – 03 – 02）［2022 – 05 – 23］. https://www. batterycenter. org. cn/article/1013139. html.

［36］ 刘泽宇. 我国新能源汽车动力蓄电池回收立法问题研究［D］. 长春：吉林大学，2020.

［37］ 姚雪青. 更好破解动力电池回收难题［N］. 人民日报，2021 – 06 – 08（5）.

［38］ 雷舒雅，黄佳琪. 国内外新能源汽车电池回收产业法律政策研究［J］. 时代汽车，2022（2）：86 – 88.

索　引

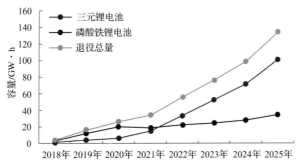

图 3-7 各类动力电池逐年退役情况

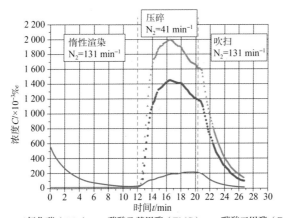

（a）

• —二氧化碳（CO_2） ● —碳酸乙基甲酯（EMC）▲ —碳酸二甲酯（DMC）

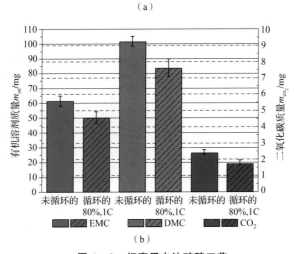

（b）

图 4-3 锂离子电池破碎工艺

（a）不连续破碎过程的不同阶段；（b）破碎过程中释放的碳酸乙酯（EMC）、
碳酸二甲酯（DMC）和二氧化碳（CO_2）气体的质量；

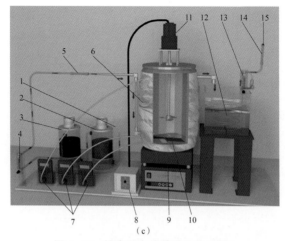

图 4-3　锂离子电池破碎工艺（续）

（c）用于检测锂离子电池拆卸过程中挥发性有机化合物的气体释放吸收系统

1—气体输入口；2—变色硅胶；3—活性炭；4—流量计-1；5—样品吸附管-1；6—VOC 排放容器；7—热电偶；8—自动加速控制电动机；9—平板加热器；10—拆解后的废旧锂离子电池；11—平面加热器；12—恒温水槽；13—流量计-2；14—样品吸附管-2；15—气体出口

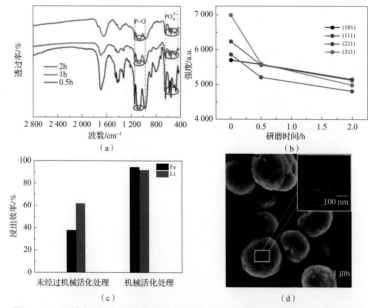

图 4-8　有选择地对废旧磷酸铁锂电池中铁、锂进行预处理的 MC 工艺

（a）在不同研磨时间下用于 MC 反应的磷酸铁锂的 FTIR 图；（b）在不同研磨时间下晶格面的 XRD 强度；（c）不同样品（MC 研磨样品，研磨时间 = 5 h，磷酸铁锂与 EDTA-2Na 的质量比 = 3∶1；Fe^{3+} 的浸出效率：$H_3PO_4 = 0.5$ M，S/L = 40）中 Fe 和 Li 的浸出效率，浸出时间 = 1 h）；（d）回收的 $FePO_4 \cdot 2H_2O$ 的 SEM 图像（插图：$FePO_4 \cdot 2H_2O$ 的微观结构）

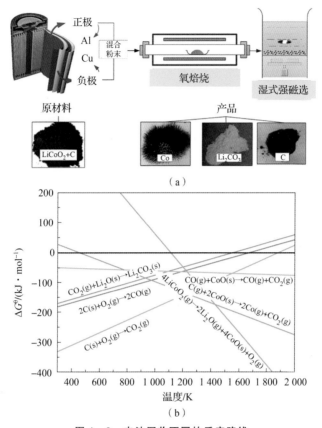

（a）

（b）

图 4-9 电池回收不同的反应路线

（a）电池回收路线图；（b）$LiCoO_2$、C、CoO、O_2 可能发生不同反应时 DG 与温度的热力学关系

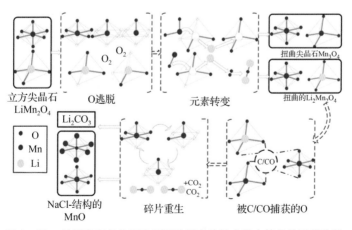

图 4-10 封闭真空条件下废旧锰酸锂电池混合粉末转化的可能途径

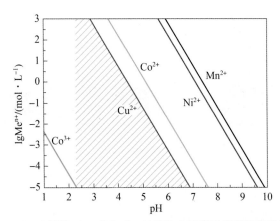

图 4 – 12　水溶液（25 ℃）中 pH 值与金属离子平衡浓度的关系

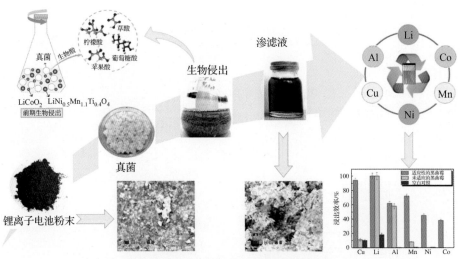

图 4 – 18　利用黑曲霉回收废旧锂离子手机电池中的
Li、Mn、Cu、Al、Co 和 Ni 的示意图

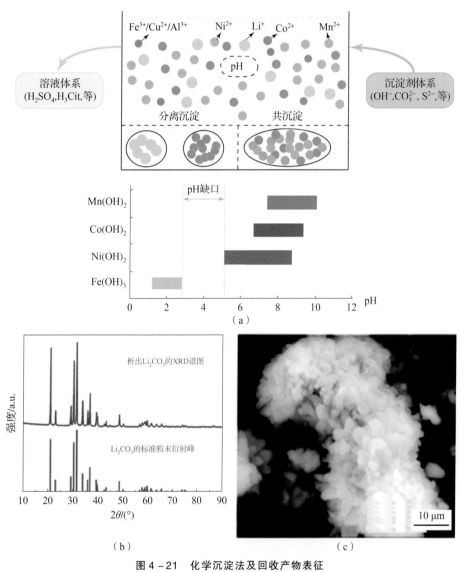

图 4 - 21 化学沉淀法及回收产物表征

（a）不同金属离子沉淀起始和结束的 pH 值；（b）析出 Li_2CO_3 的 XRD
谱图和 Li_2CO_3 的标准粉末衍射峰；（c）析出 Li_2CO_3 的 SEM 图像；

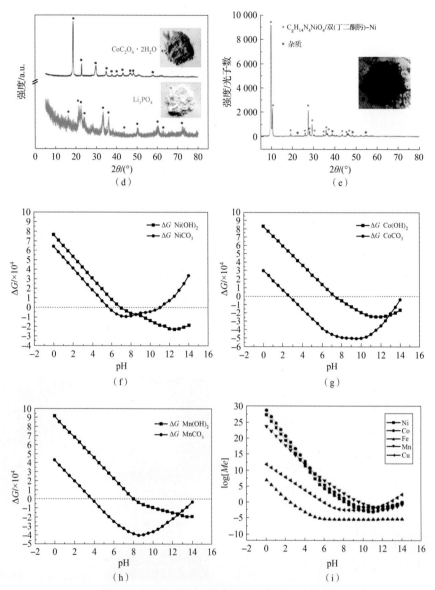

图 4 -21　化学沉淀法及回收产物表征（续）

（d）回收 $CoC_2O_4 \cdot 2H_2O$ 和 Li_3PO_4 的 XRD 图谱和数字图像；（e）DMG – Ni 沉淀的 X 射线衍射图谱和数字图像；（f）溶液中 Ni 碳酸盐和氢氧化物的 ΔG – pH 曲线：总金属离子浓度为0.19 mol/L，初始碳酸盐浓度为 0.19 mol/L，初始氨水浓度为 1.25 mol/L；（g）溶液中 Co 碳酸盐和氢氧化物的 ΔG – pH 曲线：总金属离子浓度为 0.19 mol/L，初始碳酸盐浓度为 0.19 mol/L，初始氨水浓度为 1.25 mol/L；（h）溶液中 Mn 碳酸盐和氢氧化物的 ΔG – pH 曲线：总金属离子浓度为 0.19 mol/L，初始碳酸盐浓度为 0.19 mol/L，初始氨水浓度为 1.25 mol/L；（i）不同 pH 下 H_2SO_4 浸出液的 $\log[Me]$ – pH 理论曲线；

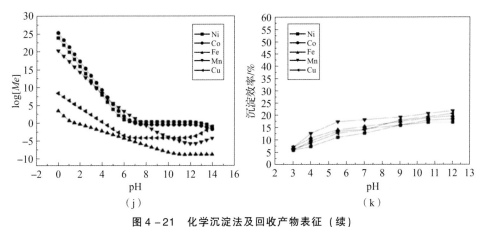

图 4 - 21　化学沉淀法及回收产物表征（续）

（j）不同 pH 下柠檬酸浸出液的 $\log[Me]$ - pH 曲线；（k）金属沉淀效率

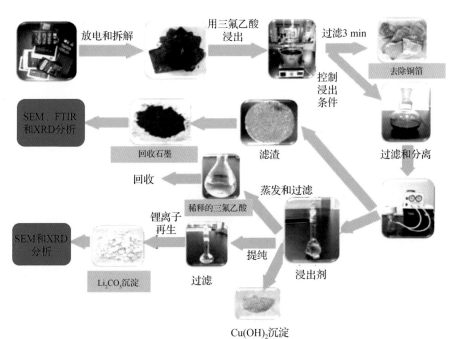

图 4 - 28　负极的分离和再生的流程图

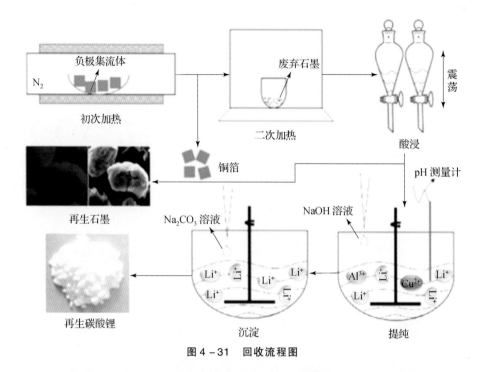

图 4 - 31　回收流程图

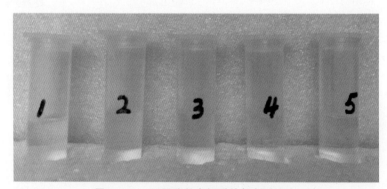

图 4 - 47　不同阶段电解质的颜色对比度

1—拆解后的电解液；2—萃取后的电解液；3—纯化后的电解液；

4—再生电解液；5—商业电解液

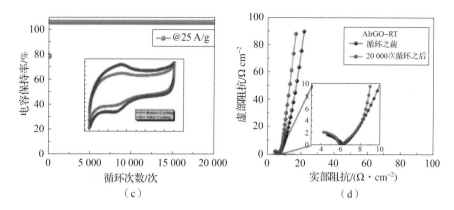

图 5-25　不同电极的电化学性能图 （续）
（c）AlrGO-RT 电极在 25 A/g 下进行 20 000 次循环的耐久性测试最终 CV 曲线 （循环前后）；
（d）在循环之前和之后的 AlrGO-RT 电极的 EIS 研究 （奈奎斯特图）

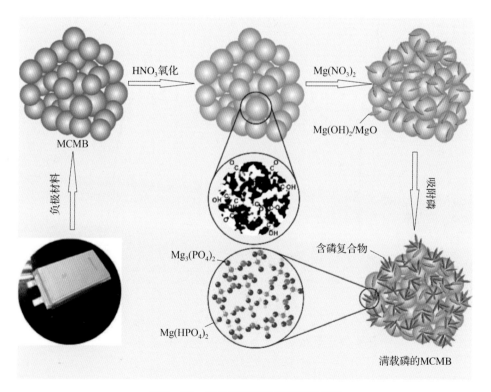

图 5-26　制备镁纳米晶体过程及机理

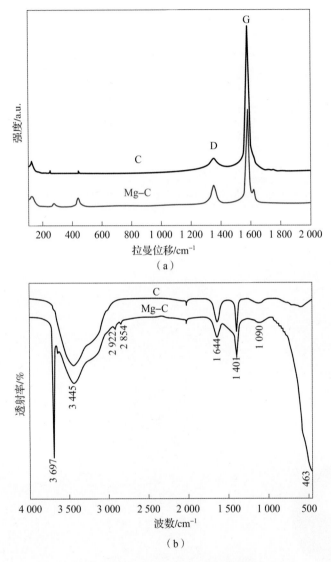

图 5-27　C 和 Mg-C 复合物的拉曼光谱和红外光谱

（a）拉曼光谱；（b）红外光谱

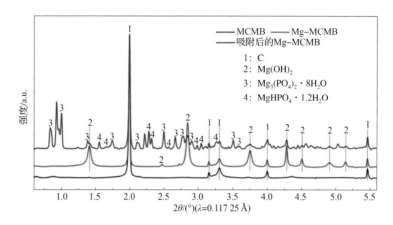

图 5 – 28　C、Mg – C 和吸附后 Mg – C 的 XRD 图

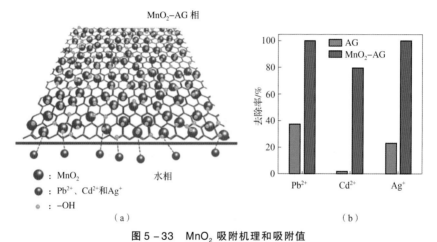

图 5 – 33　MnO_2 吸附机理和吸附值

（a）改性后碳材料的吸附机理；（b）改性后重金属吸附去除率

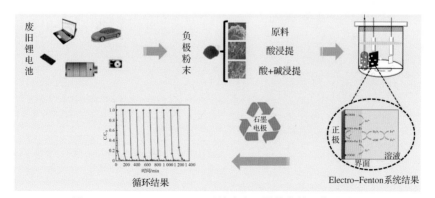

图 5 – 34　Electro – Fenton 系统中废石墨的高效回收再利用

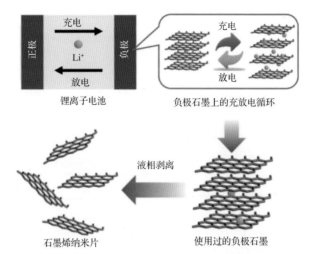

图 5-35　使用废旧锂离子电池负极制备石墨烯的示意图

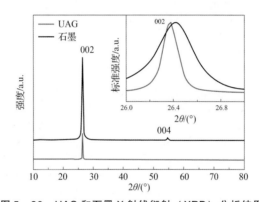

图 5-36　UAG 和石墨 X 射线衍射（XRD）分析结果

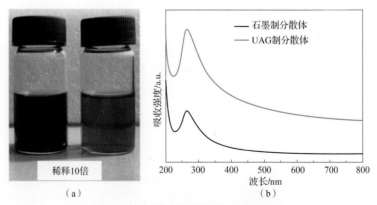

图 5-37　色散图和紫外可见吸收光谱

（a）色散图；（b）紫外可见吸收光谱

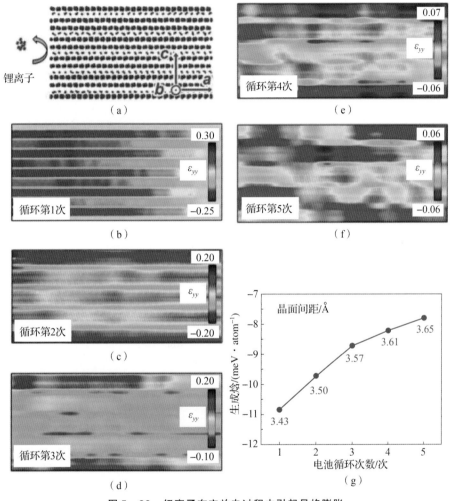

图 5-39 锂离子在充放电过程中引起晶格膨胀

(a) ~ (f) 在不同循环条件下晶格膨胀热力学示意图；

(g) 晶面间距随着电池循环次数变化曲线

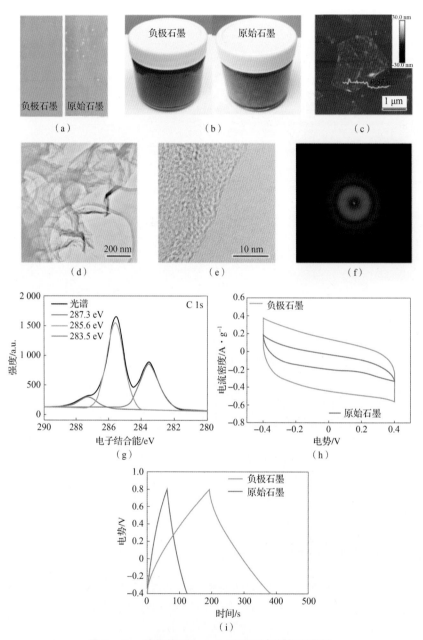

图 5 - 40　简化的 Hummers 方法制备氧化石墨烯

（a），（b）负极石墨和原始石墨的电子照片；（c）~（f）负极石墨和
原始石墨的微观形貌图；（g）负极石墨的 C 1s 高分辨 XPS 图像；
（h），（i）原始石墨和负极石墨的电化学曲线

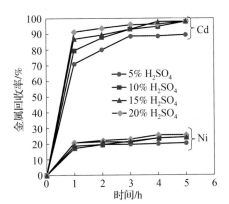

图 6 - 24 时间和硫酸浓度对镉和镍回收率的影响

（条件：矿浆浓度为 50 g/dm³，温度为 298 K，搅拌速度为 300 r/min）